时装厂纸样师讲座（五）

品牌女装结构设计原理与制板

刘玉宝　刘玉红　刘　强　编著

中国纺织出版社

内 容 提 要

本书依据国内外品牌成衣的制板要求编写，以图文并茂的形式讲述了现代服装制板的基础知识。本书的制板实例品类齐全，包括裙装、裤装、衬衫、牛仔服、中式服装、西服、大衣等经典女装成衣，成衣规格号型以A体为示范标准。

本书内容深入浅出，图示直观明了，是服装厂技术人员、服装专业院校学生、服装打板师、广大服装爱好者的学习参考书。

图书在版编目(CIP)数据

品牌女装结构设计原理与制板/刘玉宝，刘玉红，刘强编著.
—北京：中国纺织出版社，2005.10(2014.6重印)
[时装厂纸样师讲座(五)]
ISBN 978-7-5064-3532-1

Ⅰ.品… Ⅱ.①刘… ②刘… ③刘… Ⅲ.①女服-结构设计 ②女服-服装量裁 Ⅳ.TS941.717

中国版本图书馆CIP数据核字(2005)第100147号

策划编辑：魏 萌 魏大韬 责任校对：楼旭红
责任设计：何 建 责任印制：何 艳

中国纺织出版社出版发行
地址：北京市朝阳区百子湾东里A407号楼 邮政编码：100124
销售电话：010—87155894 传真：010—87155801
http://www.c-textilep.com
E-mail:faxing@c-textilep.com
官方微博：http://weibo.com/2119887771
三河市宏盛印务有限公司印刷 各地新华书店经销
2005年10月第1版 2014年6月第8次印刷
开本：787×1092 1/16 印张：21
字数：331千字 定价：38.00元

目录

第一章　服装理论基础知识

第一节　人体特征与人体测量

一、人体体型特征

(一)人体结构及相互关系

人体可分为头、躯干、上肢、下肢四个部分。其中躯干包括颈、胸、腹、背等部分;上肢包括肩、上臂、肘、前臂、腕、手等部分;下肢包括胯骨、大腿、膝、小腿、踝、足等部分。人体体系形态由人体骨骼、关节、肌肉等部分构成,如图 1-1。骨骼是构成人体基架的支柱,各部位比例、基础形状等均由骨骼所决定。人体骨骼的端点或突出点称为骨点,是认识人体形态特征及人体测量的重要标志。人体的运动是在关节部位进行的,关节是骨骼运动的枢纽,肌肉附于骨骼与关节之上,人体靠肌肉的收缩牵动产生动作。肌肉是人体体表的决定因素,肌肉发育良好,体型丰满、优美。关节的屈曲旋转,肌肉的舒张收缩等会引起形体角度的大幅度变化,体表要靠皮肤来调节。皮肤在运动中拉伸、收缩,在服装上通过材料及制板来补充适应。最接近皮肤的服装——内衣,如图 1-2,多选用与皮肤张力接近的弹性材料。

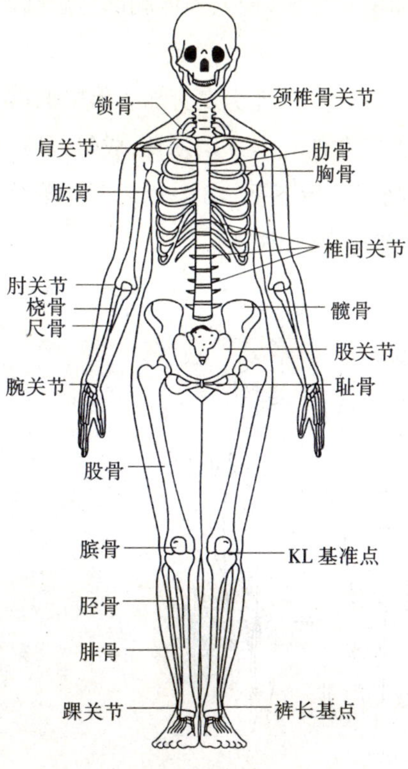

图 1-1　人体骨骼示意图

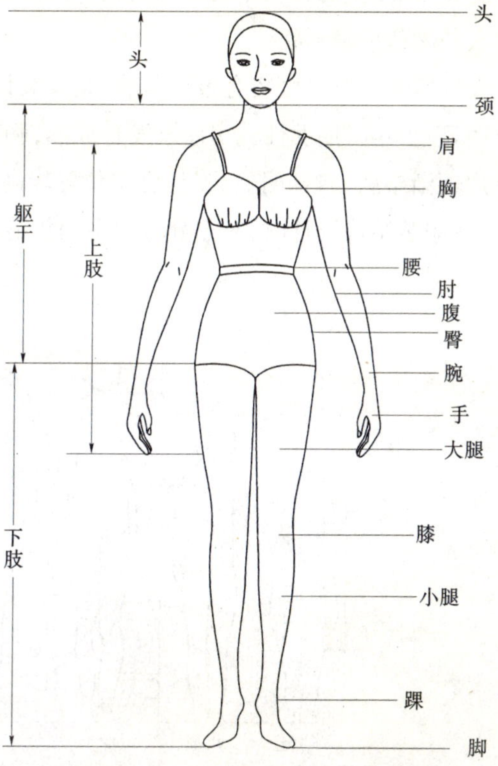

图 1-2　内衣与人体关系的效果图

人体活动量最大的部位在肩关节，如图 1-3 所示。

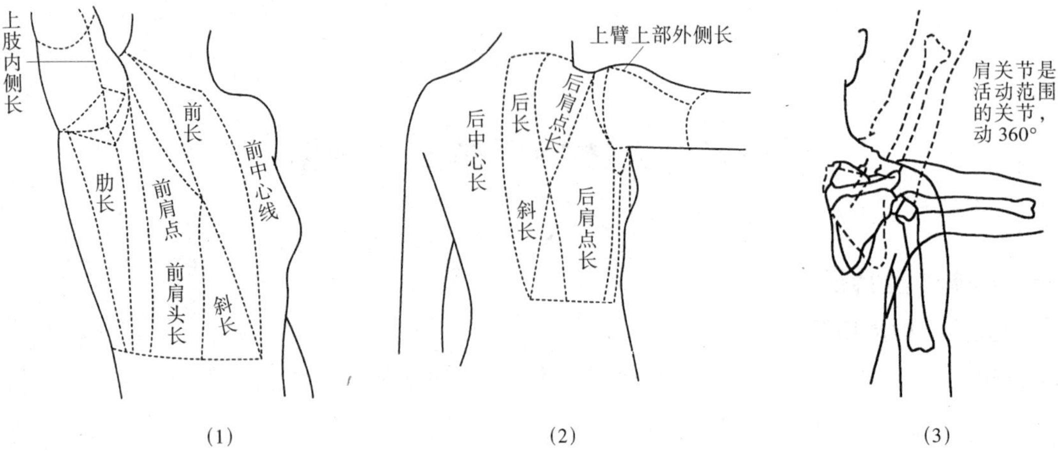

图 1-3　人体运动时拉伸角度最大部位示意图

(二)不同年龄的体态特征

人体的各部位比例随着年龄的不断增长而不断发生变化。童年至成人阶段，头的生长最为缓慢，从 1 岁到成年，只增长 7.5cm 左右；而腿的增长几乎为躯干增长的 2 倍。即婴儿的头大身小；幼儿的身高为 4 个头长，体胖腿短；儿童为 5 个头高，腿略长；青少年为 8 个头高，已趋于成熟。

随着年龄的增长，人体胸廓形状也不同。儿童时期胸部呈圆柱形，成人人体胸部呈扁圆形，而老人的胸部呈扁平状。

女性胸部形态对服装有很大影响，是女装设计的重要依据。女性乳房发育随着年龄的增长变化明显：少年时期女性乳房尚未发育成熟，胸部较平；青少年女性乳房开始发育；成年以后，女性乳房逐渐丰满，胸部明显突起，乳房位置较高；育后女性胸部开始下垂，45 岁以后开始萎缩。因此，在服装结构设计时，应充分考虑不同年龄阶段人的体态特征，如图 1-4。

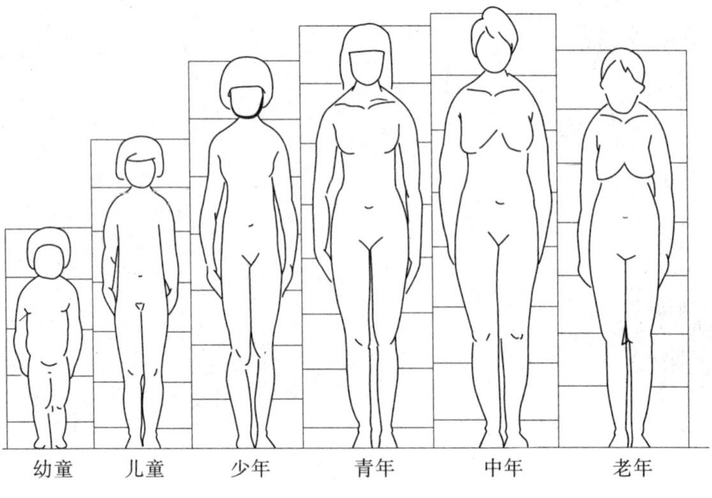

图 1-4　不同年龄体态特征示意图

(三)男、女体态的差异

男女体态差异在躯干部位最为明显。男性的体态起伏变化不大,以直线条为主,刚直强悍,表现为:肩宽挺胸,腰背挺直,骨骼粗壮,肌肉发达。而女性体态具有阴柔的曲线美:胸部由于乳房隆起使体表起伏较大;骨骼与肌肉不如男性发达;骨盆较宽,胸、腰、臀的曲线落差较大,形成了凸凹起伏的优美线条,见图1-5。因此,在女装造型时既可以采用圆滑的曲线设计出合体的服装,也可以模仿男性造型宽松肥大,或设计成直线造型,见图1-6。

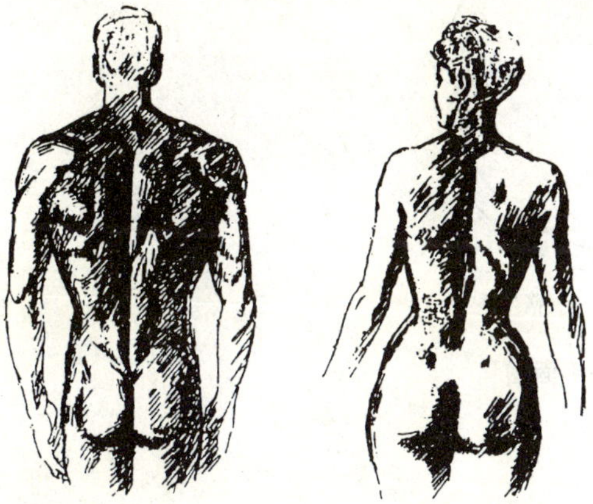

图1-5　男、女背部体型的比较

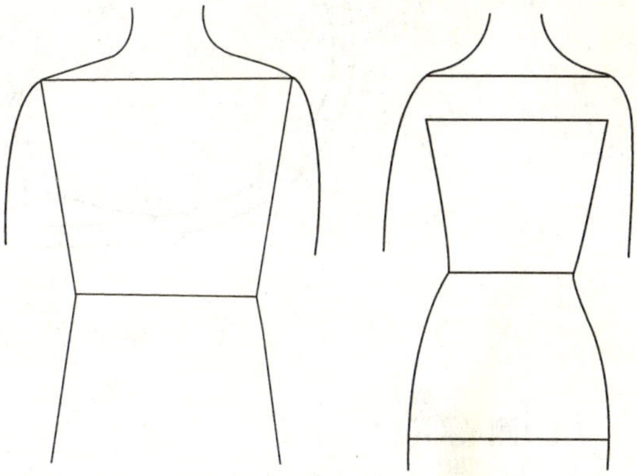

图1-6　男、女服装造型的差异

总之,无论哪种造型,都要以人体为基础,加以变化,使服装与人体保持平衡与协调。

二、人体测量

人体测量在服装设计与生产过程中,具有奠基作用,产品的全部生产过程都要以正确地规格数据为前提。对人体结构特征的掌握及进行正确的测量,是服装从业者的必备技能。在工业生产中,通常不需要单独进行人体测量,而是有其固定、适合的号型系列规格表。规格表的来源通常有两种:一种为国家发布的统一标准号型;另一种为企业或个人根据地域、人体特征、气候、穿着者习惯、市场反馈信息等多种原因,归纳总结出适合于该企业的号型规格。

作为从业的技术人员,应充分了解并掌握其所使用的技术参数的形成、测取要领及方法,才能正确运用号型规格制定出符合人体、适应市场的成衣样板。

(一)测量方法

为了对人体体型有正确、客观的认识,还必须把人体各部位的体型特征数据化,用精确的数据表示身体各部位的特征。要取得表示人体各部位体型特征的数据就要进行人体测量,这是正确把握人体体型特征的必要手段,也是进行服装结构设计的前提。

进行人体测量时,被测体一般采用直立或静坐两种姿势。直立时,两腿要并拢,两脚成60°角分开,双肩不要用力,头放正,两臂自然下垂,贴于身体两侧。静坐时,上身自然伸直与椅面垂直,两手平放在腿面上。

测量围度时，一般用软尺通过被测点沿身体表面绕一周，得出周长。如果身体表面有局部缺陷，则不必沿部位表面进行测量，只需正常过渡即可。其他部位应把软尺贴于表面，但不可过紧，如图1-7，测量时要注意被测者应保持自然状态，不要紧张用力，呼吸应平稳。

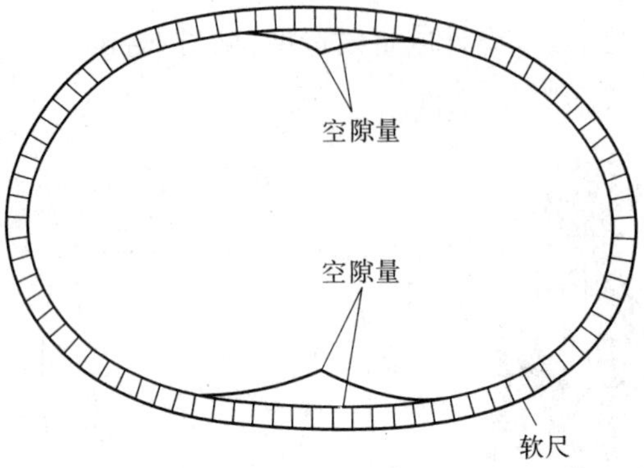

图1-7　测量方法平面图

(二)测量部位

人体测量项目是由测量目的决定的，根据服装结构设计的需要，人体测量的主要项目可分为17个，见图1-8。

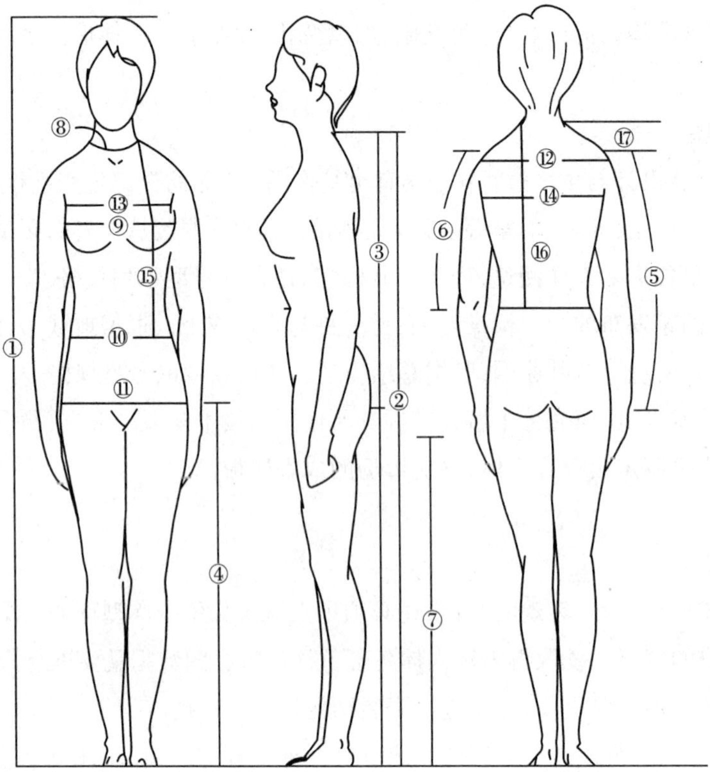

图1-8　人体测量方法

①总体高：人体赤足立姿时，头顶点至地面的垂直距离。

②颈椎点高：人体赤足立姿时，颈椎点至地面的垂直距离。

③上体长：自然坐姿时，颈椎点至椅面的垂直距离。

④下体长：从胯骨最高处，量至脚跟。

⑤全臂长：肩端点至手腕点的距离。

⑥上臂长：肩端点至肘点的距离。

⑦下肢长：以身高减上体长所得的数据。

⑧颈围：立姿时，在喉结下方 2cm 经第七颈椎点绕颈围量一周的长度。

⑨胸围：经乳头水平围量一周的长度。

⑩腰围：经过腰部最细处水平围量一周的长度。

⑪臀围：在臀部最丰满处水平围量一周的长度。

⑫总肩宽：左右两肩峰点之间的水平弧长。

⑬前胸宽：从右侧腋窝沿前胸表面量至左侧腋窝的水平距离。

⑭后背宽：从左侧腋窝沿后背表面量至右侧腋窝的水平距离。

⑮前腰节高：由肩颈点经胸高点量至腰围线的长度。

⑯后腰节高：由肩颈点经后背量至腰围线的长度。

⑰肩斜：颈椎点与肩端点之间的高度差。

(三)量体注意事项

1. 要观察体型特征(除正常数据外，还需量总肩宽、颈椎总高等)。
2. 问清什么季节穿？内套什么衣服(如套毛衫，则再加 3cm 毛衫量)？
3. 同样款式不同面料时，厚面料的要多加 1～2cm。
4. 松度与搭门的关系，面料厚则要增加搭门量，如双排扣西服加 0.7cm 就是这个原因。
5. 还要考虑加放松度与面料的缩水率。

第二节　服装制图基本概念及术语

一、服装基本概念

(一)服装结构

由服装外部廓形决定各部件的几何形态及相互组合的关系。服装结构是由服装的款式造型及实用功能性决定的。

(二)结构制图

通过对人体的测量，依据各部位的数据进行计算，在纸上或布匹上进行结构制图的描绘过程。

(三)平面构成

平面构成是目前常用的一种结构构成方法。通过分析设计图所要求的服装造型的结构形态、部位及数量的需求及吻合的关系,用图样形式表达的过程。

(四)立体构成

立体构成是将结构设计的裁剪工艺与空间造型相结合，直接在人体模型上裁剪完成的，把整体结构分解成基本部件的过程,称为立体构成。多用于悬垂、褶皱的处理和波浪线的设计等。

(五)基础线

在结构制图中,绘制基础的平行线、垂直线,如衣长线,裤长线等为基础线。

(六)轮廓线

勾勒服装或部件外部造型的线条,如底边线、袖口线等为轮廓线。

(七)结构线

结构线即裁剪线。在结构设计中,能引起服装部件内部或外部产生变化的缝合线统称结构线,如袖窿弧线、分割线、省道等。

(八)服装号型系列

服装号型系列是根据我国人体的主要部位尺寸为依据,对我国人体体型规律进行科学的分析,经过几年的实践以后所设置形成的国家标准。它所规定的人体各主要部位的尺寸,是对整个社会而言,具有规律性和代表性,它是作为成批服装生产时所必须考虑的尺寸。

(九)服装号型

服装号型是根据正常人体的规律和使用需要,选用具有代表性的部位经合理归并设置的。

(十)工序

工序指人、机器、材料、方法和环境对产品质量综合起作用的加工过程。

(十一)产品质量

产品质量指产品满足使用要求所具备的特征,即适用性、包括性能寿命、可靠性、安全性、经济性等。

(十二)技术标准

技术标准是衡量产品质量以及各项工作质量的尺度,又是企业进行生产技术管理和质量管理的依据。

(十三)工艺流程

工艺流程是指工业生产中从原料投入到出成品,通过一定的生产设备或管道连续地进行加工的过程。

(十四)工艺标准

根据产品加工工艺的特点,把加工工艺过程、工艺要素和有关工艺文件等通用性较强的技术要求,结合具体情况加以综合统一而形成的标准为工艺标准。

(十五)国家标准

对国家经济、技术发展有重大意义而必须在全国范围内统一的标准为国家标准。

(十六)拉布工艺标准

(1)按板片片数、面料幅宽、计算零料等合理用料。

(2)拉布三边要齐。

(3)板长的两头距漏粉边不得超过0.6m。

(4)有倒顺绒及特殊图案或有反正面的面料按照国家标准规定执行。

(十七)打号工艺标准

(1)校对交接单、责任单及板内要求,排好顺序号,做好记录。

(2)把各部件的规格集中查对。

(3)按原料、颜色、深浅面选择打号油墨、按指定位置打号,做到号迹清楚。

(4)对打号机跳号、漏号要及时补正,改号清楚。

(十八)排板工序工艺标准

(1)排板时根据面料色差程度,左、右身在一个方向排板,各零件、部件安放在左右身处排板。

(2)按计划单的包装要求、规格、数量搭配排板。

(3)各零部件的经纬向、各种标志的指向正确、清晰。

(4)要合理地运用布幅。

(5)排板时利用空隙提高板内利用率;降低消耗。

(6)零部件的拼接要按照国家标准执行。

(7)排板时面料的纱向要顺直,经纬向不得有偏斜。

(8)面料有反正面,特殊图案、倒顺绒毛的要顺身,对称排列。

二、常用服装术语

(一)结构术语

1. **门襟、里襟**　上、下装在中心线处或其他部位对开，左右或上下相叠。上层称门襟，即有扣眼的一侧衣片，下层称里襟，即钉扣的一侧衣片。

2. **搭门**　门襟、里襟重叠的部分。

3. **驳头**　衣身上随衣领一起向外翻折的部位。

4. **驳口**　驳头里口与衣领上口连折的部位。

5. **串口**　领面与驳头面的缝合处。

6. **摆缝**　前后衣身袖窿下面的缝。

7. **立裆**　腰上口至横裆之间的距离，即立裆。

8. **横裆**　立裆下部最宽处。

9. **省道**　指服装中要折进去的部分，沿其折线缝合并且至少有一端呈尖状。

10. **总肩宽**　以人体背部为测量部位，从左肩端点到右肩端点之间的宽度。

11. **过肩**　前后裁片在肩部对接结构线远离肩颈点，通常向前移位。其分割部位加结构线称为过肩线。

12. **领口**　又称领圈。以人体颈部的基本形态(颈部截面图)为依据，男性近似“柿”型，女性近似“桃”型。在制板中的弧型结构线，也是领部的基本结构线。

13. **止口**　指门襟的边沿。有直止口、圆止口。止口的处理通常有连折与接缝形式。

14. **困势**　裤后片后裆缝倾斜的程度。

15. **撇门**　上装中又称撇胸，是指领口外的搭门需要收进的地方。裤子中称撇腹，是指裤子前片的前裆需要收进的地方。

16. **肩颈点**　衣长线与领口宽线的交点称肩颈点。

17. **袖窿门**　俗称袖窿窝，是上衣前、后片缝合处的袖窿，它构成了袖根的横度、深度和弯度。

18. **前胸宽**　从左腋窝通过胸部量至右腋窝加放 2cm 松度。

19. **后背宽**　从背部左侧腋窝平量至右侧腋窝，加放 2cm 松度。

20. **单裁片**　织物的正面均向一个方向，将一件服装的左右两片分别裁出来称为单裁片。

21. **双裁片**　两层织物的正面相对，把一件服装的左右两片一同裁出来称为双裁片。

22. **褶**　指服装中要收进去的部分，并且在其折线中至少有一段不缝合。

(二)工艺术语

1. **辅料**　指做衣服时，除所用主料以外的其他材料，简称为辅料。

2. **缩水率**　织物被水浸湿或洗涤后，经、纬向出现收缩现象称为缩水，收缩的百分比数为缩水率。

3. **衩**　服装为使用方便或造型需要而设置的开口形式，如袖衩、裙衩。

4. **丝绺**　布料的经、纬向。

5. **归拔**　熨烫造型用语。归，将某部分缩短；拔，将某部分拔长。

6. **吃势**　把该部位缩短，如袖山。

7. **存势**　在缝制中把其中一层均匀缩短，不起皱，如领面、袋盖都留有存势。

8. **窝势、窝服**　自然朝里弯，朝下弯，如领面、袋盖，由于留有存势，会产生这种效果。

9. **胖势**　往外凸出、鼓出。

10. **戤势**　上装类背部两侧出现的竖形褶，便于手臂活动。

11. **翘势**　在平线口逐渐翘高，如后腰口起翘，下摆起翘。

12. **豁开**　前襟下摆处叠不拢。

第三节　制图符号及工具

一、制图符号

在服装工业进程的推动下，服装贸易日趋繁荣，企业间、国际间的技术交流频繁，生产模式或企业管理日渐成熟。服装企业的生产、质检、交流、贸易都需要规范化、国际化，使用统一、规范、系统的专业符号语言，以避免信息在传递中出现理解偏差或误导。

服装设计、制板及工艺在整个服装生产过程中，是相互依存、相互影响的整体。一款成衣在设计草图时期就开始使用了制图符号。制板中的结构图、工艺环节的工艺单、甚至到成品包装，都无法脱离制图符号的标识作用(参见表 1－1～表 1－6)。制图符号是以简单、准确的方式为服装提供着服务。

表 1－1　服装板型制图符号

名　称	符　号	说　　　　明
基础线	————————	细实线，表示各部位制图的辅助线
点划线	—·—·—·—	表示裁片连折不开剪
衬符号		表示衬的意思
斜向号		表示斜角面料
经向号		表示原料的纵向
明线号	- - - - - - - -	表示缉明线的标记
切割展开号		表示该部位需要进行分割并展开

续表

名　称	符　号	说　　　　明
影视线		用单短虚线表示叠在下层不易见到的轮廓线
直角号	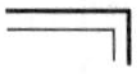	制图中经常使用，两线相交呈 90°
距离线		表示纸样中某部位起点和终点的距离
净缝线		用长虚线表示，线条宽度是粗实线的一半
罗纹号	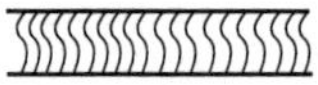	是缝制橡皮筋或罗纹的标记，也称松紧带号
贴边线		用单点划线表示，宽度与粗实线相同
轮廓线		又称裁剪线，用粗实线表示，通常指纸样的制成线，按照此线裁剪
等分线		表示将某部位划分成若干相等距离
重叠号	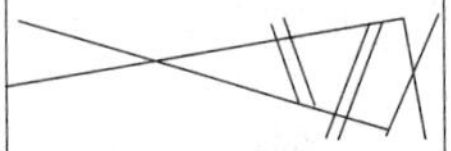	表示相邻裁片重叠共用的部分
相同号	○ ● □ ■ ◎	表示裁片某部位相等
省略号		省略长度的标记
拼合号	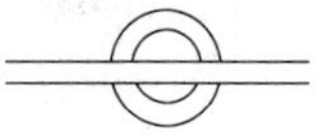	需要将两部分拼接，从而产生所需的裁片，而该裁片通常无法直接裁剪

表 1-2　服装洗涤、熨烫使用符号

洗涤、熨烫符号	说　　　　明
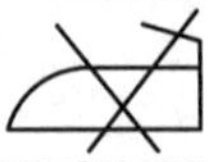	表示不能熨烫
	表示可以用洗衣机洗。波纹以下的数字代表水的温度，波纹以上的数字代表洗衣机速度
	表示不能干洗
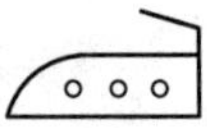	表示可以熨烫
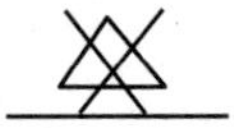	表示衣服不可使用含氯成份的漂剂

续表

洗涤、熨烫符号	说　　　明
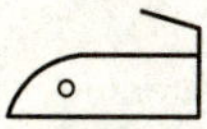	表示可以熨烫，一个圆点表示温度可达到100℃
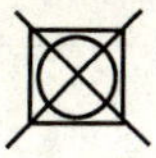	表示不能用洗衣机洗
	表示可以干洗
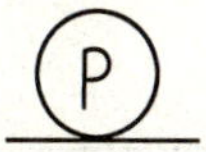	表示干洗时要加倍小心

表1-3　常见缝型净板加放

名　称	缝纫符号	说　　　明
合　　缝	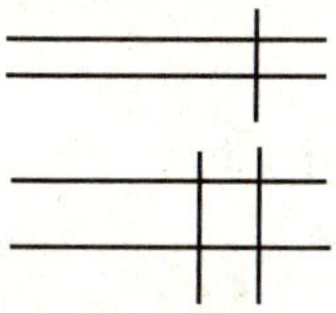	单线切边，分缝熨烫 三线包缝 四线包缝 五线包缝
双 包 边	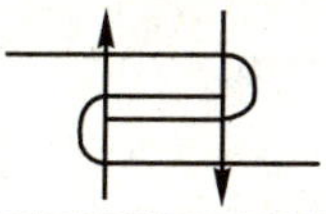	多用于双针双链缝
折边(缲边)		多用于锁缝线迹或针线迹符号，分毛边和光边两种
来 去 缝	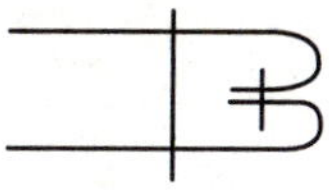	多用于轻薄面料或易脱散面料
滚　　边	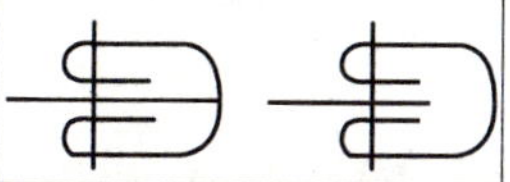	分实滚边和虚滚边，常用于链缝线迹
双针绷缝		多用于针织面料的拼缝
线 钉 针		常用于若干层裁片之间同一位置的符号
纳　　针		用于纳缝部位的符号、如西服驳头等
杨 树 花		手缝工艺的一种形式，也可用特种机代替

续表

名　称	缝纫符号	说　　　明
锁　眼	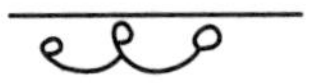	包括任何部位的锁眼标记,如面料缕空的锁眼具有装饰性
钉　扣		表示需钉扣的部位
锁　针		表示用于扣眼的锁针针形

表 1－4　纸样生产符号

名　称	符　号	说　　　明
熨烫号		表示熨斗前进方向
顺向号		按一个方向不能颠倒,箭头方向为顺毛方向
拔开号		表示将面料拔开
扣位	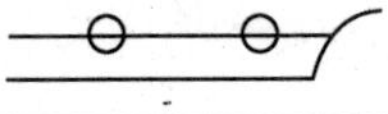	衣片钉扣的位置
净样	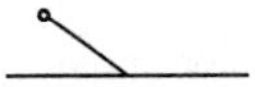	主要用于无画线的衣片板型或纸样作提示图
省道	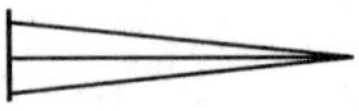	按线全部缉缝
吃势号		表示将面料吃进
布纹号		两端箭头指向衣料经向
对折号	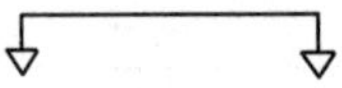	不可裁剪符号
拼接号	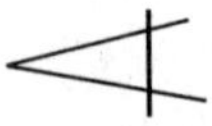	表示部件的拼接,如挂面等
对条号	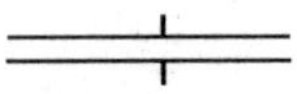	表示相关裁片有对条纹要求,符号与条纹的经纬向一致
对花号		表示相关裁片有对图案、花形的要求

续表

名称	符号	说明
对格号	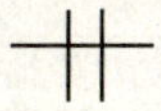	表示相关裁片有对格纹的要求
缩缝号	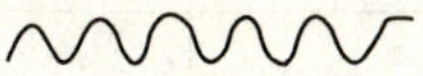	表示裁片局部有抽缩要求或有吃份要求
归缩号		归拢符号，表示裁片局部有熨烫归拢要求
剪口号		又称对位符号，表示相关若干裁片与某部位对齐
拉链号	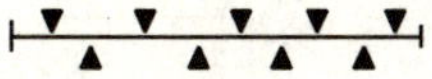	表示安放拉锁的部位
枣核省 丁字省 宝塔省	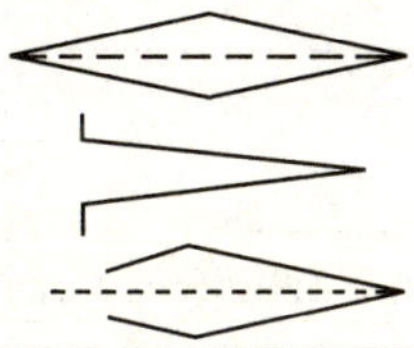	表示裁片某部位有省道，省道符号形状决定工艺形式，并决定应用部位
裥 暗裥 明裥	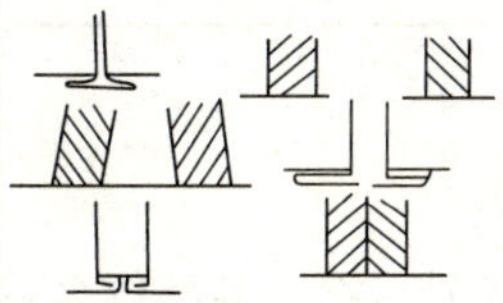	表示裁片某部位有褶裥，其符号形状决定工艺形式

表1-5 常见织物的缩水率

衣料		品种	缩水率（%）	
			经向（长度方向）	纬向（门幅方向）
印染织物	丝光布	平布、斜纹、哔叽、贡呢	3.5～4	3～3.5
		府绸	4.5	2
		纱（线）、卡其、纱（线）华达呢	5～5.5	2
	本光布	平布、纱卡其、纱斜纹、纱华达呢	6～6.5	2～2.5
	防缩整理的各类印染布		1～2	1～2
色织棉布		男女线呢	8	8
		条格府绸	5	2
		被单布	9	5
		劳动布（预缩）	5	5
呢绒	精纺呢绒	纯毛或含毛量在70%以上	3.5	3
		一般织品	4	3.5
	粗纺呢绒	呢面或紧密的露纹织物	3.5～4	3.5～4
		绒面织物	4.5～5	4.5～5
	组织结构比较稀松的织物		5以上	5以上
丝绸		桑蚕丝织物（真丝）	5	2
		桑蚕丝织物与其他纤维交织物	5	3
		绉线织物和绞线织物	10	3

续表

衣　料	品　　种	缩　水　率（%）	
		经向(长度方向)	纬向(门幅方向)
化纤织品	粘胶纤维织物	10	8
	涤棉混纺织物	1～1.5	1
	精纺化纤织物	2～4.5	1.5～4
	化纤仿丝绸织物	2～8	2～3

表1-6　各种纤维织物的熨烫温度

纤　维	熨烫温度(℃)	备　　注
棉、麻织物	160～200	喷水可适当提高湿度
毛织物	120～160	反面熨烫
丝织物	120～140	反面熨烫，不能喷水
粘胶纤维织物	120～150	
涤纶、锦纶、腈纶、维纶、丙纶织物	110～130	维纶面料不能用湿的烫布，也不能喷水熨烫，丙纶必须垫用湿烫布
氯纶织物	不能熨烫	

二、服装制图部位名称与代号

为方便制图和读图，必须掌握服装制图各部位的名称和代号。衣片各部位名称见图1-9。

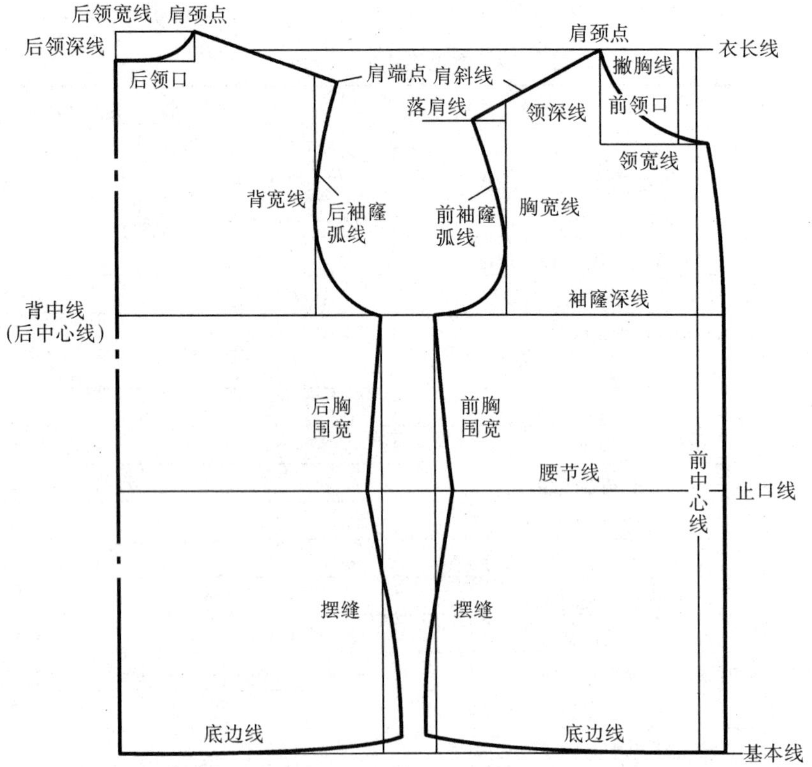

图1-9　衣片各部位名称平面图

国际上以该部位的英文单词的第一个字母作为部位代号，见表1－7。

裤子的各部位名称见图1－10。

表1－7　服装各部位代号

序　号	部　位	代　号	序　号	部　位	代　号
1	衣　长	D	12	臀围线	HL
2	裤　长	T	13	中臀围线	MHL
3	裙　长	SK	14	膝围线	KL
4	袖　长	SL	15	袖肘线	EL
5	胸　围	B	16	肘　点	EP
6	臀　围	H	17	袖窿弧线	AH
7	腰　围	W	18	肩　点	SP
8	总肩宽	S		前颈点	FNP
9	领　围	N	19	肩颈点	SNP
10	胸围线	BL		后颈点	BNP
11	腰围线	WL	20	胸　点	BP

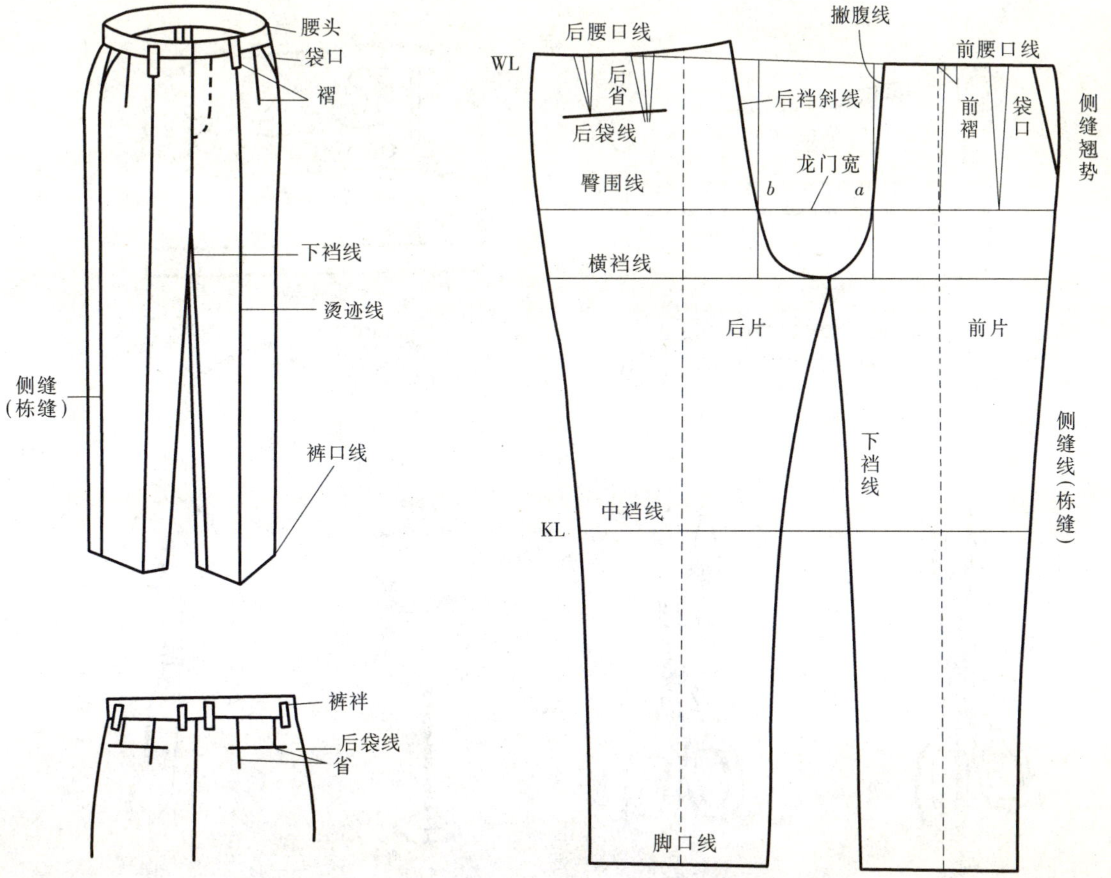

图1－10　裤子各部位名称平面图

三、常用工具(图 1－11)

1. **软尺** 一般以米制为单位,材质多为塑料,又称皮尺。量身时尺寸一定要准确,尺子使用一段时间以后,要检查刻度是否准确,如皮尺老化、变形等需及时更换。

2. **直角尺** 一角为 90°的尺子称为直角尺,可绘画垂直或相交的线段,长度一般为 50cm,还可以在画长度直线和缝纫时使用,画裤子、西服驳头、侧缝线、西服圆翘、直角线等最佳。

3. **弯尺** 可画大直径曲线,两侧的曲线各不相同,呈放射线形状,可变化出各种曲线,多用于西服驳头、领样、开剪线、袖片内外缝曲线等。

4. **万能尺** 可画前后小肩线,前后衣片袖窿弧线、大袖的袖山弧线、插肩量角度等。

5. **推板放码尺** 在服装厂技术人员打板、推板、放码时使用,也可当直尺裁剪使用。

6. **弧专用尺** 可画袖窿上的斜线开剪线、前后衣片袖窿弧线、小袖袖山弧线等。

7. **花齿剪** 刀口成锯齿形的剪刀,主要用于布边剪成三角形花边,多用于剪布样。

8. **裁剪剪刀** 剪切纸样或衣料时用,剪刀刀身长,剪刀柄短。

9. **人台** 有半身或全身的人台模型,主要用于造型设计、立体裁剪、样衣修正等。

10. **擂盘** 做标记的工具,其滚动时留下点状痕迹。

以上这些常用工具的实际应用请参照图 1－12。

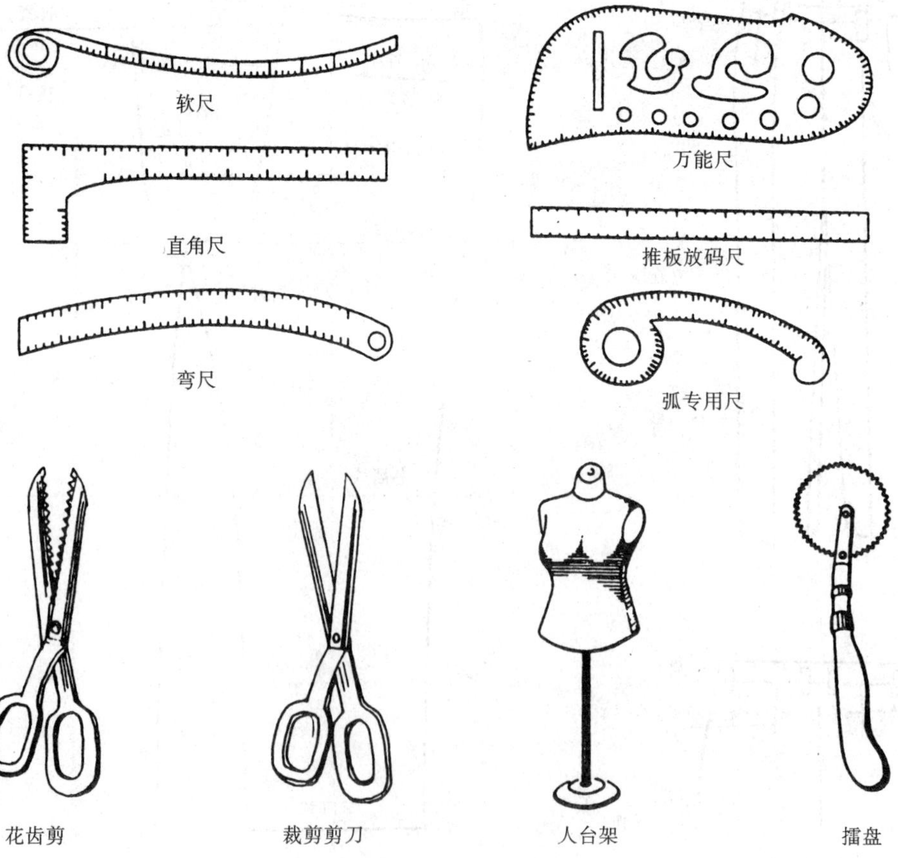

图 1－11 常用工具

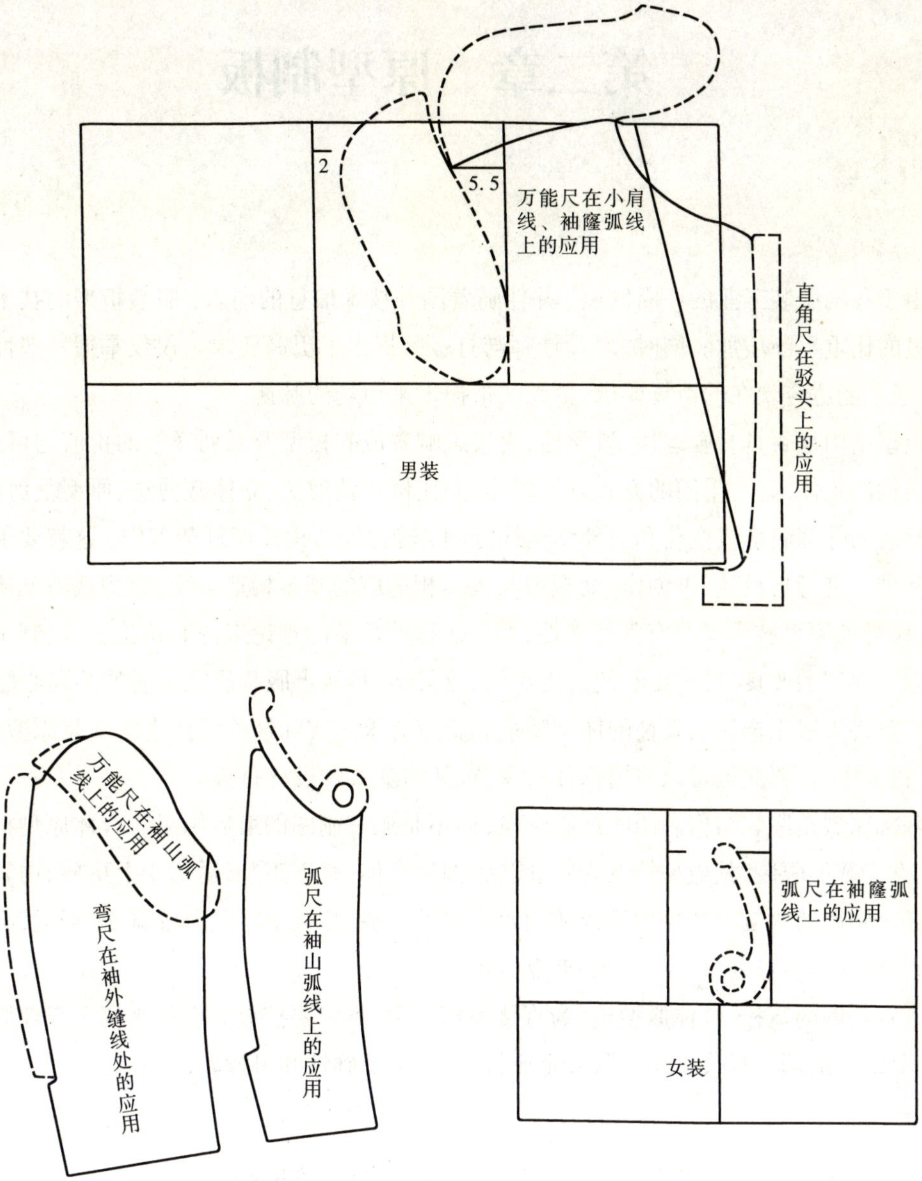
2
5. 5
万能尺在小肩线、袖窿弧线上的应用
直角尺在驳头上的应用
男装
万能尺在袖山弧线上的应用
弯尺在袖外缝线处的应用
弧尺在袖山弧线上的应用
弧尺在袖窿弧线上的应用
女装

图 1－12　工具尺的应用

第二章　原型制板

由于我国服装工业的不断发展，并伴随着国外技术信息的涌入，服装板型的技术含量及科学含量的比重不断增加。同时，对设计师与打板师提出了更高要求。仅仅掌握一般性的结构理论，已经不能适应现在的市场要求，更无法把握未来市场的脉搏。

板型结构是否具有合理性、科学性，直接影响着成衣板型及系列样板的价值与可用性。对于衣身结构的主体部位，采用的方式方法较多，如比例式裁剪法、立体裁剪法、原型裁剪法等。

女装的外部轮廓线变化和内部结构线分割、转化等结构处理复杂多样，这就要求在某一板型的基础上进行再设计、再创作。而板型与人体相适应的基本构造不变，原型裁剪就体现了这一特点。国外的原型技术又具有其特殊性，如二次括放数值的理论来源有待论证，限制了实际应用及掌握。原型的改良、技术更新使之更实用、更科学，是从事服装研究学者的共同心愿。

本章将讲解根据我国女性的体型特征和企业需求的实际经验而产生的女装原型。在长期地使用、检验中，证明此板可以应用于任何季节、任何款式的设计打板。

基础原型是服装结构制图的过渡阶段，而不是服装制图的最后结果。合体原型板适用于女西服、女套装类服装，其板型特点为胸、腰、臀部位合体，属于正装，适用于上班族、白领阶层等在正式场合穿用的服装。宽松原型板适用于休闲类服装，其板型特点为较宽松、舒适，胸、腰、臀部位与人体有一定宽松度，如牛仔服、夹克、衬衫等。

本章讲解的宽松、合体原型板，为直接使用原型，不需要扩放。它是来源于企业服务于企业的实用原型，适用于现代工业化服装企业打板，具有准确性和可操作性。

第一节　合体原型制板

一、合体原型制板

如图 2－1 所示，该板型的基本计算尺寸为胸围、背长、领围尺寸（表 2－1）。

表 2－1　制板规格　　单位：cm

部位名称	胸围	背长	领围
量体净尺	84	36	36
加放松度	+8	+3.5	+2
成品尺寸	92	39.5	38

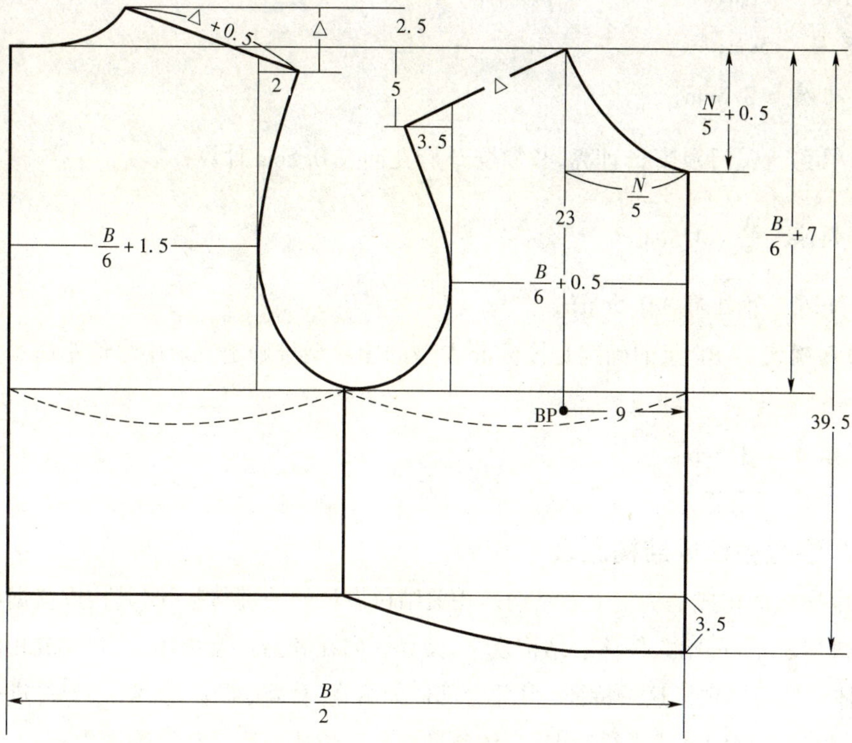

图 2-1 合体原型结构图

本规格尺寸适用于中国及亚洲地域的标准 A 型体。板型采用中号规格，制定半胸样板。成品胸围以净胸围加放 8cm 松度为标准，并以成品胸围尺寸为基本换算单位，通过加减系数制板。

二、合体原型板制图步骤

1. **先作一长方形** 作长度为$\frac{B}{2}$，高度为背长的长方形。确定长方形左端为后衣片，右端为前衣片，长方形左右两端边线分别为前、后中心线。

2. **袖窿深** $\frac{B}{6}+7$cm；

3. **前胸宽** $\frac{B}{6}+0.5$cm；

4. **背宽** $\frac{B}{6}+1.5$cm；

5. **侧缝线** $\frac{1}{4}$胸围；

6. **后领深** 2.5cm；

7. **后落肩** 4cm；

8. **后冲肩**　2cm；

9. **前落肩**　5cm；

10. **前冲肩**　3.5cm；

11. **前领宽**　关门领按$\frac{N}{5}$计算，驳领按$\frac{1}{2}$胸宽向左0.5cm计算；

12. **前领深**　$\frac{N}{5}+0.5cm$；

13. **后小肩**　前小肩+0.5cm；

14. **胸点确定**　BP点的确定是按标准A型的国家型号确定。取中号值距肩颈点23cm，距前中心9cm；

15. **下落量**　3.5cm。

三、合体原型各部位结构原理

衣身基本样板的构成是决定上装结构及相关结构设计的关键与基础。其构成依据与人体体表及其活动规律密不可分。人体体表结构复杂，又具有内在和谐性及规律性，并构成相对应的比例关系。合体原型板体现了这一特征。其关键部位如胸宽、背宽、袖窿、领宽、小肩等进行合理的结构处理，并固定成比例公式进行制图。合体原型板各部位放松度设计以胸围为核心。胸围松度的加放量决定成品胸围的规格，松度是服装与人体留出的活动空间，以提高服装的舒适度。女性体表起伏较大，造型以曲线为主，结构相对复杂，合体原型板中，下落量的设计既是针对样板由平面向立体变化的使用量。

(一)基本样板以六分法分配的理论根据

衣身基本样板多采用比例式裁剪法。而比例公式的确定又决定着该板型的合理性与精确性。如图2-2所示，如果把人体看作是长方形，共由六个面组成，那么前胸宽约占人体总围度的$\frac{2}{6}$；背宽约占人体总围度的$\frac{2}{6}$；袖窿宽即人体厚度约占人体总围度的$\frac{2}{6}$。由此可证明胸宽、背宽的制板公式确定为$\frac{B}{6}$计算的科学性。用$\frac{B}{6}$比例制板与人体的自然分配比例最接近，误差最小，只有用六个面计算分配板型尺寸，才与人体体块成正比。平面展开图为基本样板原型，如图2-3所示。

而我国较早流传的制板方法是以$\frac{B}{5}$分割板型，人体是由前后中心线向左右绝对对称的。以五个面分割板型包装人体，势必造成前胸宽过宽，袖窿变窄。要想保证袖窿弧长，只有开深袖窿，这样就会形成远离腋窝的弊病，手臂抬高受限。以5分法计算的板型，前胸、后背、袖窿宽相加大于半胸围。而采用$\frac{B}{6}$计算与半胸围相吻合。以成品胸围90cm为例，如图2-4所示。

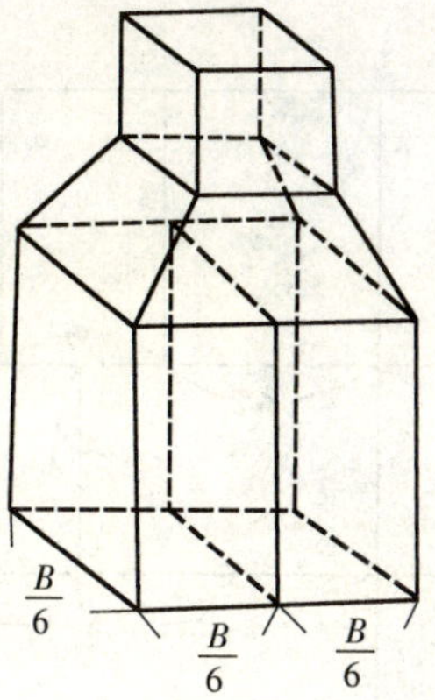

图 2－2　胸围比例分配的立体图

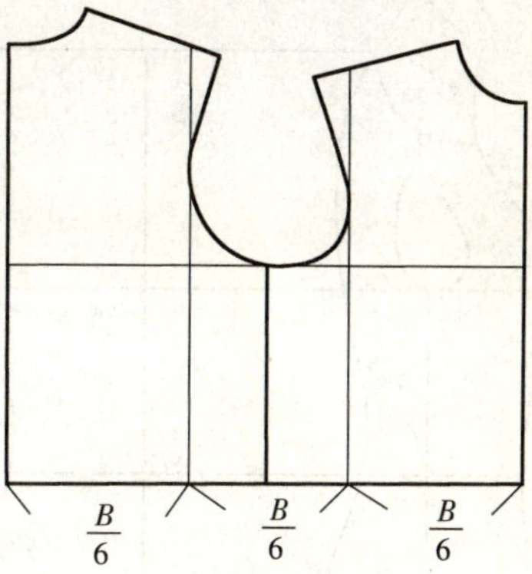

图 2－3　胸围比例分配的平面图

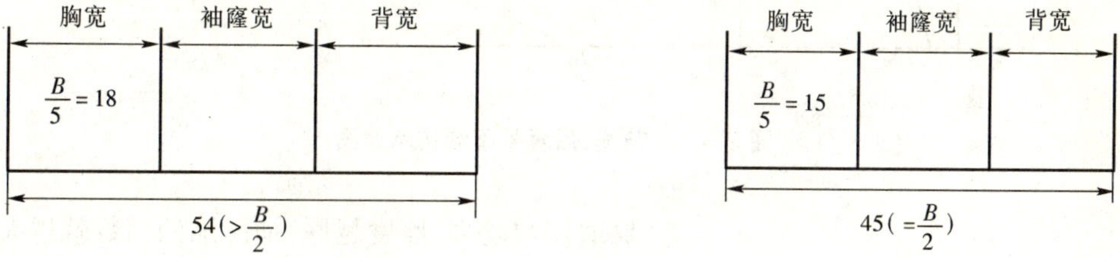

图 2－4　胸围比例示意图

(二)前胸、后背、袖窿的结构原理

由于体型的不同,人体的宽度与厚度比例也各不相同。在正常情况下,标准体也会出现服装结构与人体的误差。人体对服装结构的要求并不绝对准确。对要求合体较高的服装,如女西服等,胸宽、背宽最大不能大于人体实际宽度 4cm。如果服装与人体的误差能保持在上述误差范围内,就不会出现板型弊病。合体原型板的衣身围度分配比例与人体直立的各部位比例最接近。

人体的前胸宽、背宽与人体厚度(即袖窿宽)之间绝非相等的关系。将人体总围度的量进行分配,要在 6 分法的基础上通过系数来调整。系数的应用是由人体决定的。人体的背宽要大于胸宽,并且人体是向前运动,躯体向前弯曲。所以,在制板中,背宽要大于胸宽,人体厚度要小于胸宽。以成品胸围 90cm 为例:胸宽为$\frac{B}{6}+0.5cm=15.5cm$,背宽为$\frac{B}{6}+1.5cm=16.5cm$;袖窿宽为$\frac{B}{6}-2.5cm=13.5cm$;彻底达到 $+2-2=0$ 的标准,如图 2－5 所示。

(三)合体原型袖窿深的设定

合体原型袖窿深的设定为$\frac{B}{6}+(6\sim7cm)$。应根据南北方地域的气候与着装习惯决定,服装

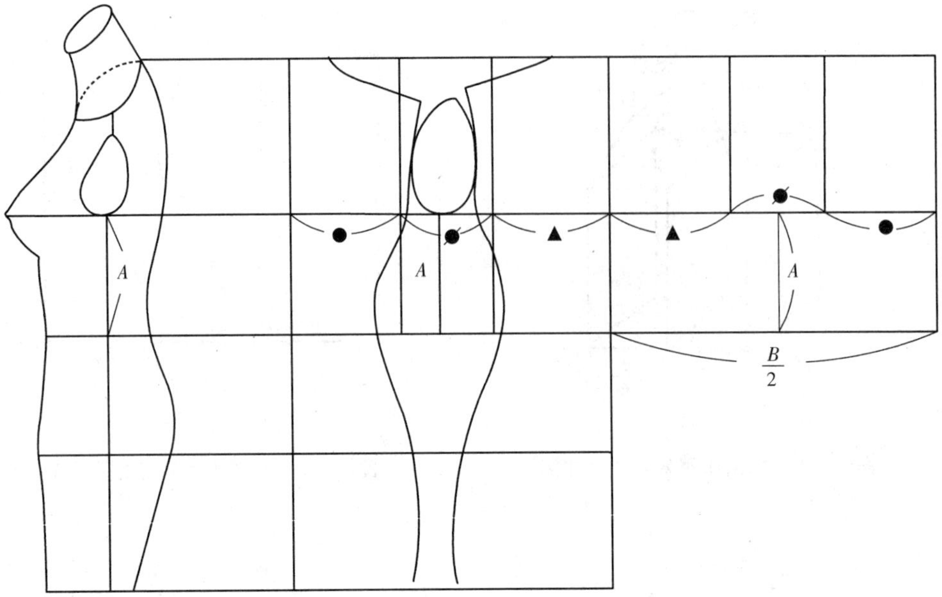

图 2 –5　前胸、后背袖窿结构示意图

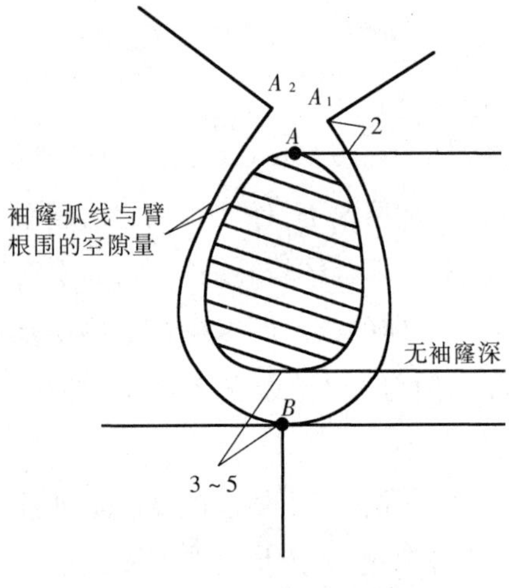

图 2 –6　袖窿的平面图

穿着层数越多，厚度越厚，袖窿加的系数就越大。就合体原型板而言，南方穿着较薄的内衣、袖窿深加 6cm；北方穿着较厚的内衣，袖窿深加 7cm。如果袖窿深的设定不准确，将会造成服装弊病。夏季或冬季服装袖窿深也要做加大或减小的调整。如图 2 – 6 中 A_1A_2 点缝合为 A 点，AB 为实用袖窿深。常规服装板型不超过此深度，特殊款式应根据设计师意图而定。

1. 人体腋窝为无袖的袖窿深一般为 17 ~ 20cm。

2. 人体腋窝下 3cm 为连衣裙或夏季套装的袖窿深。

3. 人体腋窝下 5cm 为西服或春秋套装袖窿深。

4. 人体腋窝下 6cm 为大衣袖窿深。

(四)合体原型前后落肩的确定

落肩线是按人体肩斜度来确定的，但与小肩线长度有关，如果胸围规格小，小肩线短。正常人体肩斜度为 20°，反映在制板中前落肩为 5cm，后落肩为 4cm(包括肩垫厚度)。如果不放肩垫可加大 1cm，前落肩为 6cm，后落肩为 5cm。净胸围 80cm 时前落肩为 5cm，后落肩为 4cm；净胸围 84cm 时前落肩为 5. 2cm，后落肩为 4. 2cm。落肩线的变化与调整幅度很小，见表 2 – 2，但不做调整会在背部出现斜褶，落肩的确定如图 2 – 7 所示。

表 2-2

单位:cm

胸围	80	84	88	92	96	100
前落肩	5	5.2	5.4	5.6	5.8	6
后落肩	4	4.2	4.4	4.6	4.8	5

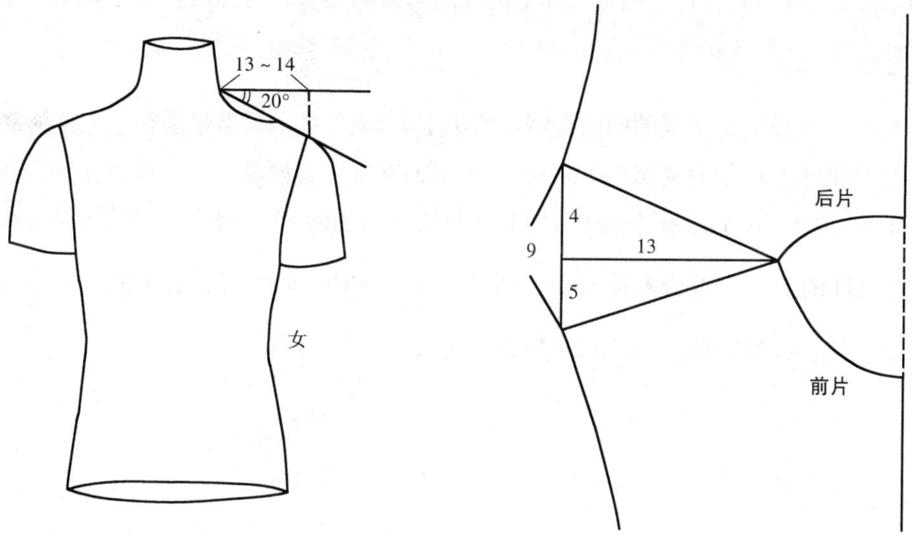

图 2-7 确定落肩的示意图

(五)下落量的制板说明

女性胸部形状为曲线造型，由于乳峰使胸部增厚,造成前衣加长。如果在腰节部位做水平处理,前片由肩颈点至腰节距离"■"减肩颈点至后腰节距离"⊙"(■-⊙=ϕ)。差量 ϕ 为下落量数值。在服装工业制板中,下落量数值是通过测量大量标准 A 型体人体总结出来的。计算下落量的计算方法是按净胸围的 4% 确定。一般正常体为 3cm;比较瘦或胸部扁平的人体为 2~2.5cm;而体胖胸高的人体为 4cm。标准 A 型体下落量的规格如图 2-8、表 2-3 所示。

表 2-3

单位:cm

净胸围	80	84	88	92	96	100
下落量	3.2	3.3	3.5	3.7	3.8	4

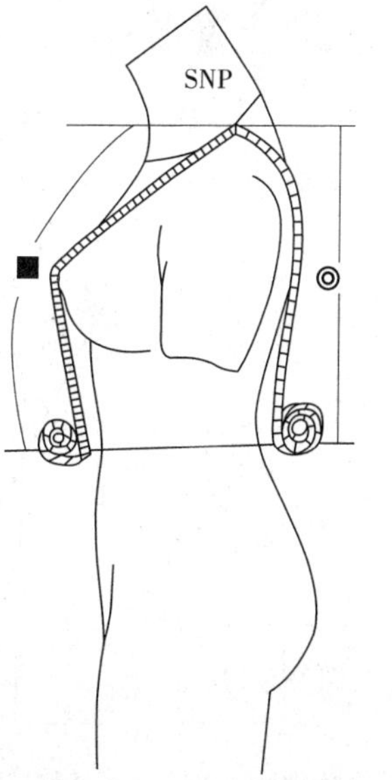

图 2-8 下落量原理示意图

(六)原型板领宽的制板原理

领宽的结构处理,不仅影响领部造型,同时影响肩部及衣片胸部的服帖程度。人体颈部的形状是一个不规则的圆柱体,上细下粗。女性颈部约向前斜倾 19°,颈根部位与颈中部的围度一般相差 2.5~3cm。人体颈部的截面形状因性别而不同,女性颈根截面近似“桃”型,这种特征反映在领结构中为横向开宽小于纵向开深。领宽的变化在制板当中通常有两种变化形式,一种是关门领,一种是驳领。

关门领领宽以横向直径两端与人体上的左右肩颈点相重合为标准,与人体颈部相吻合,其计算公式为$\frac{N}{5}-1$。

驳领领宽的处理,是由驳领的结构特点所决定的。驳领的前段造型服帖于人体胸部,后领有领座,形成前低后高的倾斜式领型。由于驳领的里面通常穿着硬领衬衫,所以它的领宽设计要比常规关门领开宽 0.7~1.5cm,如图 2-9(1)所示为关门领的 SNP。由于驳领的前段与衣片相连,翻折线在肩部的切点应符合人体正面与肩部的交点 SNP。归纳成计算公式应按$\frac{1}{2}$胸宽向左 0.5cm 的位置定为驳领领宽。如图 2-9(2)所示。

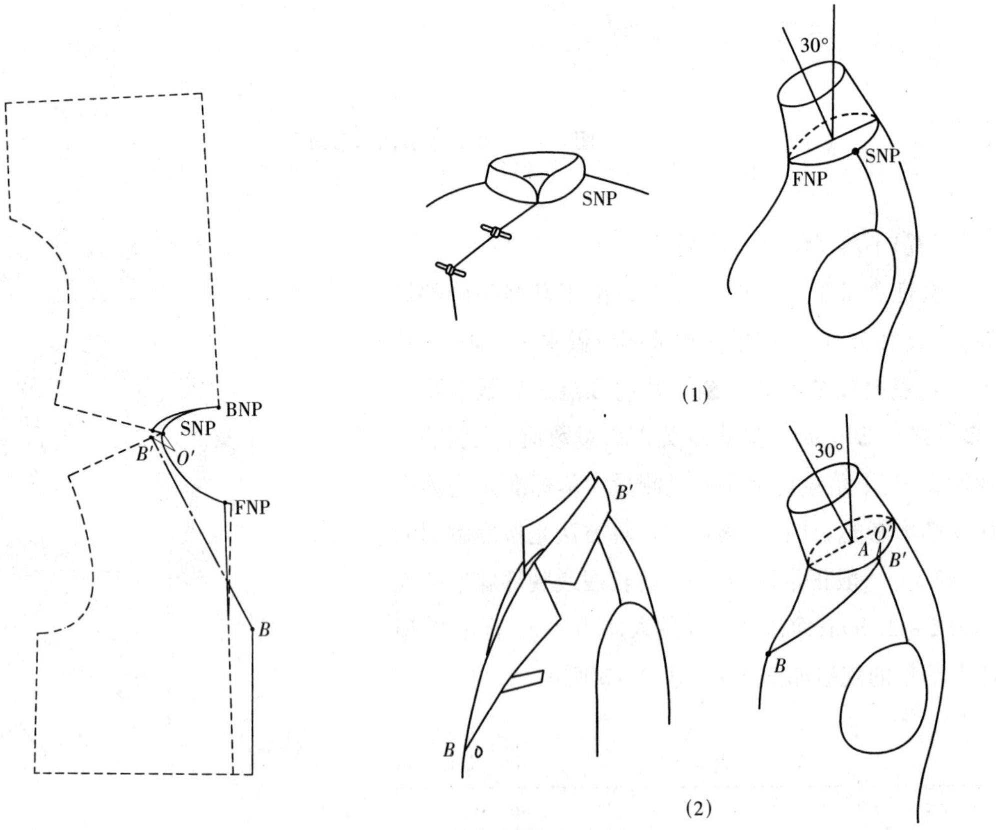

图 2-9　原型板关门领领宽原理示意图

(七)领深的确定

1. 在制板当中，领深的确定要根据款式的需要决定，一般领深大于领宽。女性颈部向前倾斜的角度为19°，人体大多数时间向前曲伸。要求领深的最小数要达到颈根部领弧线即基本领窝点，按标准领围计算可用$\frac{N}{5}+0.5\text{cm}$，8cm左右为关门领领深，如衬衫领、中式领等。

2. 立翻领领深可根据基本领窝线设定，可逐渐加深，一般不超过13cm。如夹克衫、大衣等。

3. 驳领领深要根据扣位的数量而定。扣位越少，领深数字越大；扣位越多，领深数字越小。一般一粒扣领深为13cm，两粒扣领深为10cm；三粒扣领深为8cm；四粒扣领深为6cm。领深数字越小，领角位置越偏上。串口线斜度越平直或发展成向上倾斜，款式就越加休闲，如图2-10所示。

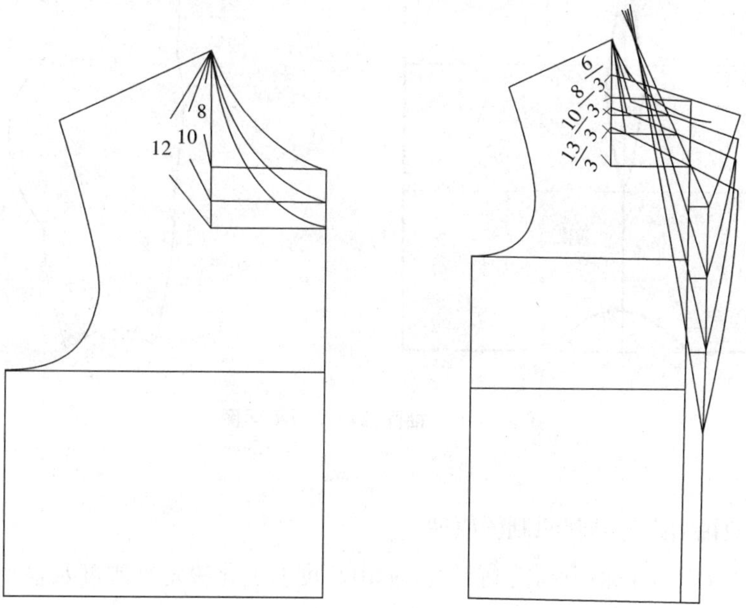

图2-10　领宽确定示意图

(八)袖窿弧线的制板原理

袖窿弧线为净份袖窿周长，不包括袖窿省量。不同的款式造型决定其袖窿的形状，并决定袖窿弧线的长度。袖窿的基本形状来源于人体腋窝的横截面形状。袖窿弧线的长度影响袖片肥度、袖山高度。

袖窿弧线越长，弧线密度越平直。离人体胸宽、背宽、腋窝越远，也决定袖窿宽度越窄，低于人体厚度。深度增加比例大，与之相对应袖片肥度增加，袖山高度减小。这类袖窿增加了人体的活动幅度，常用于宽松类服装，如运动服、夹克等。

袖窿弧线越短，弧线弯度越凹，袖窿形状越接近人体腋窝部横截面，袖窿宽符合于实际人体厚度及松量。与之相关的袖片肥度减小，袖山高度增加，常用于套装的制板。

合体原型袖窿弧线长度按$\frac{\text{成品胸围}}{2}$确定。

胸围加放松度较大的休闲款板型，可按成品胸围$\frac{1}{2}$ –（1～2cm）确定，如图 2 – 11 所示。

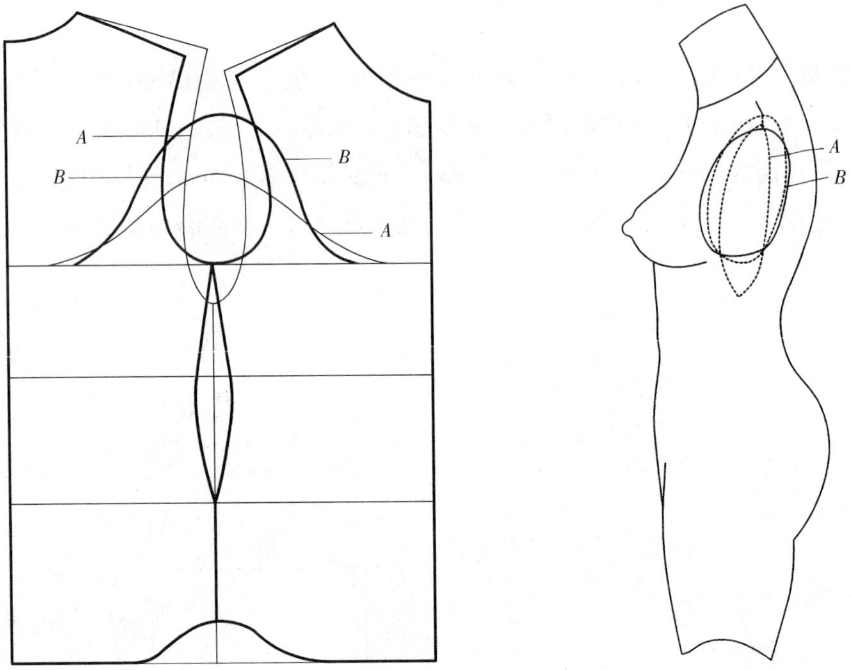

图 2 – 11　袖窿弧线制板平面图

（九）合体原型袖山高与袖肥的制图原理

衣袖制图的关键反映在袖山高的确定上。袖山高度的变化决定袖肥度及整个袖的造型。袖山与袖肥的制定又要依据袖窿的造型而定。袖窿的结构形状决定衣袖的贴体及舒适程度。细长型（枣弧型）袖窿配低袖山高、袖肥大的袖板，其宽松、舒适度高，造型感低。椭圆型（腋窝截面型）的袖窿匹配高袖山、袖肥小的袖板，其造型感强，宽松度、舒适度低。塑造不同的袖型有不同的袖山高与袖肥。其规律为袖山越高，袖肥越小；袖山越低，袖肥越大。衣袖与袖窿绝非简单缝合对接的关系。简单依据这一反比关系并不能保证袖山、袖肥、袖窿的结构合理性。例如：采用合体原型女西服板的袖窿，如果先确定袖山值，则无法得到最理想的袖肥数据。制图时，应首先考虑衣身板型特征及袖窿的形状特征。可采用袖窿弧配袖的方法，决定袖山高与袖肥的比例。这样，才能达到袖与衣身在结构上合理统一。其计算方法为：合体原型，瘦袖型袖板按$\frac{B}{5}$ – 2cm 为袖肥数值。常用袖肥数值按$\frac{B}{5}$ – 1cm 计算。袖山高的确定，计算方法为：实量前后袖窿弧（去掉省份），分别以袖肥线两端向中心相交，交点为袖山高点，见图 2 – 12。

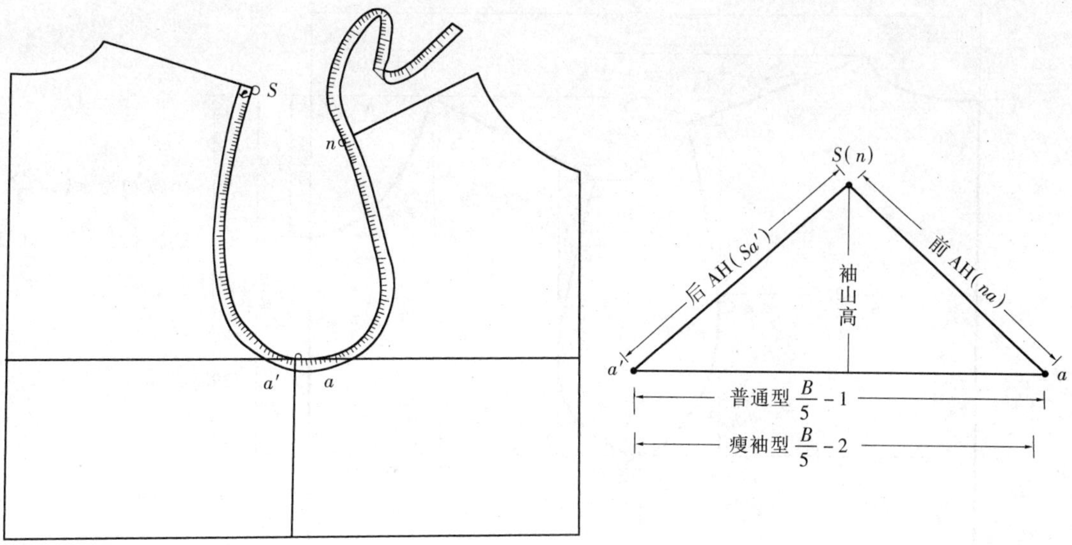

图2－12　袖山高与袖肥制板示意图

第二节　宽松原型制板

一、宽松原型制板(图2－13)

该板型的基本尺寸为胸围、背长、领围。本规格尺寸表(表2－4)来源于中国及亚洲国家,最具代表性的标准A型体。板型采用中号规格，制定半胸围样板。成品胸围尺寸以净胸围加放10cm松度为标准。并以成品胸围尺寸为基本换算单位,通过加减系数结构制板。

表2－4　制板规格　　单位:cm

部位名称	胸围	背长	领围
量体净尺寸	84	36	37
加放松度	+10	+3.5(下落量)	+2
成品尺寸	94	39.5	39

1. **作长方形**　作长度为$\frac{B}{2}$,宽度为背长的长方形。确定长方形左端为后衣片,右端为前衣片,长方形左右两端边线,分别为前后中心线。

2. **袖窿深线**　$\frac{B}{6}+8cm$;

3. **前胸宽线**　$\frac{B}{6}+1.5cm$;

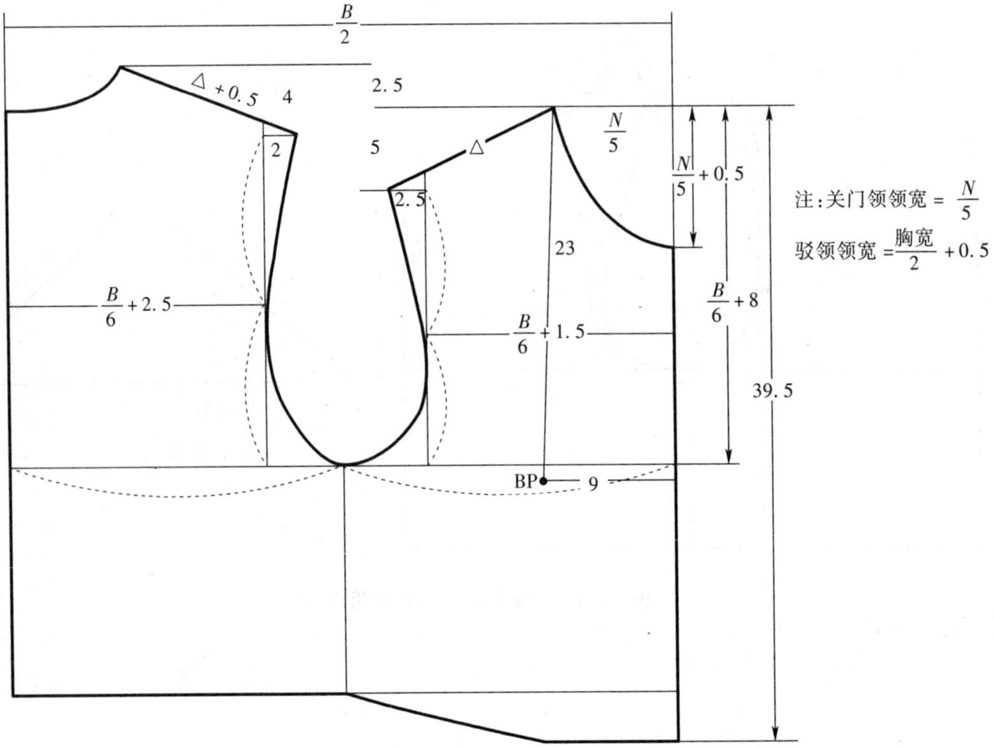

图 2－13　宽松原型板制板

4. **背宽线**　$\frac{B}{6}+2.5$cm；

5. **侧缝线**　$\frac{1}{4}$胸围；

6. **后领高**　抬高 2.5cm；

7. **后落肩**　4cm；

8. **后冲肩**　2cm；

9. **前落肩**　5cm；

10. **前冲肩**　2.5cm；

11. **前领宽**　关门领$\frac{N}{5}$，驳领$\frac{1}{2}$胸宽向左 0.5cm；

12. **前领深**　$\frac{N}{5}+0.5$cm；

13. **后小肩**　前小肩 +0.5cm；

14. **胸点确定**　BP 点高、乳距按测量值。*A* 型体中号 BP 点高为 23cm，乳距为 9cm。

二、宽松原型各部位制板原理

衣身基本样板的设定，不应只局限在单一的形式中，一种基本型不可能是万能的。在千变万化的服装王国里，服装板型在结构上的反差很大。同一部位，绝非同一线条，同一数据。那么，相对变化程度在同一范围内的板型可使用某一种原型。如果成衣样板与原型板反差过大，在制板中，各部位均需调整。各部位调整的数据又无法准确掌握，那么也就失去原型的方便性及准确性。所以，复杂、繁琐的重复修改制板方法，并不适应企业现代化工业生产。服装品种虽然变化多端，但将其归类总结并不难。根据成衣的品种、功能、宽松度等可总结出合体型、宽松型及休闲型。针对以上特点产生出合体原型板和宽松原型板。合体原型板适用于女西服、女套装正装，宽松原型板胸宽、背宽及袖窿深离人体前胸、后背、腋窝点较远，适用于女衬衫、牛仔服、风衣等的设计，在女装制板中应用较广。

（一）宽松原型袖窿深线的制板原理

宽松原型板的袖窿深线离人体腋窝点的距离是4~6cm。袖窿深计算公式为$\frac{B}{6}+7$cm；$\frac{B}{6}+8$cm。南方地区企业及北方夏季服装在制板时常用$\frac{B}{6}+7$cm确定袖窿深，符合单层服装与贴身服装的要求。北方春、秋、冬季的成衣制板应采用$\frac{B}{6}+8$cm来确定袖窿深，符合成衣内层加衬衣及套穿较厚衬衣的结构要求。袖窿深设定的失误所造成的服装弊病，其可修复性、可调整较低，见图2-14。

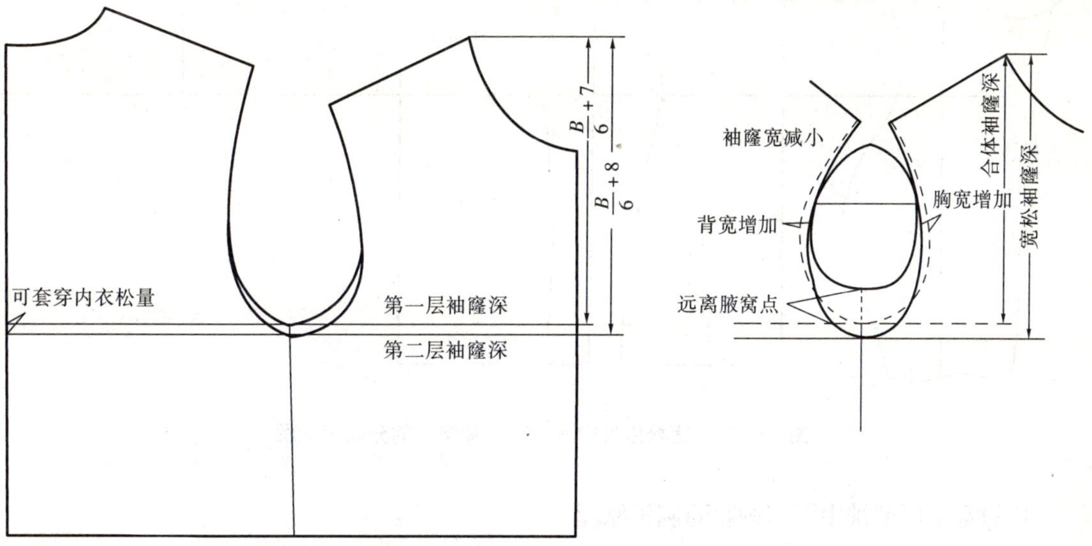

图2-14　袖窿深制板原理示意图

(二)宽松原型胸宽、背宽、袖窿宽的结构原理

宽松原型板的结构特点,主要反映在胸宽、背宽、袖窿宽的结构关系上。依据人体腋窝的横截图对比而言,宽松原型板在半胸围分配比例中增加了前胸、后背的宽度,其结构线接近腋窝截面图线,但深度却远离腋窝点。在结构上具有西装板型特点又具有休闲板型的舒适度,是介于二者之间的实用板型，目前市场上的女装成衣多采用此种结构。胸宽的制板计算方法为$\frac{B}{6}+1.5$cm；背宽的制图计算方法为$\frac{B}{6}+2.5$cm；袖窿宽制板计算方法为$\frac{B}{6}-4$cm(彻底达到系数加4cm减4cm等于0的标准)。依据人体的体表特征,胸宽大于背宽。而人体向前运动的时间较多,背部肌肉扩张决定了制板中背宽大于胸宽。

人体体型为复杂的曲面，任何一种制板方法都要通过系数来调整，系数的设定是不可或缺的。在半胸围的固定条件下,通过同一公式中系数加减相抵等于0的制板方法最为科学。只有在这几种条件下,所结构出的板型误差最小,见图2－15。

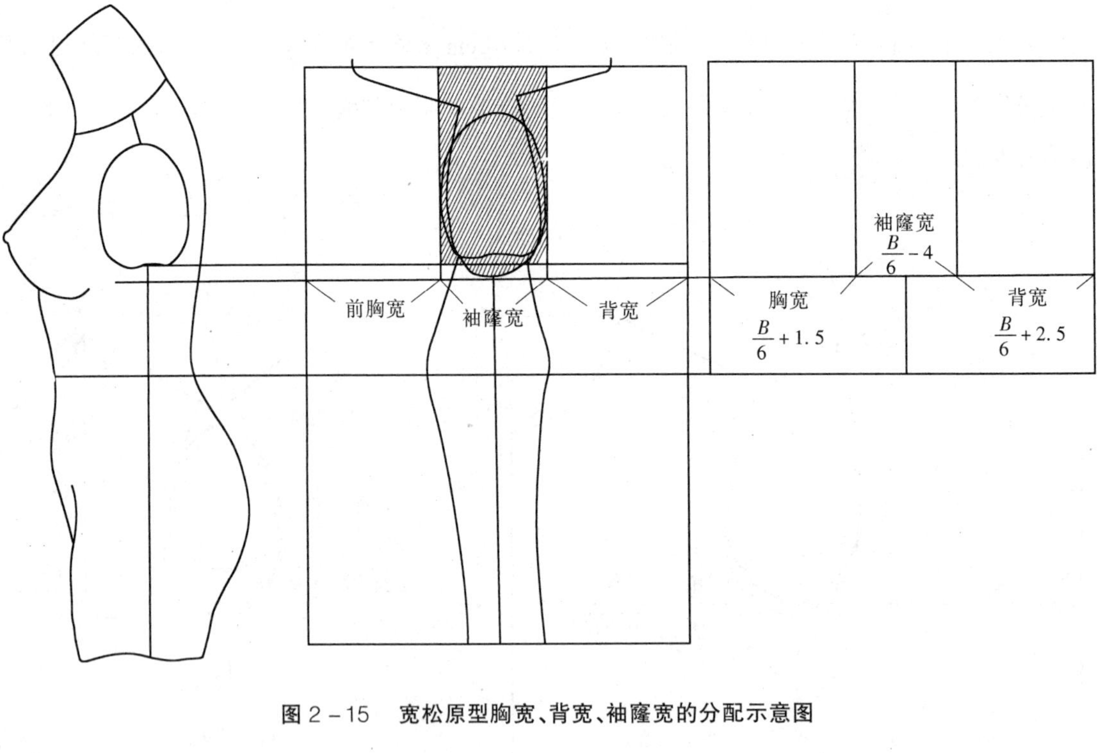

图2－15　宽松原型胸宽、背宽、袖窿宽的分配示意图

(三)宽松原型袖山深与袖肥的制板原理

宽松袖山高与袖肥的制定,依据宽松原型板的袖窿结构而定。其配板方法与合体原型板袖板的配板方法相同。其结构特征为袖山低于合体原型袖山,袖肥大于合体原型袖肥,符合宽松原型板袖窿宽低于合体原型袖窿宽,而开深度大于合体原型袖窿深的结构要求。

趋向休闲板过渡的袖板,袖肥计算方法为:按$\frac{B}{5}$确定。瘦袖袖肥按$\frac{B}{5}-1$cm确定。当袖肥确定以后，再用配板方法制定袖山高。宽松原型袖板的袖山高有两种形式：一种为圆装袖即正常绱袖方法。配板方法为实量前后 AH(不含袖窿省量)，再分别用前后 AH 值以袖肥线两端分别向中心相交，交点为袖山高点，亦为袖中点。另一种形式为反绱袖，没有袖包量。即在衣身上连同做份一起缉明线，牛仔服等常用。在测量取得前后 AH 值(净寸)以后，以前 AH－1cm，后 AH＋1cm 的数据配袖板。方法与合体原型配袖板相同，如图 2－16。

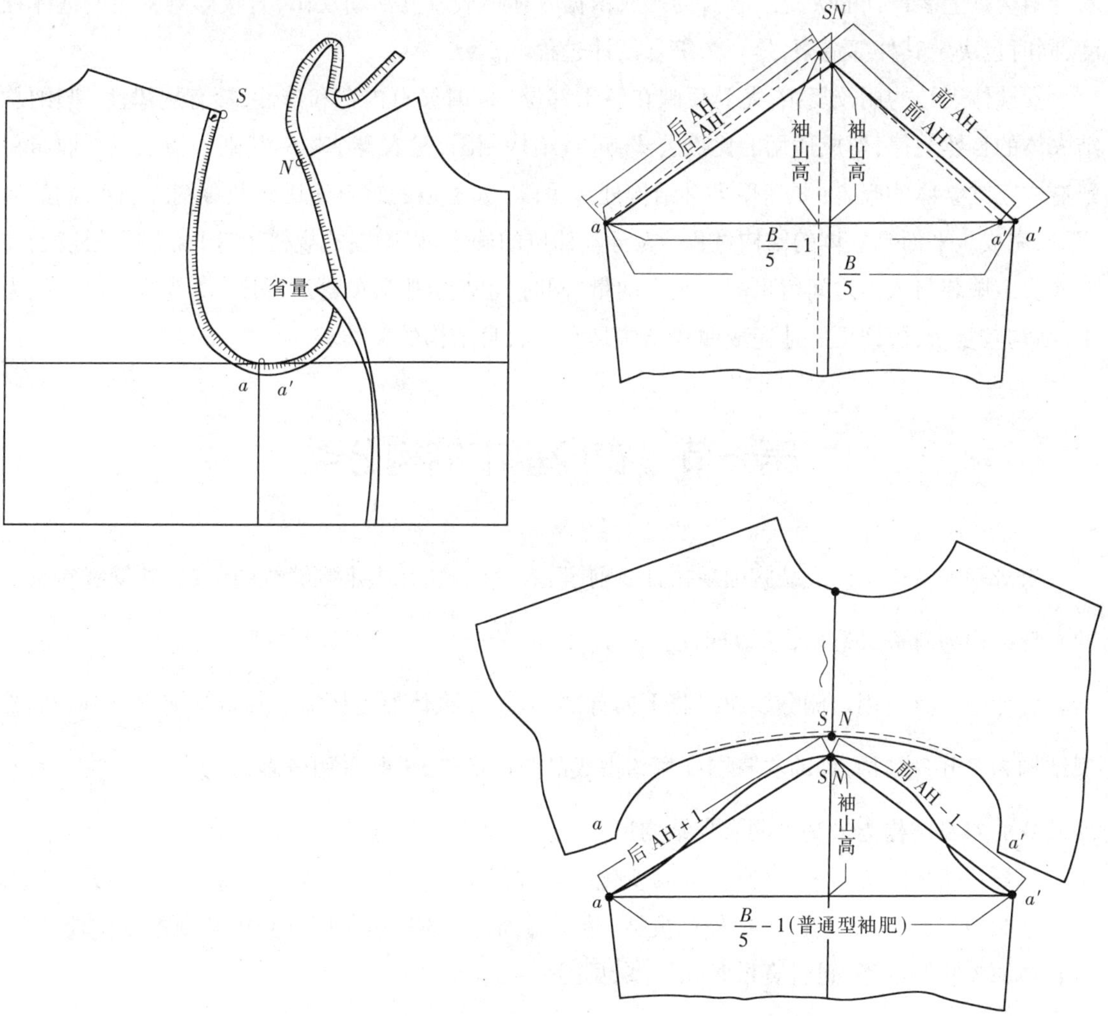

图 2－16　袖山深与袖肥原理示意图

第三章　衣身结构原理与设计

衣身结构是指在原型板基础上加放衣长、搭门及配领、装饰等，包裹人体躯干部位的衣片。衣身结构是上装设计的关键。衣身的构成依据人体体表及其活动规律，直接影响服装的适体程度，同时也决定其外部造型，是一个综合设计过程。

女性体表结构比较复杂，尤其反映在躯干部位。同时又有内在和谐性，具有规律性。归纳总结人体的自然规律，形成适用的比例公式，进行结构制图，是衣身结构的基础。如果将平面布料塑造成三维立体的服装，要运用多种结构处理手段，如省道的综合运用以及分割线、褶、裥的运用等，完成从平面到立体的结构过程。衣身各部位的确定，以胸围的规格为核心。胸围松度的加放量决定服装与人体之间留出的活动空间量，同时，也决定服装的舒适程度。女装造型以曲线为主，结构较复杂，怎样更好地完成曲线结构是女装衣身结构的关键。

第一节　衣身基本结构分类

衣身基本结构是以成品胸围规格计算前、后衣片围度，并决定侧缝线的位置。侧缝线在腋下的衣身结构为对称式造型，多以四片身为主，即按$\frac{成品胸围}{4}$计算衣片的胸围宽度，此种方法在女装设计中广泛应用。侧缝线超出腋下向背部移位，将人体厚度所需衣片量与前衣身拼合的板型结构为三开身结构，即前衣身围度宽约占成品胸围的$\frac{2}{3}$，男装采用较多，如男西服。三开身与四开身的衣身结构为最基本的衣身结构形式。一些变化板型在侧缝线位置处理上并不明显，常采用纸样拼接形式进行移位处理，但其变化的基础仍不脱离三开身或四开身的基本模式。三开身服装制板以合体原型板为主，外观挺括，造型感强，如图 3－1。四开身服装制板变化较灵活，有合体原型正装板型，也有宽松时装板型，见图 3－2。

第二节　服装结构线与人体的关系及分布

一、结构线与人体的关系

女性体表是一个复杂不规则的曲面，因其部位不同所呈现的曲面特征也不同。通过结构线的所在部位、形态、数量决定服装板型与人体贴体程度，人体胸部、背部、腰部、腹部、臀部，其凸起峰点即是结构线分割走向的参考点与依据。为达到服装适合于人体曲面的要求，在平面结构

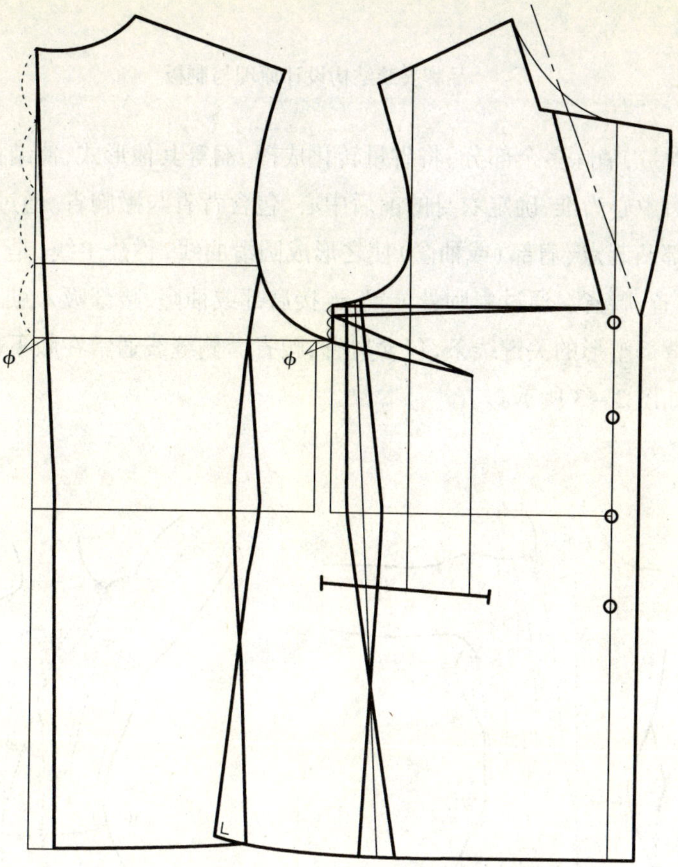

图 3－1　三开身示意图

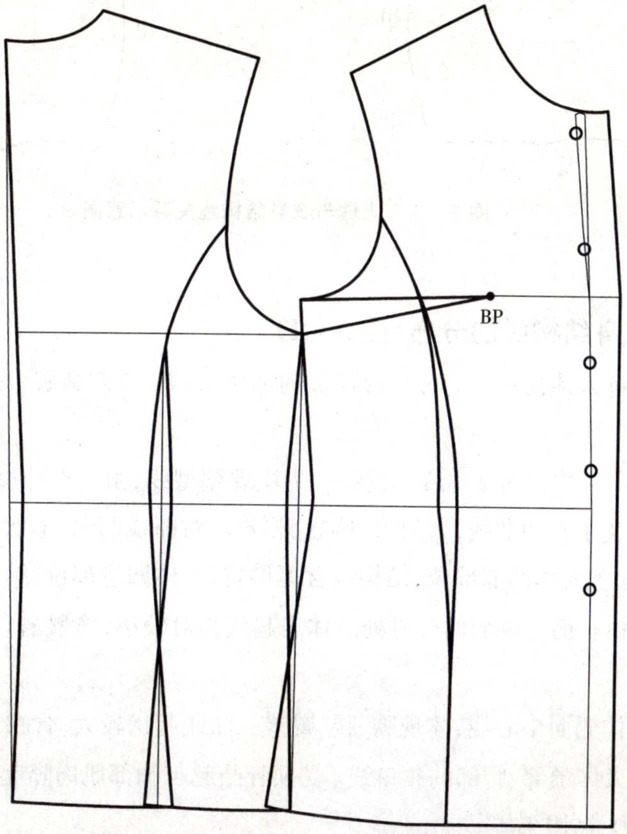

图 3－2　四开身示意图

的线条中，加入省量，消除多余部分。将省量转化成褶、裥等其他形式，使结构具有立体造型的功能。以人体的前后中心为准，确定衣身的前后中心，包含背省与撇胸省。通过胸部的凸起点，连接腰部吸入点，腹部凸起点、肩部(或袖窿)使之形成圆滑曲线，称公主线，是女装前身塑形的关键线条，含胸省、肩省、腰省。通过肩胛骨位置，连接肩部或袖窿、腰部吸入点、臀凸点，使之形成圆滑曲线，是女装背部塑形的关键线条，包含肩省、腰省。侧缝线通常在腋下部位或背部与侧面的转折处含腰省，如图 3 – 3 所示。

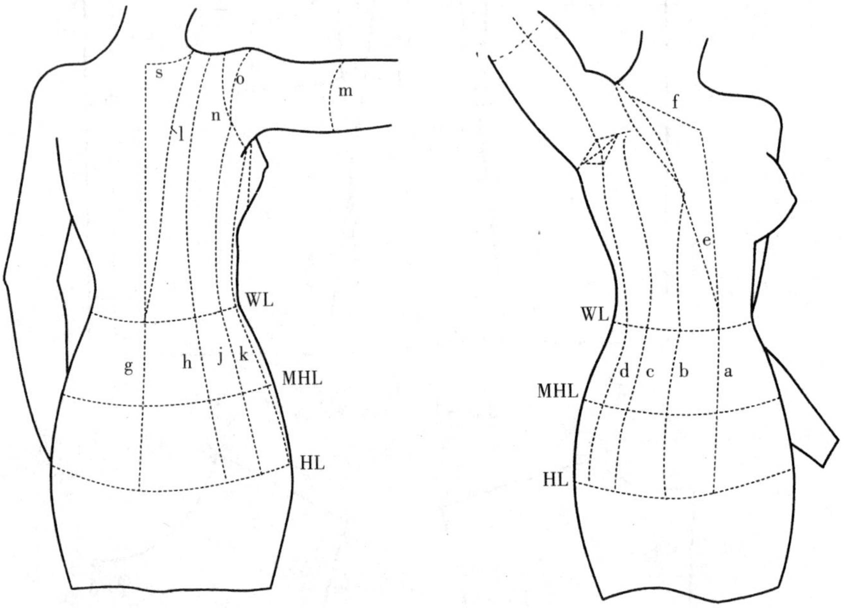

图 3 – 3　人体与衣身结构线关系示意图

二、前、后衣身结构线的分布(图 3 – 4)

1. a 线　经过人体前中心，为衣身样板的前中心线，含撇胸省，衣身围度计算由此线为基础。

2. b 线　贯穿人体正面基本峰点的线。为主要塑型线，由肩点经过 BP 点、腰部吸入点、腹凸点，形成一条变化丰富的曲线，含肩省、胸省、腰省。对曲线凹向、形状、曲度的把握，应根据实际人体的特征而定。人体凸起部位，结构线含瘪形省；人体凹进部位，结构线含胖形省。

3. c 线　人体正面与侧面的分界处。体表起伏相对较小，含腰省量不超过 1cm，此线条可与 b 线合并。

4. d 线　人体侧面中心线，体现胸、腰、臀差。曲线起伏较大，含腰省、腋下省。

5. e 线　经人体颈部、胸部的领口线。受锁骨凸起与胸部肌肉隆起影响，呈内凹弧线，使该部位纱向产生弹力，贴服人体。

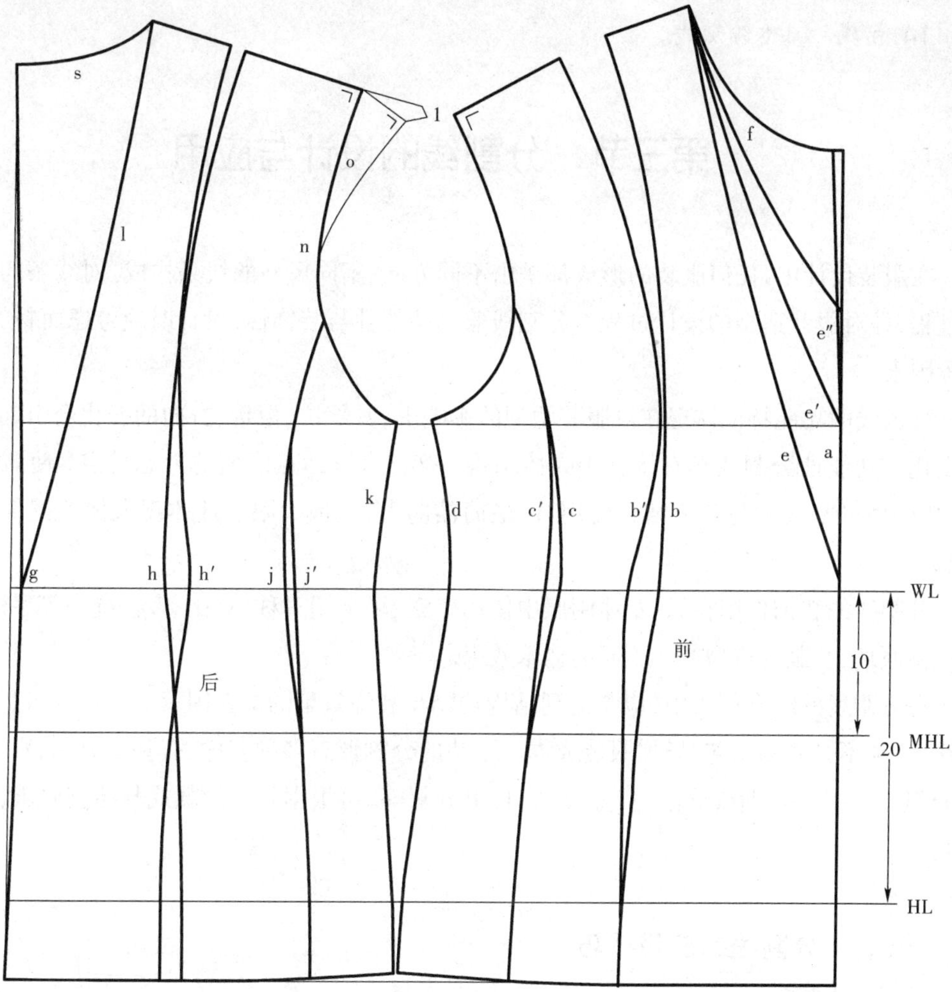

图 3-4 前、后衣身结构线平面图

6. f 线 基本领弧线，为人体颈窝形状。

7. g 线 经过人体后背中心，后衣身围度计算由此线为基础，是衣身样板的后中心线，含腰省。

8. h 线 贯穿人体背部的基础凸点。为后衣身的主要塑型线，含肩省、腰省、曲线形状、凹向、曲度的变化应根据人体背部的体表特征而定。

9. j 线 人体背部与侧面的交界部位，含腰省。可与 h 线合并。

10. k 线 人体侧面中心线，由于人体臀部凸起程度较大，将后侧缝的摆度量移至公用交叉中，使后衣身的松量分布在臀凸点位置。

11. n 线 臂根围线。此线的位置与形状调整影响服装舒适度。

12. o 线 超出 n 线的量，应向下偏移 1cm，并保持垂直。

13. l 线　由肩颈点经肩胛骨的后领开深线，呈内凹弧线。

14. s 线　基本领窝线。

第三节　分割线的设计与应用

在服装设计中，任何服装的形成都是由不同方向、不同风格的线条构成。对线条的设计和演化过程，即对服装造型的设计过程。分割线兼具功能性与装饰性，设计时应考虑面料的质地、花型等因素。

分割线的功能特征体现在对服装塑型的影响上，其部位、数量、方向的变化会引起整体造型的变化。功能性分割线具有接近于人体结构，符合人体凸点曲面的形态特点，使服装千变万化。功能性分割线常与省道结合使用，以最简洁的方法、最大限度地体现人体关键部位的曲面形态。

分割线的装饰作用在男、女休闲服中使用广泛。可采用对称、对比、多样统一等手法，充分利用视错原理，使服装造型产生不同的艺术效果。

在分割线的综合使用中，应考虑到结构功能与装饰效果的综合因素。不可以盲目地使用分割线，增加不必要的工艺，增加服装成本。服装的分割形态多种多样：有垂直分割、水平分割、斜线分割、弧线分割、曲线分割、黄金分割、自由分割等，可根据具体的款式与体型要求，进行组合分割。

一、竖向分割线的应用技巧

(一)公主线

如图 3-5 所示，这条结构分割线上下相通，是胸部塑形的最佳位置，容易塑造胸部曲线。后片的肩省和腰省同样连接成一条分割线。前片分割线通过 BP 点，后片分割线通过肩胛骨。后肩部分割线中包含的省量有两部分，一是前后小肩差，二是袖窿处的转省。臀围处的省尖位置不能过臀围线，这样，才能完成经过胸、腰、臀三点的公主线开剪。

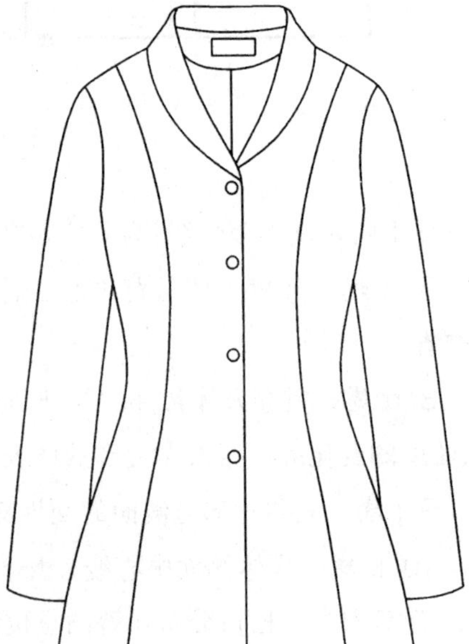

图 3-5　竖向分割效果图

(二)从袖窿上加竖向分割线

这种结构线是从袖窿省发展而成的公主线。将胸省转移至分割线中，既通过袖窿、腰部、臀部开剪形成，是现今较常用的一种女装结构处理手段。竖向分割的形式、位置、曲线的大小,决定款式的造型风格。

(三)在袖窿竖向分割线中收省结构

这种切割线的位置偏离胸高点,靠近人体侧面。在前衣身的大片中对准 BP 点收明省。根据设计目的,可以自由地加分割线。制图时,在省尖对准胸高点的前提下,省边的长度倾斜度可任意设计。同时,还有在领窝上开剪,通过胸部、腰部、臀部的结构形成。

(四)竖向分割女上衣制板(图 3-6)

成品规格表

单位:cm

规格 号型 \ 部位名称	衣长	胸围	腰围	臀围	背长	袖长	袖口	袖肥
155/80A	68	90	74	96	37	53	13	32
160/84A	70	94	78	100	38	54.5	13.5	33.5
165/98A	72	98	82	104	39	56	14	35
170/92A	74	102	86	108	40	57.5	14.5	36.5
175/96A	76	106	90	112	41	59	15	38

1. **前片制板**　采用合体原型板。

①袖窿深:$\frac{B}{6}+7cm$(春、秋季);

②腰节:37cm + 2. 5cm = 39. 5cm;

③胸宽:$\frac{B}{6}+0.5cm$;

④冲肩:3. 5cm;

⑤领宽:$\frac{胸宽}{2}$;

⑥胸围宽:$\frac{B}{4}$;

⑦腰围宽:$\frac{W}{4}+2.5cm$;

⑧臀围宽:$\frac{H}{4}$;

⑨末粒扣:腰节下 6cm,扣距 8cm;

⑩腋下省:2. 5cm,纸样折叠转入开剪线。

2. **后片制板**

①腰节:与前腰节齐;

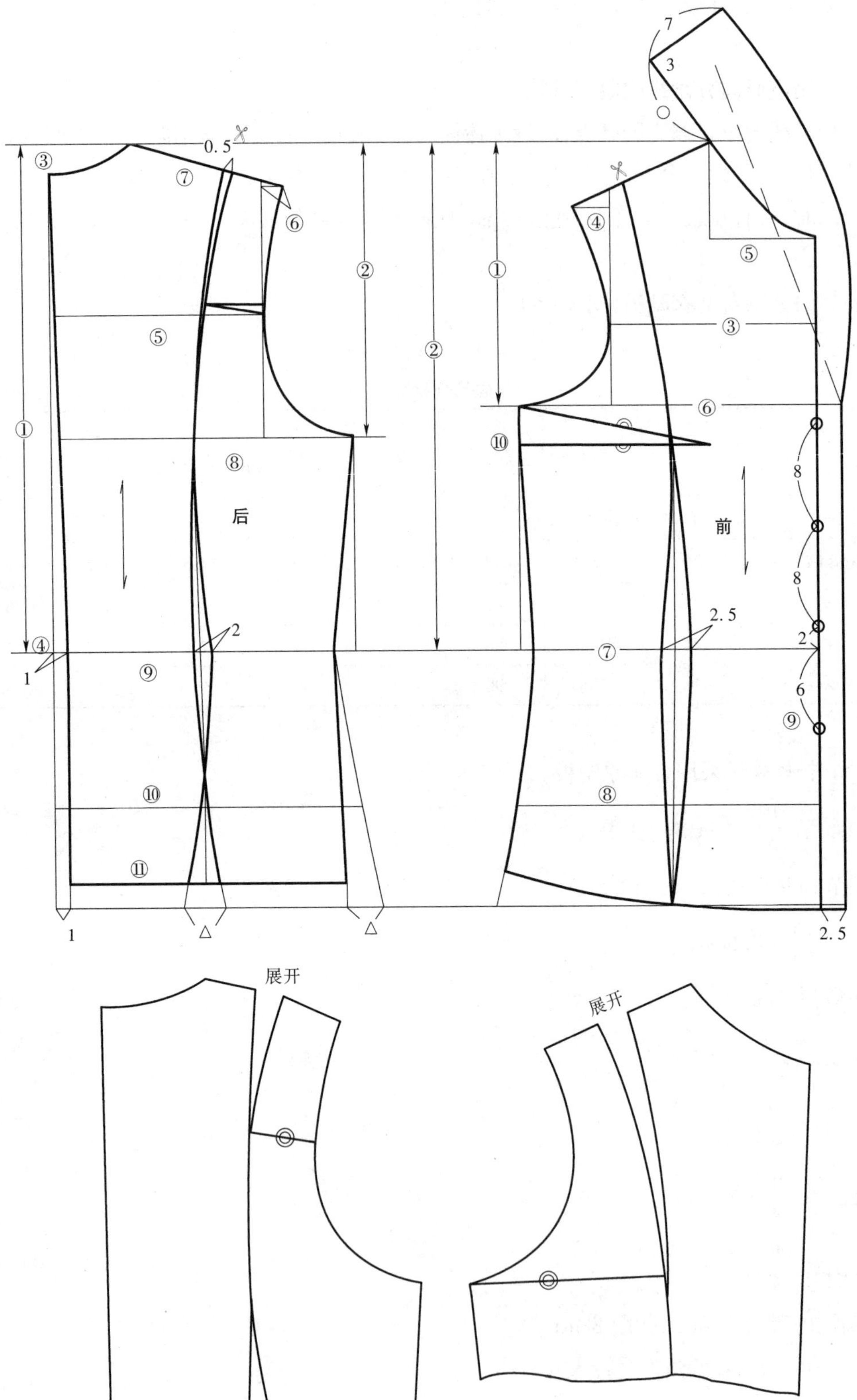

图 3-6　竖向分割女上衣结构图

②袖窿深:低于前袖窿深 2.5cm;

③领深:2.5cm;

④背缝:腰节收 1cm(背宽、胸围、腰宽、臀宽均由背缝量起);

⑤背宽:前片胸宽 +1cm;

⑥冲肩:2cm;

⑦小肩:实量前小肩 +0.5cm;

⑧胸围宽:$\frac{B}{4}$;

⑨腰围宽:$\frac{W}{4}+2$cm;

⑩臀围宽:$\frac{H}{4}$;

⑪摆度:将侧缝摆度△量,移至开剪线做公用交叉。

二、斜向分割线的应用技巧

采用非对称式设计，见图 3-7 所示，在省道的结构处理上采用转省与收明省相结合的处理方法,既有造型的视觉效果,又达到了结构平行。前衣片的分割线是“V”字形或是相反的形状,给人以新奇的感觉。制板时可以从袖窿上加分割线。“V”字形的尖部在腰围线附近,这样同时可以处理胸部的突起，或者从腰围线附近开始划出山尖形状,这样可以把胸省包括进去。套装中，分割线的运用应考虑体型、面料的特点，进行合理的结构安排。重要的是,每进行一种款式设计时,要对其原理进行研究,达到造型与结构完美统一。

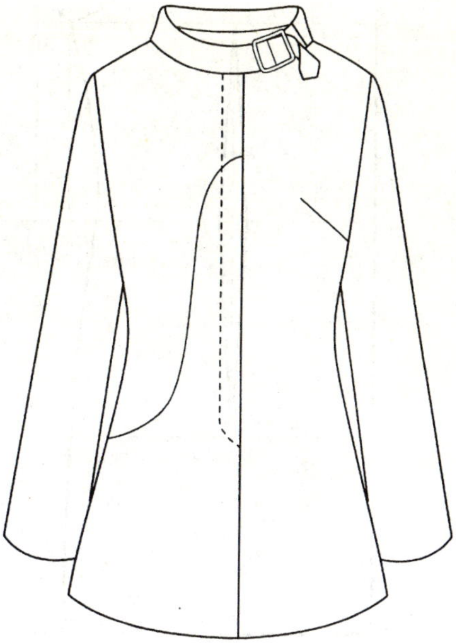

图 3-7　效果图

成品规格表　　单位:cm

部位名称 规格 号型	衣长	胸围	腰围	臀围	背长	领围	袖长	袖口	袖肥
155/80A	68	90	74	96	37	38	53	13	32
160/84A	70	94	78	100	38	39	54.5	13.5	33.5
165/88A	72	98	82	104	39	40	56	14	35
170/92A	74	102	86	108	40	41	57.5	14.5	36.5
175/96A	76	106	100	112	41	42	59	15	38

斜向分割结构制板(图 3-8)

1. **前片制板**　采用合体原型板。

①袖窿深：$\frac{B}{6}+7\text{cm}$；

②腰节：37cm + 2.5cm = 39.5cm；

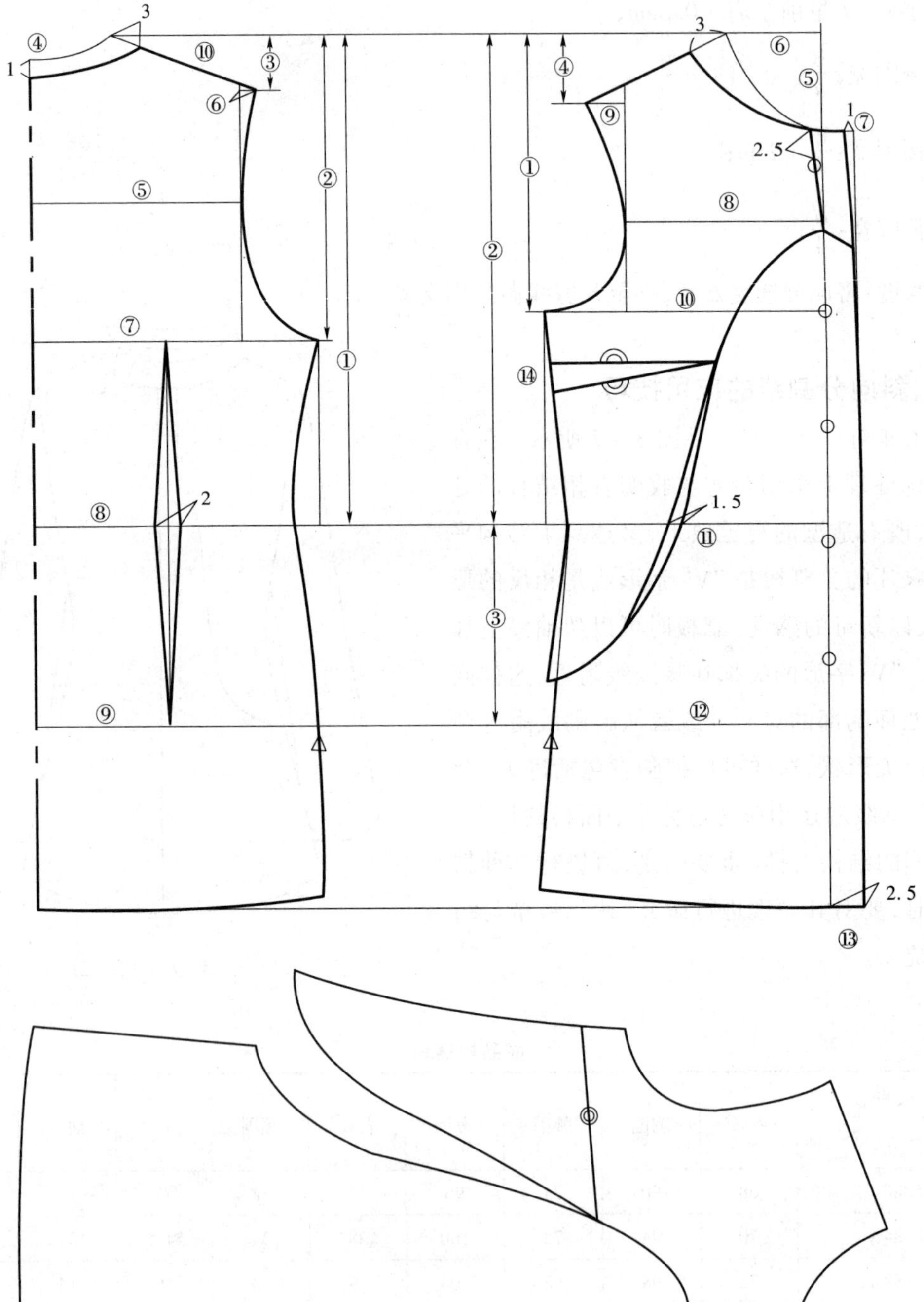

图 3-8　斜向分割结构图

③臀围线：腰节下 20cm；

④落肩：5cm；

⑤领深：$\frac{N}{5}+0.5$cm；

⑥领宽：$\frac{N}{5}$；

⑦撇胸：1cm；

⑧胸宽：$\frac{B}{6}+0.5$cm；

⑨冲肩：3.5cm；

⑩胸围宽：$\frac{B}{4}$；

⑪腰围宽：$\frac{W}{4}+1.5$cm；

⑫臀围宽：$\frac{H}{4}$；

⑬搭门宽：2.5cm；

⑭腋下省：左前省量 2.5cm，纸样折叠转入开剪线，右前省量 2.5cm（锥形省）。

2. **后片制板**

①腰节：与前腰节齐；

②袖窿深：低于前袖窿深 2.5cm；

③落肩：5cm；

④领深：2.5cm；

⑤背宽：前胸宽 +1cm；

⑥冲肩：2cm；

⑦胸围宽：$\frac{B}{4}$；

⑧腰围宽：$\frac{W}{4}+2$cm；

⑨臀围宽：$\frac{H}{4}$；

⑩小肩：前小肩 +0.5cm。

三、横向分割线的应用技巧

（一）肩部的分割线

前后小肩部的分割线，是横向分割线设计中，位置最靠上的应用实例。前后小肩的分割量相等，在肩缝位采用纸样拼合，省略原来的肩缝。也可以在前、后衣片的肩部开剪线处设计抽褶、褶裥、镶拼等多种装饰形式，丰富肩部开剪的造型效果。这种分割线适用于休闲服装，如图 3－9。

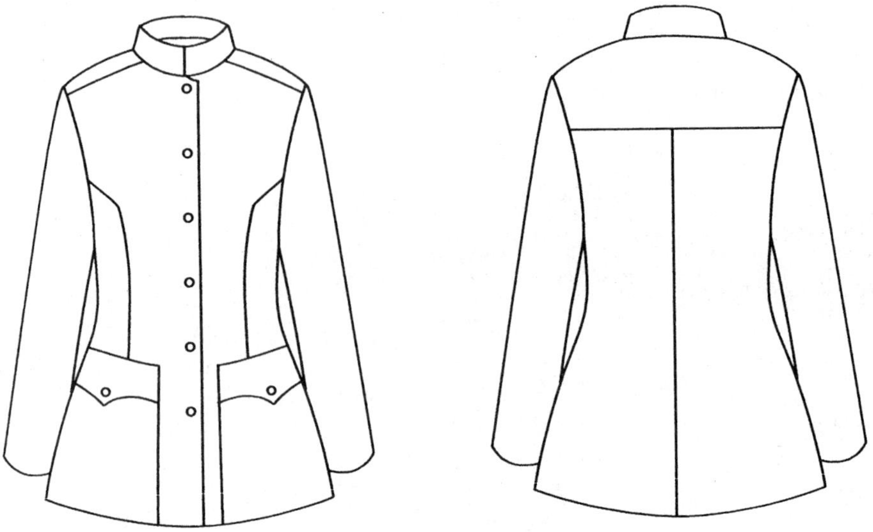

图3-9　效果图

(二)后过肩处的分割线

这种分割线一般在袖窿的范围之内。可以通过高低变化,产生不同的视觉效果。还可以设计成与袖山连在一起的过肩袖结构。过肩的设计是常用的结构形式,这种分割线离胸围线较近,可以进行省道处理,完成胸部造型。后衣片过肩的位置可稍高一些,同样可以在开剪线中处理肩省,解决肩胛骨的突起。

(三)肩部加分割线制板(图3-10)

成品规格表　　单位:cm

部位名称 / 规格 / 号型	衣长	胸围	腰围	臀围	背长	领围	袖长	袖口	袖肥
155/80A	68	92	78	98	37	39	54	13.5	3.5
160/84A	70	96	82	102	38	40	55.5	14	36.5
165/88A	72	100	86	106	39	41	57	14.5	38
170/92A	74	104	90	110	40	42	58.5	15	39.5
175/96A	76	108	94	114	41	43	60	15.5	41

1. **前片制板**　采用合体原型板。

①袖窿深:$\frac{B}{6}+7cm$;

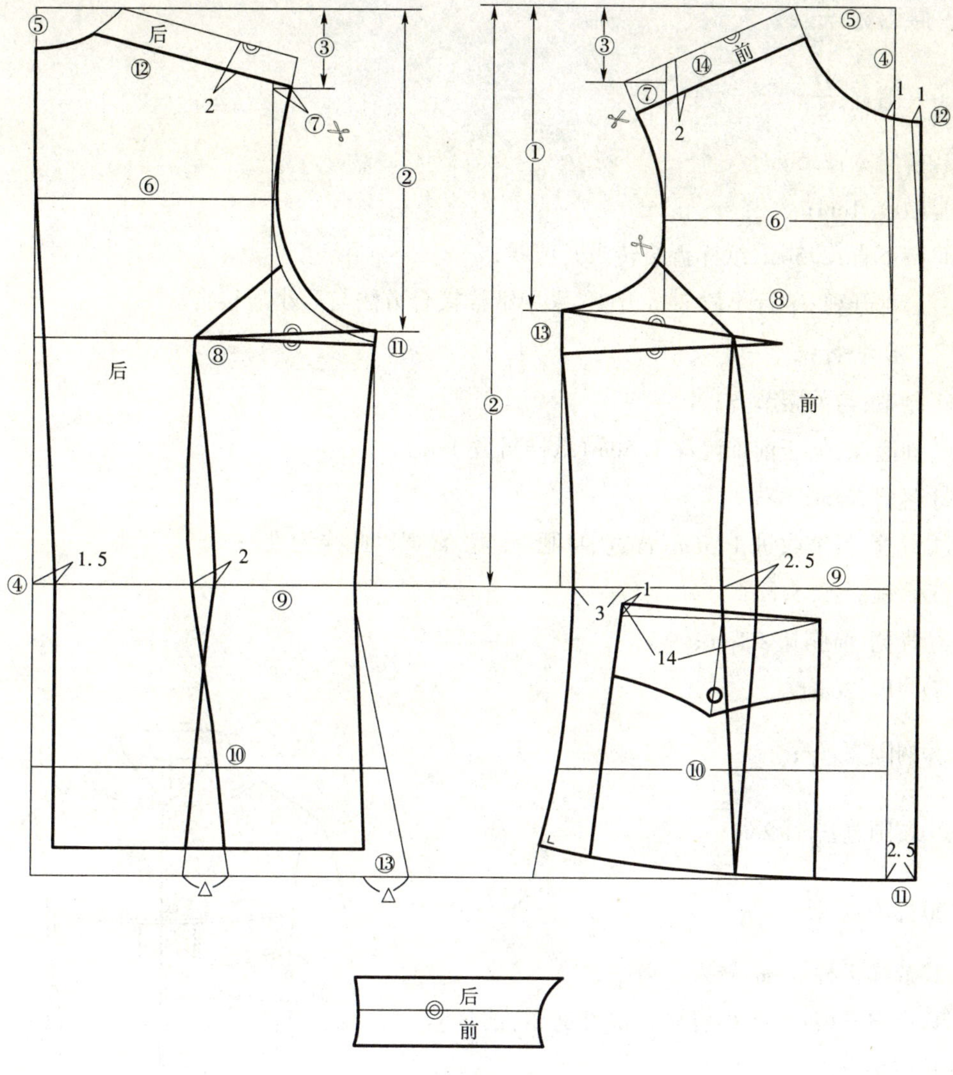

图 3-10　肩部加分割线结构图

②腰节：37cm + 2.5cm = 39.5cm；

③落肩：5cm；

④领深：$\frac{N}{5}$ + 0.5cm；

⑤领宽：$\frac{N}{5}$；

⑥胸宽：$\frac{B}{6}$ + 0.5cm；

⑦冲肩：3.5cm；

⑧胸围宽：$\frac{B}{4}$；

⑨腰围宽：$\frac{W}{4}+2.5\text{cm}$；

⑩臀围宽：$\frac{H}{4}$；

⑪搭门宽：2.5cm；

⑫撇胸：1cm；

⑬腋下省：2.5cm，纸样折叠转入开剪线；

⑭肩部开剪：平行小肩2cm开剪，采用纸样接合方法与后小肩接合。

2. 后片制板

①腰节：与前腰节齐；

②袖窿深：低于前袖窿深1.5cm(纸样折叠1cm)；

③落肩：4cm；

④背缝：腰节收进1.5cm(背宽、身肥、腰宽、臀宽以此线为准)；

⑤后领深：2.5cm；

⑥背宽：前胸宽+1cm；

⑦冲肩：2cm；

⑧胸围宽：$\frac{B}{4}$；

⑨腰围宽：$\frac{W}{4}+2\text{cm}$；

⑩臀围宽：$\frac{H}{4}$；

⑪纸样折叠：1cm，转入开剪线；

⑫小肩开剪：平行小肩线2cm开剪，与前小肩开剪拼合；

⑬摆度：将侧缝摆度△量，移至开剪线做公用交叉。

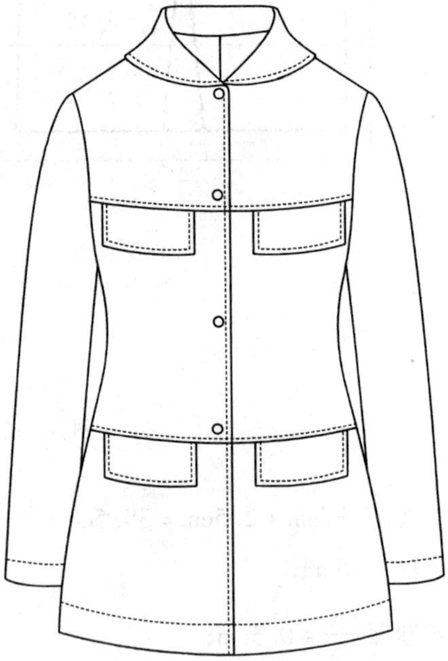

图3-11　效果图

(四)胸部与腰部的横向分割

分割不但要经过人体凸凹面完成塑形功能，同时还应尽可能地体现实用功能。此款为在分割线中加缝兜盖，作为设计重点。腰部的分割线位置可做得稍高一些，放在高腰处或稍低些放在低腰处。胸部和腰部加贯通的分割线和后片不开剪在造型上效果迥然不同。用胸部的分割线来处理胸省，后片的分割线也要在侧缝处去掉少许量，使之合乎身体的立体形态。在分割线拼缝的相关边角做垂直处理，以达到结构的合理性，如图3-11。

(五)在底边上的分割线

加在腰围线以下部位的分割线,要符合腰部形状。可以把分割线以下的部位剪开,做成喇叭口形的下摆,如果把分割线以下的部位裁剪成斜料,会出现另外一种造型。底摆展开的量要适当,可根据个人爱好而定。横向分割线在设计上有装饰因素,对构成轮廓线也有着重要作用。

(六)胸部、腰部分割线制板(图3-12)

成品规格表

单位:cm

规格 部位名称 / 号型	衣长	胸围	腰围	臀围	背长	领围	袖长	袖口	袖肥
155/80A	68	92	82	98	37	39	54	13.5	35
160/84A	70	96	86	102	38	40	55.5	14	36.5
165/88A	72	100	90	106	39	41	57	14.5	38
170/92A	74	104	94	110	40	42	58.5	15	39.5
175/96A	76	108	98	114	41	43	60	15.5	41

1. **前片制板**　采用宽松原型板。

①袖窿深:$\frac{B}{6}+8cm$;

②腰节:37cm + 2.5cm = 39.5cm;

③臀围线:腰节向下20cm;

④领深:$\frac{N}{5}+0.5cm$;

⑤领宽:$\frac{N}{5}$;

⑥胸宽:$\frac{B}{6}+1.5cm$;

⑦落肩:5cm;

⑧冲肩:2.5cm;

⑨胸围宽:$\frac{B}{4}$;

⑩腰围宽:侧缝进2.5cm;

⑪臀围宽:$\frac{H}{4}$;

⑫撇胸:1cm;

⑬腋下省:将省量2.5cm在开剪线中去掉。

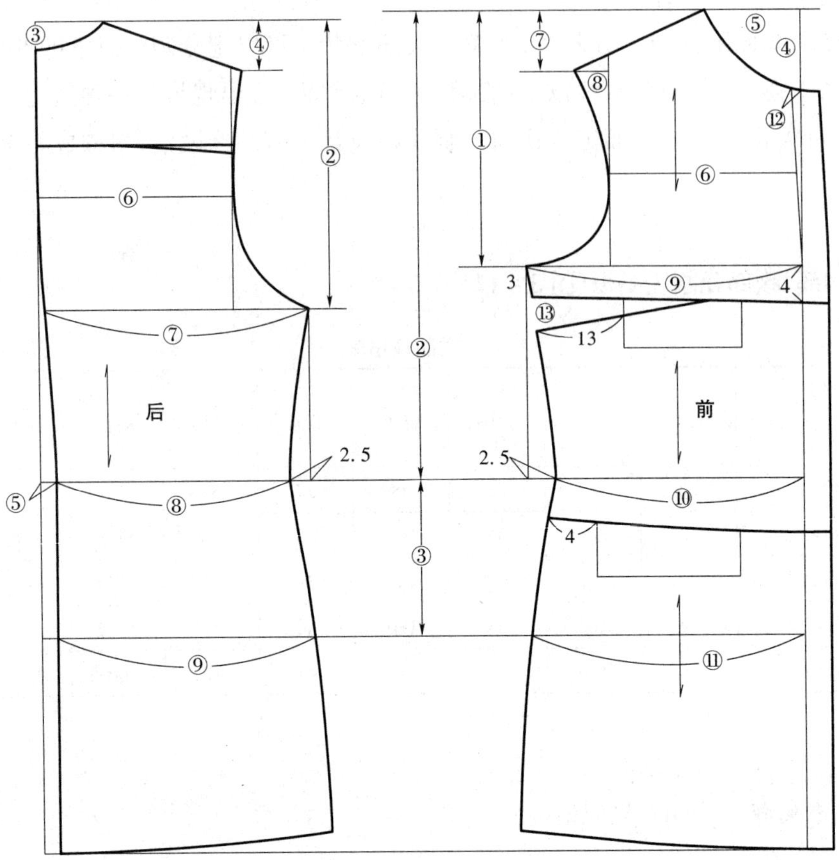

图 3－12　胸部、腰部分割线结构图

2. 后片制板

①腰节:与前腰节齐;

②袖窿深:低于前袖窿 2. 5cm;

③领深:2. 5cm;

④落肩:4cm;

⑤背缝:腰节进 1cm;

⑥背宽:前胸宽 + 1cm

⑦胸围宽:$\frac{B}{4}$;

⑧腰围宽:侧缝进 2. 5cm;

⑨臀围宽:$\frac{H}{4}$。

四、横向与竖向分割线组合应用技巧

结构分割的组合应用应根据人体起伏特征与围度的基本位而定,用横竖斜线设计成近似竖向的分割造型，使其成为服装设计重点，适用于轻便服装。由袖窿省起，通过 BP 点至腰省，形成一条开剪线，腰部以下的省量采用纸样拼合方法，后衣身加竖向开剪线，见图 3-13。

横、竖向分割线组合制板（图 3-14）。

1. **前片制板**　采用合体原型板。

①袖窿深：$\frac{B}{6}+6\text{cm}$（夏季适用）；

②腰节：37cm + 2.5cm = 39.5cm；

③臀围线：腰节向下 20cm；

④领深：$\frac{N}{5}+0.5\text{cm}$；

⑤领宽：$\frac{N}{5}$；

⑥落肩：5cm；

⑦胸宽：$\frac{B}{6}+0.5\text{cm}$；

⑧冲肩：3.5cm；

⑨胸围宽：$\frac{B}{4}$；

⑩腰围宽：$\frac{W}{4}+2.5\text{cm}$；

⑪臀围宽：$\frac{H}{4}$；

⑫腋下省：3cm，纸样折叠转入开剪线；

⑬衣片横向分割线，采用纸样拼合，保证摆度不变。

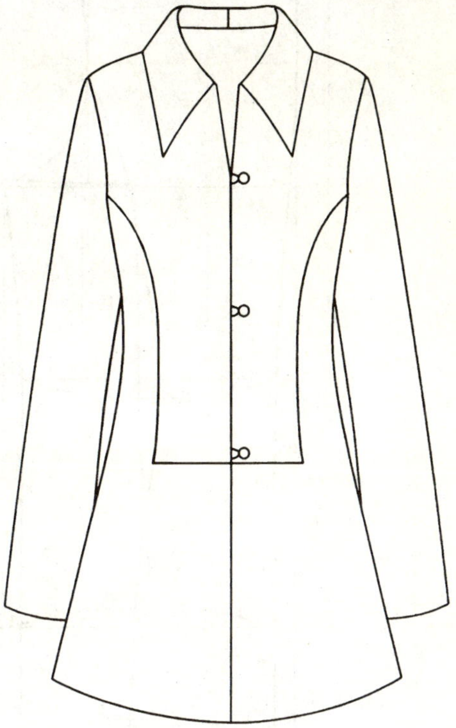

图 3-13　效果图

2. **后片制板**

①腰节：与前腰节齐；

②袖窿深：低于前袖窿 2cm（纸样折叠 1cm）；

③领深：2.5cm；

④落肩：4cm；

成品规格表

单位：cm

部位名称 / 规格 / 号型	衣长	胸围	腰围	臀围	背长	领围	袖长	袖口	袖肥
155/80A	68	88	72	94	37	38	53	13	33
160/84A	70	92	76	98	38	39	54.5	13.5	34.5
165/88A	72	96	80	102	39	40	56	14	36
170/92A	74	100	84	106	40	41	57.5	14.5	37.5
175/96A	76	104	88	110	41	42	59	15	39

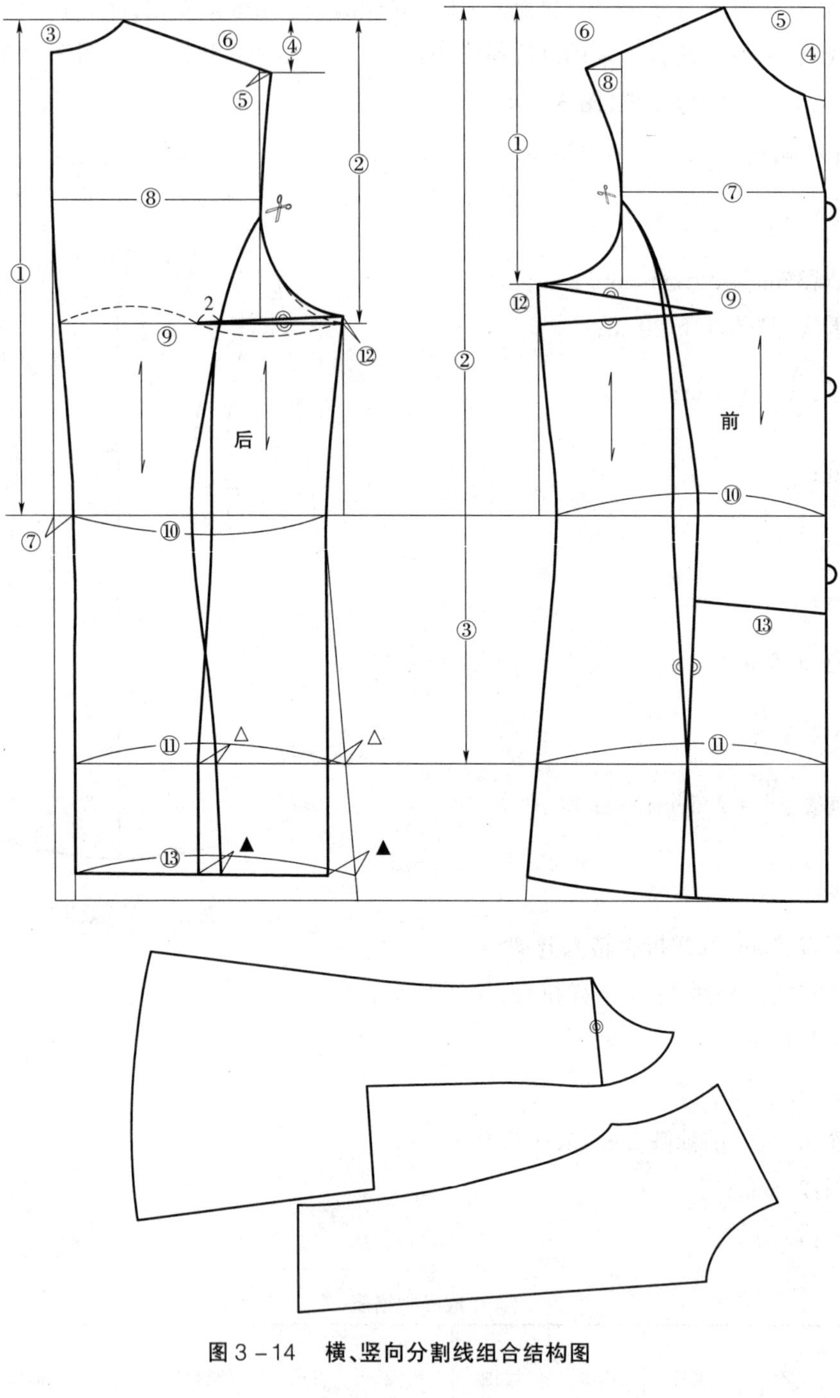

图3-14　横、竖向分割线组合结构图

⑤冲肩：2cm；

⑥小肩：前小肩+0.5cm；

⑦背缝：腰节进1.5cm（背宽、胸围、腰围宽、臀围均由背缝量起）；

⑧背宽：前胸宽+1cm；

⑨胸围宽：$\frac{B}{4}$；

⑩腰围宽：$\frac{W}{4}+2cm$；

⑪臀围宽：$\frac{H}{4}$（在臀围线上量取）；

⑫纸样折叠：1cm，转入开剪线；

⑬摆量：将侧缝摆度△量与□量移至开剪线中做公用交叉。

五、横向与斜向分割线组合应用技巧

横向与斜向组合成近似弧线的开剪线。线条流畅、轻松、胸部的处理是通过袖窿省完成的。（腋下省转袖窿省）。后片收直腰省，见图 3－15。

横向与斜向分割结构制板（图 3－16）

1. **前片制板** 采用合体原型板。

①袖窿深：$\frac{B}{6}+7cm$；

②腰节：37cm＋2.5cm＝39.5cm；

③落肩：5cm；

④领深：$\frac{N}{5}+0.5cm$；

⑤领宽：$\frac{N}{5}$；

⑥臀围线：腰节下 20cm；

⑦胸宽：$\frac{B}{6}+0.5cm$；

⑧胸围宽：$\frac{B}{4}$；

⑨冲肩：3.5cm；

⑩腰围宽：侧缝进 2.5cm；

⑪臀围宽：$\frac{H}{4}$；

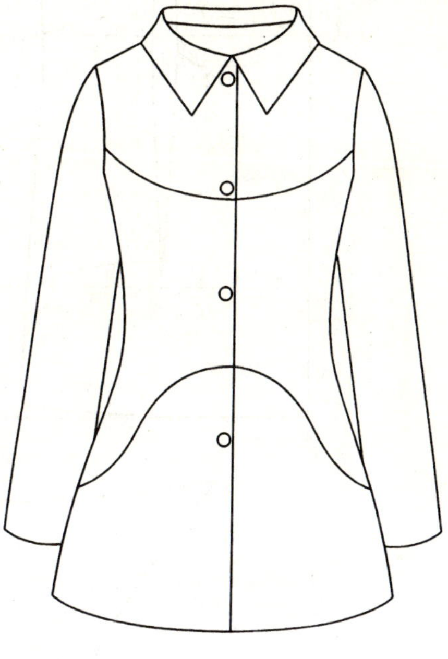

图 3－15 横向与斜向分割效果图

成品规格表

单位：cm

号型 \ 规格 部位名称	衣长	胸围	腰围	臀围	背长	领围	袖长	袖口	袖肥
155/80A	68	90	80	96	37	40	53	13.5	34
160/84A	70	94	84	100	38	41	54.5	14	35.5
165/88A	72	98	88	104	39	42	56	14.5	37
170/92A	74	102	92	108	40	43	57.5	15	38.5
175/96A	76	106	96	112	41	44	59	15.5	40

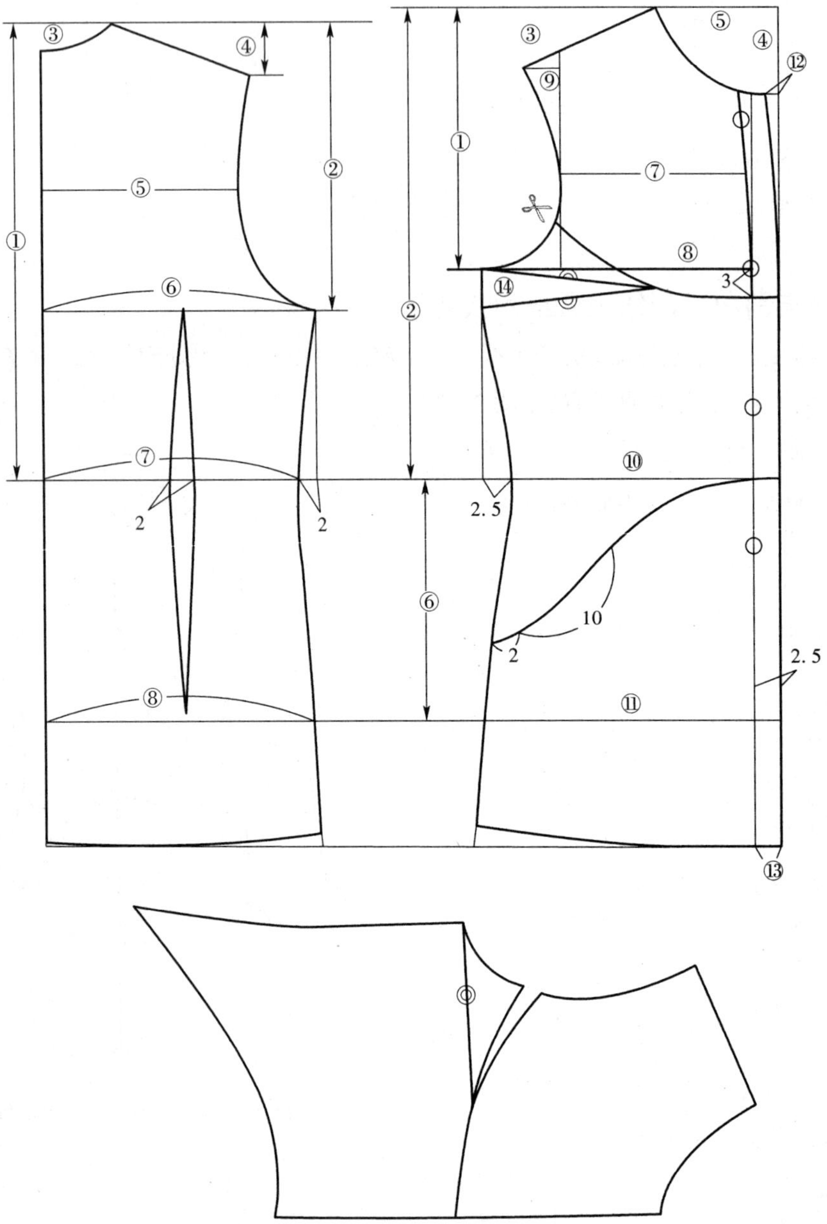

图 3－16 横向与斜向分割结构图

⑫撇胸：1cm；

⑬搭门宽：2. 5cm；

⑭腋下省：省量 2. 5cm，纸样折叠转入开剪线。

2. 后片制板

①腰节：与前腰节齐；

②袖窿深：低于前袖窿深 2. 5cm；

③领深：2.5cm；

④落肩：4cm；

⑤背宽：前胸宽＋1cm；

⑥胸围宽：$\frac{B}{4}$；

⑦腰围宽：$\frac{W}{4}+2$cm；

⑧臀围宽：$\frac{H}{4}$。

第四节　省道结构

在服装结构设计中，将平面的服装面料复合在人体曲面上，省道的利用是重要的技术手段。从人体截面图中可以看出，人体是一个复杂而又微妙的立体，要使服装美观合体，可以通过省道的剪切、转化、旋转、平移等手段，将衣片所产生的折皱、重叠等现象解决。省道的利用可以从各个角度改变裁片的形状、大小和方向，从而达到理想的效果。女性体型胸围尺寸大于腰围尺寸，一般差数为15～20cm之间。收省工艺在服装中应用广泛。除了前后衣片使用外，还用在袖片、裙片、裤片等部位上，但应用最多、变化最为丰富的是在上装的结构设计中。女上装的省道变化是通过胸高点进行省道的结构设计。

一、省道的形成原理

将一片平面的布料平铺在人体上，以凸点为中心，以四周出现起吊、褶及空隙、向下拉斜等现象。将不平服处布料抹平，会产生许多余量，将这些余量折叠固定，就形成了省。省的形成因素主要有两点：一是胸点与肩胛骨点的凸起量；二是胸围与腰围的围度差数。

1. ***前衣身省道的形成***　将一片长超过腰节5cm，宽超过$\frac{胸}{4}+2$cm的平整布料，覆盖在人台上，沿经纱固定在前中心线上，沿纬纱固定在胸围线上。由颈窝点开始将胸部以上的布料抹平、固定、修整领弧与袖窿弧。沿腋下至腰节处将余料铺平，折叠对应胸点的腰部余量，固定后形成直腰省。纬纱与胸围线水平。将向下拉斜的余料折叠，形成腋下省。并沿侧缝线将布料剪直。再将布料取下，平铺、可直观地看出省位与省量。省量根据胸高点确定见图3－17。

2. ***后衣身省道的形成***　将平整的布料平覆在人台背部，沿经纱对准后中心固定。纬纱应与胸围线水平将肩胛处的余量折叠固定形成肩省。沿背宽处垂直向下将布料抹平，将余量抹平形成腰省。在腰围线处固定，沿人台侧缝线剪断布料。后衣身布料平铺后，可以得到后衣身的省位与省量，见图3－18。

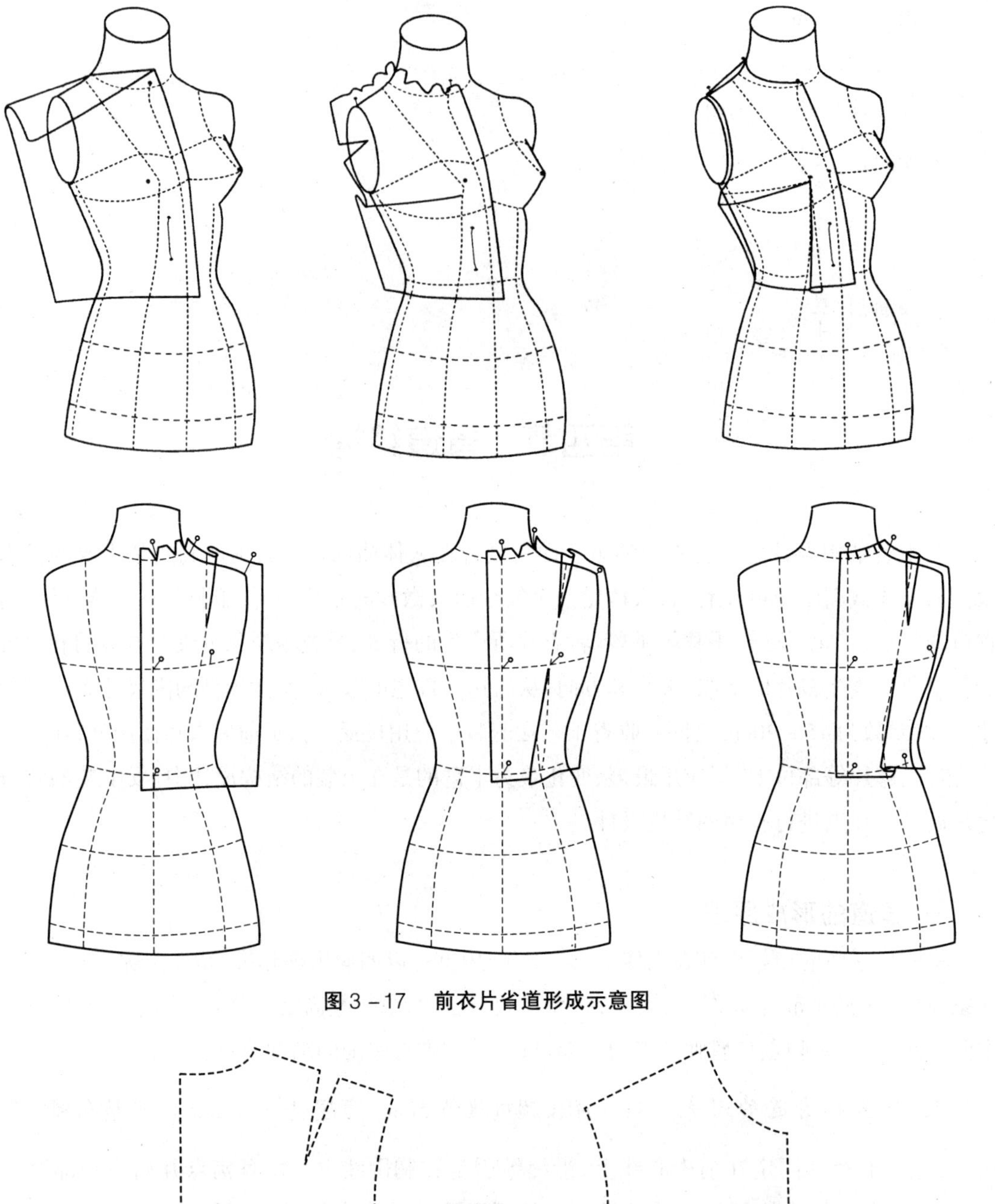

图 3 – 17　前衣片省道形成示意图

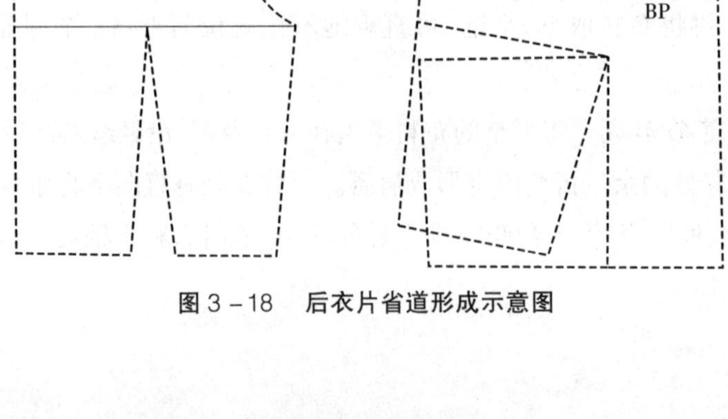

图 3 – 18　后衣片省道形成示意图

二、省移量的起源

省在结构设计中不可缺少，其原意是指将多余的材料省略、消除以达到改变原始形状，适应曲面结构的目的。省的起源来自于人体胸部、腰部与臀部之间的相对凸凹量，受体表起伏变化程度的影响，见图 3－19。

腋下省与直腰省是省的原始总量。腋下省的产生来源于胸高点。直腰省的产生是胸围与腰围的差数。衣身样板中其他位置的省都是由这两个省转化而成的，围绕 BP 点可产生多个省位，省量也可以随之转化。胸高的程度决定省总量的大小，当测量人体前（过 BP 点）、后腰节长度时，前腰节长于后腰节的量，为原型板下落量。在省转移中，对省量的使用，应根据人物的年龄、季节、款式地区等综合因素考虑。

三、省道的名称

标准省位有八种如图 3－20。

1. 由 BP 点水平至侧缝是标准的腋下省位为侧胸省。

2. $\frac{胸围线}{2}$ 是标准的袖窿省位为袖窿省。

3. $\frac{肩斜线}{2}$ 是标准的肩省位为肩胸省。

4. $\frac{领弧线}{2}$ 是标准的领省位为领胸省。

5. BP 点水平至前中心线是标准的直胸省位为中心省。

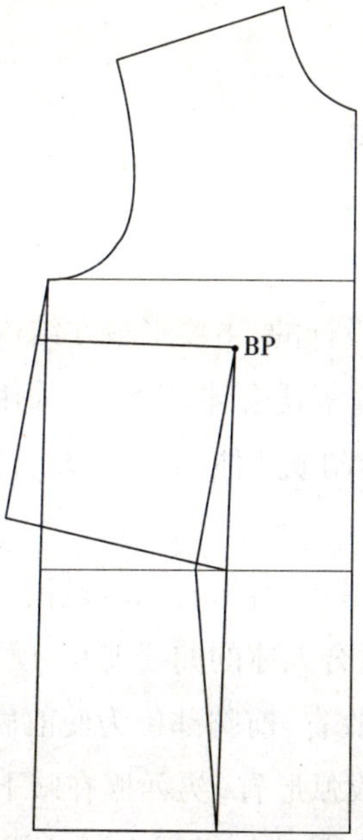

图 3－19 省移量示意图

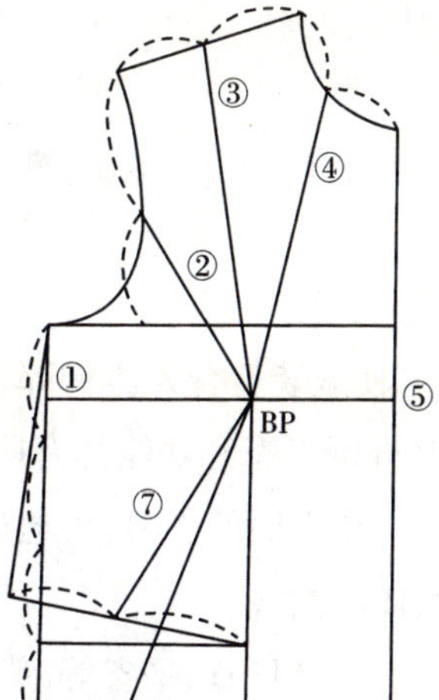

图 3－20 八种省道名称示意图

6. BP 点做垂直至底摆是标准的直腰省位为腰胸省。

7. 直腰省到侧缝的$\frac{1}{2}$处是标准的斜腰省位为斜腰省。

8. 摆缝至 BP 点是标准的摆缝省位为摆胸省。

八种省的应用见图 3－21。

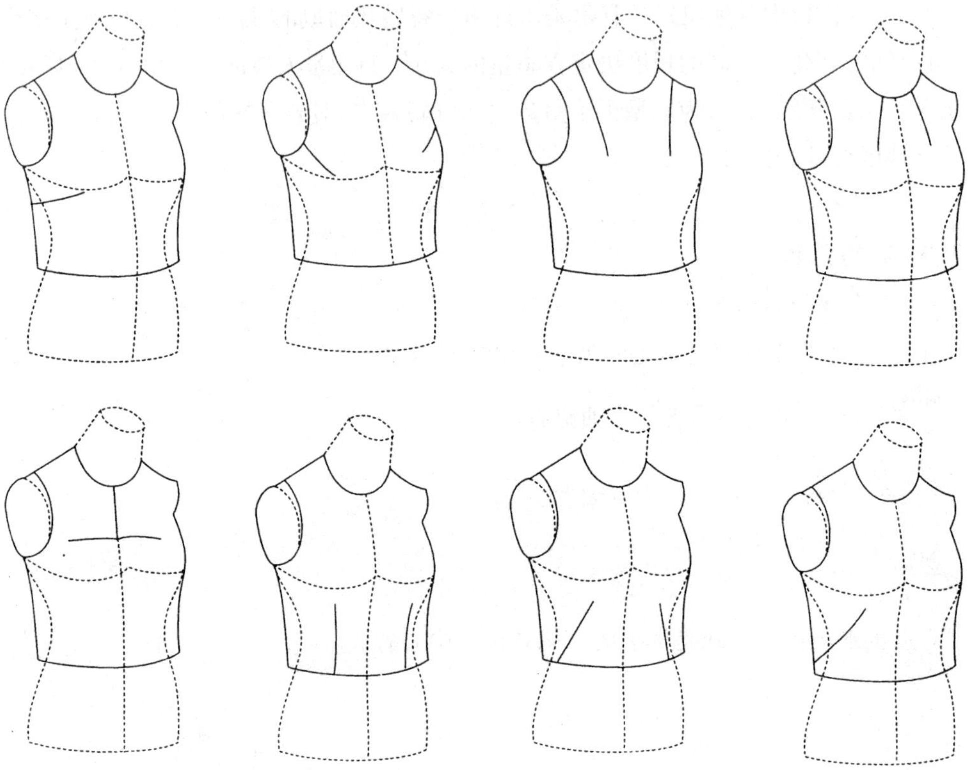

图 3－21　八种省的应用图

四、省道的分类

省道是为了使服装符合人体胸部、背部等隆起部位而设计的，主要形成在结构设计中。不同部位的省道，其外观形态和功能都有所不同，为使服装穿着舒适合体，我们常采用服装中的省、褶来进行修饰，一块平面的衣料，要通过收省、收褶，才能缝制成适体的立体服装，穿在身上才能合体，显现出人体的曲线。

省分为开花省、锥形省、平省等。锥形省又有以下几种形式：钉形省、胖形省、瘪形省、弧形省等，收省的部位一般都在人体起伏变化的部位，为使服装适合人体的曲线变化，就要通过修省来调节修饰，女装上衣一般在肩部、腋下、腰部或领口等部位收省。前胸部位为使前肩平服、胸部突出而使用收瘪形省，在腋下部位收锥形省，领口部位一般收弧形省，男西服在腋下修开花省，遇到大肚子体型时，腋下要收省，必要时还要在腹部收锥形省（肚省），裤子在腰口部位也需要收腰省（锥形省）来使服装适合人体腰与臀之间的曲线。

1. 按省道的外部形态可分为以下几种省,如图 3 - 22 所示。

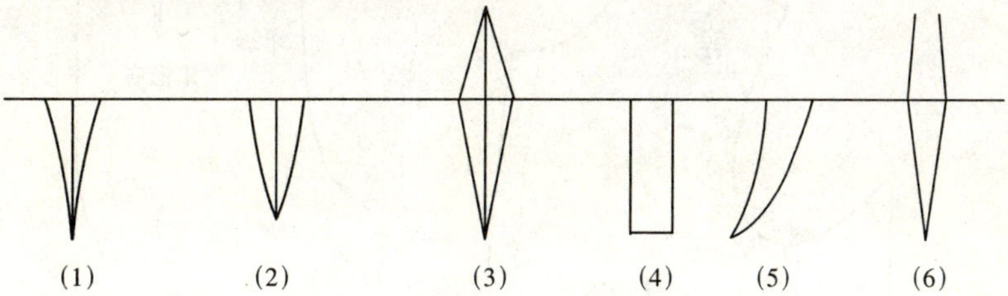

图 3 - 22　省缝外部形态示意图

(1)瘪形省:省的外边呈里弧线,省的下边呈锥形。

(2)胖形省:省的外边呈外弧线,省的下边呈锥形。

(3)锥形省:省的外边呈直线,省的下边呈锥形。

(4)平省:省的外边呈直线,省的下边呈平行直线形。

(5)弧形省:省的边为弧形,省边向一个方向呈锥形。

(6)开花省:省道一边为尖型,另一边为非固定形。

2. 按省道所处部位名称可分为以下几种省,见图 3 - 23。

(1)腰省:省量最宽处在腰节上,省的上下成锥形。

(2)袖窿省:省量最宽在袖窿上,省两端成锥形,此省在衣片中作为胸部造型,在后衣片中作为背部及肩胛骨的造型,可设计成连省成缝的结构。

(3)肩省:收取省量在肩缝处,省的结构呈钉形、此省在前衣片中修饰胸部,在后衣片中修饰肩胛骨。

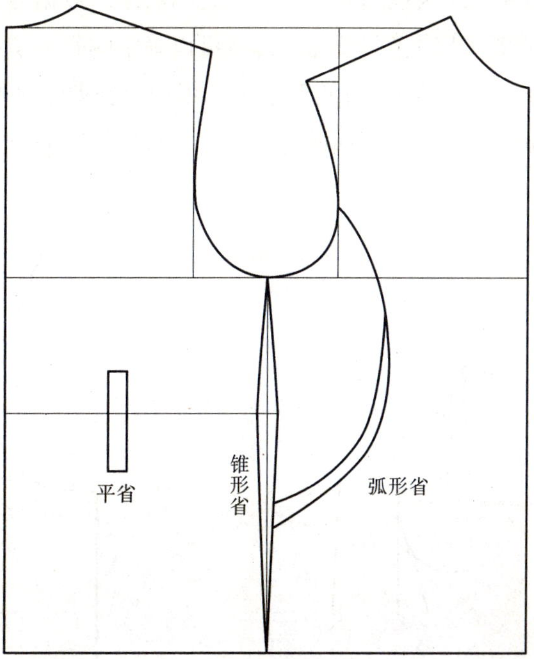

图 3 - 23

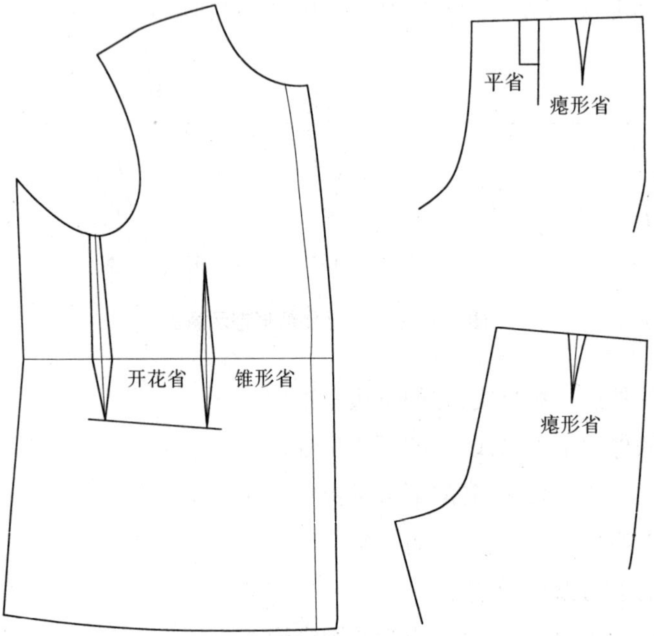

图 3 – 23　省缝应用示意图

(4)领省:省量收取在领弧线上,省呈锥形。

总之,一个部位可根据设计要求来放置省道,每个部位的省道不是固定不变的。

五、胸高点的确定

首先量取人体,如图 3 – 24 从颈侧点至乳峰点之间的距离数据为 22cm,再量取两个乳峰点之间的距离数据为 18cm,有了以上两个数据后,就可以确定胸高点了。然后先画出前衣片的原型板,从肩颈点向下量取 22cm,定一点,再从前中心线向里找两个乳峰点的一半即 9cm 也定一点,使两点相交,即为胸高点即 BP 点。如两点不相交,可调整 22cm 线的斜度,即可相交。

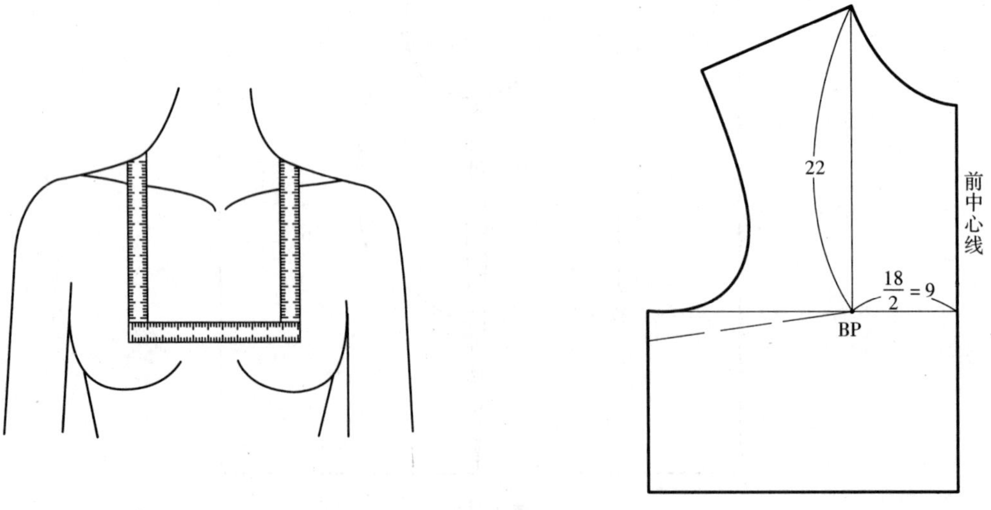

图 3 – 24　胸高点效果示意图

六、腋下省的确定

女装的胸部形状与男性不同。如图 3 - 25,由于乳峰的高使胸部增厚,按传统的方法计算胸围加放松度,按比例制定胸宽、背宽时,从不考虑腋下省的处理,从而前胸乳峰处显得过紧没有立体感,在腋下腰节线产生多余的褶纹。正确的计算方法应按净胸围的 40% 计算腋下省量,一般正常体为 3cm,比较瘦、胸部扁平体为 2 ~ 2. 5cm,而体胖胸高的人为 4cm。

七、省端点的确定

一般省端点与人体隆起曲率最大的部位一致，而且不在隆起部位的顶峰上，因为人体是圆滑的曲线,省尖与最高点保持一段距离,以胸省为例加以说明。女性乳房并非正圆形,乳峰与乳底呈两条抛物线状,组成椭圆形的乳房,如图 3 - 26, *bd*、*be* 边与 *c'* 点存在一定空间。省是顺直状态, *d* 点是弧面状态,而且服装与人体之间需要一定的松度空间达到服装的舒适度,乳峰表面并不是四周对称的椭圆形,各个位置上的省尖距乳峰点的距离都不同,如图 3 - 26 所示。

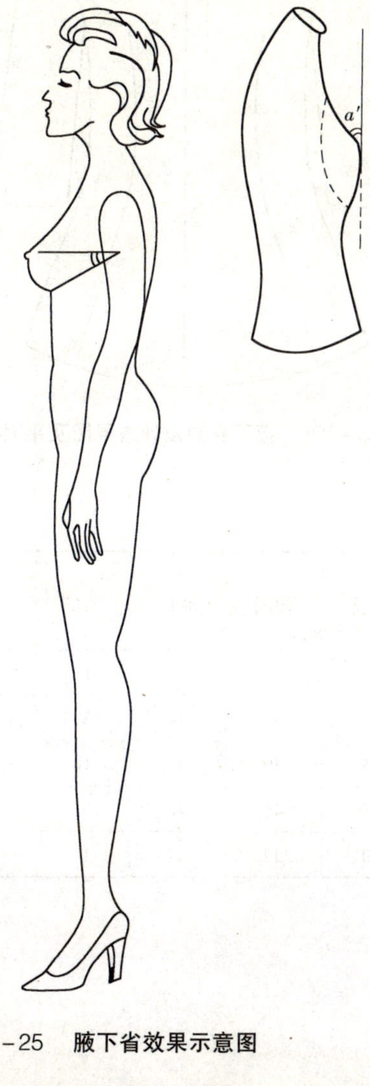

图 3 - 25　腋下省效果示意图

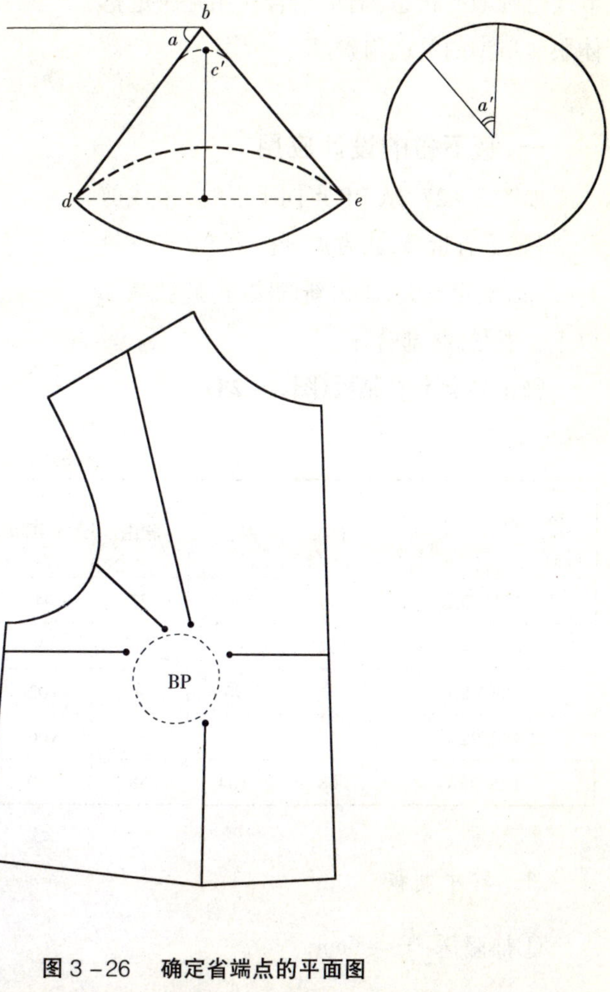

图 3 - 26　确定省端点的平面图

第五节　典型女装省道组合应用及制板

在具体结构制板中,为了赋予服装款式或造型的变化,追求更完美的服装艺术理念,突破了单一省道作用某部位的结构形式,而采用多个省道的变化,或转化、或抽褶、打绺等形式的结构造型。在省道的组合应用中,省与省连接转化的方式除直线造型外,多以曲线或弧线形出现。由于服装的面料具有很强的可塑性,根据服装贴体程度设计出省道、省量的不同组合。在省道组合设计中,不应只考虑造型变化而忽视省道的功能与作用。在转换组合省的过程中,省端点应尽可能接近或经过所要塑形的隆起部位,使服装的塑形更合体,无论款式的变化多么复杂,省道转化中要保证衣片的结构平衡。要使前后衣片的规格尺寸不变,前后腰节线是圆顺的状态,省的组合应用是决定整体服装造型的关键因素。

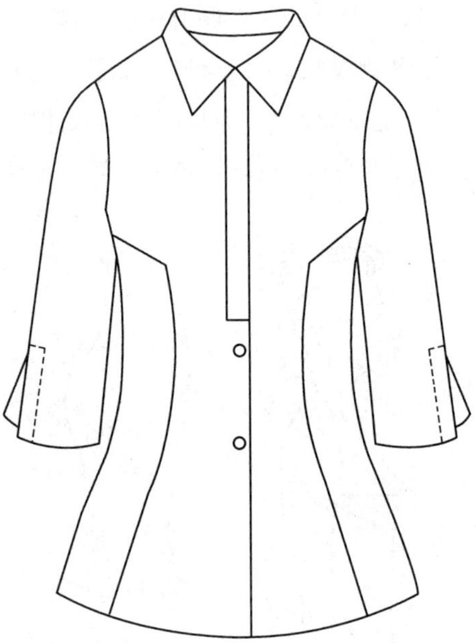

图 3－27　腋下省的设计效果图及平面图

一、腋下省的设计应用

如图 3－27,从 BP 点向下引线,沿线剪开,将腋下省折叠,腰省展开。由 BP 点下量 4～5cm,确定省尖,画出新的腰省。此款胸部以上稍宽松,腰部合体。

腋下省女上衣制板(图 3－28)

成品规格表　　单位:cm

号型＼规格＼部位名称	衣长	胸围	腰围	臀围	背长	领围	袖长	袖口	袖肥
155/80A	60	88	72	94	37	38	43	15	31.5
160/84A	62	92	76	98	38	39	44	15.5	33
165/88A	64	96	80	102	39	40	45	16	34.5
170/92A	66	100	84	106	40	41	46	16.5	36
175/96A	68	104	88	110	41	42	47	17	37.5

1. **前片制板**

①袖窿深:$\frac{B}{6}+6cm$;

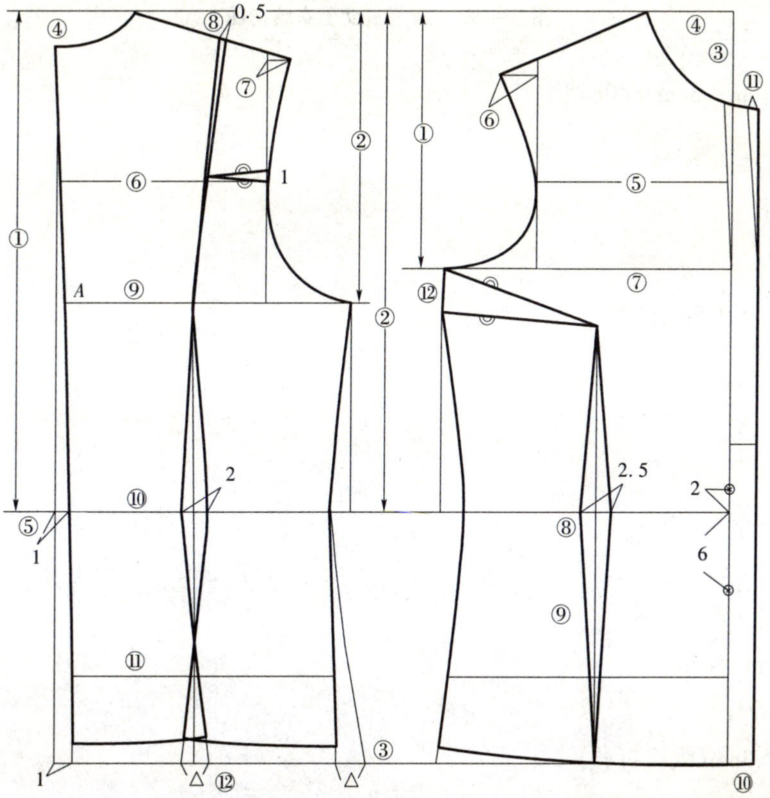

图 3-28

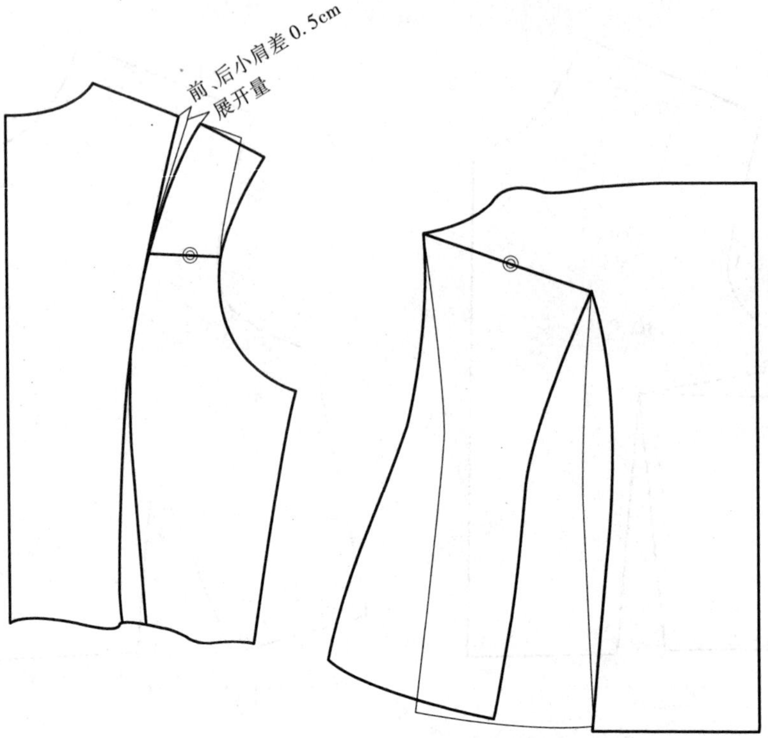

图 3 –28　腋下省女上衣结构图

②腰节：37cm + 3cm = 40cm；

③领深：$\frac{N}{5}+0.5$cm；

④领宽：$\frac{N}{5}$；

⑤胸宽：$\frac{B}{6}+0.5$cm；

⑥冲肩：3.5cm；

⑦胸围宽：$\frac{B}{4}$；

⑧腰围宽：$\frac{W}{4}+2.5$cm；

⑨臀围宽：$\frac{H}{4}$；

⑩搭门宽：1.5cm；

⑪撇胸：1cm；

⑫腋下省：3cm(纸样折叠)。

2. 后片制板

①腰节：与前腰节齐；

②袖窿深:低于前袖窿深 3cm(腋省量);

③衣长:与前衣片起翘齐;

④领深:2.5cm;

⑤背缝:腰节收腰 1cm;

⑥背宽:前胸宽 +1cm;

⑦冲肩:2cm;

⑧小肩:前小肩 +0.5cm;

⑨胸围宽:$\frac{B}{4}$(由 A 点起);

⑩腰围宽:$\frac{W}{4}+2$cm;

⑪臀围宽:$\frac{H}{4}$;

⑫将摆量△移至开剪线中做公用交叉。摆度量分布在臀凸点附近,又可以使后衣长短于前衣长,符合夏季服装的要求。

二、领胸省的设计应用

如图 3-29 所示,在领弧上任意连线,把腋胸省和腰胸省转移到领弧上,使领弧产生增量,进行抽褶。褶裥是服装造型的主要手段,抽褶和打裥的目的是将扩大的衣片面积所长出或宽出的部分缩短或减小的过程。服装与人体间的空隙量较大, 可广泛用于女装及童装的结构设计中,具有较强的装饰性。可根据款式要求进行设计,如果是领省只转移一个省量就可以了。

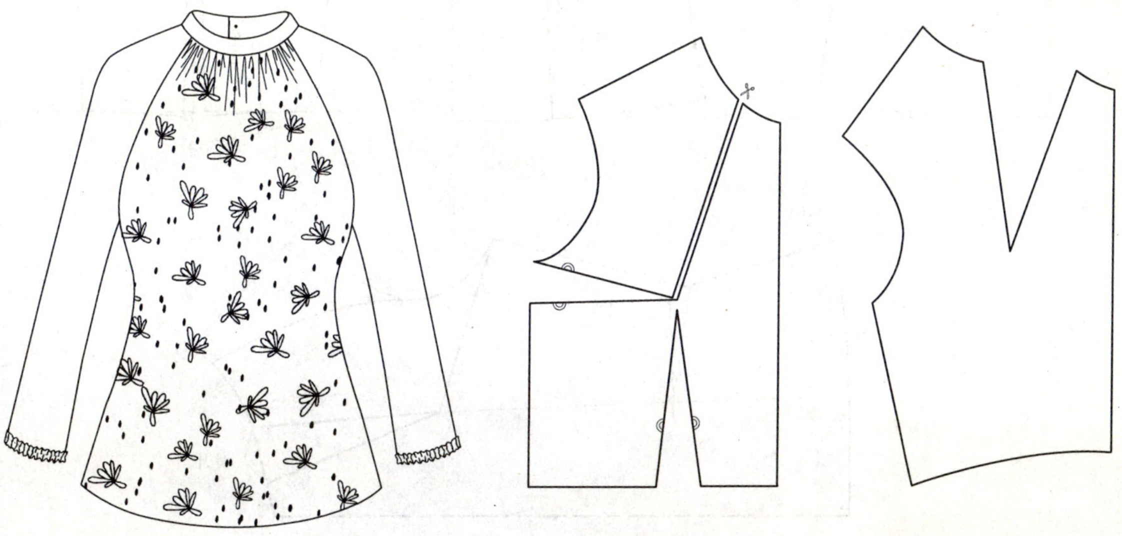

图 3-29　领胸省的设计效果图

领胸省上衣制板(图 3 – 30)

成品规格表　　单位:cm

部位名称 / 规格 / 号型	衣长	胸围	腰围	臀围	背长	领围	袖长	袖口	袖肥
155/80A	60	90	76	96	37	38	52	11	34
160/84A	62	94	80	100	38	39	53.5	11.5	35.5
165/88A	64	98	84	104	39	40	55	12	37
170/92A	66	100	88	108	40	41	56.5	12.5	38.5
175/96A	68	104	92	112	41	42	58	13	40

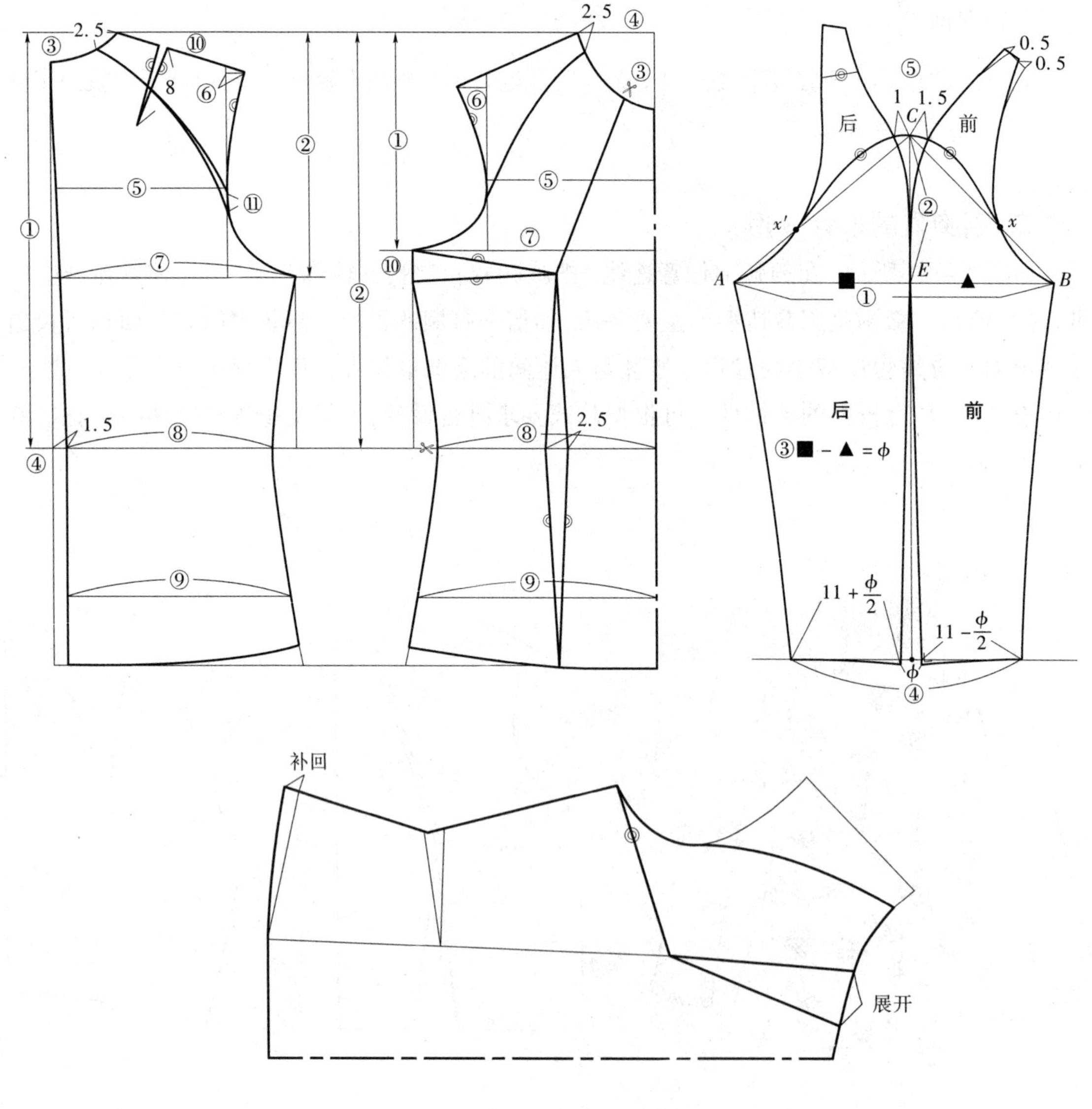

图 3 – 30　领胸省上衣结构

1. **前片制板**

①袖窿深：$\frac{B}{6}+6cm$；

②腰节线：37cm + 3cm = 40cm；

③领深：$\frac{N}{5}+0.5cm$；

④领宽：$\frac{N}{5}$；

⑤胸宽：$\frac{B}{6}+0.5cm$；

⑥冲肩：3.5cm；

⑦胸围宽：$\frac{B}{4}$；

⑧腰围宽：$\frac{W}{4}+2.5cm$（纸样接合 2.5cm）；

⑨臀围宽：$\frac{H}{4}$；

⑩腋下省：3cm。

2. **后片制板**

①腰节：与前腰节齐；

②袖窿深：低于前袖窿深 3cm（腋下省）；

③领深：2.5cm；

④背缝：腰节收 1.5cm；

⑤背宽：胸宽 + 1cm；

⑥冲肩：2cm；

⑦胸围宽：$\frac{B}{4}$；

⑧腰围宽：$\frac{W}{4}$；

⑨臀围宽：$\frac{H}{4}$；

⑩小肩：前小肩 + 0.5cm（纸样接合 0.5cm）。

⑪袖窿省：1cm，在开剪线中去掉。

3. **袖制板**

①总袖肥：$(\frac{B}{5}-2)\times 2cm$；

②袖山高：用前 AH，后 AH - 1cm（省），斜交于 A 点、B 点、中心部相交于 C 点。C 至 E 点的间距离为袖山高；

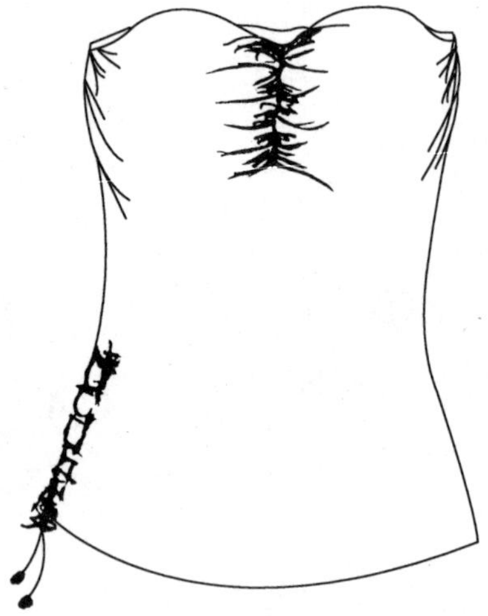

③袖肥差：$AE - BE = \phi$；

④一片袖袖口：前 $13 - \frac{\phi}{2}$，后 $13 + \frac{\phi}{2}$；

插肩袖袖口：前 $11 - \frac{\phi}{2}$，后 $11 + \frac{\phi}{2}$；

⑤将前、后小肩开剪，分别以 X 与 X' 点重合，C 点留出 2.5cm 袖包量。圆顺插肩外袖缝至 E 点。

三、前胸省的设计应用

如图 3－31 所示，由胸高点 BP 做前中心线的垂直线，把腋胸省和腰胸省转移至前中心线，使前中心线产生增量，这是根据款式需要而使用的。

图 3－31　前胸省的设计效果图及平面图

抽褶围胸上衣制板（图 3－32）

成品规格表　单位：cm

号型 \ 规格 \ 部位名称	衣长	胸围	腰围	臀围	背长	领围
155/80A	54	88	74	94	37	38
160/84A	56	92	78	98	38	39
165/88A	58	96	82	102	39	40
170/92A	60	100	86	106	40	41
175/96A	62	104	90	110	41	42

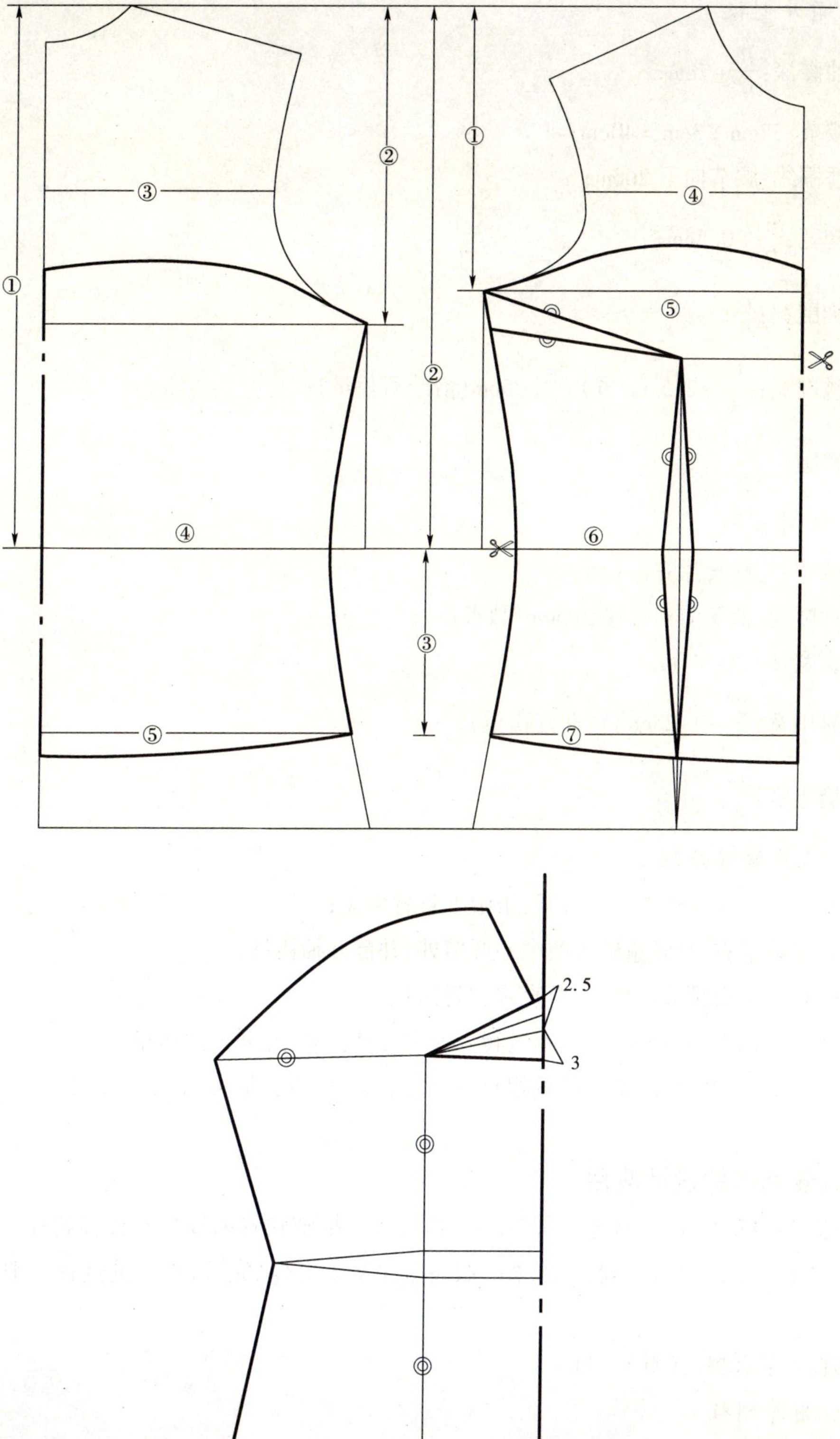

图 3 -32

1. 前片制板

①袖窿深：$\frac{B}{6}+7cm$；

②腰节：37cm + 3cm = 40cm；

③臀围线：腰节向下 20cm；

④胸宽：$\frac{B}{6}+0.5cm$；

⑤胸围宽：$\frac{B}{4}$；

⑥腰围宽：$\frac{W}{4}+2.5cm$(省) – 1.25cm(借给后片量)；

⑦臀围宽：$\frac{H}{4}$。

2. 后片制板

①腰节：与前腰片齐；

②袖窿深：低于前袖窿深 3.5cm(腋省量)；

③背宽：胸宽 + 1cm；

④腰围宽：$\frac{W}{4}+1.25cm$(从前片借量)；

⑤臀围宽：$\frac{H}{4}$。

3. 前片纸样处理

①由前中心线将转省位置剪开，至腋下省省尖止；

②折叠腋下省，将省量转入前中心开剪处，并展开抽褶量；

③由侧缝处沿腰节线剪开，至直腰省省边止；

④将腰节以上部位的直腰省省量转入前中心开剪处，并展开抽褶量；

⑤纸样拼合腰节以下部位的直腰省，腰节线部位的重叠量 ϕ 在底边补回。

四、侧胸省的设计应用

如图 3 – 33 所示，由侧缝线向胸高点 BP 连线，把腋胸省和腰胸省转移到开剪线上。这是按款式要求来设计的，这样制作出来的服装效果更加合体、完善，省位的选择一般与款式分割线有关。

侧胸省上衣制板(图 3 – 34)

1. 前片制板

①衣长：54cm；

②袖窿深：$\frac{B}{6}+6cm$(夏季)；

③腰节：37cm + 3cm = 40cm；

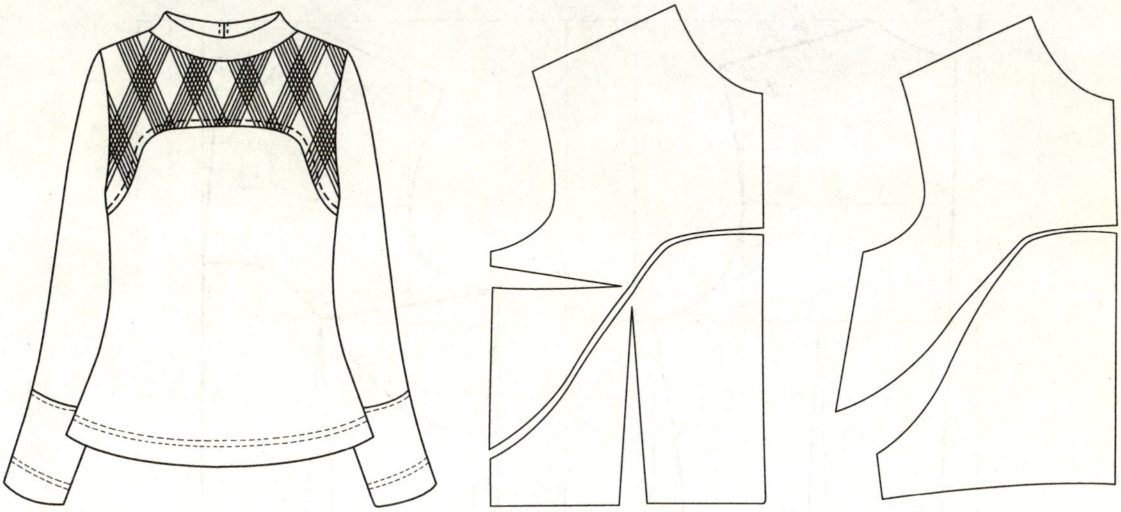

图 3-33　侧胸省的设计效果图及平面图

成品规格表

单位:cm

规格 号型 \ 部位名称	衣长	胸围	腰围	臀围	背长	领围	袖长	袖口	袖肥
155/80A	54	88	74	96	37	38	52	11	31.5
160/84A	56	92	78	100	38	39	53.5	11.5	33
165/88A	58	96	82	104	39	40	55	12	34.5
170/92A	60	100	86	108	40	41	56.5	12.5	36
175/96A	62	104	90	112	41	42	58	13	37.5

④臀围线:腰节向下 20cm;

⑤领深:$\frac{N}{5}+0.5$cm;

⑥领宽:$\frac{N}{5}$;

⑦胸宽:$\frac{B}{6}+0.5$cm;

⑧冲肩:3.5cm;

⑨胸围宽:$\frac{B}{4}$;

⑩腰围宽:$\frac{W}{4}+2$cm;

⑪臀围宽:$\frac{H}{4}$(在臀围线量取);

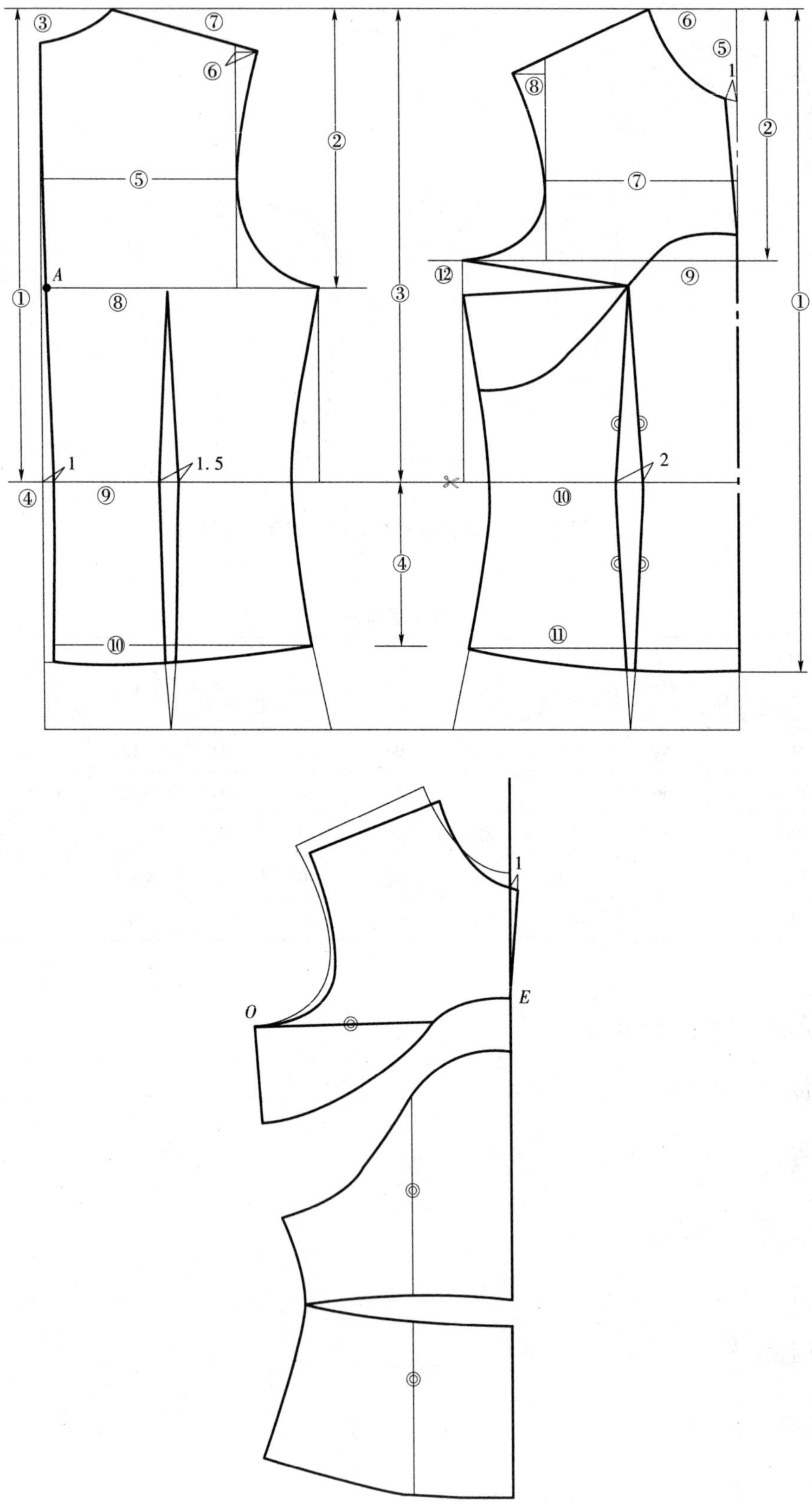

图 3 –34　结构图

⑫腋下省:3cm(纸样折叠);

⑬撇围:1cm。

2. 后片制板

①腰节:与前腰节齐;

②袖窿深:低于前袖窿深 3cm(省量);

③领深:2.5cm;

④背缝:腰节收 1cm;

⑤背宽:胸宽 + 1cm;

⑥冲肩:2cm;

⑦小肩:前小肩 + 0.5cm;

⑧胸围宽:$\frac{B}{4}$ (由 A 点量起);

⑨腰围宽:$\frac{W}{4}+1.5\text{cm}$;

⑩臀围宽:$\frac{H}{4}$(在臀围线量取)。

3. 前片纸样处理

①转移腋下省:采用纸样折叠方法,将腋下省量 3cm 转移至开剪线中。

②转撇省:按住 O 点,将纸样由领深线处转出 1cm 省量,E 点不偏离垂直线。按照转省后的纸样,重新划出袖窿弧线、小肩线、领弧线。一定要转出撇胸省,否则该部位会出现松量。

③转直腰省:衣身有较大收腰,又无省道,在结构制图时,应先画出省道,再采用转省的形式进行处理。

④由侧缝沿腰节线剪开,至直腰省省边止剪除省量 2cm,将省边接合。

第四章　典型上装结构与制板

第一节　典型衬衫结构原理与制板

一、衬衫结构原理概述

衬衫是夏季的主要服装品种之一，板型多属于休闲板。结构设计变化比较复杂，且融入了装饰手段，如抽褶、悬垂、波浪等方法，是女装当中较重要的组成部分。

由于我国南、北方人体体型与穿着习惯有所不同，同一款式的衬衫，板型不同。

同时，衬衫面料品种多样，质地变化较大，相应地增加了制板的难度，制板时应注意：

1. 胸围松度的掌握。强弹力面料，在净胸围基础上减 2cm 为成品胸围规格；低弹力面料，以净胸围尺寸为准不加不减；无弹力面料在净胸围基础上加 6～8cm 松度为成品规格。

2. A、B 体型的分类。A 型体以胸腰围差数 14～18cm 为准。B 型体以胸腰围差数 9～13cm 为准。

3. 省道的设定。衬衫省道的处理，多是以转省的形式出现，从而得到丰富的造型变化。省的大小应根据 A 体型或 B 体型所产生的总省量而定。

（一）袖窿深的确定

衬衫的袖窿深与其他种类服装的袖窿深有较大不同，因为衬衫是人体穿着的第一层服装，前胸突起，后背凹进，所以，后袖窿深要降低 2cm，以保证服装与人体的服帖程度。处理方法为将后领弧、后小肩线平行下落 2cm，并保证后领弧、后小肩尺寸不变。如果不做以上处理，后袖窿处会出现多余量造成服装弊病。另外，衬衫的袖窿深值是女装中袖窿深值最小的（无袖款式除外）。无袖款式的袖窿深一般为 17～20cm。绱袖款式的袖窿深按 $\frac{B}{6}+6\text{cm}$ 计算（图 4－1）。袖窿深的大小，主要应掌握袖窿弧等于成品胸围的$\frac{1}{2}$。袖子的袖肥应根据款式需要而定，常用值为 $\frac{B}{5}-(3\sim9\text{cm})$。

（二）起翘量与摆度的确定

衬衫板型基本属于四片相等结构。前、后片摆度相同，起翘量相同。摆度大，起翘量大，摆度小，起翘量小，当衣片底边与侧缝夹角呈 90°时，该起翘量最为适合。反之，应调整起翘量。

摆度的大小绝非任意确定。无论服装长短，都应首先确定臀围线，求出臀围尺寸$\frac{H}{4}$，画出腰节与臀围宽处的侧缝线，确定衣长尺寸，然后再做起翘，这样得出的板型结构才合理，如图 4－2 所示。

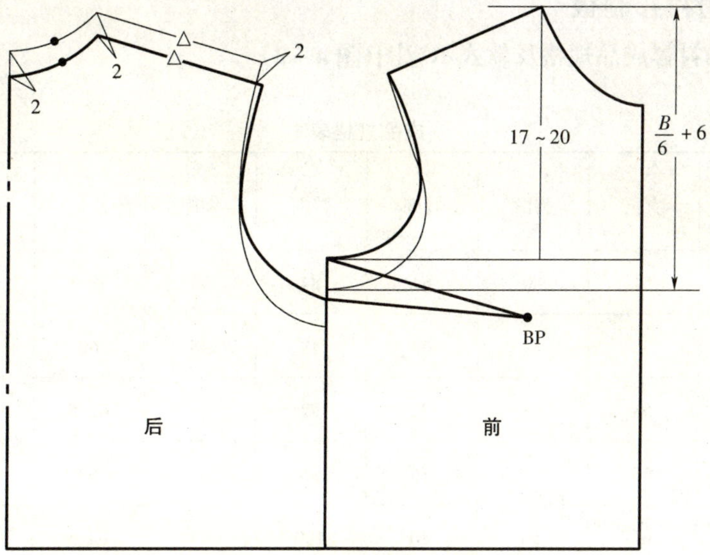

图 4－1　衬衫袖窿深处理方法

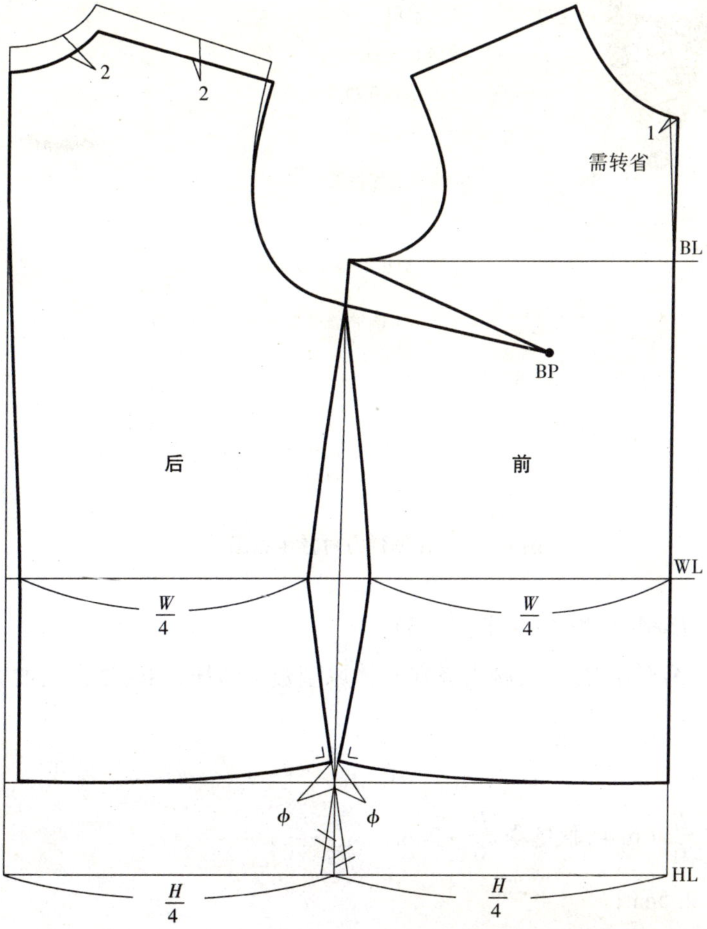

图 4－2　衬衫翘量及摆量确定

二、合体弹力衬衫制板

(一)合体弹力衬衫成品规格及款式示意图(图 4–3)

成品规格表　　单位:cm

号型 \ 规格 \ 部位名称	衣长	胸围	腰围	臀围	领围	袖长	袖口	袖肥
155/80A	54	80	64	84	37	58.5	30	$\frac{B}{5}-2$
160/84A	56	84	68	88	38	60	30	$\frac{B}{5}-2$
165/88A	58	88	72	92	39	61.5	30	$\frac{B}{5}-2$
170/92A	60	92	76	96	40	63	30	$\frac{B}{5}-2$
175/96A	62	96	80	100	41	64.5	30	$\frac{B}{5}-2$

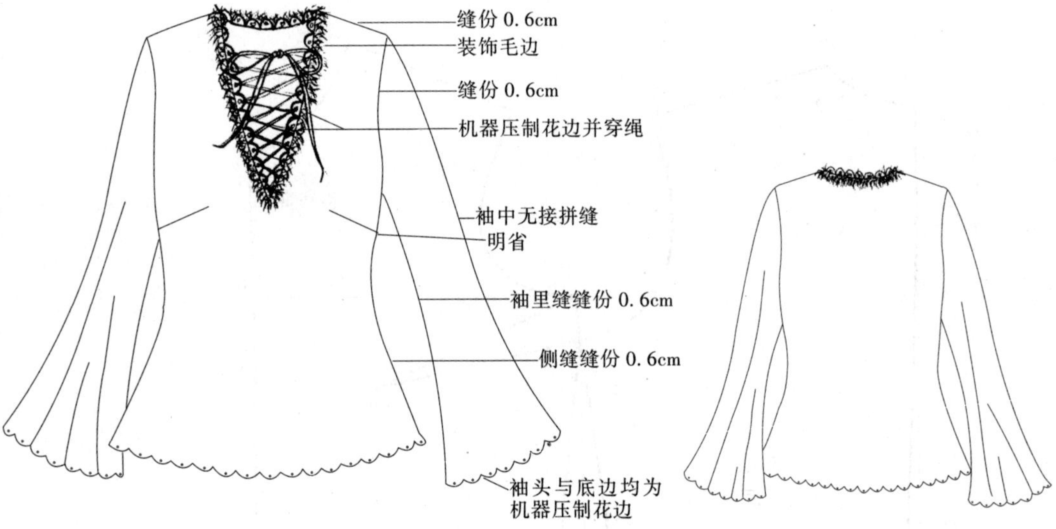

图 4–3　合体弹力衬衫示意图

(二)合体弹力衬衫制板(图 4–4、图 4–5)

1. **前片制板**　无直腰省款式,腰省量在合体原型板中转掉,用转换以后的原型板制图。

①衣长:54cm;

②落肩:5cm;

③袖窿深:夏季 $\frac{B}{6}+6$cm,秋冬季 $\frac{B}{6}+7$cm;

④腰节:38cm + 2.5cm;

⑤领宽:$\frac{N}{5}-0.5$cm;

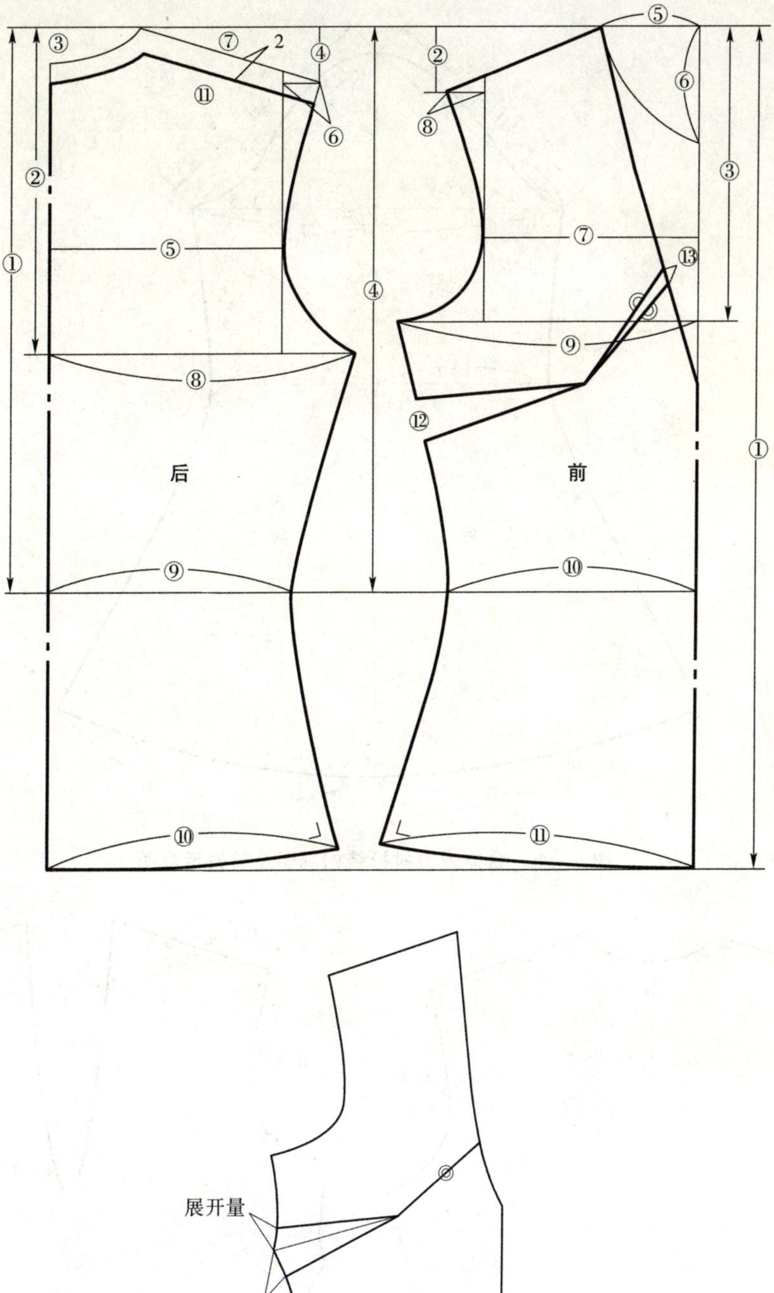

图 4－4

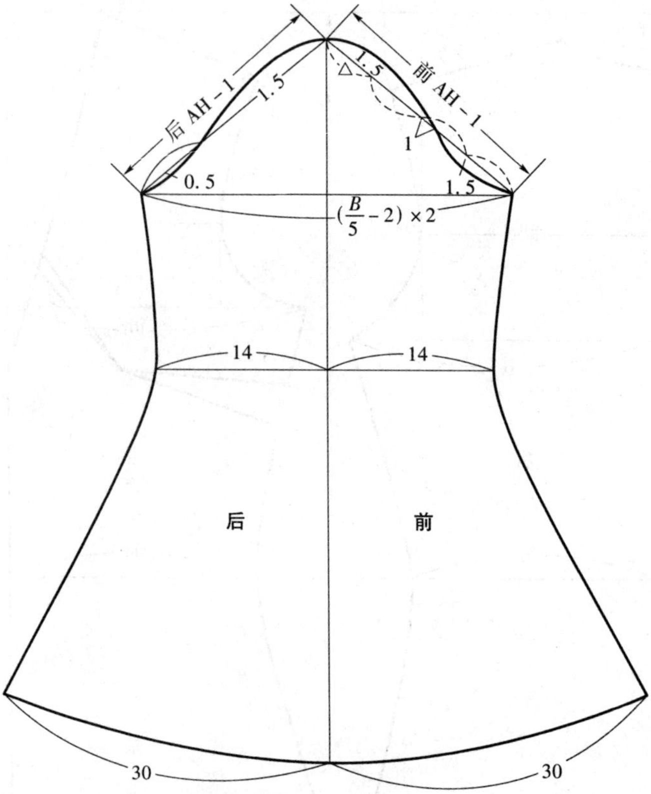

图 4 –4　合体弹力衬衫结构制图及转省示意图

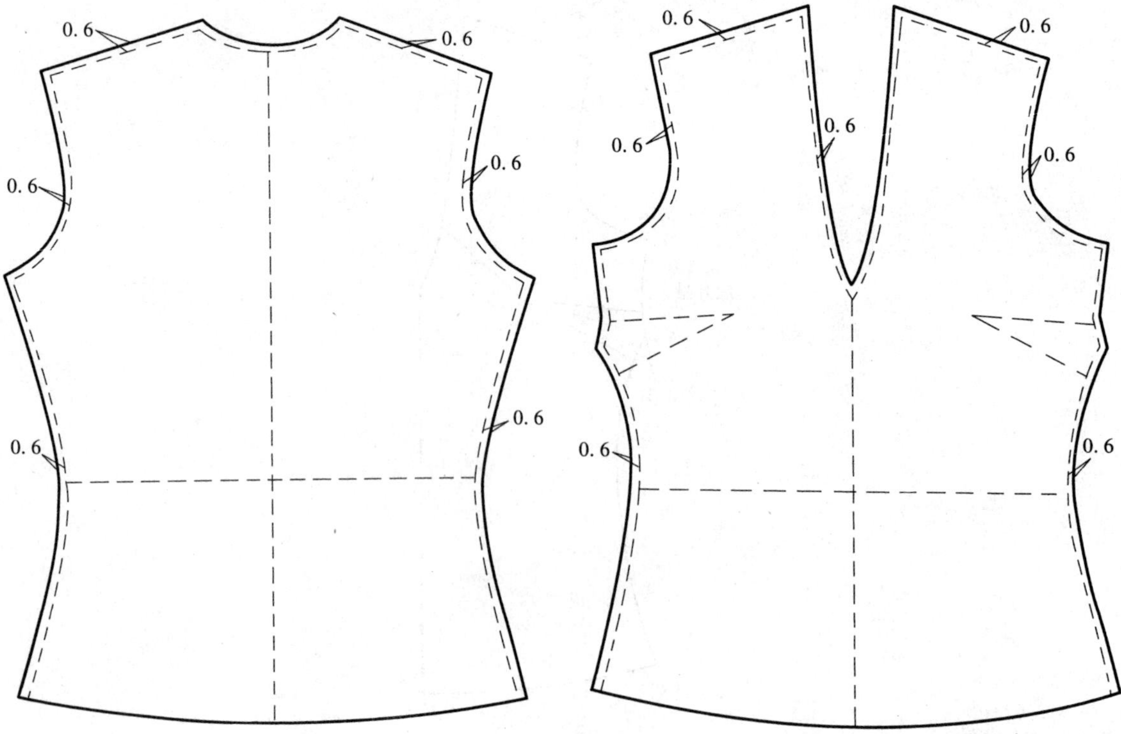

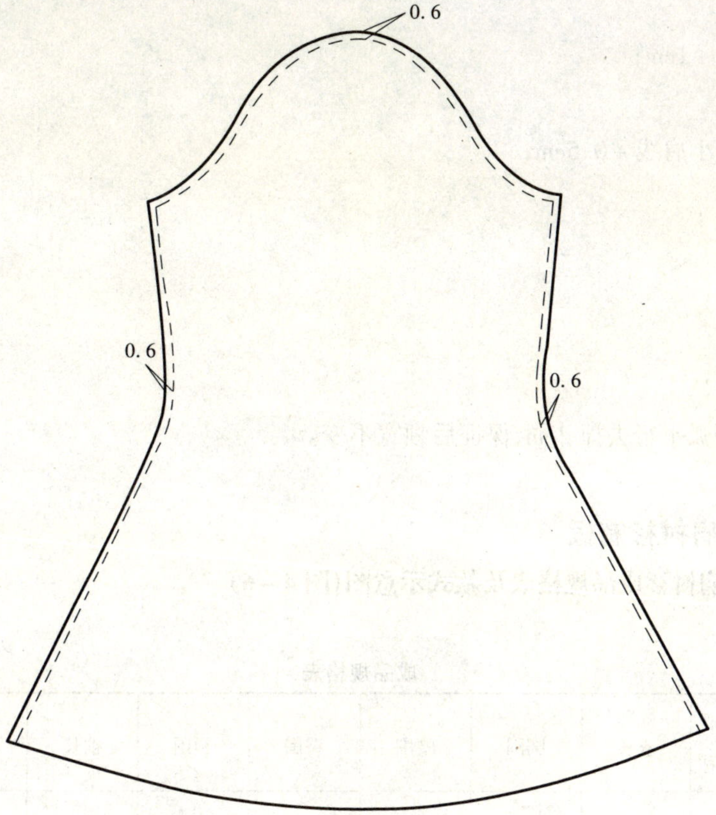

图 4-5 合体弹力衬衫放缝份示意图

⑥领深：$\frac{N}{5}+0.5$cm（开深量根据款式）；

⑦胸宽：$\frac{B}{6}+0.5$cm；

⑧冲肩：3cm；

⑨胸围宽：$\frac{B}{4}$；

⑩腰围宽：$\frac{W}{4}$；

⑪臀围宽：$\frac{H}{4}$；

⑫腋下省：2.5cm；

⑬领省：1cm，转入腋下省中。

2. 后片制板

①腰节：同前腰节齐；

②袖窿深：低于前袖窿深 2.5cm；

③领深：2.5cm；

④落肩:4cm;

⑤背宽:胸宽 + 1cm;

⑥冲肩:2cm;

⑦小肩线:前小肩线 + 0.5cm;

⑧胸围宽:$\frac{B}{4}$;

⑨腰围宽:$\frac{W}{4}$;

⑩臀围宽:$\frac{H}{4}$;

⑪小肩、后领弧平行去掉 2cm,保证后领宽不变。

三、弹力露肩衬衫制板

(一)弹力露肩衬衫成品规格表及款式示意图(图 4 - 6)

成品规格表　　单位:cm

部位名称 / 规格 / 号型	衣长	胸围	腰围	臀围	领围	袖长	袖口	袖肥
155/8A	52	80	70	84	37	50 + 10	9	$\frac{B}{5}-2$
160/82A	54	84	74	88	38	51.5 + 10	9.5	$\frac{B}{5}-2$
165/86A	56	88	78	92	39	53 + 10	10	$\frac{B}{5}-2$
170/92A	58	92	82	96	40	54.5 + 10	10.5	$\frac{B}{5}-2$
175/96A	60	96	86	100	41	56 + 10	11	$\frac{B}{5}-2$

(二)弹力露肩衬衫制板(图 4 - 7)

1. **前片制板**　采用宽松原型板。

①衣长:52cm;

②腰节:36cm + 2.5cm;

③袖窿深:$\frac{B}{6}$ + 7cm(春秋装按$\frac{B}{6}$ + 8cm);

④领宽:$\frac{N}{5}$ - 0.5cm,开宽 4cm;

⑤领深:$\frac{N}{5}$ + 0.5cm,开深 2.5cm;

⑥落肩:5cm;

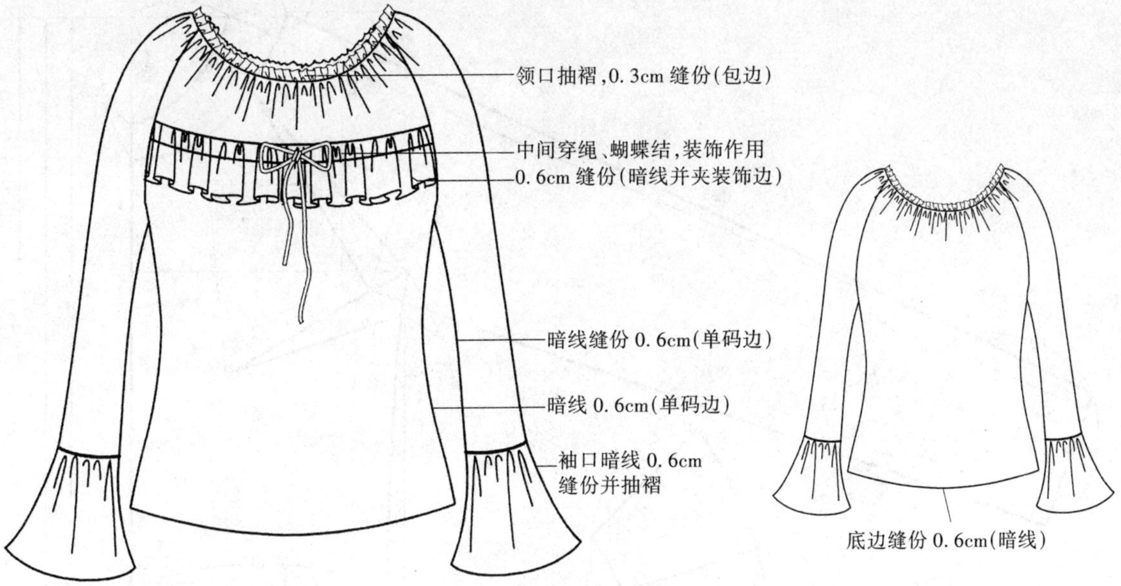

图 4-6　弹力露肩衬衫效果图

⑦胸宽:$\frac{B}{6}+1.5$cm;

⑧冲肩:2.5cm;

⑨胸围宽:$\frac{B}{4}$;

⑩腰围宽:$\frac{W}{4}$;

⑪臀围宽:$\frac{H}{4}$;

⑫袖长:延长原型板小肩线,量取袖长尺寸;

⑬袖肥:$\frac{B}{5}-2$cm,垂袖长袖交于 a 点;

⑭ a 线与 b 线相等;

⑮袖抽褶量:外袖缝上提 2cm;

⑯腋下省:2.5cm,转入领部;

⑰袖头开剪 10cm,纸样展开使袖外弧达 21cm。

2. **后片制板**

①腰节:同前腰节;

②袖窿深:低于前袖窿深 2.5cm;

③落肩:4cm;

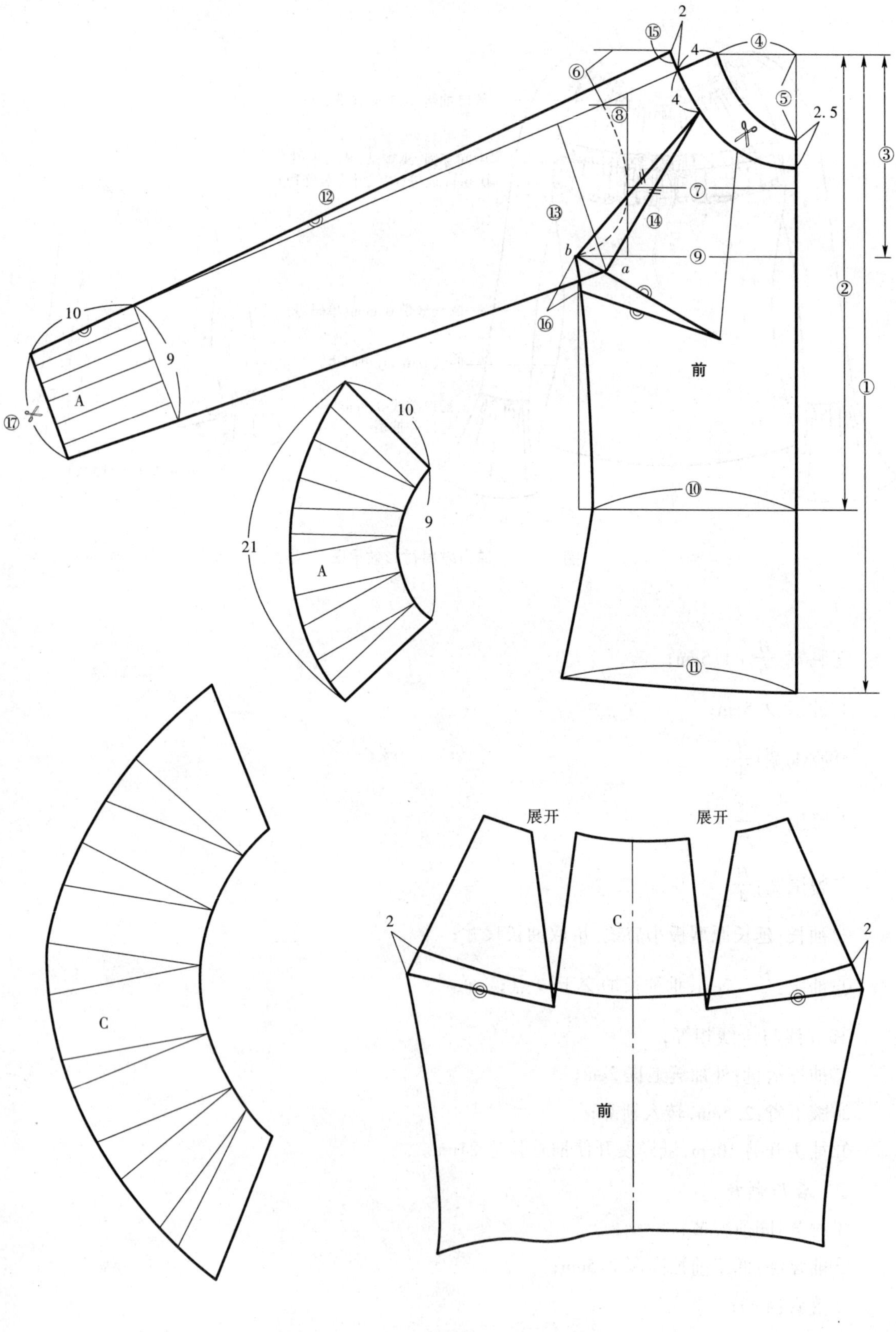

2
⑮
4
④
⑥
4
⑤
2.5
⑧
③
⑦
⑫
⑬
⑭
b
⑨
a
⑯
②
10
9
A
⑰
前
①
10
9
21
A
⑩
⑪
展开
展开
C
2
2
C
前

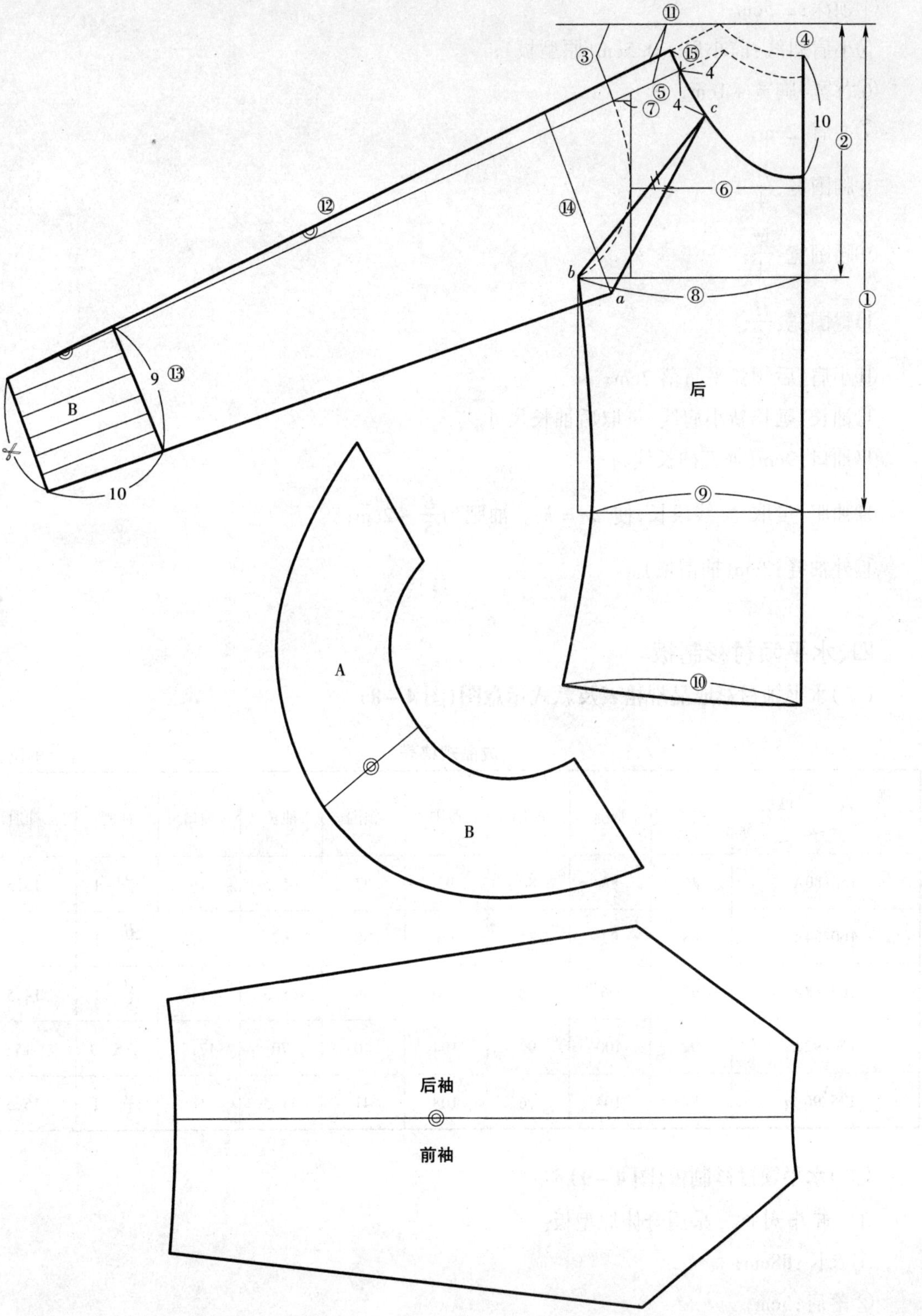

图 4-7　弹力露肩衬衫结构图

④领深:2.5cm;

⑤小肩斜线:前小肩 +0.5cm(原型板);

⑥背宽:胸宽 +1cm;

⑦冲肩:2cm;

⑧胸围宽:$\frac{B}{4}$;

⑨腰围宽:$\frac{W}{4}$;

⑩臀围宽:$\frac{H}{4}$;

⑪小肩、后领弧平行落 2cm;

⑫袖长:延长新小肩线,量取后袖长尺寸;

⑬袖口:9cm(垂直袖长线);

⑭袖肥:量取 bc 线段长,使 $ac = bc$。袖肥为$\frac{B}{5}-2$cm;

⑮外袖缝:2cm(抽褶量)。

四、水平领衬衫制板

(一)水平领衬衫成品规格表及款式示意图(图 4-8)

成品规格表

单位:cm

号型 \ 规格 \ 部位名称	衣长	胸围	腰围	臀围	领围	袖长	袖口	袖肥	袖肘
155/80A	86	88	80	92	37	65.5	16	$\frac{B}{5}-1$	13.5
160/84A	88	92	84	96	38	67	16.5	$\frac{B}{5}-1$	14
165/88A	90	96	88	100	39	68.5	17	$\frac{B}{5}-1$	14.5
170/92A	92	100	92	104	40	70	17.5	$\frac{B}{5}5-1$	15
175/96A	94	104	96	108	41	71.5	18	$\frac{B}{5}-1$	15.5

(二)水平领衬衫制板(图 4-9)

1. **前片制板** 采用合体原型板。

①衣长:88cm;

②落肩:5cm;

③腰节:36cm+2.5cm;

④袖窿深:$\frac{B}{6}$+6cm(夏季单层服装);

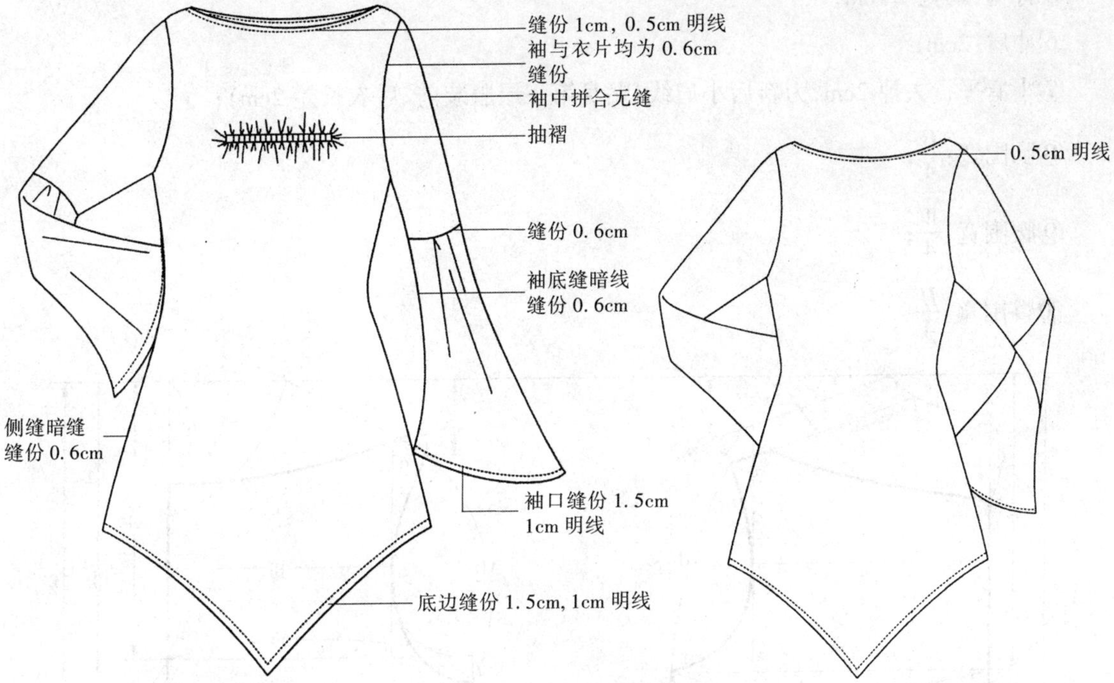

图 4-8　水平领衬衫效果图

⑤臀围线：腰节下 20cm；

⑥领深：$\frac{N}{5}+0.5$cm；

⑦领宽：$\frac{N}{5}-0.5$cm；

⑧胸宽：$\frac{B}{6}+0.5$cm；

⑨冲肩：3.5cm；

⑩胸围宽：$\frac{B}{4}$；

⑪腰围宽：$\frac{W}{4}$；

⑫臀围宽：$\frac{H}{4}$；

⑬腋下开深 2.5cm。

2. 后片制板

①腰节：同前腰节；

②袖窿深：与前袖窿开深线齐；

③落肩：4cm；

④领深：2.5cm 或根据款式开深；

⑤背宽：胸宽 + 1cm；

⑥冲肩：2cm；

⑦小肩平行去掉 2cm，为新后小肩线(贴身第一层服装前、后衣长差 2cm)；

⑧胸围宽：$\frac{B}{4}$；

⑨腰围宽：$\frac{W}{4}$；

⑩臀围宽：$\frac{H}{4}$。

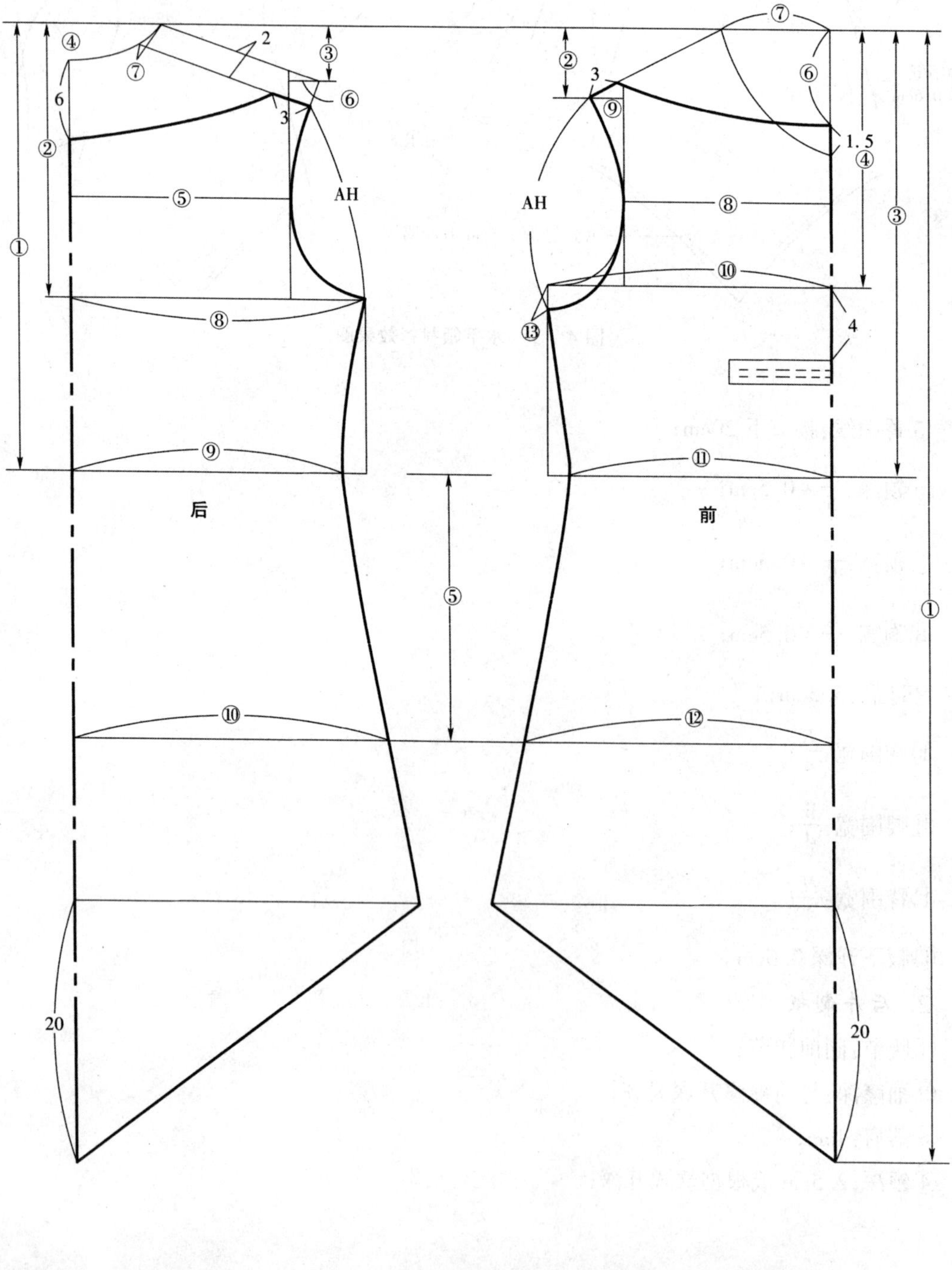

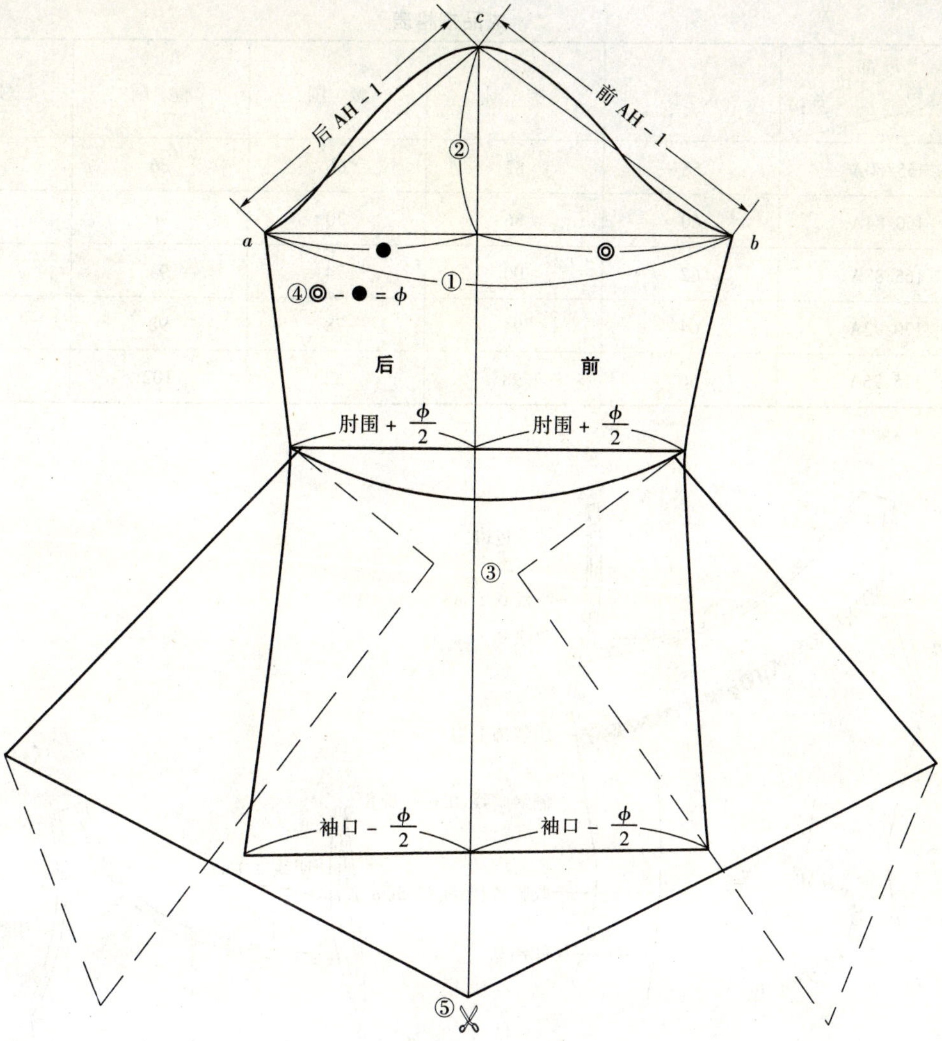

图 4－9　水平领衬衫结构图

3. 袖制板

①袖肥：$(\frac{B}{5}-2cm)\times 2$；

②袖山高：实量前后 AH－1cm，用前后 AH 长度的线段，斜交于袖肥线两端 a 点，b 点。线段中部的交点 c 点为袖中点，c 点至袖肥线之间的垂直距离为袖山高；

③袖长：过 c 点垂直向下量取袖长尺寸；

④袖肥差量：前袖肥(◎)－后袖肥(●)＝差量(ϕ)；

⑤开剪：袖口位置开剪，袖肘线以下袖片为喇叭状，采用纸样展开方法。

五、牛仔吊带背心制板

(一)牛仔吊带衬衫成品规格表及款式示意图(图 4－10)

成品规格表

单位:cm

部位名称 / 规格 / 号型	衣　长	胸　围	腰　围	臀　围	领　围
155/80A	58	82	66	86	37
160/84A	60	86	70	90	38
165/88A	62	90	74	94	39
170/92A	64	94	78	98	40
175/96A	66	98	82	102	41

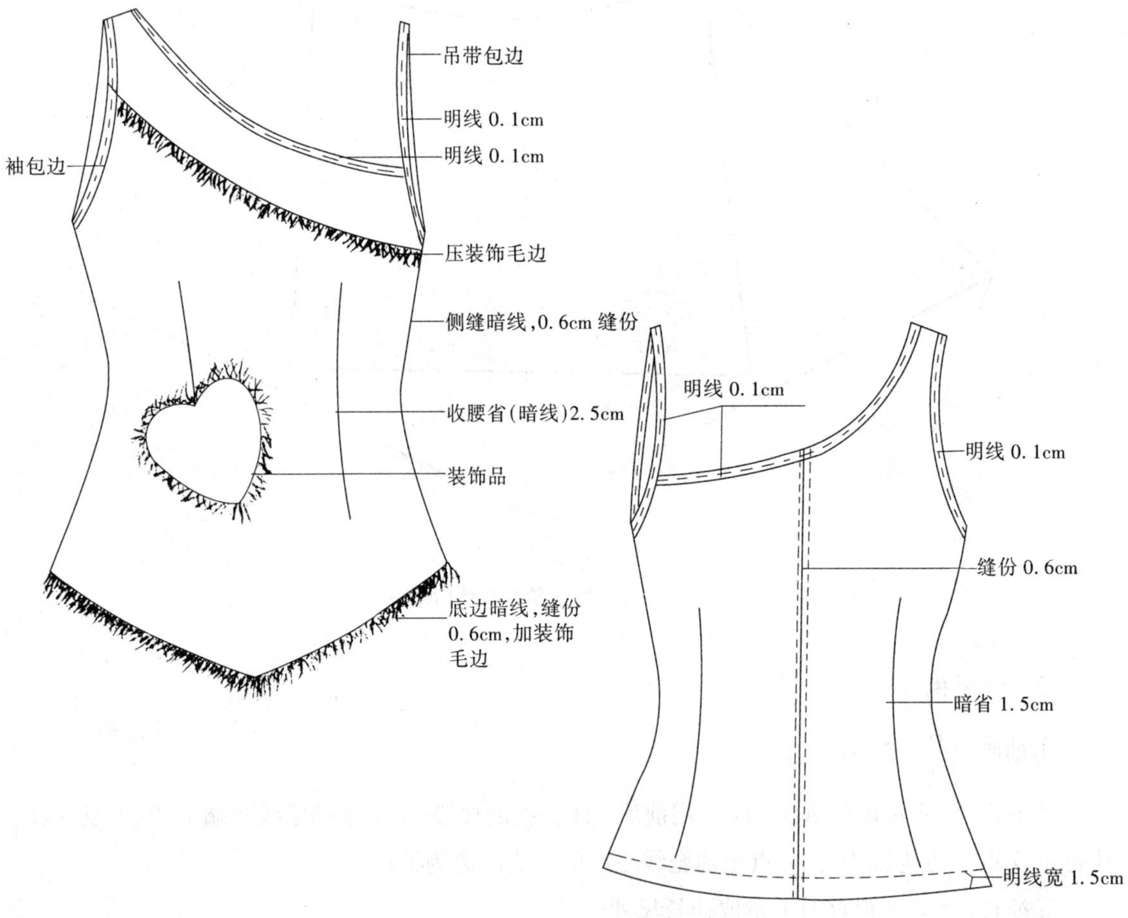

图 4－10　牛仔吊带背心效果图

(二)牛仔吊带背心制板(图 4－11)

1. **前片制板**　采用合体原型板。

①中心线:以点划线为中心,左右原型板对称;

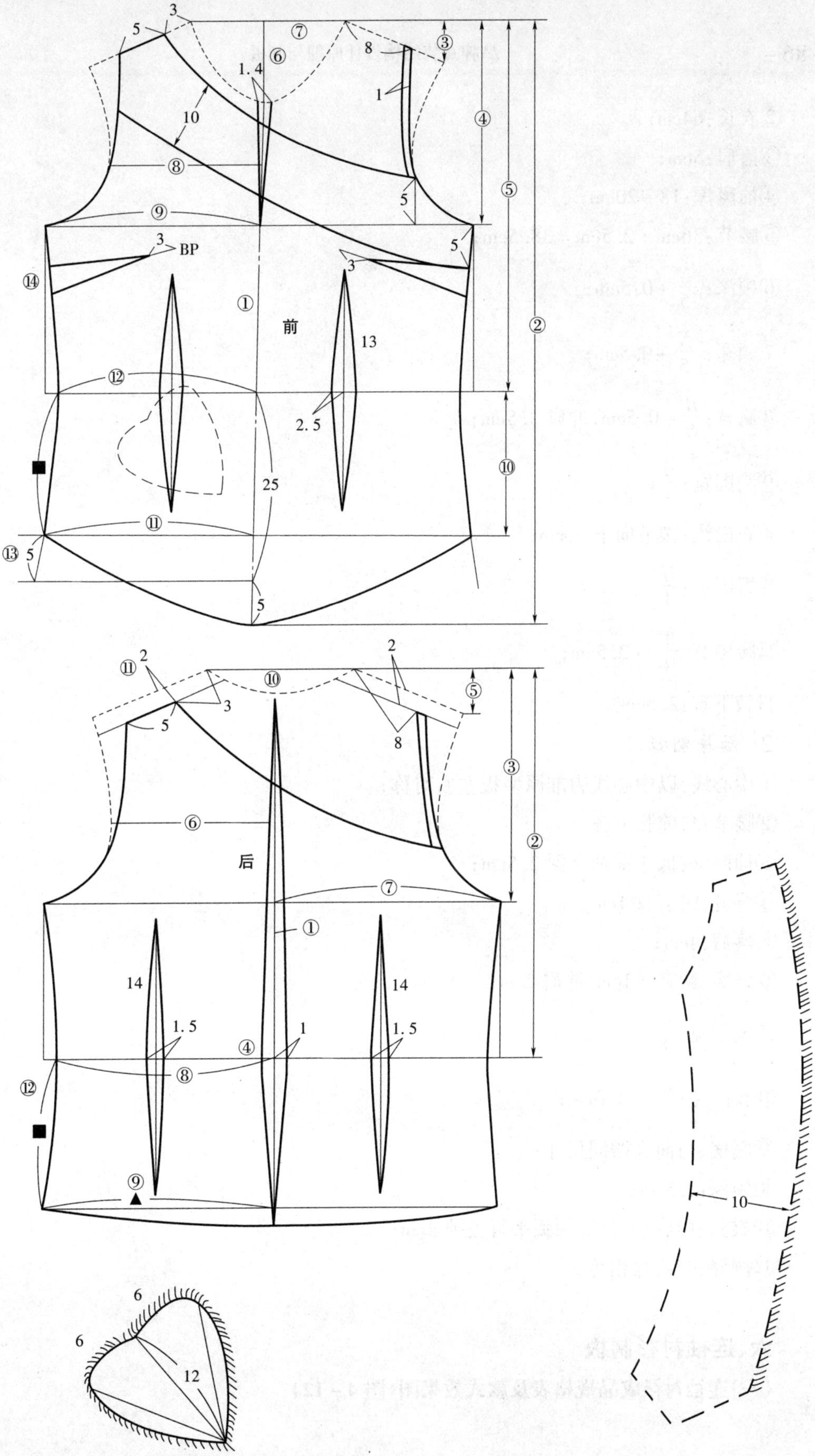

图 4－11　牛仔吊带背心结构图

②衣长:64cm;

③落肩:5cm;

④袖窿深:18 ~ 20cm;

⑤腰节:36cm + 2. 5cm = 38. 5cm;

⑥领深: $\frac{N}{5}$ +0. 5cm;

⑦领宽: $\frac{N}{5}$ +0. 5cm;

⑧胸宽: $\frac{B}{6}$ +0. 5cm,冲肩 3. 5cm;

⑨胸围宽: $\frac{B}{4}$;

⑩臀围线:腰节向下 20cm;

⑪臀围宽: $\frac{H}{4}$;

⑫腰围宽: $\frac{W}{4}$ +2. 5cm;

⑬腋下省:2. 5cm。

2. 后片制板

①中心线:以中心线为准原型板左右对称;

②腰节:与前腰节齐;

③袖窿深:低于前袖窿深 2. 5cm;

④背缝:腰节收 1cm;

⑤落肩:4cm;

⑥背宽:胸宽 + 1cm、冲肩 2cm;

⑦胸围宽: $\frac{B}{4}$;

⑧腰围宽: $\frac{W}{4}$ +1. 5cm;

⑨底摆:与前底摆同尺寸;

⑩领深:2. 5cm;

⑪衣长:由后小肩、后领弧平行去掉 2cm;

⑫侧缝:与前片相等。

六、连袖衬衫制板

(一)连袖衬衫成品规格表及款式效果图(图 4 – 12)

成品规格表

单位:cm

号型＼规格＼部位名称	衣长	胸围	腰围	摆围
155/80A	52	88	72	88
160/84A	54	92	76	92
165/88A	56	96	80	96
170/92A	58	100	84	100
175/96A	60	102	88	102

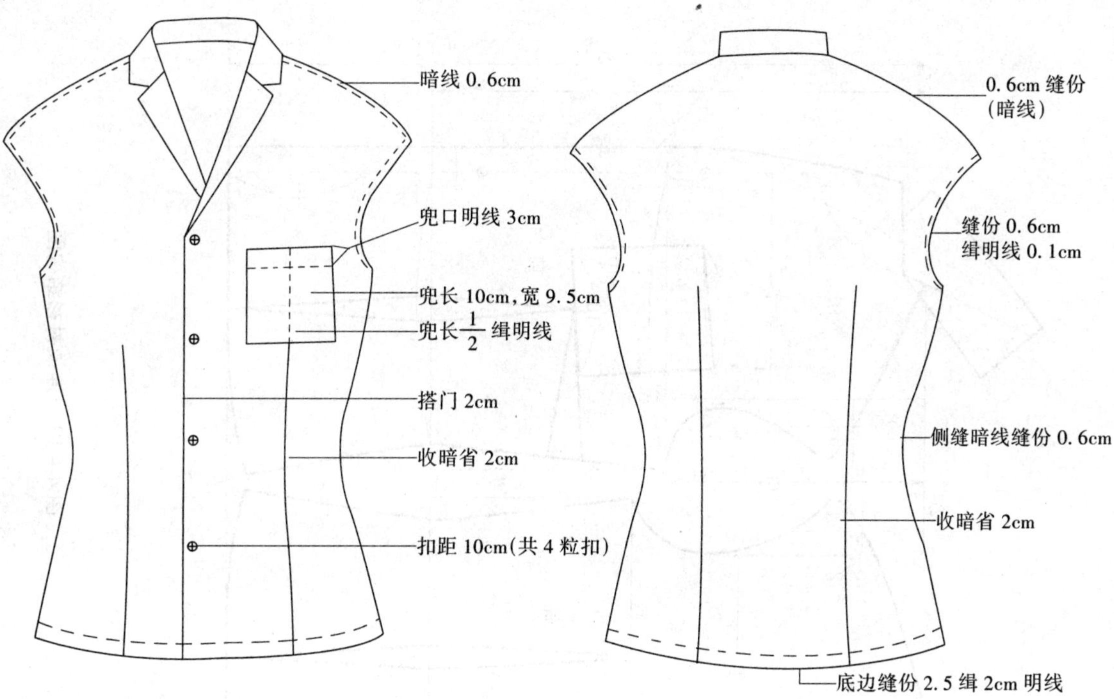

图 4-12　连袖衬衫效果图

(二)连袖衬衫制板(图 4-13)

1. 前片制板

①基础线:画出平行基础线;

②衣长:画衣长所需长度;

③袖窿深:20cm;

④腰节:36cm + 2.5cm(下落量);

⑤胸围宽:$\frac{B}{4}$ = 22.5cm;

⑥腰围宽:$\frac{W}{4}$ + 2cm(省量) = 20.5cm;

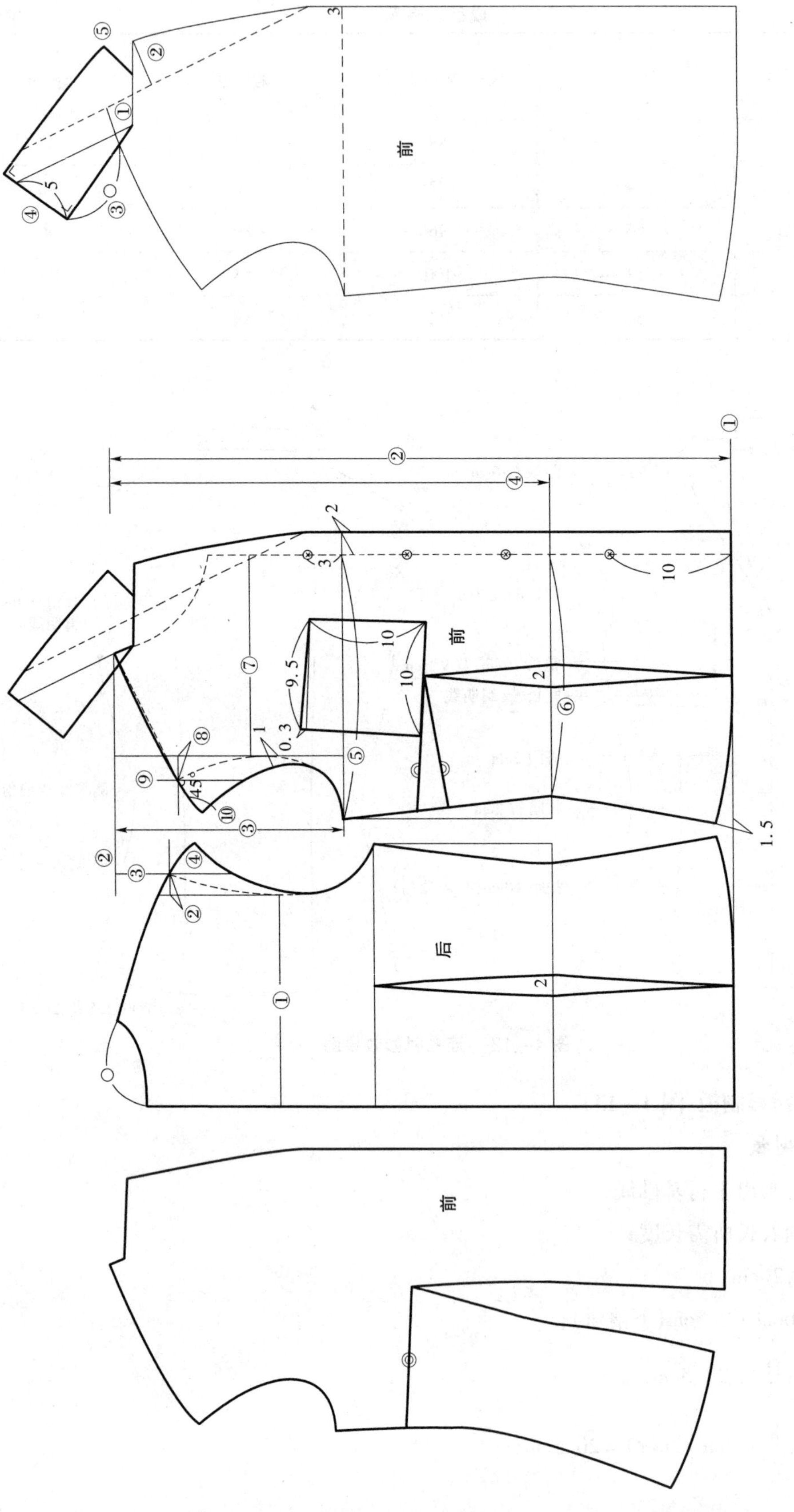

图 4 – 13　连袖衬衫结构图

⑦胸宽：$\frac{B}{6}+1.5cm=16.5cm$；

⑧冲肩：2.5cm；

⑨落肩：5cm；

⑩坎袖线：由原肩端点做45°角，角分线上截取3.5cm。

2. **后片制板**

①背宽：前胸宽+1cm=17.5cm；

②冲肩：2cm；

③落肩：5cm；

④坎袖线：与前片相等。

3. **领制板**

①驳领翻折线：由肩颈点平行画出2.5cm为驳口线；

②驳头宽：4cm；

③领座线：与后领窝弧长相等；

④领宽：6.5cm；

⑤领口线：由驳领口进2.5cm处，向上3.5cm。

七、大露肩弹力衫制板

(一)大露肩弹力衫成品规格表及款式效果图(图4-14)

成品规格表　单位：cm

号型＼部位名称	衣长	胸围	腰围	臀围	领围	袖长	袖口
155/80A	46	78	62	78	36	55.5	10
160/84A	48	82	66	82	37	57	10.5
165/88A	50	86	70	86	38	58.5	11
170/92A	52	90	74	90	39	60	11.5
175/96A	54	94	78	94	40	61.5	12

(二)大露肩弹力衬衫制板(图4-15)

1. **前片制板**　采用合体原型制板方法。

①衣长：50cm；

②落肩：5cm；

③袖窿深：$\frac{B}{6}+7cm$；

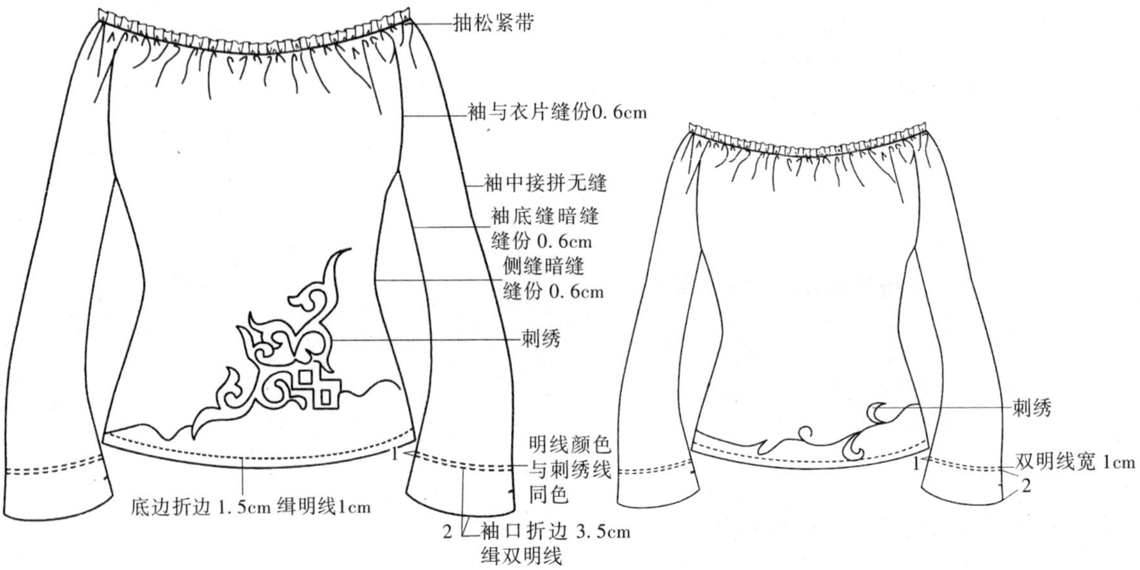

图 4－14　露肩弹力衫效果图

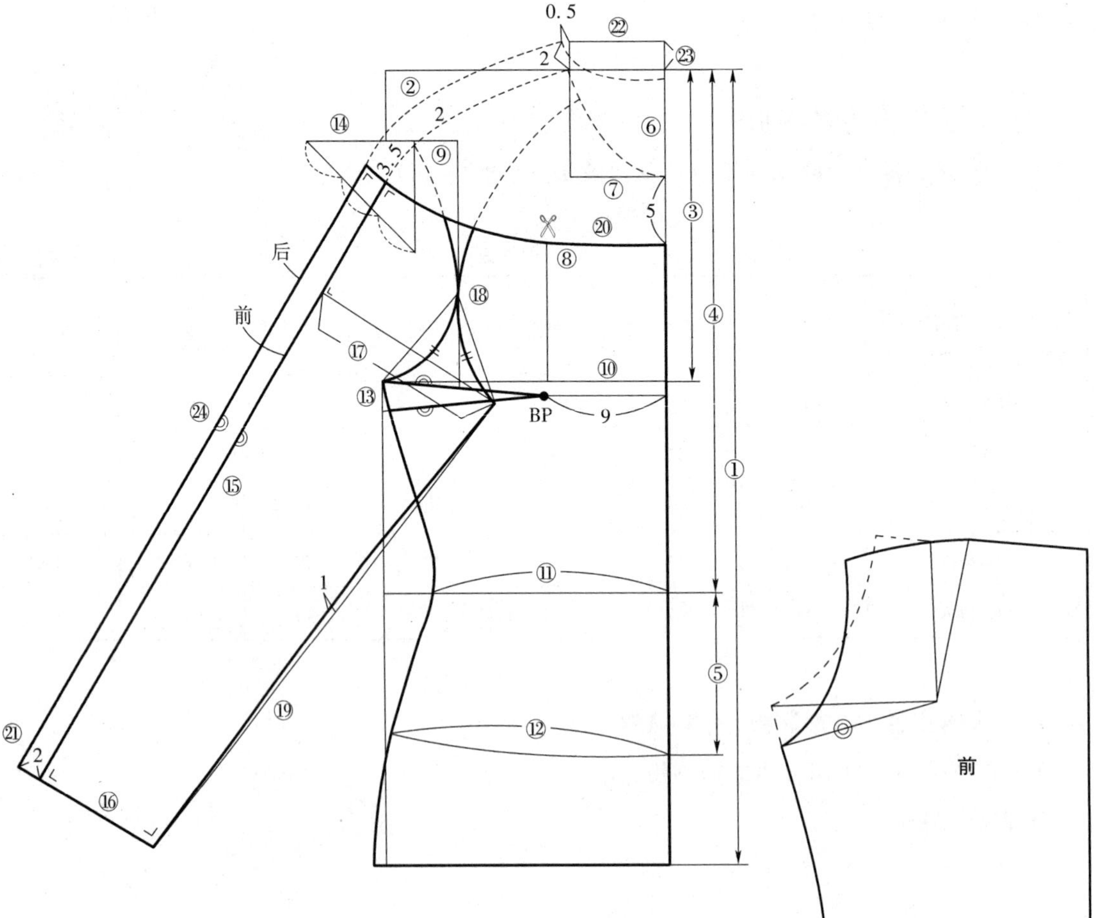

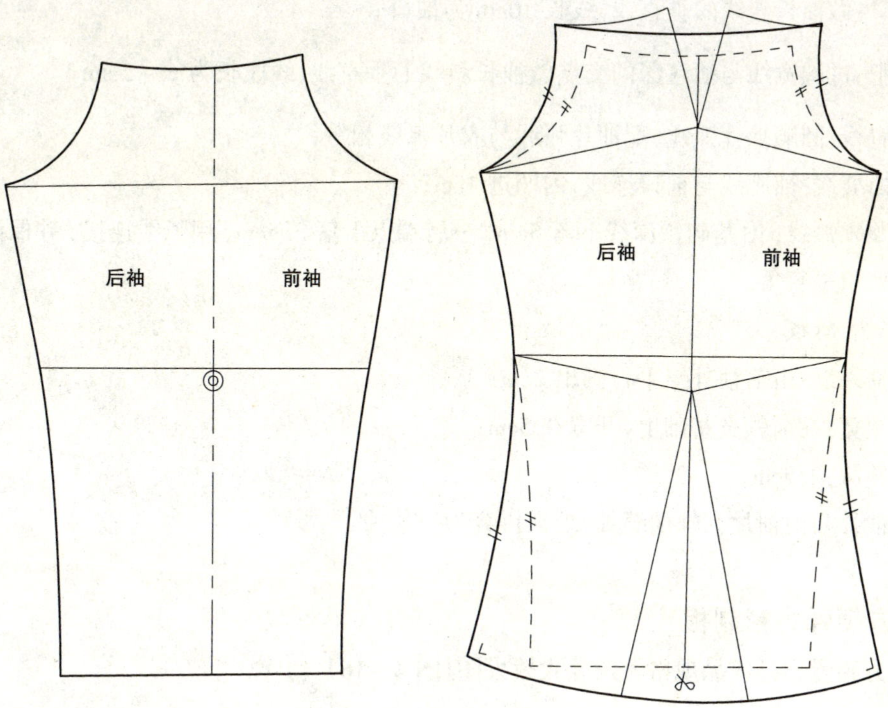

图 4－15　大露肩弹力衫结构图

④腰节：36cm＋2.5cm＝38.5cm；

⑤臀围线：腰节下 20cm；

⑥领深：$\frac{N}{5}$；

⑦领宽：$\frac{N}{5}+0.5\text{cm}$；

⑧胸宽：$\frac{B}{6}-0.5\text{cm}$；

⑨冲肩：3.5cm；

⑩胸围宽：$\frac{B}{4}$；

⑪腰围宽：$\frac{W}{4}$；

⑫臀围宽：$\frac{H}{4}$(在臀围线上量取)；

⑬腋下省：3cm(纸样折叠)。

2. **袖制板**

⑭定袖角度：由肩端点做直角三角形，将底边平均分为三等份；

⑮袖长：过三角形下一等份与小肩端点连直线延长，长度 55cm；

⑯袖口:做袖长斜线的垂直线,线长 10cm 为袖口;

⑰袖肥:过胸宽线与袖窿深的交点做袖长斜线的垂直线,线段长为$\frac{B}{5}-2cm$;

⑱插肩线:圆顺袖片弧线,配袖片弧线与衣片弧线相等;

⑲里袖缝线:袖肥线与袖口连线,内凹进 1cm;

⑳圆顺领弧线:由基础领深线下落 5cm,小肩端点下落 3.5cm,用弧线连接,并保证袖外缝与领弧线夹角呈直角。

3. 后片制板

㉑后袖外缝:由前袖外缝平行画出 2cm;

㉒后领宽:在前领宽基础上,开宽 0.5cm;

㉓后领深:2.5cm;

㉔后袖片与前袖片在外袖缝处,纸样拼合为一片袖。

八、方领弹力衫制板

(一)方领弹力衫成品规格表及款式效果图(图 4-16)

成品规格表　单位:cm

部位名称 / 规格 / 号型	衣长	胸围	腰围	领围	摆围
155/80A	46	78	62	36	78
160/84A	48	82	66	37	82
165/88A	50	86	70	38	86
170/92A	52	90	74	39	90
175/96A	54	94	78	40	94

(二)方领弹力衫制板(图 4-17)

1. 前片制板

①衣长:54cm;

②落肩:5cm;

③袖窿深:20cm;

④腰节:38.5cm;

⑤基础领宽:$\frac{N}{5}$;

⑥基础领深:$\frac{N}{5}-0.5cm$;

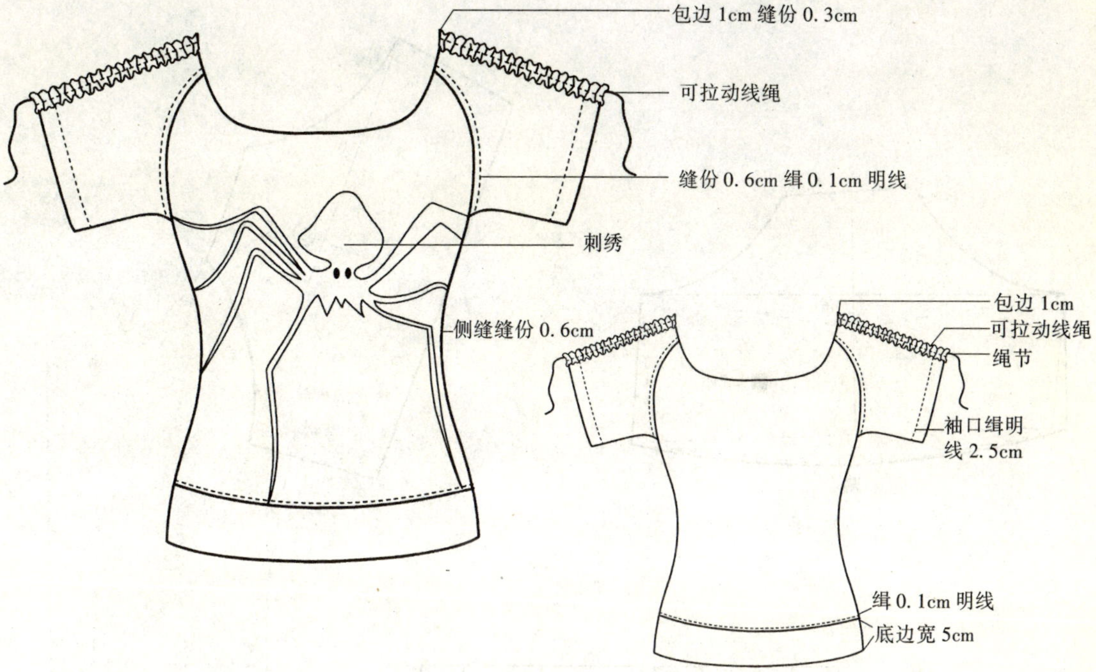

图 4-16　方领弹力衫效果图

⑦胸宽：$\frac{B}{5}+0.5\text{cm}$；

⑧胸围宽：$\frac{B}{4}$；

⑨腰围宽：$\frac{W}{4}$；

⑩摆围：$\frac{\text{摆围}}{4}$；

⑪底边开剪：5cm；

⑫冲肩：3.5cm；

⑬领开宽：由基础领宽沿小肩斜线下量 8cm 为实际领宽点；

⑭领开深：由基础领深点沿前中心下量 4cm。

2. 袖制板

⑮袖长：延长小肩线，由开宽领宽点下量 18cm 为袖长；

⑯袖肥线：做袖长斜线的垂直线，并通过胸围线与胸宽线夹角的$\frac{1}{2}$；

⑰配衣片弧线与袖片弧线相等，（即 $a=a'$直线相等）；

⑱袖口：15cm；

⑲袖里侧缝：袖口与袖肥连线。

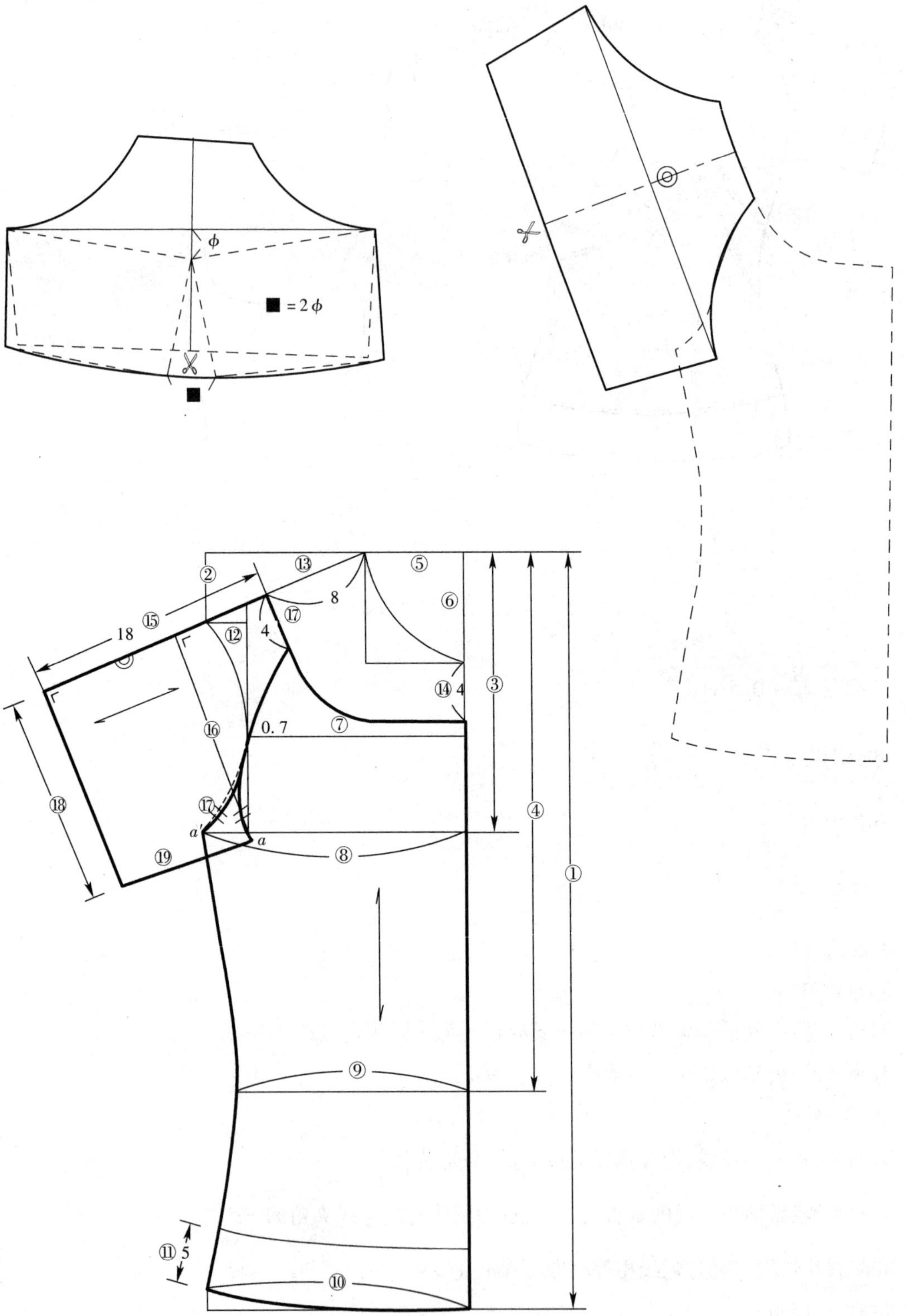

图 4 – 17　方领弹力衫结构图

九、弹力抽褶衫制板

(一)弹力抽褶衫成品规格表及款式效果图(图 4－18)

成品规格表　单位:cm

规格/号型 \ 部位名称	衣长	胸围	腰围	臀围	领围
155/80A	50	78	62	78	38
160/84A	52	82	66	82	39
165/88A	54	86	70	86	40
170/92A	56	90	74	90	41
175/96A	58	94	78	94	42

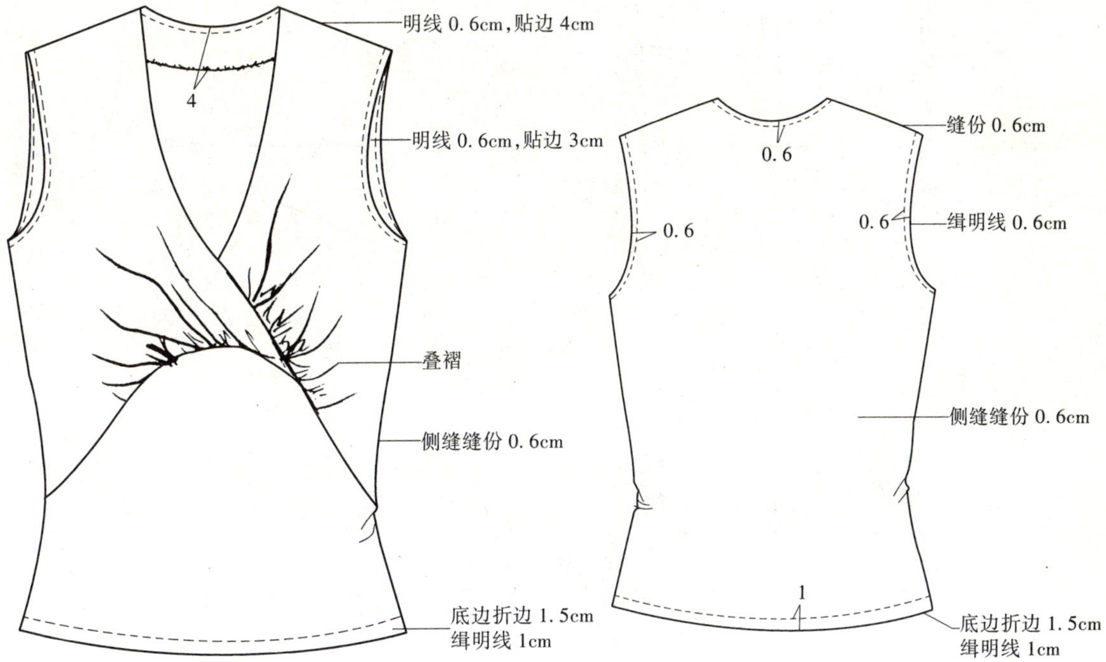

图 4－18　弹力抽褶衫效果图

(二)弹力抽褶衫制板(图 4－19)

1. **前片制板**

①衣长:54cm;

②落肩:5cm;

③袖窿深:17cm～18cm;

④腰节:36cm＋3.5cm＝39.5cm;

⑤臀围线:腰节下 20cm;

⑥领宽:$\frac{N}{5}$;

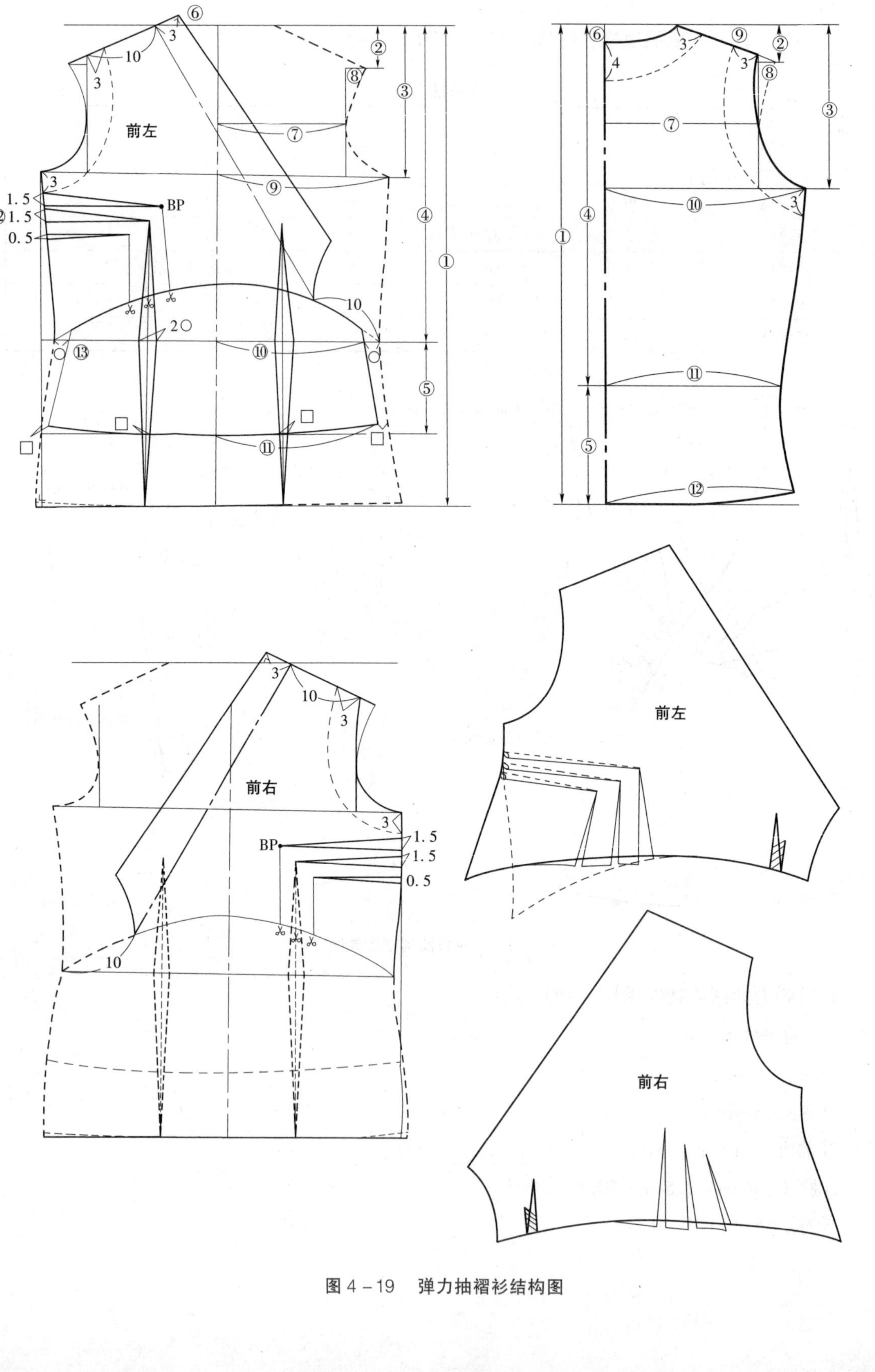

图 4-19　弹力抽褶衫结构图

⑦胸宽：$\frac{B}{6}+1.5cm$；

⑧冲肩：2.5cm；

⑨胸围宽：$\frac{B}{4}$；

⑩腰围宽：$\frac{W}{4}+2cm$；

⑪臀围宽：$\frac{H}{4}$；

⑫腋下省量：3.5cm；

⑬腰省量○与摆省量在侧缝处去掉。

2. 后片制板

①衣长：同前衣长；

②落肩：4cm；

③袖窿深：低于前袖窿深3.5cm(腋下省量)；

④腰节：同前腰节齐；

⑤臀围线：腰节下20cm；

⑥领深：1.5cm；

⑦背宽：胸宽+1cm；

⑧冲肩：2cm；

⑨小肩基础线：前小肩+0.5cm；

⑩胸围宽：$\frac{B}{4}$；

⑪腰围宽：$\frac{W}{4}$；

⑫臀围宽：$\frac{H}{4}$。

十、V型领无袖衫制板

(一)V型领无袖衫成品规格表及款式效果图(图4-20)

成品规格表　单位：cm

号型＼规格＼部位名称	衣长	胸围	腰围	臀围	领围
155/80A	65	88	72	91	36
160/84A	67	92	76	96	37
165/86A	69	96	80	100	38
170/92A	71	100	84	104	39
175/96A	73	104	88	108	40

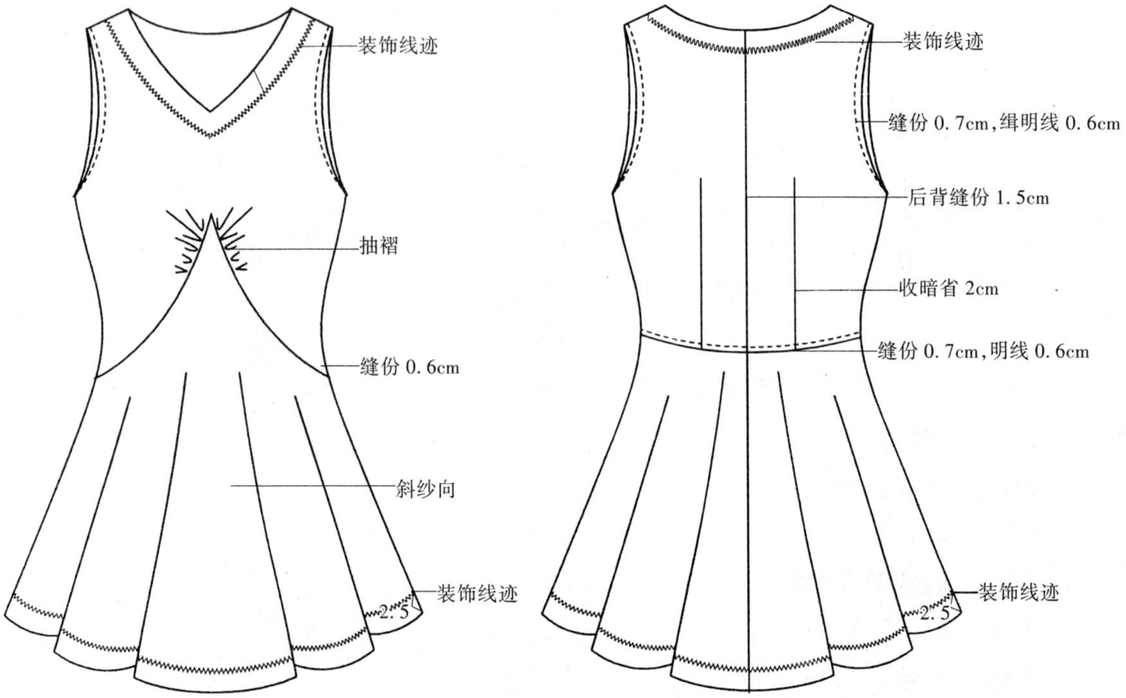

图 4-20　V 型领无袖衫效果图

(二)V 型领无袖衫制板(图 4-21)

此款成品胸围、腰围规格是由净胸围、腰围减 2cm。

1. **前片制板**

①衣长:65cm;

②前落肩:5cm;

③袖窿深:18cm;

④腰节:36cm+3.5cm;

⑤臀围线:腰节下 20cm;

⑥基础领深:$\frac{N}{5}+0.5$cm;

⑦基础领宽:$\frac{N}{5}$;

⑧胸宽:$\frac{B}{6}+0.5$cm;

⑨冲肩:3.5cm;

⑩胸围宽:$\frac{B}{4}$;

⑪腰围宽:$\frac{W}{4}+1$cm(从后腰围借出);

⑫臀围宽：由臀围线与前胸围宽线交点放出 1cm；

⑬转省位置：以对应 BP 点的腋下省位置为中心，设置三条省，并将省量 3.5cm 在三条省位中均分；

⑭底摆开剪线：对应 BP 点一条，侧缝与第一条开线$\frac{1}{2}$处一条；

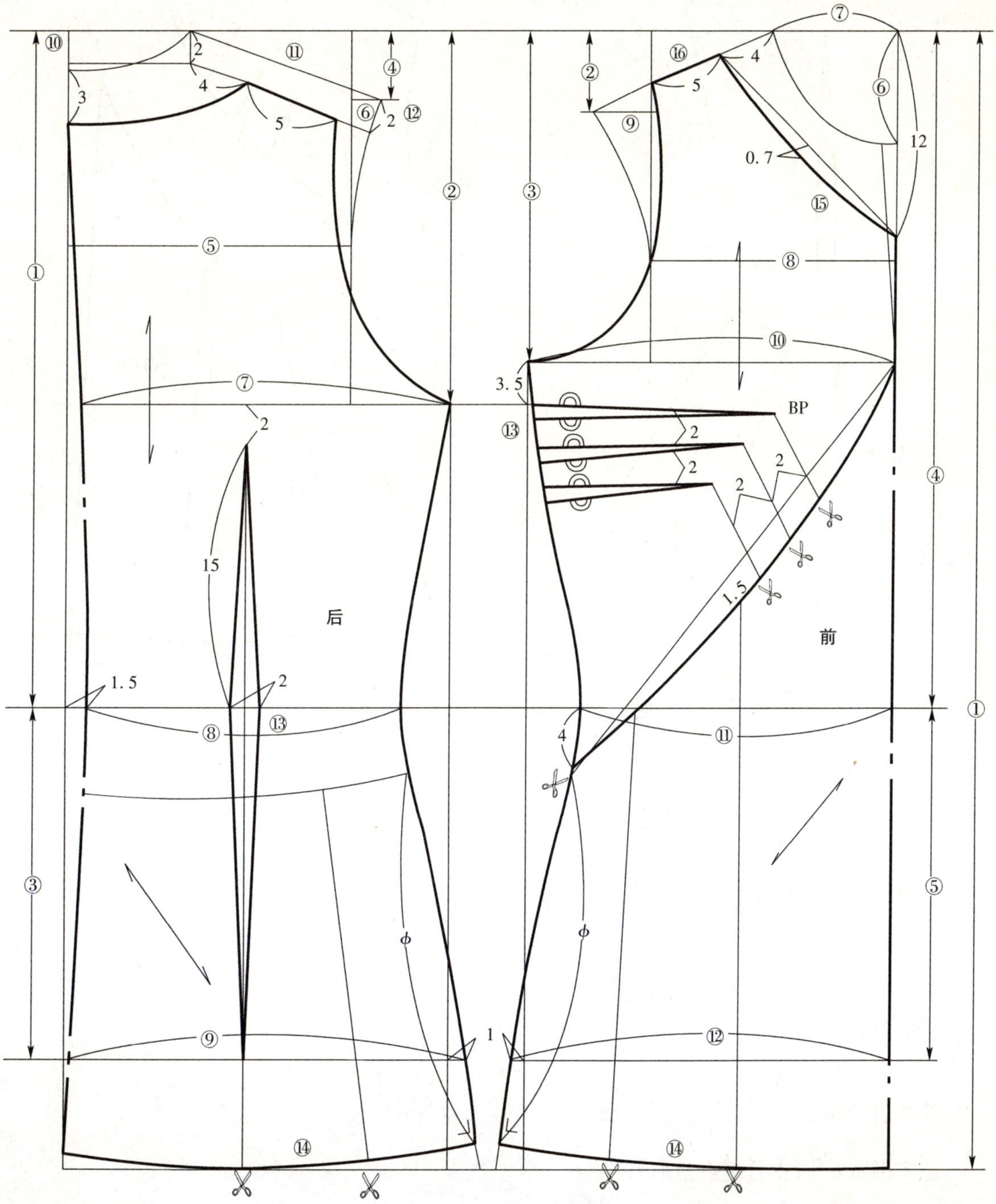

图 4-21

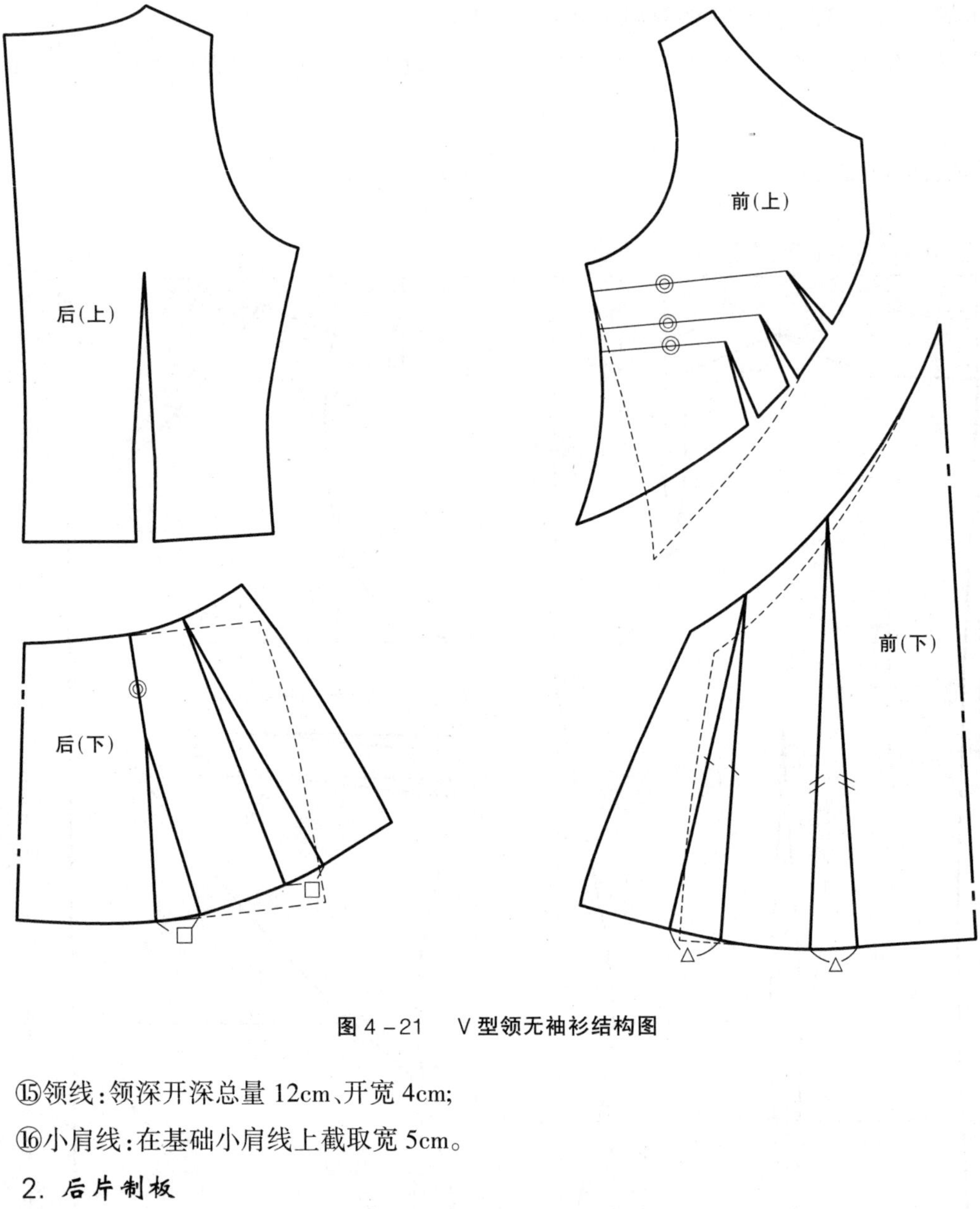

图 4-21　V 型领无袖衫结构图

⑮领线：领深开深总量 12cm、开宽 4cm；

⑯小肩线：在基础小肩线上截取宽 5cm。

2. 后片制板

①腰节：与前腰齐；

②袖窿深：低于前袖窿深 3.5cm(腋下省量)；

③臀围线：腰节下 20cm；

④落肩：4cm；

⑤背宽：胸宽 + 1cm(由背缝点量取)；

⑥冲肩：2cm；

⑦胸围宽：$\frac{B}{4}$(由背缝点量取)；

⑧腰围宽：$\frac{W}{4}$ + 2cm(省) - 1cm(借给前片量)；

⑨臀围宽:由臀围线与胸围线交点向外 1cm;

⑩领深:2.5cm;

⑪基础小肩:前小肩 +0.5cm;

⑫小肩线平行下落 2cm,开宽 4cm,圆顺领线;

⑬直腰省:省量 2cm,腰节以上省长至袖窿深 2cm(无袖),腰节以下省尖至臀围线止;

⑭底摆转省开剪线:直腰省一条,直腰省至侧缝$\frac{1}{2}$处一条。

十一、前中心抽褶无袖衫制板

(一)前中心抽褶无袖衫成品规格表及款式效果图(图 4-22)

成品规格表

单位:cm

号型 \ 规格 \ 部位名称	衣长	胸围	腰围	臀围	领围
155/80A	48	78	62	78	38
160/84A	50	82	66	82	39
165/88A	52	86	70	86	40
170/92A	54	90	74	86	41
175/96A	56	94	78	94	42

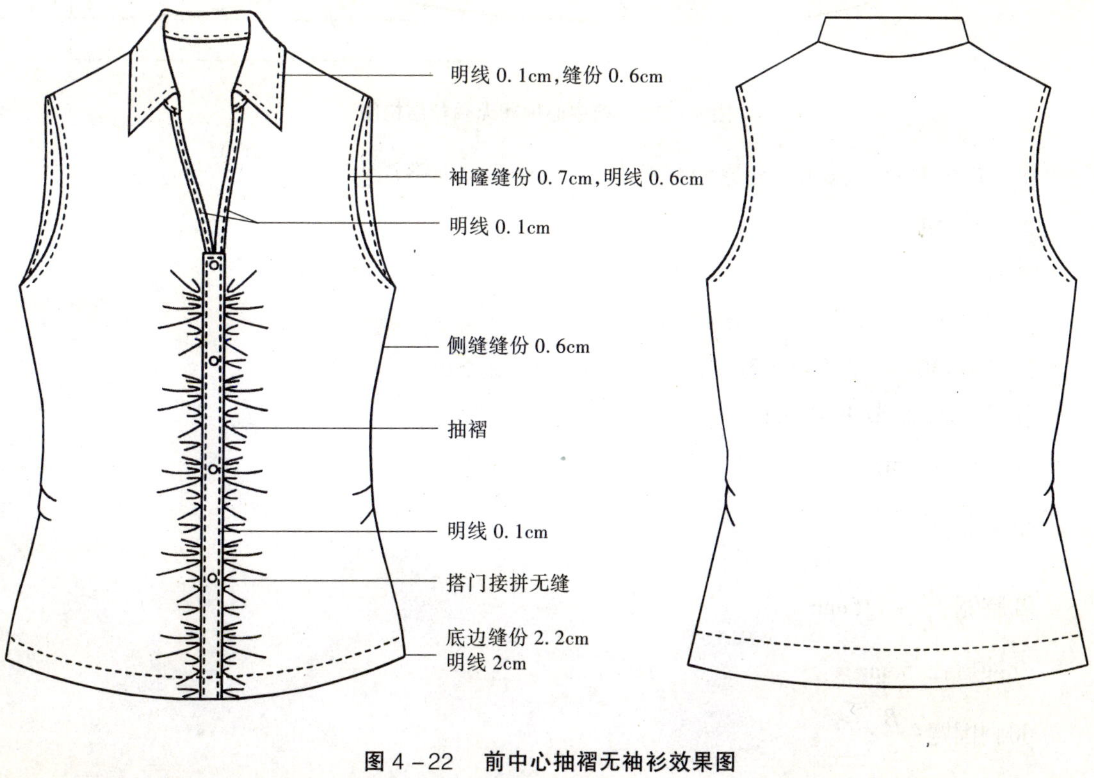

图 4-22 前中心抽褶无袖衫效果图

(二)前中心抽褶无袖衫制板(图 4－23)

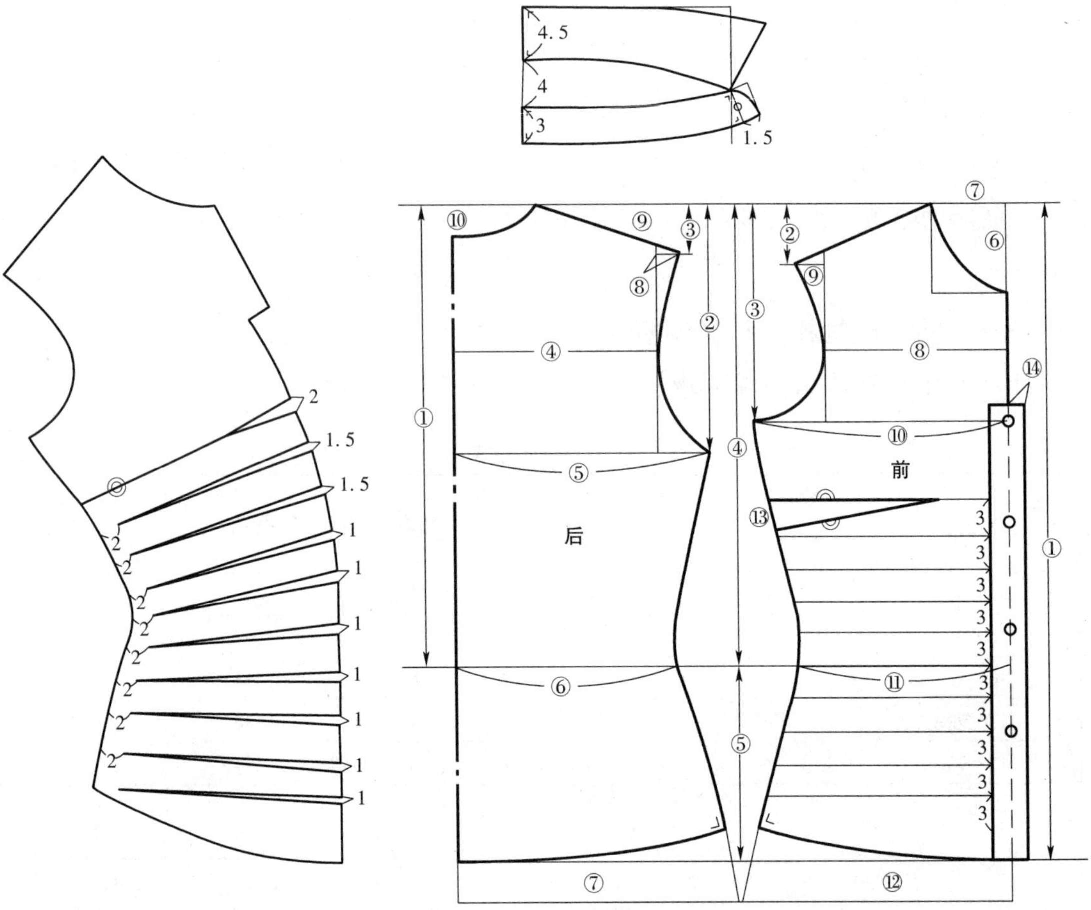

图 4－23　前中心抽褶无袖衫结构图

1. **前片制板**　采用宽松原型制板方法,调整部位袖窿深。

①衣长:54cm;

②落肩:5cm;

③袖窿深:18cm;

④腰节:36cm + 2.5cm = 38.5cm;

⑤臀围线:腰节下 20cm;

⑥领深:17cm;

⑦领宽:$\frac{N}{5}$;

⑧胸宽:$\frac{B}{6}$ + 1.5cm;

⑨冲肩:2.5cm;

⑩胸围宽:$\frac{B}{4}$;

⑪腰围宽：$\frac{W}{4}$；

⑫臀围宽：$\frac{H}{4}$；

⑬腋下省：2.5cm；

⑭搭门宽：1.5cm。

2. 后片制板

①腰节：与前腰节齐；

②袖窿深：低于前袖窿深 2.5cm（腋下省量）；

③落肩：4cm；

④背宽：胸宽 + 1cm；

⑤胸围宽：$\frac{B}{4}$；

⑥腰围宽：$\frac{W}{4}$；

⑦臀围宽：$\frac{H}{4}$；

⑧冲肩：2cm；

⑨小肩：前小肩 + 0.5cm；

⑩领深：2.5cm。

十二、宽松弹力无袖衫制板

（一）宽松弹力无袖衫成品规格表及款式效果图（图 4－24）

成品规格表　　单位：cm

号型 \ 规格 \ 部位名称	衣长	胸围	腰围	臀围	领围
155/80A	48	78	62	78	38
160/84A	50	82	66	82	39
165/88A	52	86	70	86	40
170/92A	54	90	74	90	41
175/96A	56	94	78	94	42

（二）宽松弹力无袖衫制板（图 4－25）

1. 前左片制板

①衣长：52cm；

②落肩：5cm；

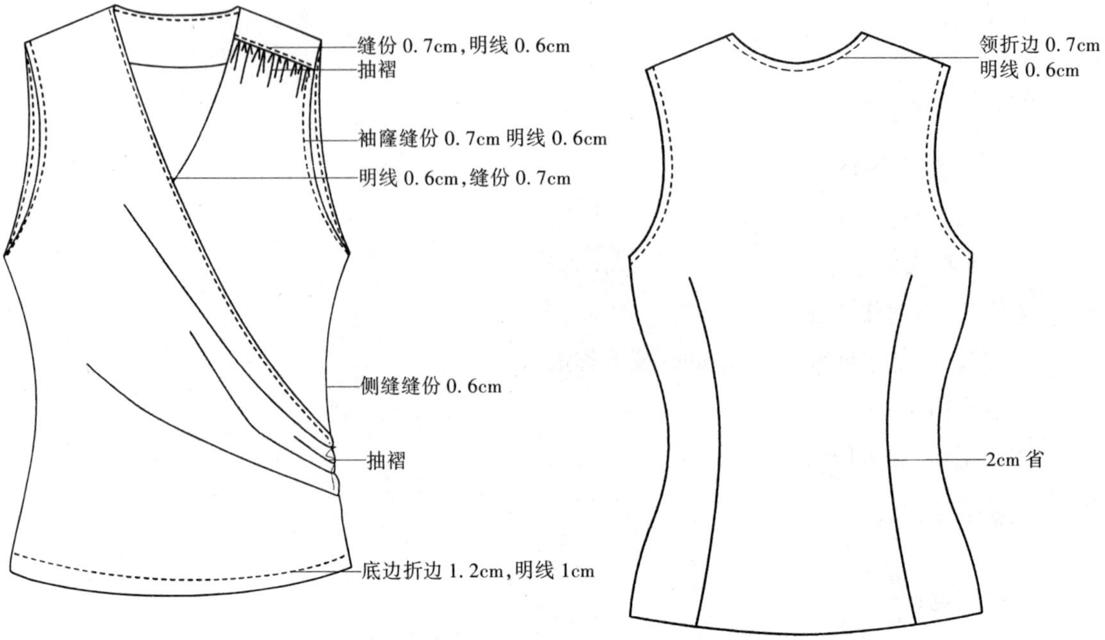

图 4-24　宽松弹力无袖衫效果图

③袖窿深:20cm;

④腰节线:36cm + 2.5cm = 38.5cm;

⑤胸宽:$\frac{B}{6}$ + 1.5cm;

⑥冲肩:2.5cm;

⑦胸围宽:$\frac{B}{4}$;

⑧腰围宽:$\frac{W}{4}$ + 2cm;

⑨臀围线:腰节下 20cm;

⑩臀围宽:$\frac{H}{4}$;

⑪腰省:省量 2cm(腰节以上省长 12cm,腰节以下省尖至臀围线);

⑫腋下省:2.5cm;

⑬领宽:$\frac{N}{5}$ + 1cm;

⑭小肩:由肩端点去掉 3cm;

⑮自带贴边:4cm。

2. **前右片制板**

衣片制图公式相同,斜襟衣相反;

①开剪位置:右小肩线平行开剪 3cm;

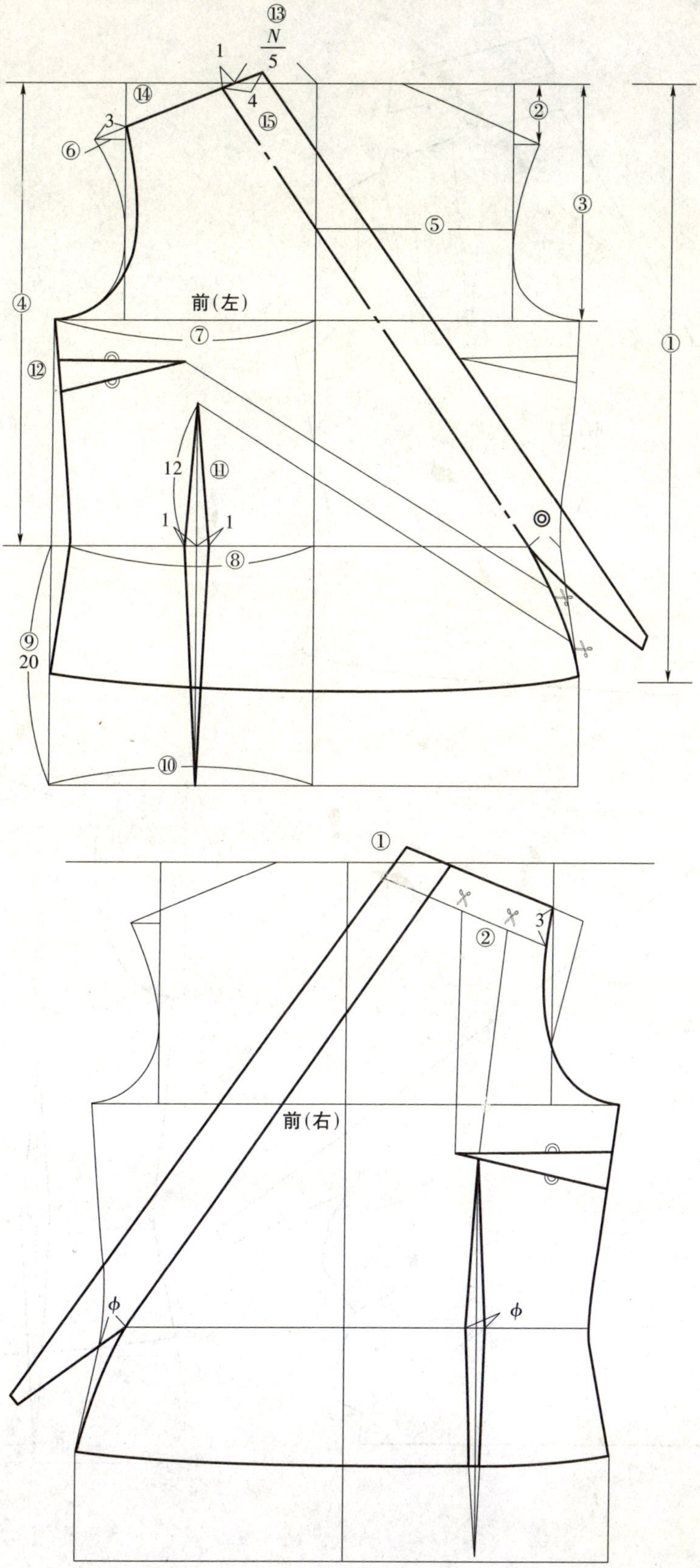

图 4－25

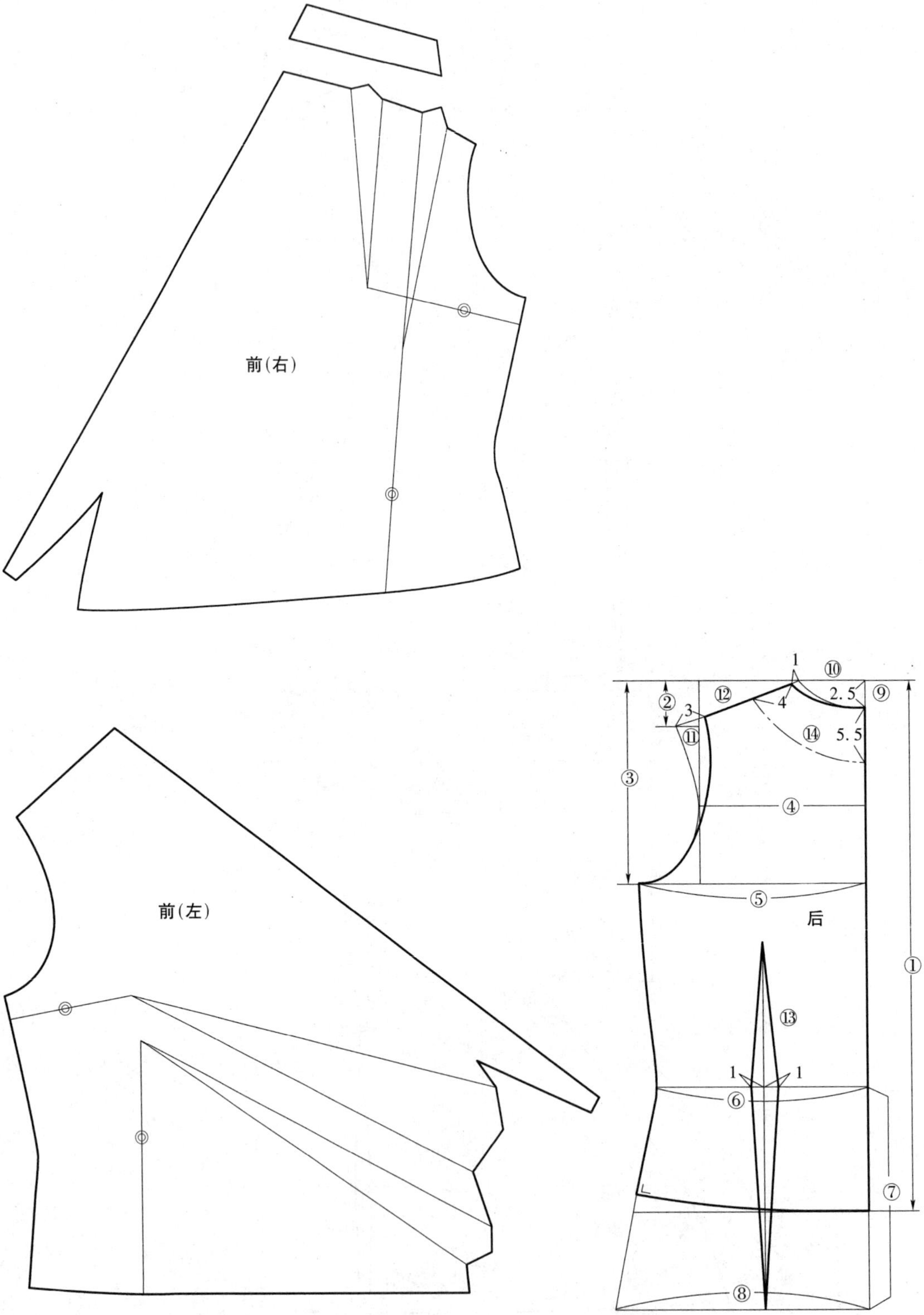

图 4－25　宽松弹力无袖衫结构图

②右小肩三等分(不包括连贴边)分别连两线至腋下省与直腰省。

3. 后片制板

①衣长:同前衣长;

②落肩:4cm;

③袖窿深:20cm;

④背宽:胸宽+1cm;

⑤胸围宽:$\frac{B}{4}$;

⑥腰围宽:$\frac{W}{4}+2\text{cm}$;

⑦臀围线:腰节下20cm;

⑧臀围宽:$\frac{H}{4}$;

⑨领深:2.5cm;

⑩领宽:$\frac{N}{5}+1\text{cm}$;

⑪冲肩:2cm;

⑫小肩:等于前小肩;

⑬腰省:2cm(腰节以上长13cm,腰节以下省尖至臀围线);

⑭后领贴边:小肩处4cm,后中心处5.5cm。

十三、短袖衬衫制板

(一)短袖衬衫成品款式效意图(图4-26)

成品规格表　　单位:cm

规格/部位名称/号型	衣长	胸围	腰围	臀围	领围	袖长	背长	袖肥
155/80A	66	88	72	92	37	17	37	$\frac{B}{5}-1$
160/84A	68	92	76	96	38	18	38	$\frac{B}{5}-1$
165/88A	70	96	80	100	39	19	39	$\frac{B}{5}-1$
170/92A	72	100	84	104	40	20	40	$\frac{B}{5}-1$
175/96A	74	104	88	108	41	21	41	$\frac{B}{5}-1$
档差	2	4	4	4	1	1	1	0.8

(二)短袖衬衫制板(图4-27)

注意事项

- 合体原型板胸围加放松度是8~10cm,宽松原型板胸围加放松度是10~12cm。

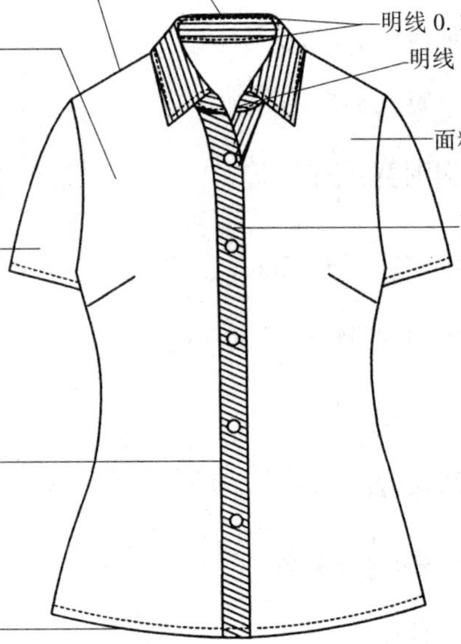

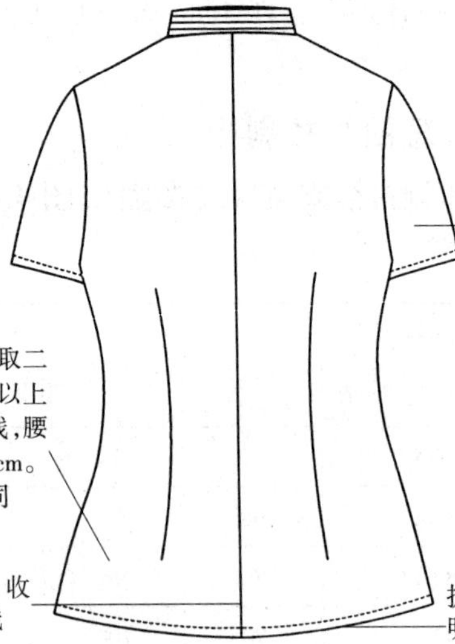

图 4-26　短袖衬衫效果图

• 此表制板尺寸不含缩水率、热缩率。

• 胸围与腰围差数 16cm，胸围与臀围差 4cm。

1. **前片制板**

①基础线：画出平行基础线；

②衣长：由①线起画衣长所需长度；

③袖窿深：$\frac{B}{6}+7$cm；

④腰节：37cm + 3cm(下落量)；

⑤胸围宽：$\frac{B}{4}$；

⑥腰围宽：$\frac{W}{4}+2$cm(省量)；

⑦胸宽：$\frac{B}{6}+0.5$cm；

⑧冲肩：3cm；

⑨落肩：5cm；

⑩臀围宽：$\frac{H}{4}$；

⑪领宽：$\frac{N}{5}$；

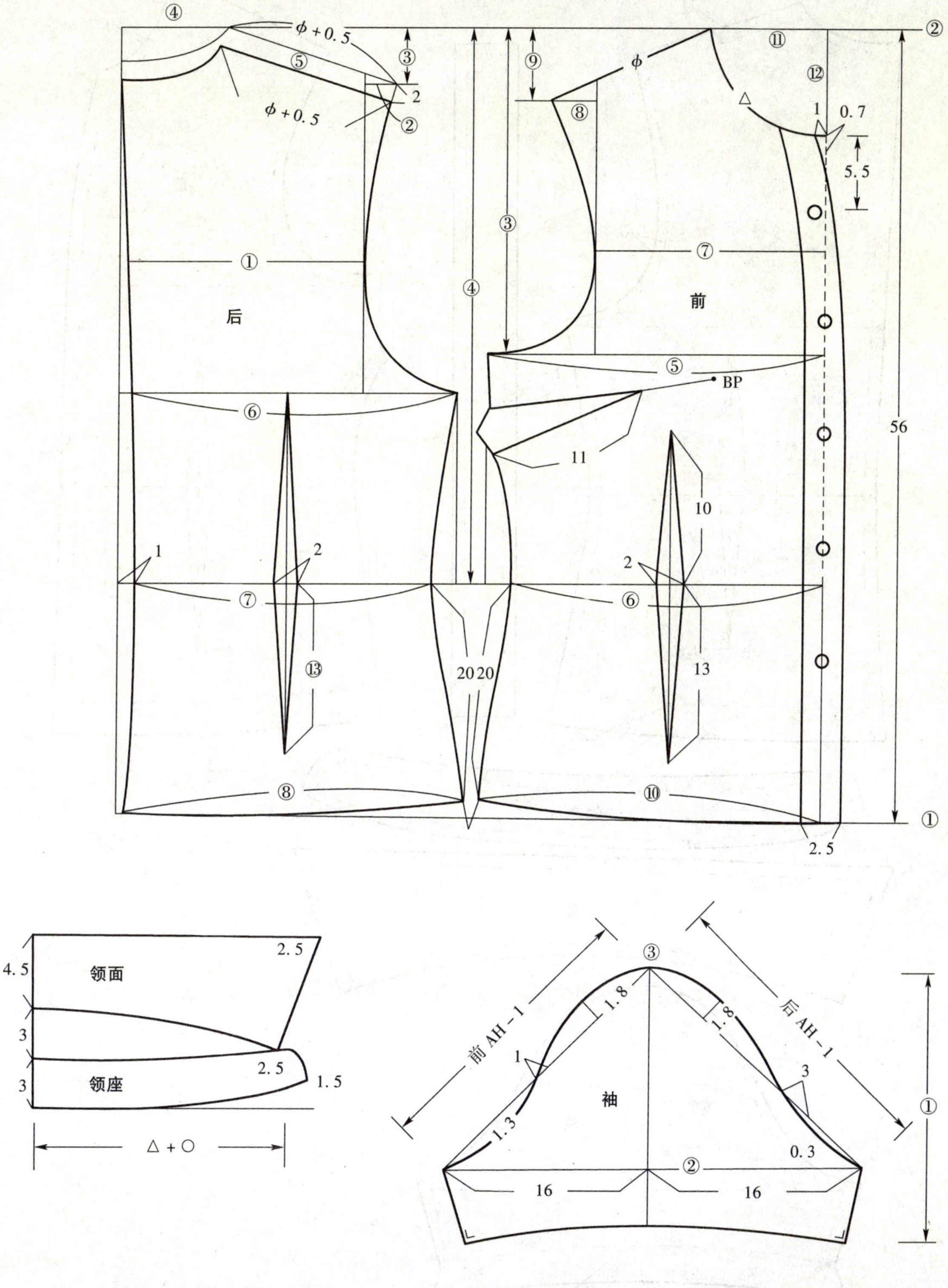

图 4－27　短袖衬衫结构图

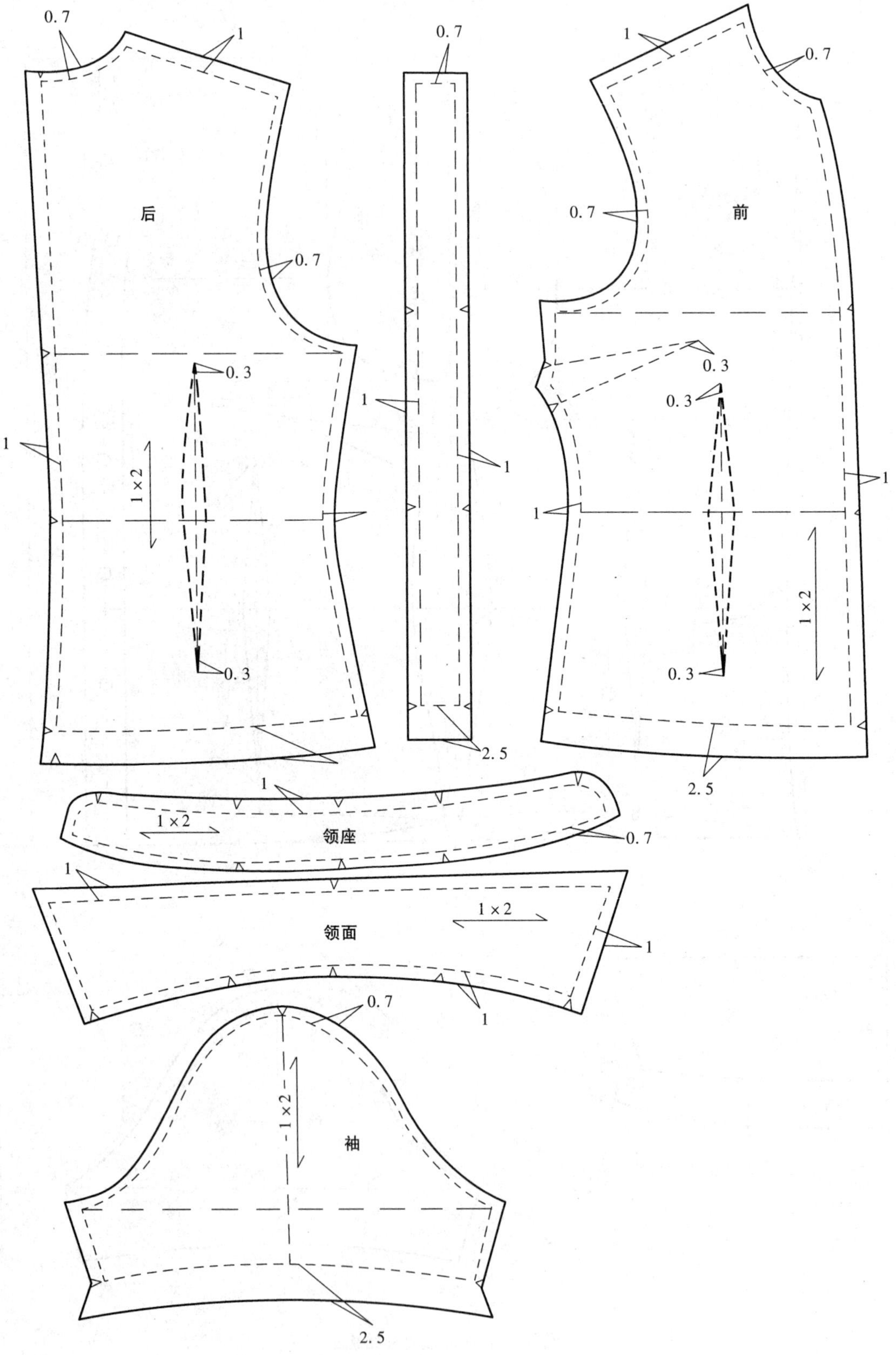

图 4-28　面料样板示意图

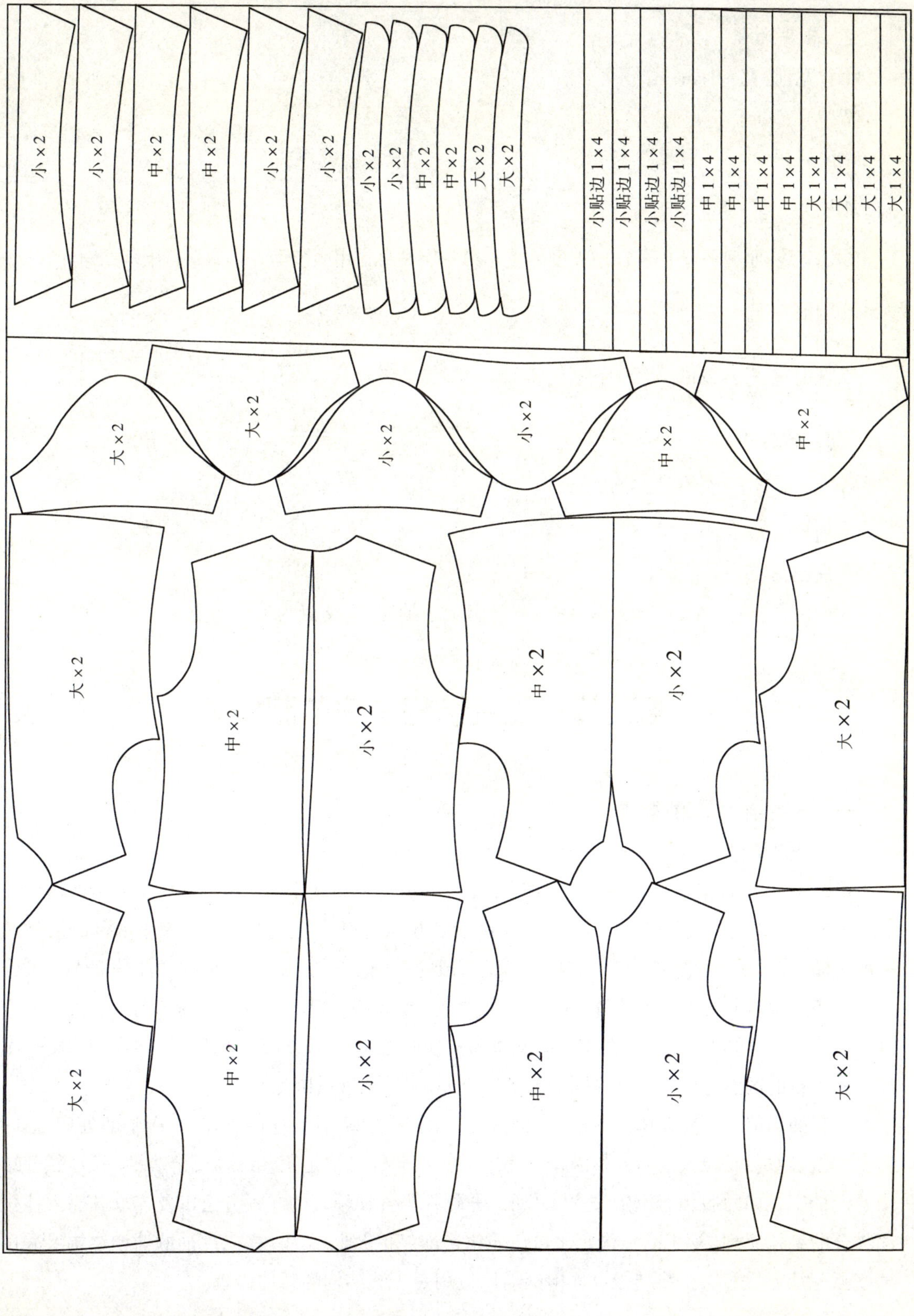
小×2
小×2
中×2
中×2
小×2
小×2
小×2
小×2
中×2
中×2
大×2
大×2
小贴边1×4
小贴边1×4
小贴边1×4
小贴边1×4
中1×4
中1×4
中1×4
中1×4
大1×4
大1×4
大1×4
大1×4
大×2
大×2
小×2
小×2
中×2
中×2
大×2
中×2
小×2
中×2
小×2
大×2
大×2
中×2
小×2
中×2
小×2
大×2

图4-29 排料图

⑫领深：$\frac{N}{5}+0.5cm$。

2. 后片制板

①背宽:胸宽 +1cm;

②冲肩:2cm;

③落肩:4cm;

④领宽：$\frac{N}{5}-0.5cm$;

⑤领肩线:原型平行下落 1cm(A 型体夏季第一层贴身穿用服装后片小肩平行下落 2cm);

⑥胸围宽:$\frac{B}{4}$;

⑦腰围宽:$\frac{W}{4}+2cm$;

⑧臀围宽:$\frac{H}{4}$。

3. 袖制板

①袖长:17cm;

②袖肥:32cm;

③袖山高点:前 AH - 1cm、后 AH - 1cm 斜交于袖肥线,交点为袖山高点。

第二节　正装结构原理与制板

一、正装结构原理概述

(一)正装概述

正装是上衣与裙或裤配套穿用的服装，是女装的主要组成部分，也是反映女装结构设计的最高标准。款式结构变化既有广度又有深度,难点知识集中,不容易掌握。正装上衣部分的款式多种多样,其领型、袖型、衣身等结构变化,组合成完整的上衣结构。正装根据适体程度大致可分为直线条造型与曲线条造型两种。直线条造型为运动休闲板,如运动服、羽绒服等。曲线造型为西服套装等较合体的正装板。直线条造型适用宽松原型制图,曲线条造型适用合体原型制图。衣身加放松量的区别为合体原型胸围加放 8 ~ 10cm,宽松原型胸围加放 10 ~ 13cm。

正装的局部设计对整体的结构平衡具有影响作用。如衣长变化的规律性、撇胸的处理、搭门的变化、起翘量的设定、前后衣长因季节不同的板型调整等都是正装结构要解决的问题。领部结构的设计变化如西服领、翻领、立领、平领、平翻领等各种领型的配领方法以及连立领与人体颈部吻合的结构原理,袖子的结构变化包括插角连袖、和服袖、一片袖、二片袖的袖型结构及采用袖窿弧配袖方法等在正装结构设计中的具体运用是正装结构的整体体现。

在制图规格方面要把握好衣长的确定，最长的正装衣长为后颈中心点至地面距离的 $\frac{1}{2}$，最短衣长至腰节线；袖长可分长袖、半分袖等，长袖应以露出衬衫袖头为标准袖长，最短的袖长为 15cm 左右；袖口的大小一般常用 12 ~ 14cm 之间，标准为掌围一周加 2 ~ 4cm；合体袖肥按$\frac{B}{5}$ - 1cm 或$\frac{B}{5}$ - 2cm，宽松袖肥按$\frac{B}{5}$或$\frac{B}{5}$ - 1cm；袖窿深线（合体板）按$\frac{B}{5}$ + 7cm，不套毛衫按$\frac{B}{6}$ + 6cm、宽松板按$\frac{B}{6}$ + (7 ~ 8cm)；北方人胸围加放松度 8 ~ 10cm、腰围与胸围相差 12 ~ 16cm、胸围与臀围相差 6 ~ 8cm，南方人胸围与臀围相差 4 ~ 6cm、腰围与胸围相差 20cm。北方 A 体型、南方 Y 体型的服装规格要求是打板师必须掌握的。

（二）正装原理

1. **上衣长度的确定**　放置前、后身原型板，将腰节线对齐。衣长按个人喜好确定。图 4 - 30 为长、中、短衣长的标准。

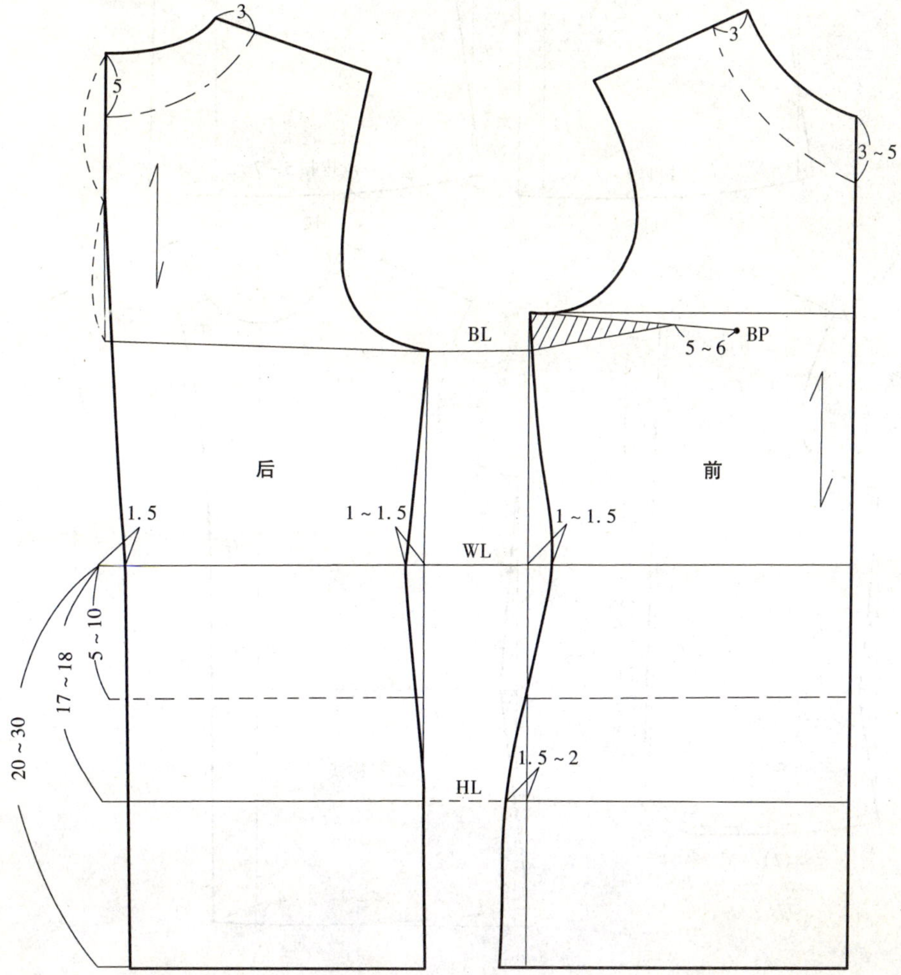

图 4 - 30　衣长的确定

(1)短上衣由腰节线向下 5～10cm；

(2)中长上衣由腰节线向下 17～18cm；

(3)中长上衣由腰节线最多向下 30cm。

2. 门襟的设计　正装的门襟设计如图 4－31 所示。

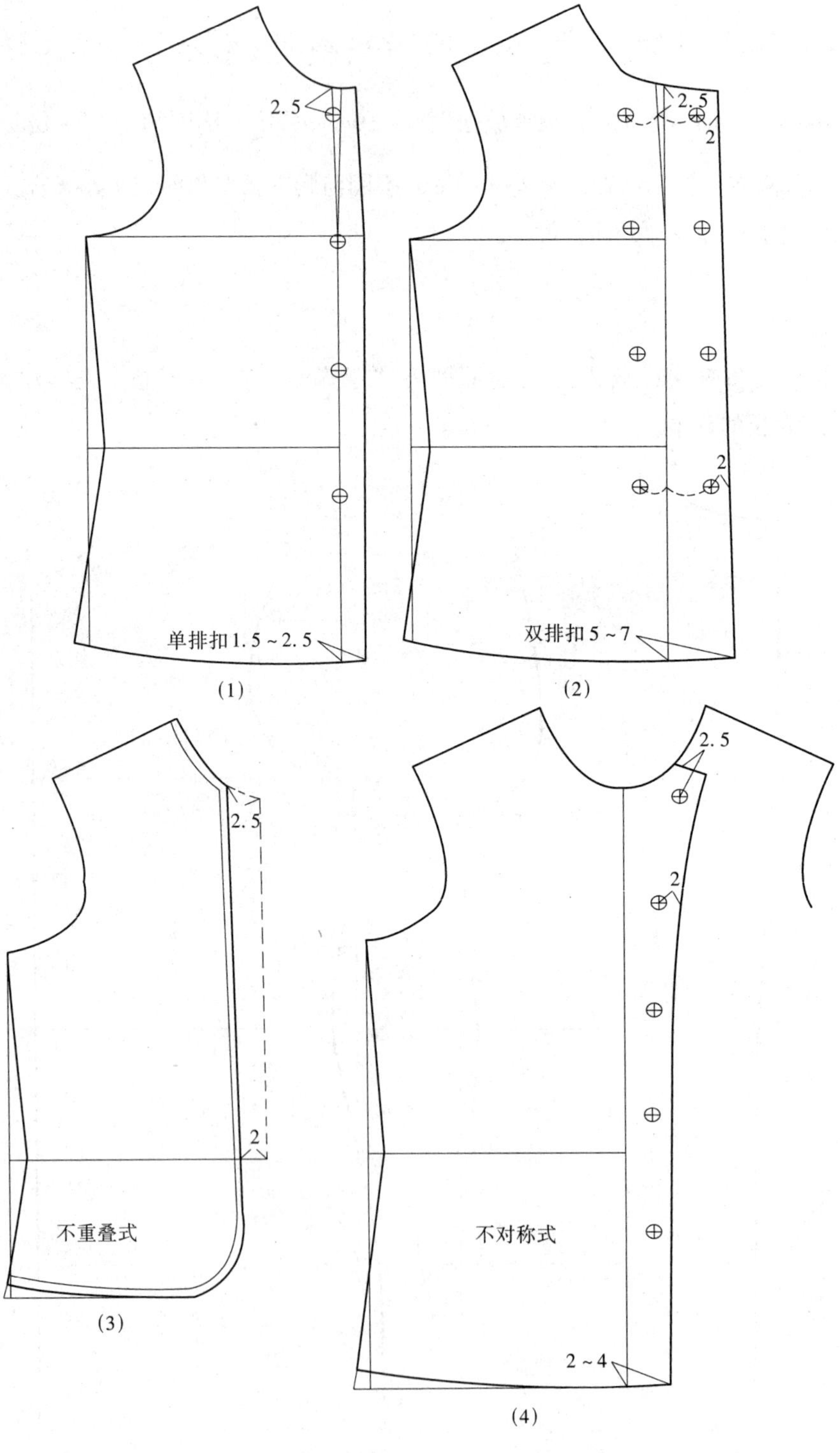

图 4-31　门襟确定效果图

(1)单排扣门襟:制图中门襟的搭门宽 1.5~3.5cm。主要是根据扣子的大小,一般都用大一些的扣子,用小扣时搭门可以小一些。

(2) 双排扣门襟:不同的衣长会使款式变化出不同感觉,双排扣门襟重叠量由款式来决定,前中心线在双排扣的中间。

(3)不重叠开襟:前襟无扣,是敞开式的。这种设计同内穿的衬衣或毛衣要协调,也可穿在连衣裙的外面。制图时,在前中心线上去掉 2cm 左右,或根据款式确定。

(4)不对称开襟:衣片或裙片在前中心上不对称,向左或右移动一些,追求不平衡美。在左侧开襟的款式可作旗袍或轻便服装来穿用。开襟处可缝扣或装拉链。

3. **撇胸的确定**　"撇胸"俗称劈门,指领口外的搭门需要撇去的地方,既指前中心线领宽处上端偏进,如图 4-32(1) 所示。撇胸在上衣中应用广泛,例如关门领上衣、中山服、女衬衫

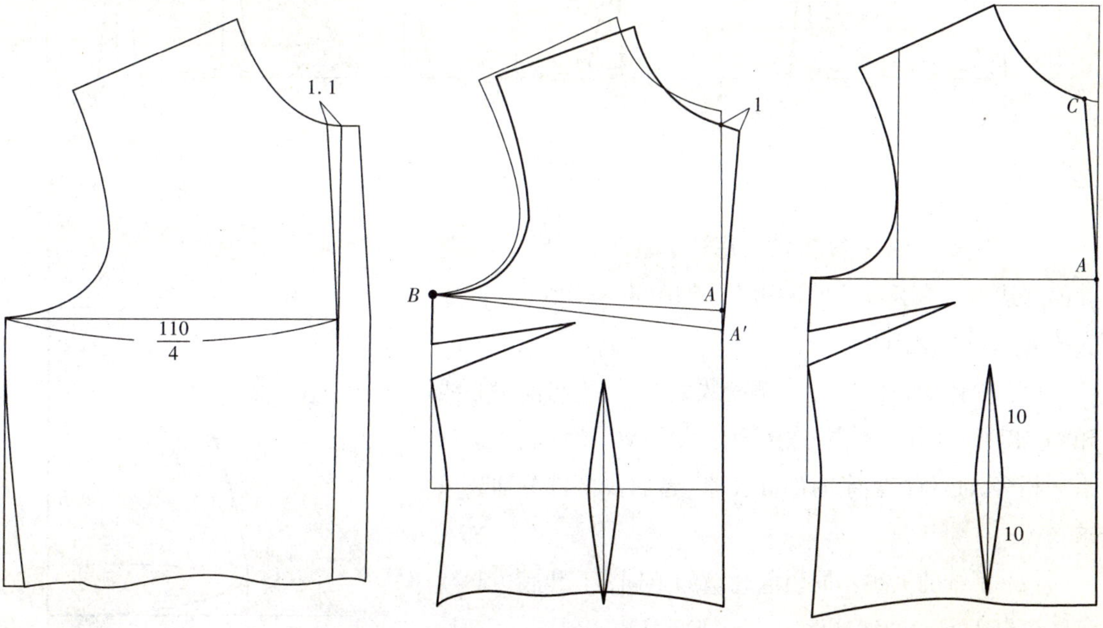

图 4-32　上衣撇胸确定示意图

等。在翻驳领当中，扣位在胸围线以下的不做撇胸处理，在胸围线以上的，应做撇胸处理。撇胸的处理非常重要，尤其是在女装中如不做撇胸处理会造成门襟处不服帖。关门领服装必须做撇胸。胸围越大，撇胸量越大，通常按成品胸围的$\frac{1}{10}$计算，如果撇胸量不足，小肩线处出现折痕，西服大衣常出现此弊病。

中式上衣双折线撇胸的倒转方法：首先把纸样的侧缝线描在面料上，然后按住 *B* 点转动原型板，把双折线上的撇胸转走 1cm，把转动后的领宽、小肩、袖窿画在布料上，见图 4－32(2)。

4. **底摆的确定**　上衣长一般为腰围线下 35cm 左右。需要注意的是底摆不要摆出过多的量，一般腰围线至臀围线摆出 2～3cm，如图 4－33。过多的量会造成下摆与人体不符，因为人体腰部为圆柱体，底摆增大必须形成与腰围线平行的弧线，为达到人体的要求就必须在前中心线至侧缝线上做分割来增加底摆，否则侧缝两边会吊起产生服装弊病。

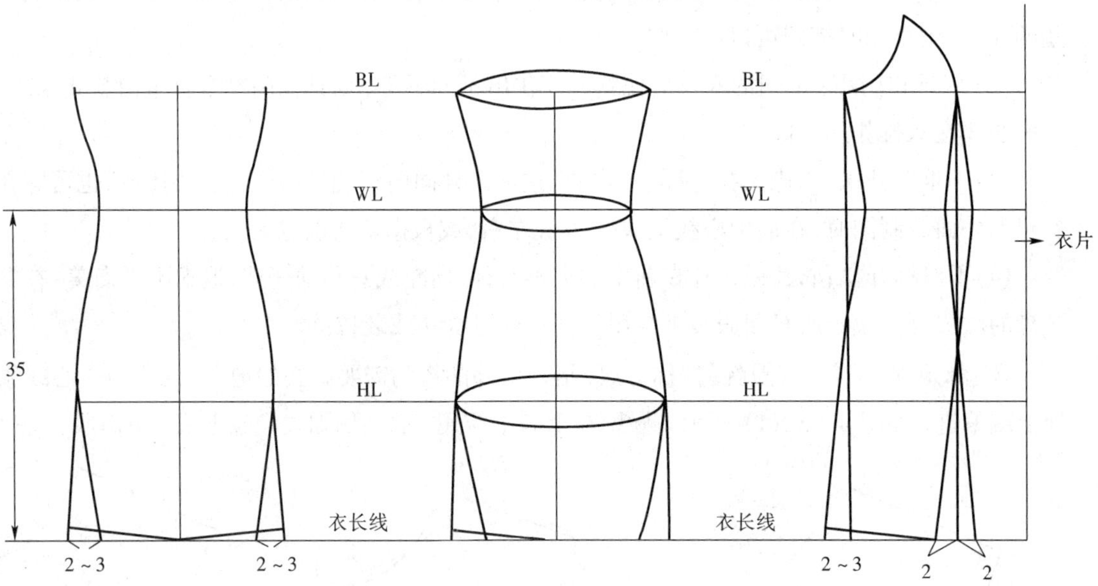

图 4－33　确定上衣底摆的平面图

5. **底边起翘量的确定**　底边起翘量是指上装摆缝处的底边线与衣长线之间的距离，如图 4－34 所示，产生底边起翘量的原因有三个。

(1) 由于人体腰、臀差使侧缝线处变长，不与前中心线相等，出现了前中心线短，侧缝线长的现象。要使底边达到水平相等，必须将多余的部分去掉，或将少的部分加长以求平衡。

(2) 摆缝的大小不同引起翘量的不同，上装底边起翘量随摆缝偏斜度的增减而增减，当摆缝的偏斜度一定时，下摆越大则起翘量越大，反之越小。

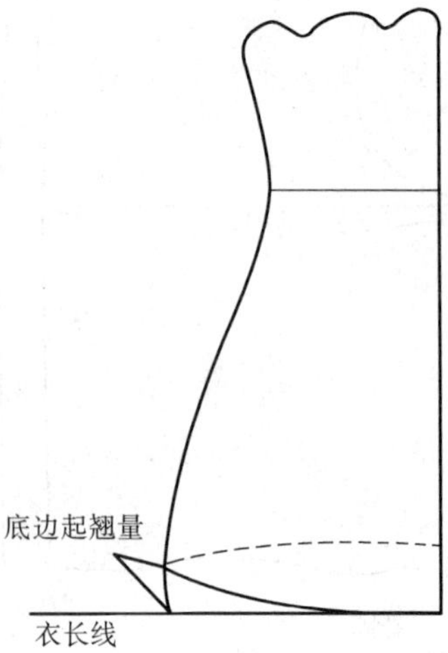

图 4－34　确定上衣底边起翘的平面图

（3）要取得底边呈水平状的效果，只要底边除去翘量，使底边与侧缝呈垂直即可，这是一般情况而言，也可根据款式自定底边。

6. **前、后衣长的关系**　前、后衣长的结构关系受号型大小、穿用季节及款式贴体程度的限制，与下落量数值的设定有密不可分的关系。一般夏季穿用的服装，下落量数值较大。属于第一层较贴体服装，受人体体表突起程度的影响，下落量的计算方法为净胸围的40%。宽松服装下落量应根据款式而定，如不设计省道，既无下落量。

（1）小号型服装腰节以上部位前衣长低于后衣长 1cm，腰节以下部位前衣长比后衣长长出1cm；如图 4－35 ①所示。

（2）中号型服装腰节以上部位前、后衣长等平，腰节以下部位衣长比后衣长长出 2cm，如图 4－35 ②所示。

（3）大号型服装腰节以上部位前衣长比后衣长长出 1～1.5cm，腰节以下部位前衣长比后衣长长出 3cm，如图 4－35 中的③所示。

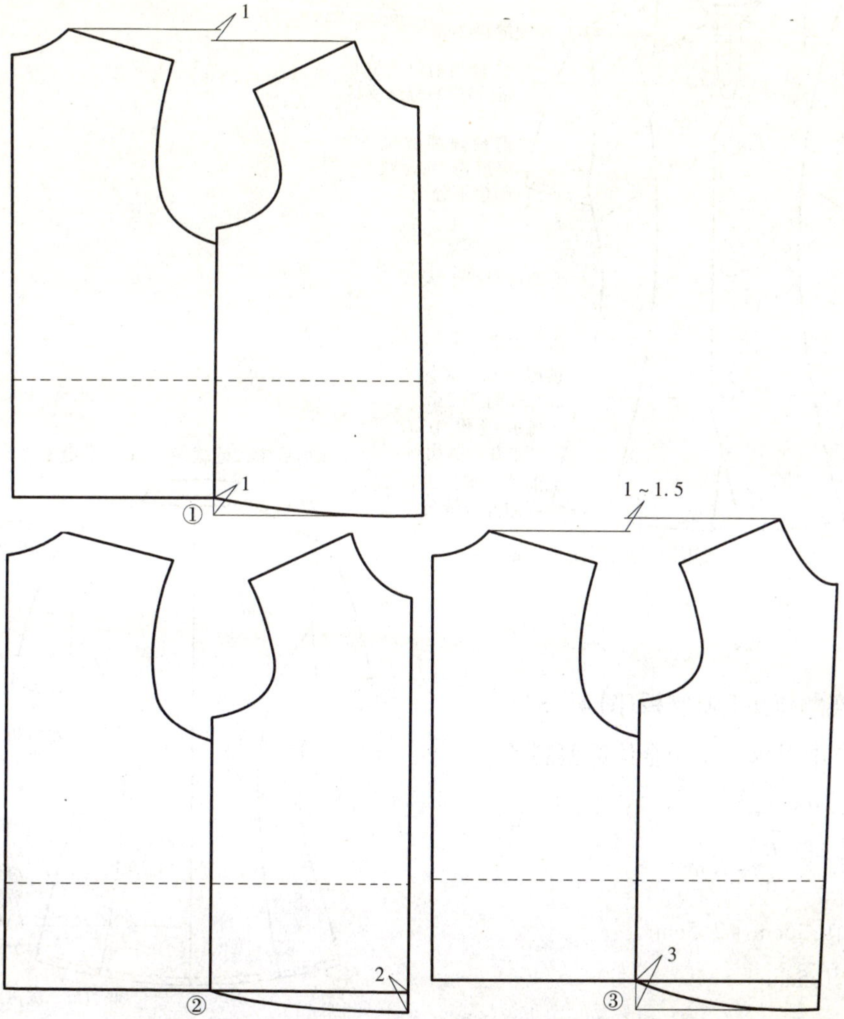

图 4－35　前、后衣长的确定

二、连翻领女上装制板

(一)连翻领女上装成品规格表及款式效果图(图 4-36)

成品规格表

单位:cm

号型＼规格＼部位名称	衣长	胸围	腰围	臀围	领围	袖长	袖口
155/80A	58	94	82	96	44	25.5	13.5
160/84A	60	98	86	100	45	26	14
165/88A	62	102	90	104	46	26.5	14.5
170/92A	64	106	94	108	47	27	15
175/96A	66	110	98	112	48	27.5	15.5

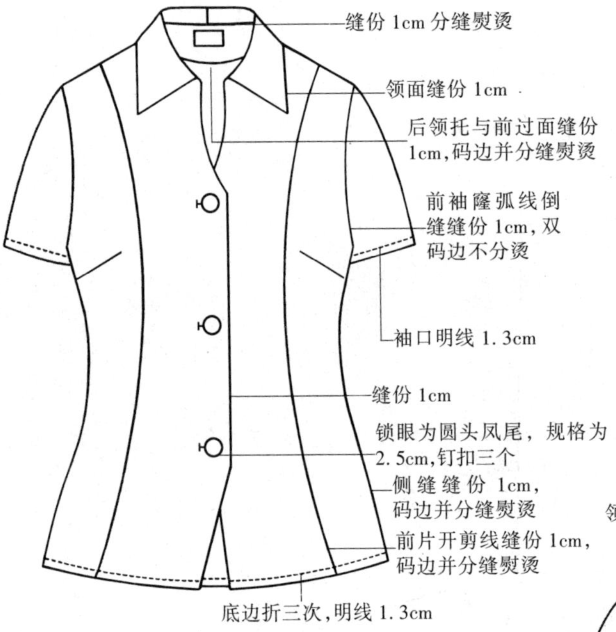

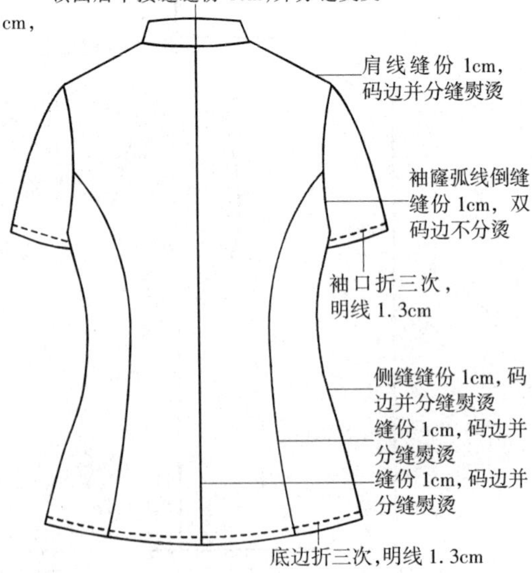

图 4-36　连翻领女上衣的效果图

(二)连翻领女上衣制板(图 4-37)

1. **前片制板**　采用合体原型制图。

①衣长:60cm;

②袖窿深:$\frac{B}{6}+7$cm;

③腰节:36cm + 2.5cm;

④落肩:5cm;

⑤胸宽:$\frac{B}{6}+0.5$cm;

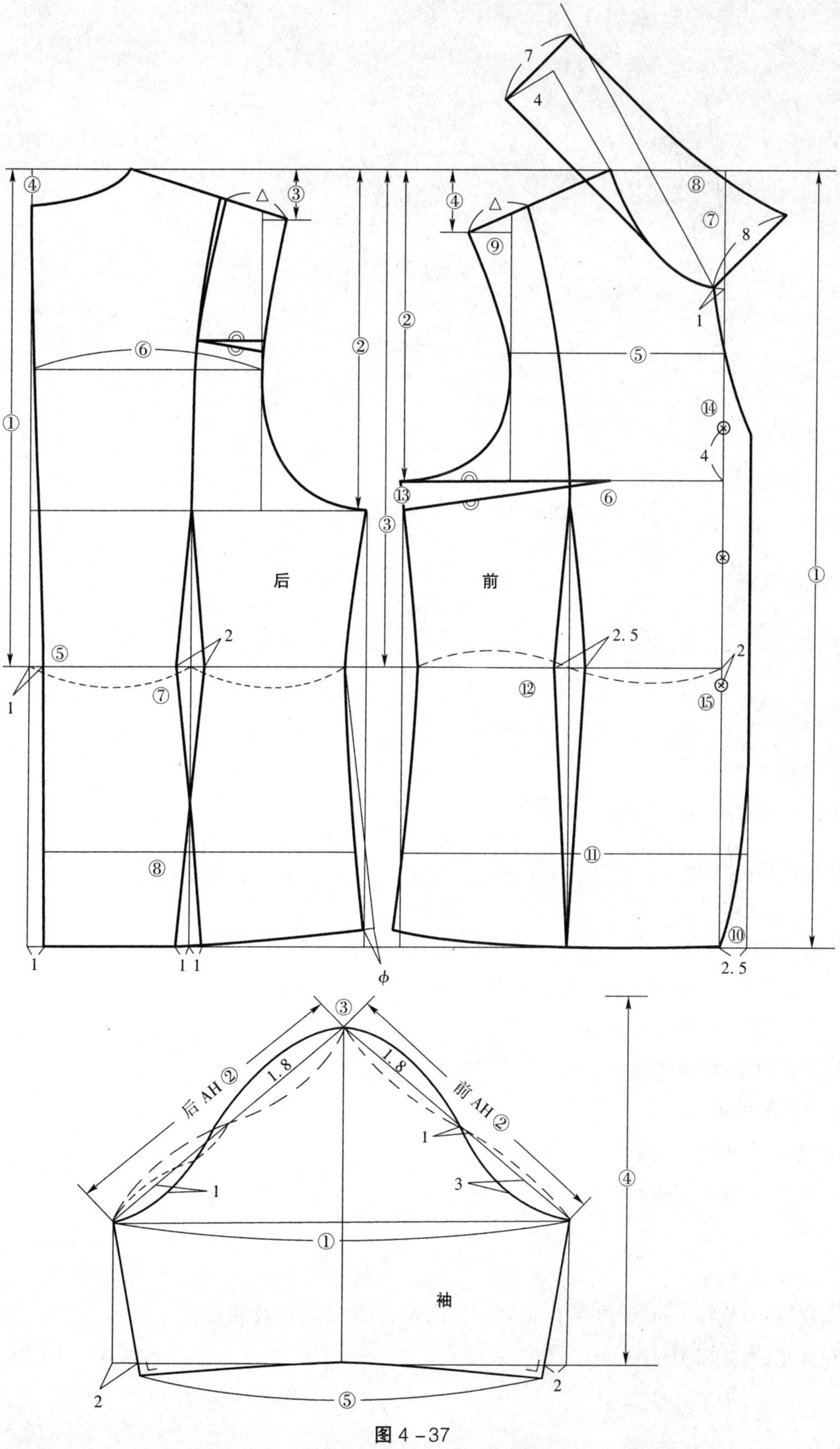

图 4-37

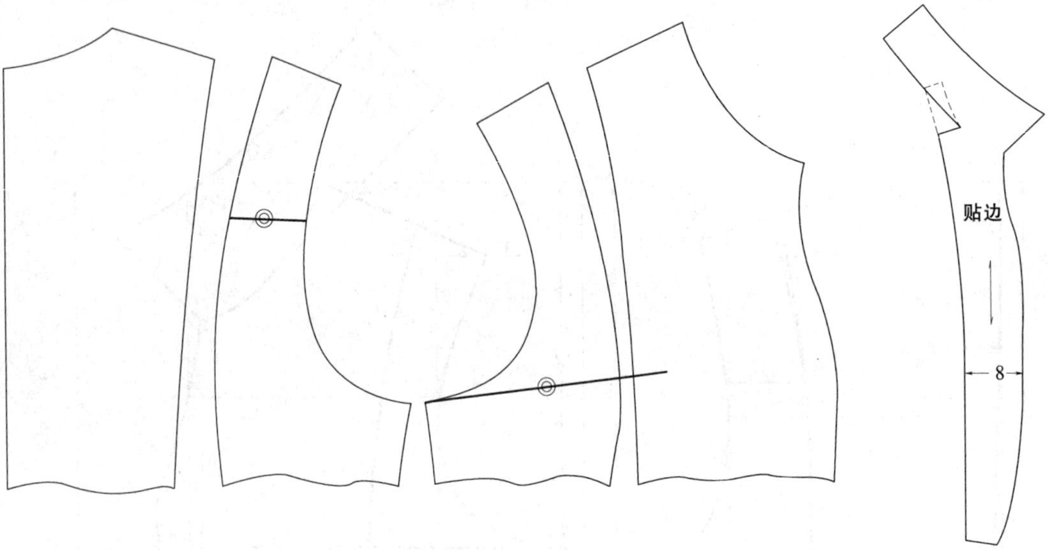

图 4 - 37　连翻领女上装结构图

⑥胸围宽：$\frac{B}{4}$；

⑦领深：$\frac{N}{5}+0.5cm$；

⑧领宽：$\frac{N}{5}$；

⑨冲肩：3.5cm；

⑩搭门宽：2.5cm；

⑪臀围宽：$\frac{H}{4}$；

⑫腰围宽：$\frac{H}{4}+2.5cm$；

⑬腋下省：2.5cm（转入肩部开剪线中）；

⑭首粒扣位：袖窿深向上 4cm；

⑮末粒扣位：腰节线向下 2cm。

2. **后片制板**

①腰节：与前腰节齐；

②袖窿深：低于前袖窿深 2.5cm；

③落肩：4cm；

④领深：2.5cm；

⑤背缝：腰节收 1cm，底边收 1cm（背宽腰围宽、臀围宽均以此线量起）；

⑥背宽：胸宽加 1cm；

⑦腰围宽：$\frac{W}{4}+2cm$；

⑧臀围宽：$\frac{H}{4}$。

3. 袖制板

①袖肥：$(\frac{B}{5}-2cm)\times 2$；

②实量前后 AH(不包括袖窿省量)；

③袖山高点：用前后 AH 线段斜交袖肥线两端、中间顶部交点为袖山高点；

④袖长：由袖中点垂直向下量取 26cm；

⑤袖口：袖肥线垂直画线至袖长线两边各收进 2cm，袖口起翘以垂直为标准。

三、立领皮上装制板

(一)立领皮上装成品规格表及款式效果图(图 4－38)

成品规格表　　单位：cm

号型 \ 规格 \ 部位名称	衣长	胸围	腰围	臀围	袖长	袖口	领围
155/80A	59	88	72	92	54	12	38
160/84A	61	92	76	96	55.5	12.5	39
165/88A	63	96	80	100	57	13	40
170/92A	65	100	84	104	58.5	13.5	41
175/96A	67	104	88	108	60	14	42

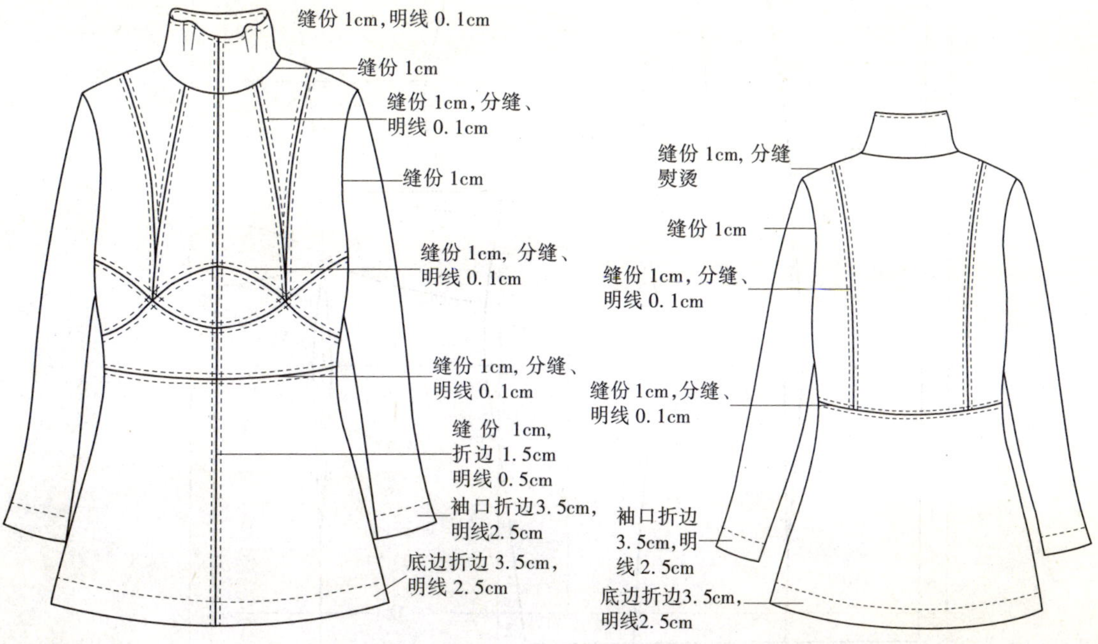

图 4－38　立领皮上装效果图

(二)立领皮上装制板(图 4 – 39)

1. **前片制板**　宽松原型板。

①衣长:63cm;

②落肩:5cm;

③袖窿深:$\frac{B}{6}+8$cm;

④腰节:36cm + 2.5cm(下落量) = 38.5cm;

⑤臀围线:腰节下 20cm;

⑥领宽:$\frac{N}{5}$;

⑦领深:$\frac{N}{5}+0.5$cm;

⑧胸宽:$\frac{B}{6}+1.5$cm;

⑨冲肩:2.5cm;

⑩胸围宽:$\frac{B}{4}$;

⑪腰围宽:$\frac{W}{4}+2.5$cm;

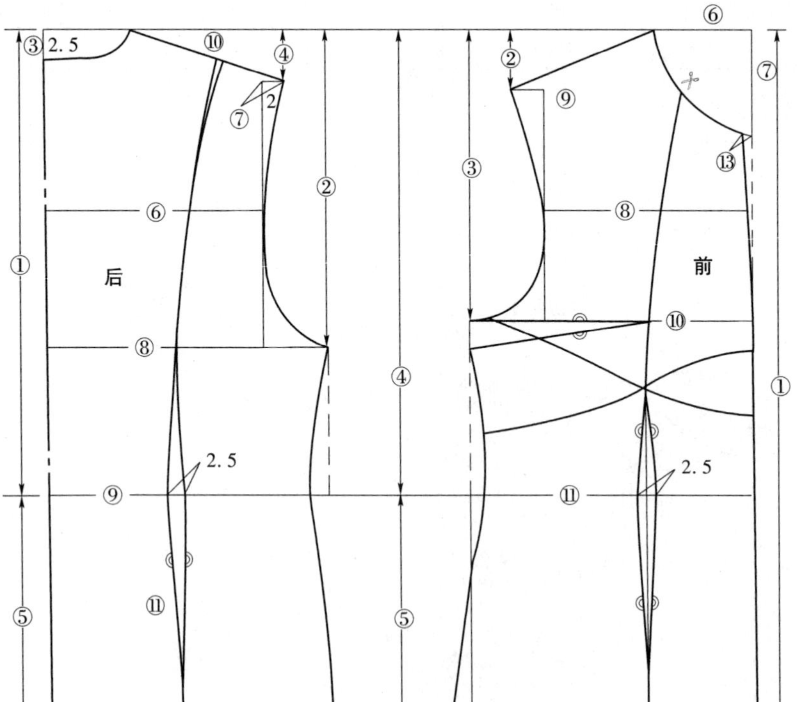

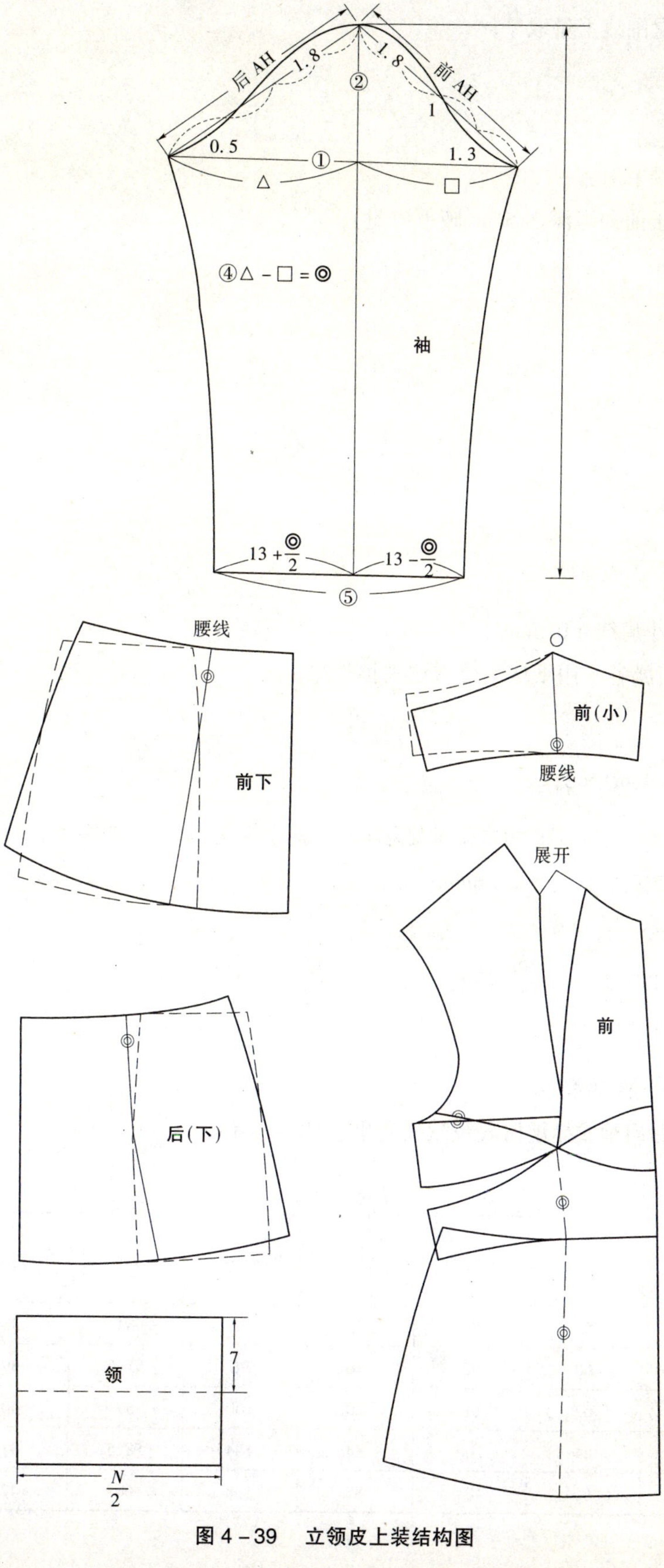

图 4-39　立领皮上装结构图

⑫臀围宽：在臀围线上量取$\frac{H}{4}$；

⑬撇胸：1cm。

2. 后片制板

①腰节：与前腰节对齐；

②袖窿深：低于前袖窿深2.5cm（腋下省量）；

③领深：2.5cm；

④落肩：4cm；

⑤臀围线：腰节下20cm；

⑥背宽：胸宽+1cm；

⑦冲肩：2cm；

⑧胸围宽：$\frac{B}{4}$；

⑨腰围宽：$\frac{W}{4}+2.5cm$；

⑩小肩线：前小肩线+0.5cm；

⑪腰节以下直腰省采用纸样接合方法去掉省量。

3. 袖制板

①袖肥：$(\frac{B}{5}-1cm)\times 2$；

②袖山高：斜量前、后AH，两端由袖肥端点起，斜线相交，交点为袖中点；

③袖长：由袖中点垂直下量58cm;

④袖肥差量：△ - □ = ◎；

⑤袖口：前袖口 = 13cm − $\frac{◎}{2}$，后袖口 = 13cm + $\frac{◎}{2}$。

四、连立领插肩袖制板

（一）连立领插肩袖成品规格表及款式效果图（图4－40）

成品规格表　　单位：cm

号型＼规格＼部位名称	衣长	胸围	腰围	臀围	袖长	领围	袖口
155/80A	58	88	72	92	54	38	12
160/84A	60	92	76	96	55.5	39	12.5
165/88A	62	96	80	100	57	40	13
170/92A	64	100	84	104	58.5	41	13.5
175/96A	66	104	88	108	60	42	14

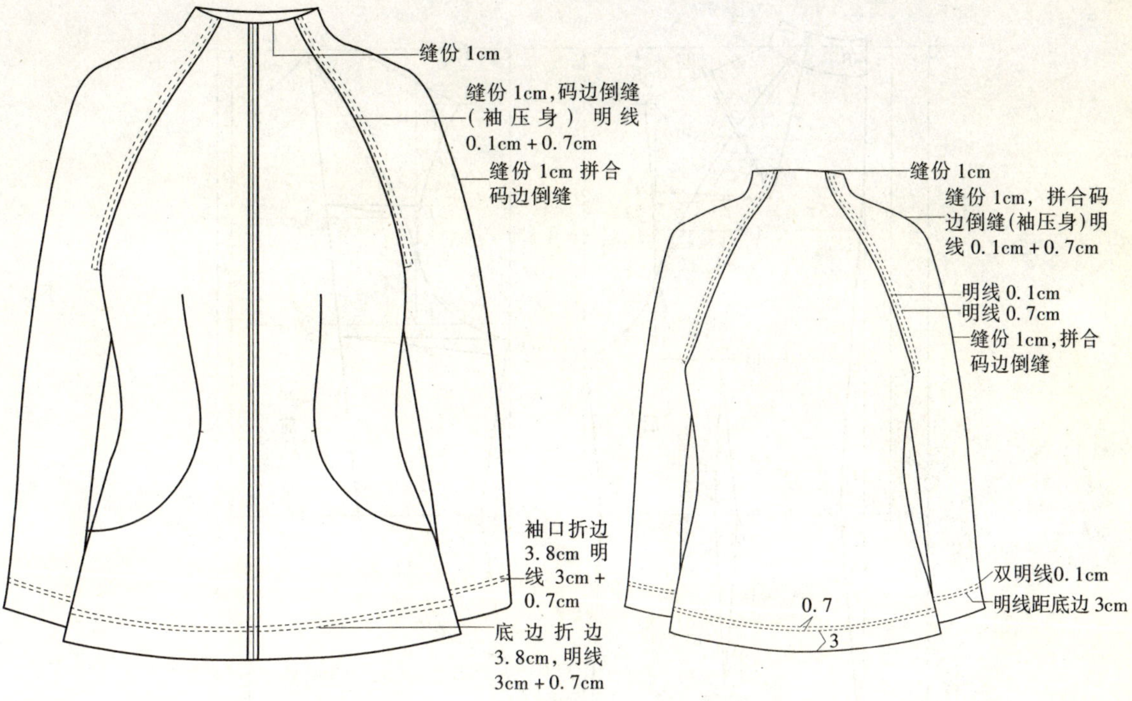

图 4-40　连立领插肩袖效果图

(二)连立领插肩袖制板(图 4-41)

1. **前片制板**　在标准合体原型基础上调整。

①衣长:60cm;

②腰节:36cm + 2.5cm = 38.5cm;

③落肩:5cm;

④袖窿深:$\frac{B}{6}+8$cm;

⑤领深:$\frac{N}{5}+0.5$cm;

⑥领宽:$\frac{N}{5}$;

⑦冲肩:3.5cm;

⑧胸宽:$\frac{B}{6}-0.5$cm(插肩服装要求胸宽低于正常标准);

⑨胸围宽:$\frac{B}{4}$;

⑩腰围宽: $\frac{W}{4}$;

⑪连立领:前 3.5cm,肩颈点 2cm;

⑫腋下省:1.5cm。

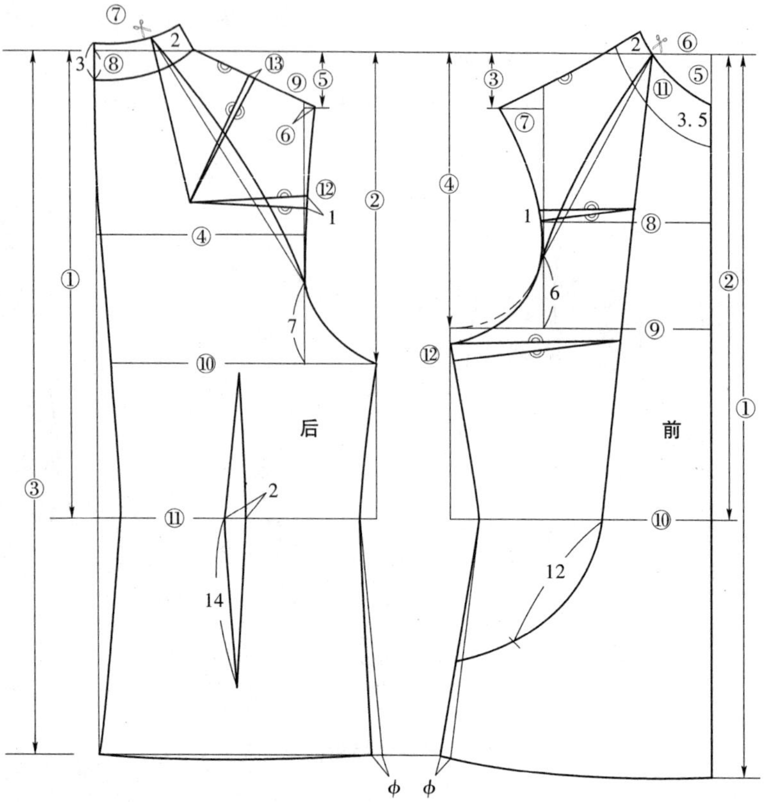
后
前
ϕ ϕ

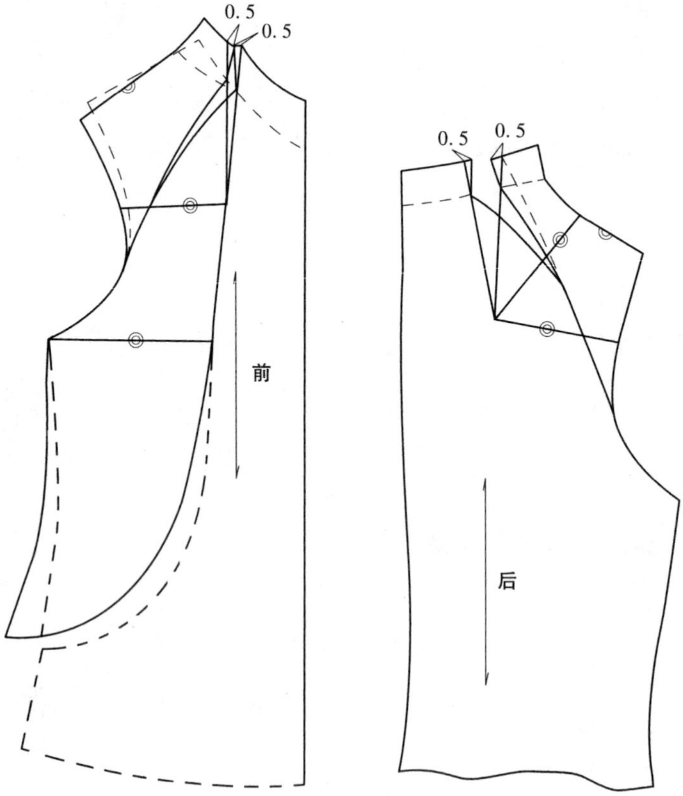
0.5
0.5
前
0.5
0.5
后

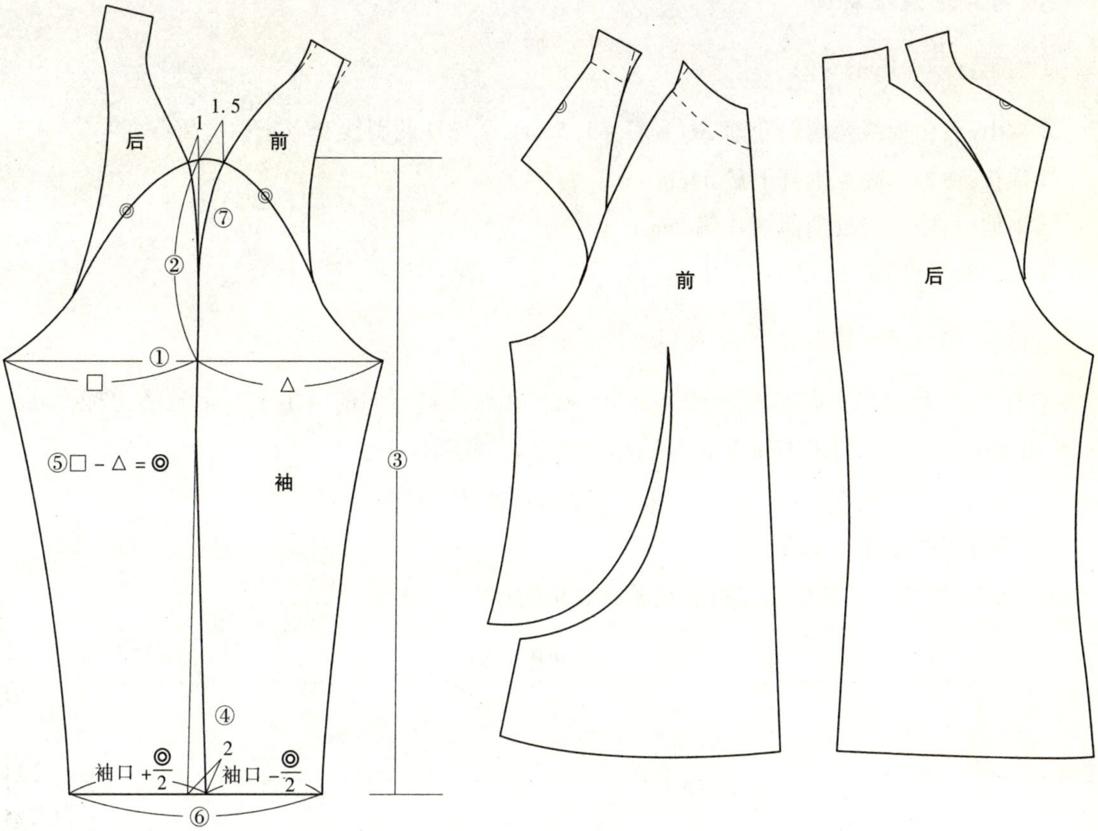

图 4－41　连立领插肩袖结构图

2. 后片制板

①腰节：与前腰节对齐；

②袖窿深：低于前袖窿深 1.5cm（留出腋下省折叠量）；

③衣长：与前衣片起翘齐；

④背宽：$\frac{B}{6}+2.5$cm；

⑤落肩：4cm；

⑥冲肩：1cm；

⑦连立领：后中心 3cm、肩颈点 2cm；

⑧领深：2.5cm；

⑨小肩：前小肩＋0.5cm；

⑩胸围宽：$\frac{B}{4}$；

⑪腰宽：$\frac{W}{4}+2$cm；

⑫袖窿弧省：1cm 转入领省中；

⑬肩省：0.5cm 转入领省中。

3. 两片插肩袖制板

①袖肥：$(\frac{B}{5}-1\text{cm})\times 2$；

②袖山高：由袖线两端斜交前 AH +（1～1.5cm），后 AH 两斜线交点于袖山高点。

③袖长：由袖山高点垂直下量 54cm；

④袖偏线：由袖口处向前袖片偏 2cm；

⑤袖肥差量：□ - △ = ◎；

⑥袖口：前袖口 = 袖口 $-\frac{◎}{2}$，后袖口 = 袖口 $+\frac{◎}{2}$；

⑦前衣片、后衣片小肩部分剪下，与袖山拼合：由袖山高点向前留出 1.5cm 省量，与前小肩拼合，由袖山高点向后留出 1cm 省量与后小肩拼合，圆顺弧线。

五、两片过肩袖上装制板

（一）两片过肩袖上装成品规格表及款式效果图（图 4-42）

成品规格表　　单位：cm

号型 \ 规格 \ 部位名称	衣长	胸围	腰围	袖长	袖口	领围	臀围
155/80A	58	90	74	54	12	38	94
160/84A	60	94	78	55.5	12.5	39	98
165/88A	62	98	82	57	13	40	102
170/92A	64	102	86	58.5	13.5	41	106
175/96A	66	102	90	60	14	42	110

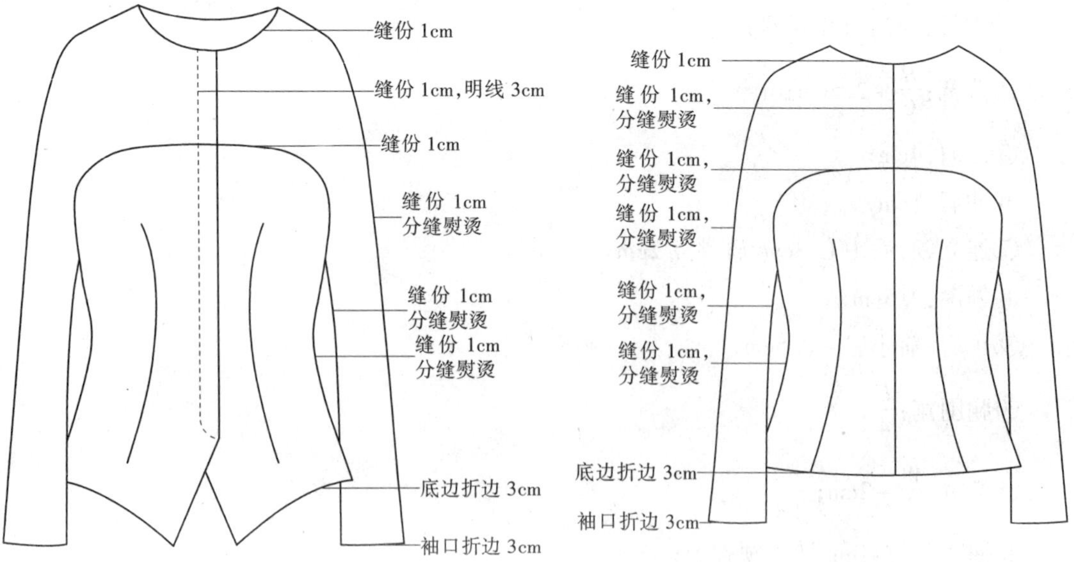

图 4-42　两片过肩袖上装效果图

(二)两片过肩袖上装制板(图 4-43)

1. **前片制板**　采用合体原型制板方法,调整部位胸宽线。

①衣长:58cm;

②落肩:5cm;

③袖窿深:$\frac{B}{6}+7cm$;

④腰节:36cm + 2.5cm = 38.5cm;

⑤领深:$\frac{N}{5}+0.5cm$;

⑥领宽:$\frac{N}{5}$;

⑦胸宽:$\frac{B}{6}+0.5cm$;

⑧胸围宽:$\frac{B}{4}$;

⑨腰围宽:$\frac{W}{4}$;

⑩冲肩:3.5cm;

⑪下落量:袖窿深下落 2.5cm;

⑫撇胸:1cm;

⑬领开宽 2cm,总领深 13cm;

⑭胸部开剪线:胸围线向上 4cm;

⑮直腰省:2cm;

⑯前袖窿弧开剪收省 2.5cm。

2. **后片制板**

①腰节:与前腰节齐;

②袖窿深:同前袖窿深下落 2.5cm 点对齐;

③背缝:腰节收 1.5cm;

④胸围宽:$\frac{B}{4}$;

⑤腰围宽:由背缝点量$\frac{W}{4}$;

⑥背部开剪:胸围宽线向上 7cm;

⑦背宽:胸宽 + 1cm(由背缝点量);

⑧冲肩:2cm;

⑨小肩:前小肩 + 0.5cm;

⑩领深:2.5cm;

⑪领弧:后小肩平行去掉 1cm,并保证小肩长度不变;

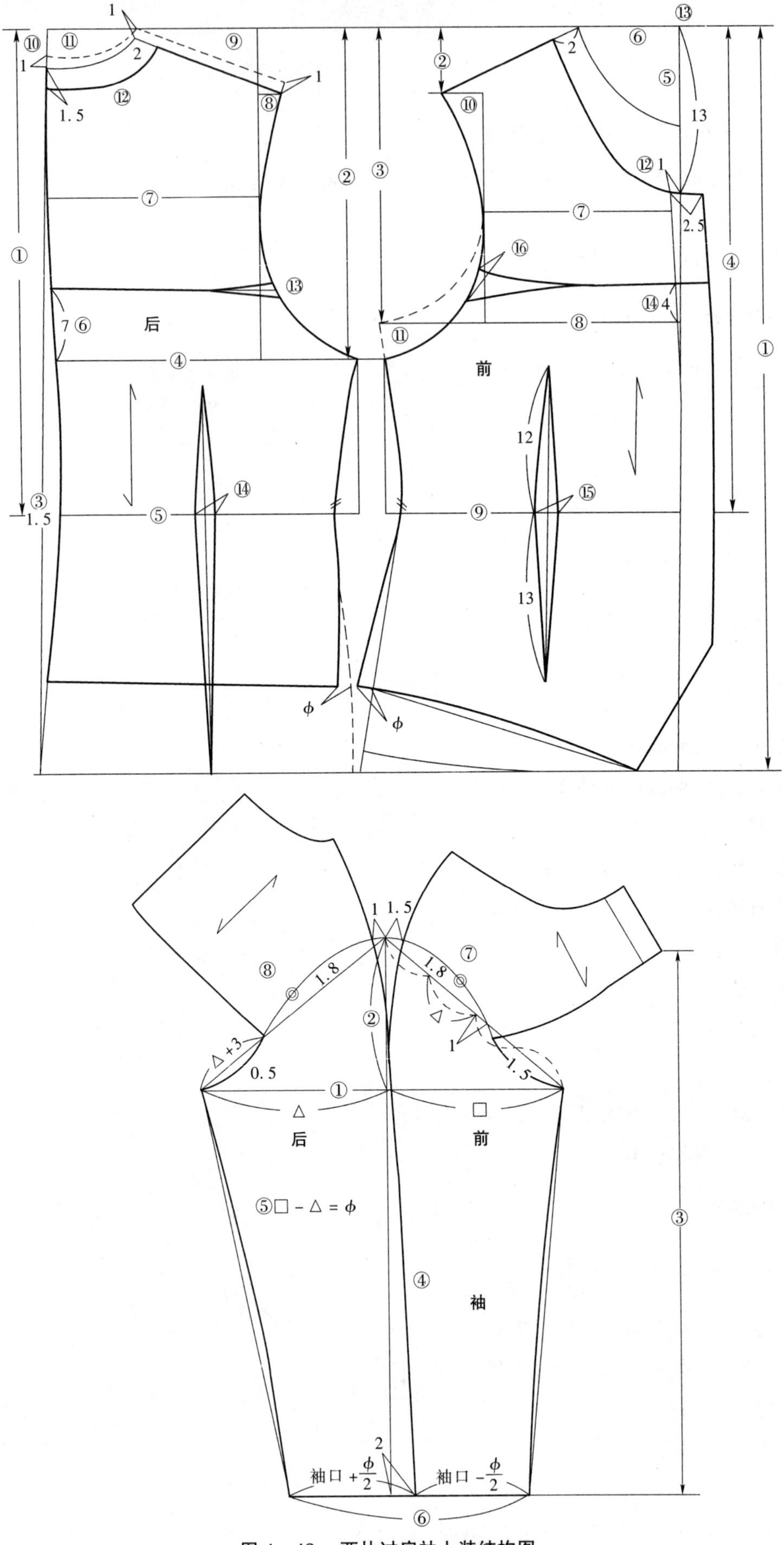

图4－43　两片过肩袖上装结构图

⑫领开深：1.5cm，开宽 2cm；

⑬袖窿开剪收省 1cm；

⑭直腰省：2cm。

3. **袖制板**

①袖肥：画水平线段长$(\frac{B}{5}-1\text{cm})\times 2$；

②袖山高：实量前、后袖窿的 AH 值，用前、后 AH 斜交于袖肥两端，斜线顶部交点为袖山高点；

③袖长：由袖山高点垂直向下量 54cm；

④袖中线：由袖中辅助线向前袖片偏斜 2cm 为新袖中线；

⑤袖肥差量：$\triangle-\square=\phi$；

⑥袖口：前袖口 = 袖口 $-\frac{\phi}{2}$，后袖口 = 袖口 $+\frac{\phi}{2}$；

⑦袖山高点向前袖山弧线处留出 1.5cm 省量，将前片、小肩片拼合，并圆顺肩部及袖缝；

⑧在袖山高点向后袖山弧线处留出 1cm 省量，将后片、小肩拼合，并圆顺肩部及袖缝。

六、翻驳领上装制板

(一)翻驳领上装成品规格表及款式效果图(图 4-44)

成品规格表

单位：cm

号型＼规格＼部位名称	衣长	胸围	腰围	臀围	背长	袖长	袖口
155/80A	60	88	74	94	37	53	12
160/84A	62	92	78	98	38	54.5	12.5
165/88A	64	96	82	102	39	56	13
170/92A	66	100	86	106	40	57.5	13.5
175/96A	68	104	90	110	41	59	14

(二)翻驳领上衣制板(图 4-45)

1. **前片制板**

①衣长：60cm；

②袖窿深：$\frac{B}{6}+7\text{cm}$；

③腰节：37cm + 3cm = 40cm；

④胸围宽：$\frac{B}{4}$；

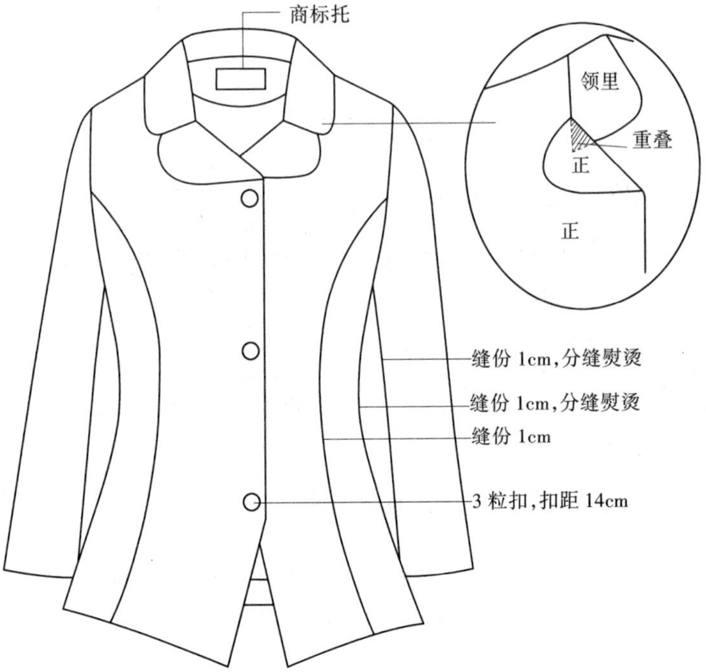

⑤腰围宽：$\frac{W}{4}+2.5\text{cm}$(省)；

⑥臀围宽：$\frac{H}{4}$；

⑦胸宽：$\frac{B}{6}+0.5\text{cm}$；

⑧领宽：$\frac{\text{胸宽}}{2}+0.5\text{cm}$；

⑨落肩：5cm；

⑩冲肩：3～3.5cm。

2. 后片制板

①背宽:胸宽 + 1cm；

②胸围宽:$\frac{B}{4}$；

③腰围宽:$\frac{W}{4}+2\text{cm}$(省)；

④臀围宽:$\frac{H}{4}$；

⑤落肩:4cm；

⑥冲肩:2cm。

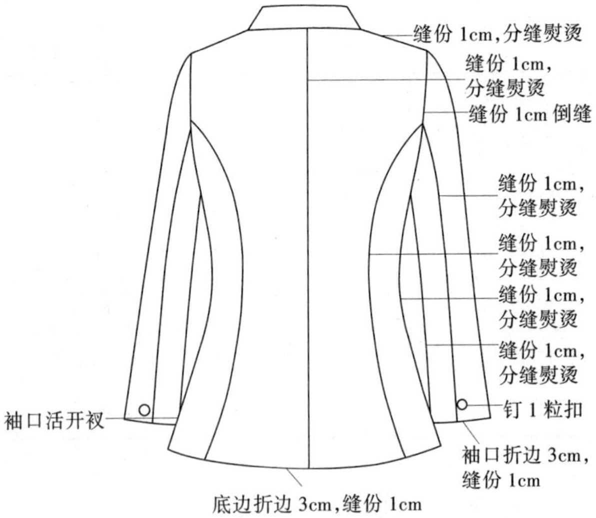

图 4-44　翻驳领效果图

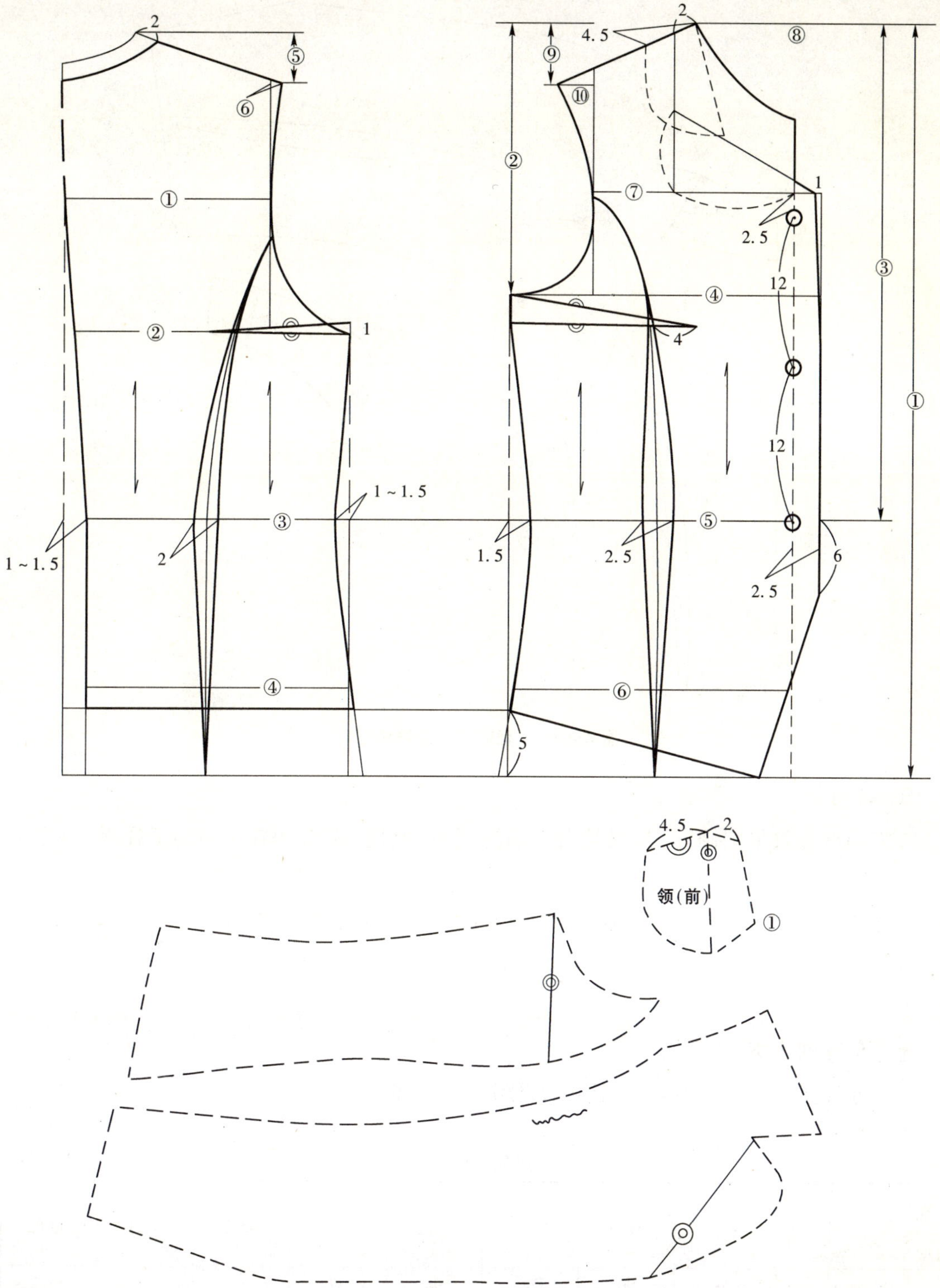

图 4-45

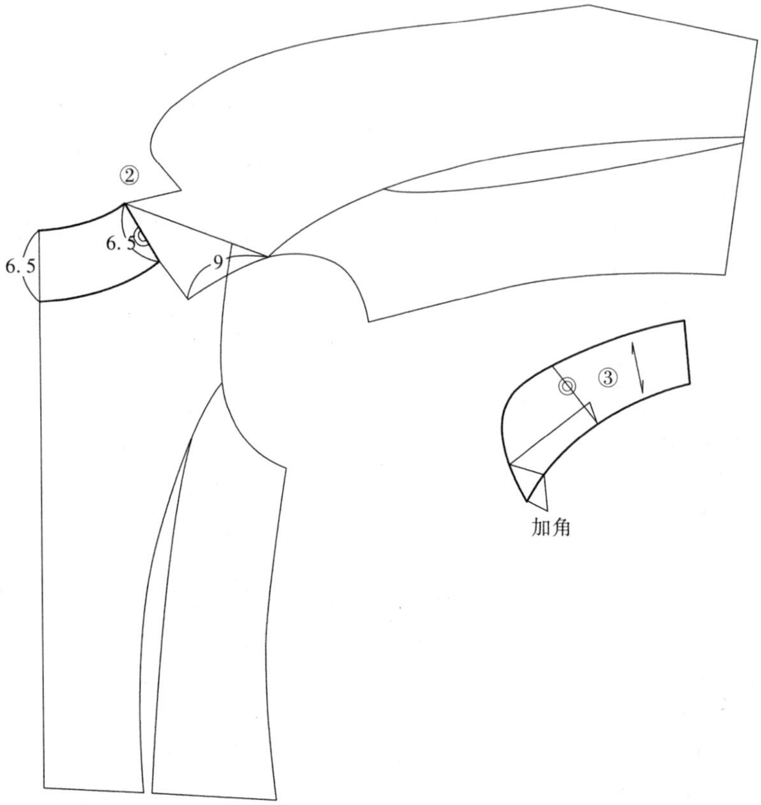

图 4-45　翻驳领上装结构图

3. 领制板

①将领型按效果图画好，用滚轮器分别将领面、领座、驳头印在下面的纸样上，剪下来拼合；

②配领座和领面时，将前片与后片肩端点对压 9cm，并画出领座和领面宽 6.5cm；

③将配好的前、后领接合，并在领角处加出一些，做领角的隐藏部分。

七、连身袖上装制板

(一)连身袖上装成品规格表及款式效果图(图 4-46)

成品规格表　　单位：cm

规格 号型 \ 部位名称	衣长	胸围	腰围	臀围	背长	袖长	袖口	袖肥
155/80A	68	90	74	96	37	52	11	35.5
160/84A	70	94	78	100	38	53.5	11.5	37
165/88A	72	98	82	104	39	55	12	38.5
170/92A	74	102	86	108	40	56.5	12.5	40
175/96A	76	106	90	112	41	58	13	41.5

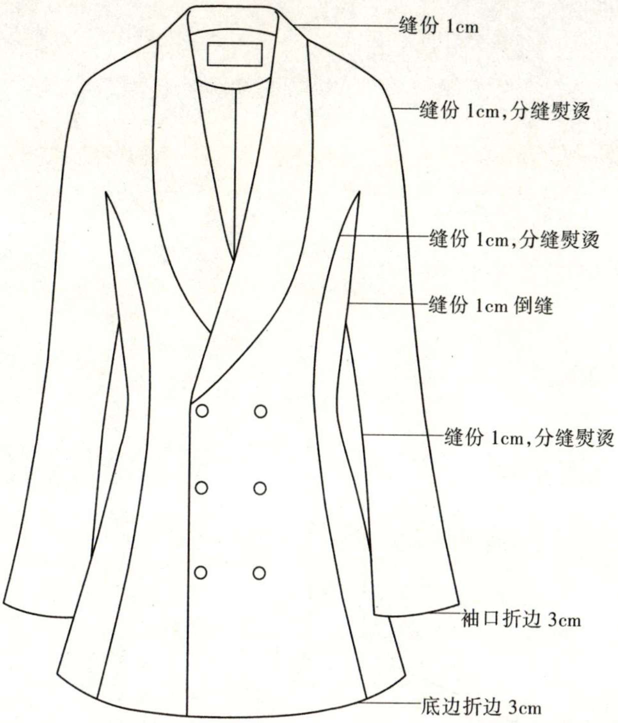

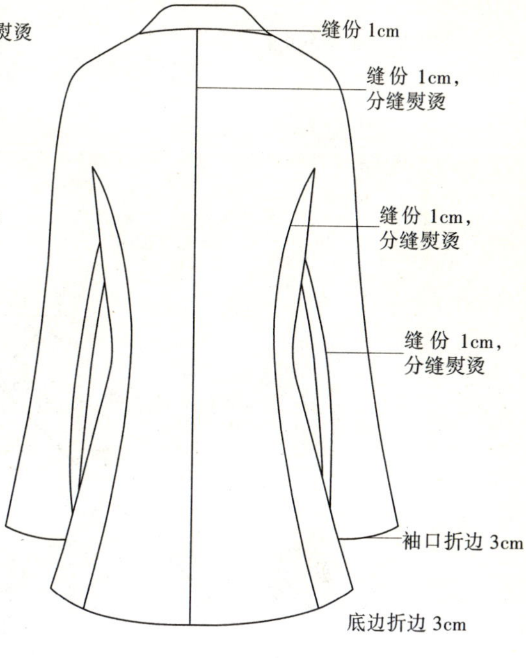

图 4－46　连身袖上装效果图

(二)连身袖上衣制板(图 4－47)

1. **前片制板**

①袖窿深：$\frac{B}{6}+7\text{cm}$；

②腰节：37cm＋2. 5cm＝39. 5cm；

③臀围线：腰节线下 30cm；

④领宽：$\frac{\text{胸宽}}{2}+0.5\text{cm}$；

⑤领深：8cm；

⑥胸宽：$\frac{B}{6}+0.5\text{cm}$；

⑦冲肩：3. 5cm；

⑧胸围宽：$\frac{B}{4}$；

⑨腰围宽：$\frac{W}{4}+2.5$cm；

⑩臀围宽：$\frac{H}{4}$；

⑪腋下省：2. 5cm；

⑫袖长：52cm + 3cm；

⑬袖口：10cm；

⑭袖山高：13cm；

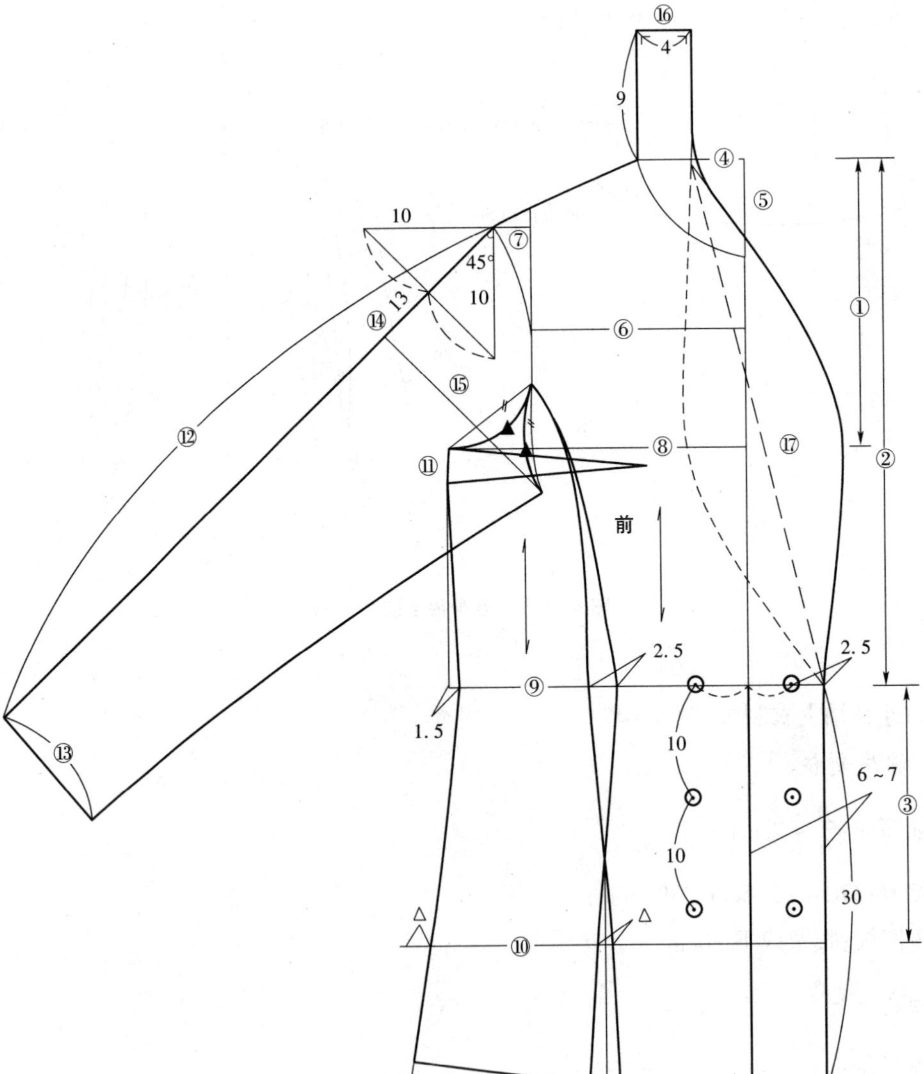

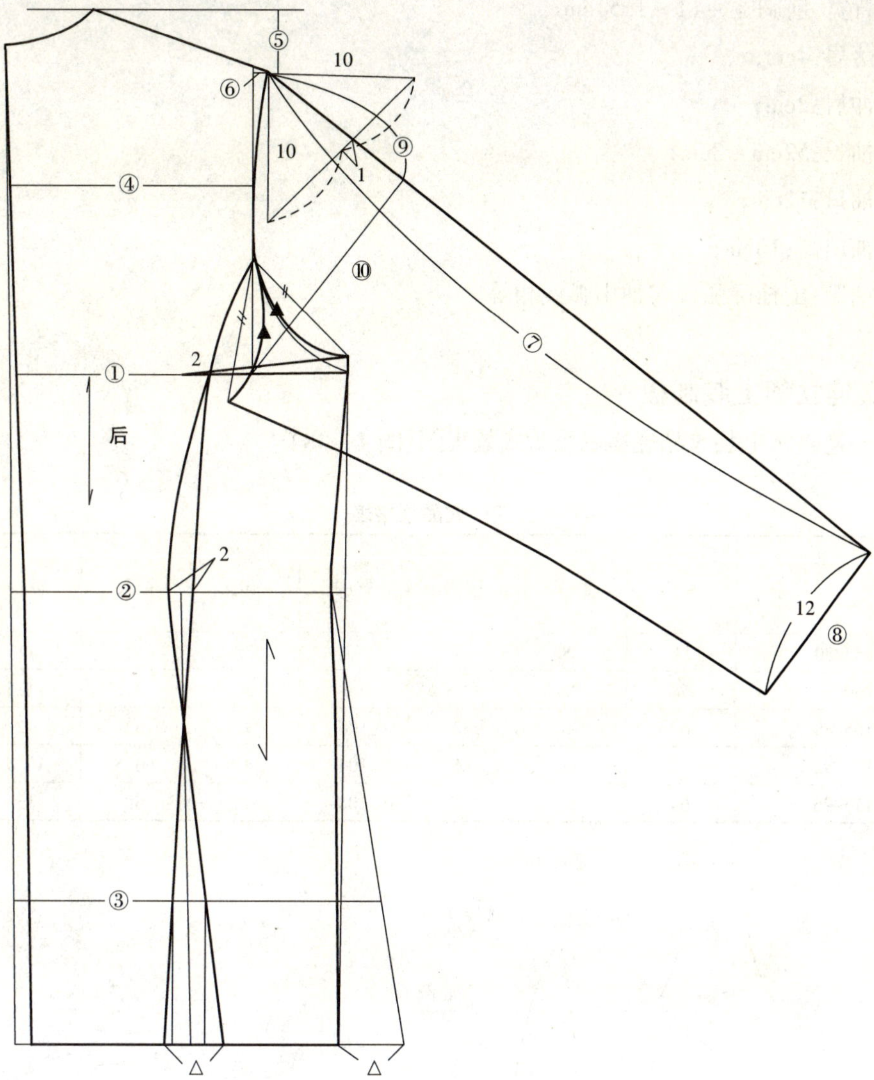

图 4－47　连袖女上装结构图

⑮袖肥:配袖窿弧线与袖山弧线相等;

⑯由前领宽向上水平量取后领弧长 9cm,4cm 为领宽;

⑰由领宽⑯点做垂直与领折线相交。

2. **后片制板**

①胸围宽：$\frac{B}{4}$;

②腰围宽:$\frac{W}{4}+2\text{cm}$(省);

③臀围宽:$\frac{H}{4}$;

④背宽：前胸宽+(1~1.5)cm；

⑤落肩：4cm；

⑥冲肩：2cm；

⑦袖长：52cm+3cm；

⑧袖口：12cm；

⑨袖山高：13cm；

⑩袖肥：配袖窿弧线与袖山弧线相等。

八、连立领上装制板

(一)连立领上装成品规格表及款式效果图(图4-48)

成品规格表　　单位：cm

规格 号型 \ 部位名称	衣长	胸围	腰围	臀围	领围	袖长	袖口	袖肥
155/80	56	88	74	92	38	52	11	32
160/84	58	92	78	96	39	53.5	11.5	33
165/88	60	96	82	100	40	55	12	34
170/92	62	100	86	104	41	56.5	12.5	35
175/96	64	104	190	108	42	58	13	36

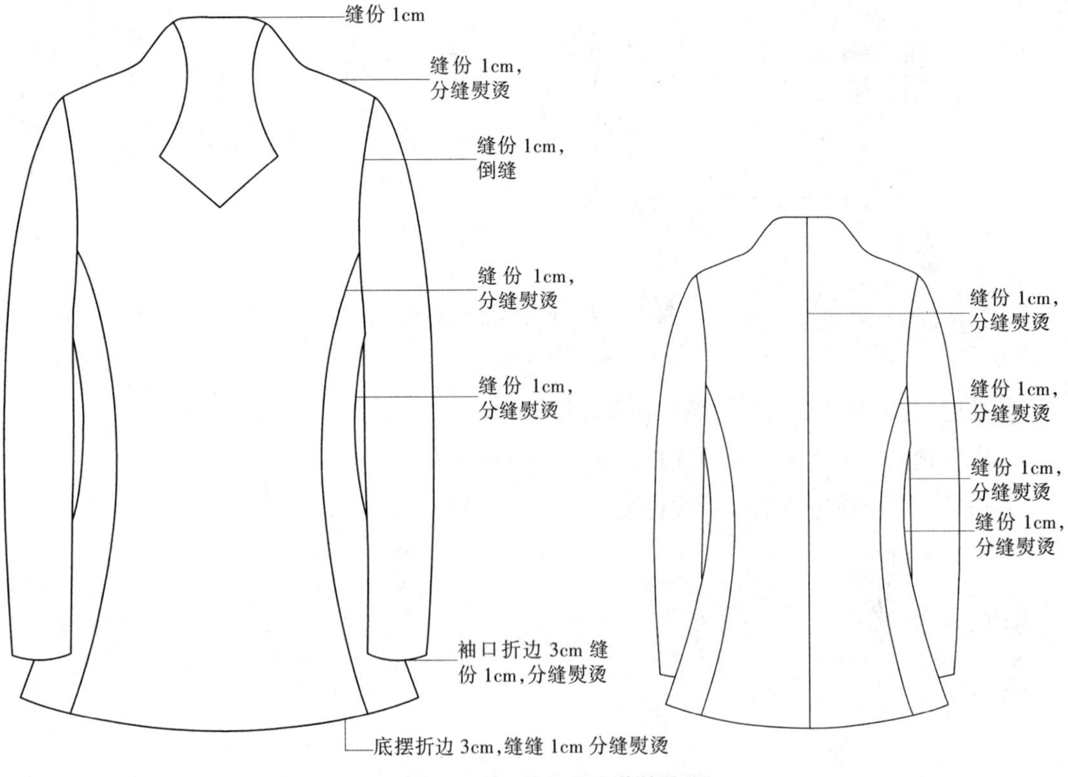

图4-48　连立领上装效果图

(二)连立领上装制板(图 4-49)

1. 前片制板

①衣长：60cm；

②袖窿深：$\frac{B}{6}+7cm$；

③腰节：37cm + 3cm = 40cm；

④胸围宽：$\frac{B}{4}$；

⑤腰围宽：$\frac{W}{4}+2.5cm$(省)；

⑥胸宽：$\frac{B}{6}+0.5cm$；

⑦领宽：$\frac{N}{5}-0.5cm+1cm$(撇胸)；

⑧落肩：5cm；

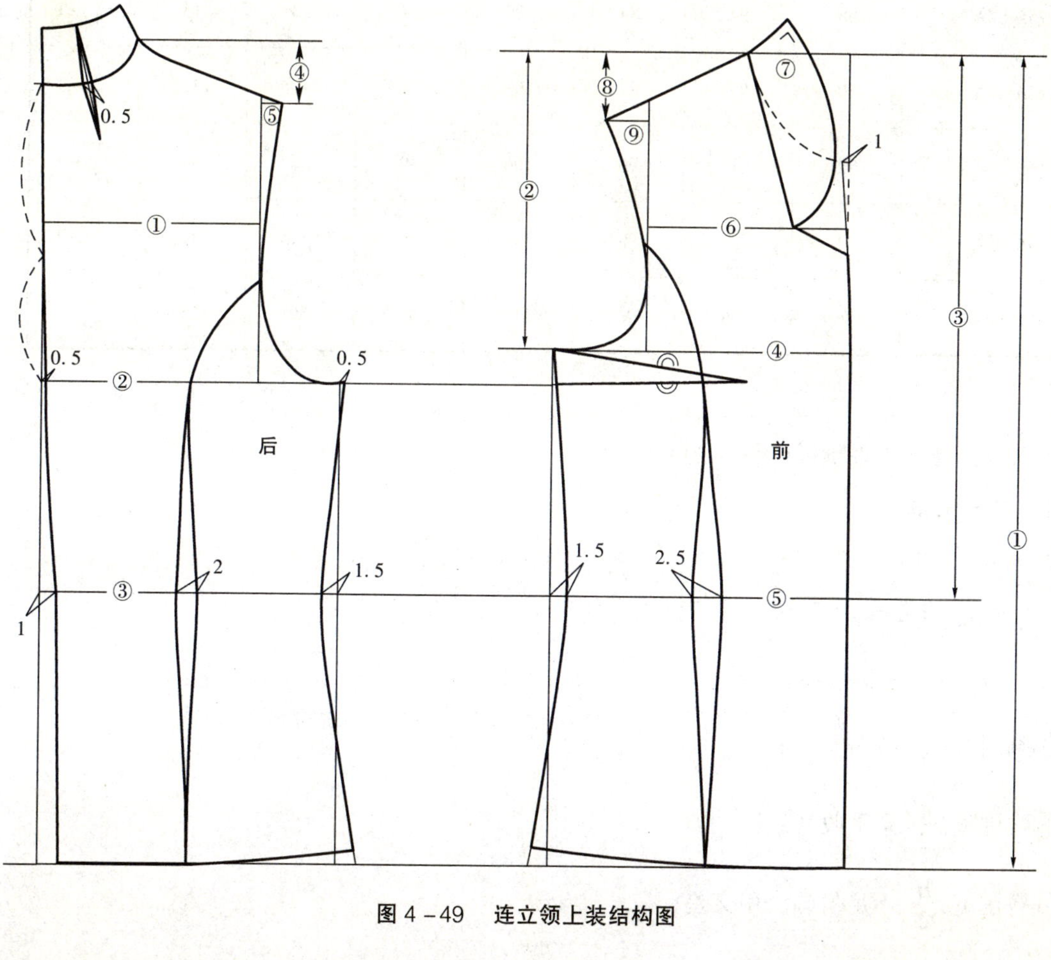

图 4-49　连立领上装结构图

⑨冲肩：3~3.5cm。

2. 后片制板

①背宽：前胸宽+1cm；

②胸围宽：$\frac{B}{4}$；

③腰围宽：$\frac{W}{4}+2$cm（省）；

④落肩：4cm；

⑤冲肩：2cm。

九、三开身女西服制板

（一）三开身女西服成品规格表及款式效果图（图4-50）

成品规格表　　单位：cm

号型＼规格＼部位名称	衣长	胸围	腰围	臀围	背长	袖长	袖口	袖肥
155/84A	68	94	84	100	37	53	13	$\frac{B}{5}-1$
160/87A	70	97	87	103	38	54.5	13.5	$\frac{B}{5}-1$
165/90A	72	100	90	106	39	56	14	$\frac{B}{5}-1$
170/93A	74	103	93	109	40	57.5	14.5	$\frac{B}{5}-1$
175/96A	76	106	96	112	41	59	15	$\frac{B}{5}-1$

（二）三开身女西服制板（图4-51）

1. 前片制板

①衣长：72cm；

②袖窿深：$\frac{B}{6}+7$cm；

③腰节：39cm+3cm=42cm；

④胸围宽：$\frac{B}{2}+2$cm（省）；

⑤腰围宽：$\frac{W}{2}$，余下收省；

⑥臀围宽：$\frac{H}{2}$，不足份画公用交差；

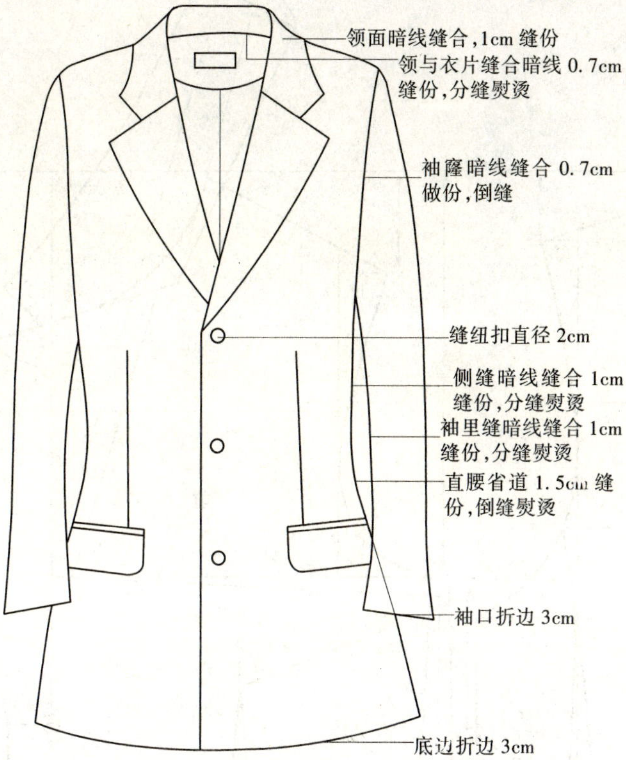

⑦胸宽:$\frac{B}{6}+0.5\text{cm}$;

⑧领宽:$\frac{\text{胸宽}}{2}+0.5\text{cm}$;

⑨落肩:5cm;

⑩冲肩:3 ~ 3.5cm;

⑪兜位:$\frac{\text{衣长}}{3}$。

2. 后片制板

①背宽:胸宽 + 1cm;

②落肩:4cm;

③冲肩:2cm。

3. 一片式西服袖

①袖长:52cm;

②袖山高:按落肩线至袖窿深线距离减 2cm;

③袖肥:分别按前、后袖窿弧线 AH 确定。

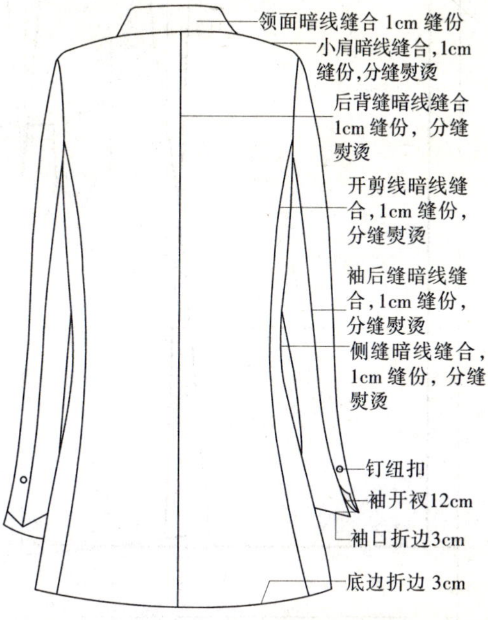

图 4-50　三开身女西服效果图

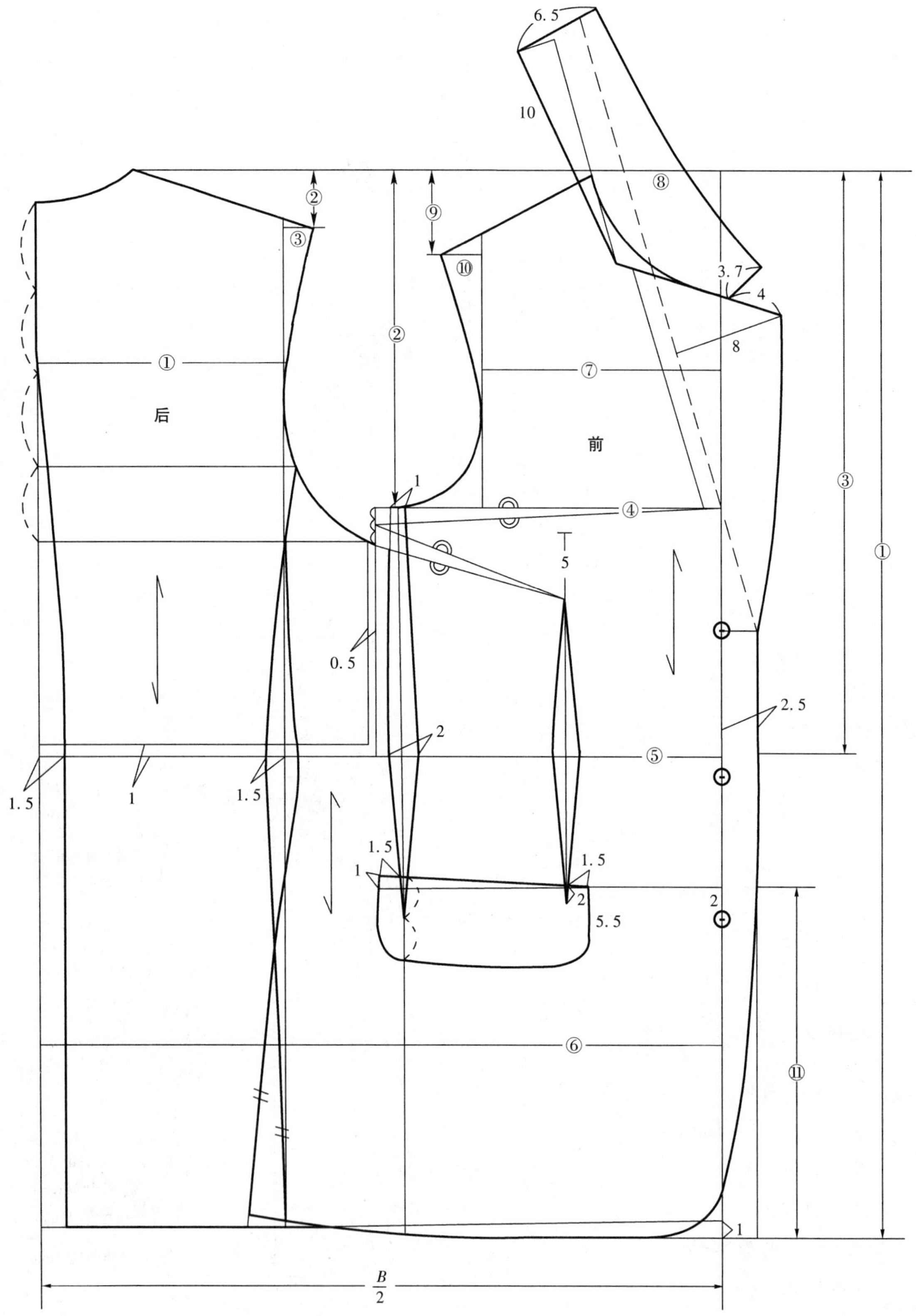
6.5
10
⑧
②
③
⑨
⑩
3.7
4
8
②
①
⑦
后
前
③
①
1
④
5
0.5
2.5
2
⑤
1.5
1
1.5
1.5
1
1.5
2
5.5
2
⑥
⑪
1
B/2

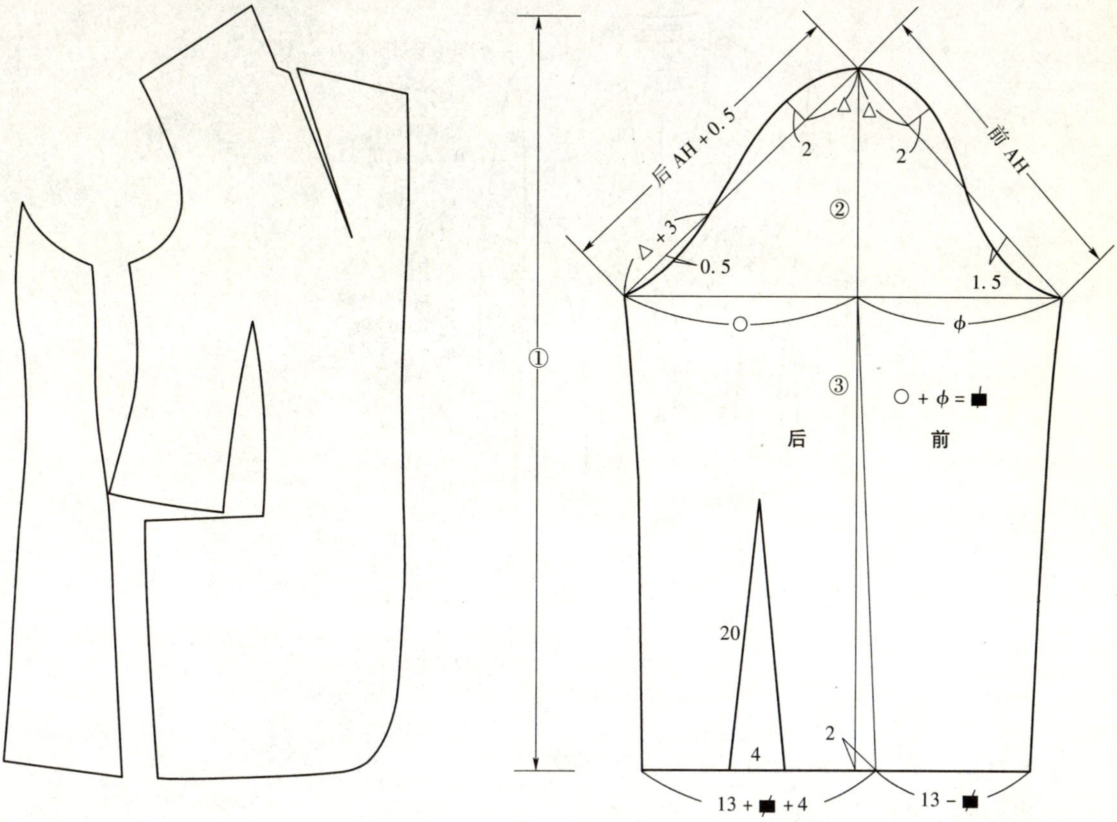

图 4－51　三开身女西服结构图

十、四开身女西服制板

(一)四开身女西服成品规格表及款式效果图(图 4－52)

成品规格表

单位:cm

部位名称 / 规格号型	衣长	胸围	腰围	臀围	背长	袖长	袖口	袖肥
155/80A	68	90	74	96	37	53	13	33
160/84A	70	94	78	100	38	54.5	13.5	34.5
165/88A	72	98	82	104	39	56	14	36
170/92A	74	102	86	108	40	57.5	14.5	37.5
175/96A	76	106	90	112	41	59	15	39
档差	2	4	4	4	1	1.5	0.5	1.5

(二)四开身女西服制板(图 4－53 ~ 图 4－56)

注意事项

- 胸围的加放松量是 10cm;
- 此表制板尺寸不含缩水率、热缩率;

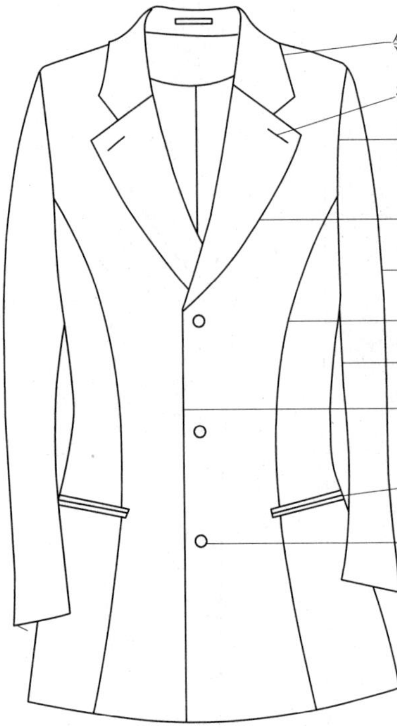

• 臀围与胸围差 4cm，内穿下装厚则差 6cm，皮革或厚毛衬则差 8cm；

• 西服不设定领围。

1. **前片制板**

①衣长：72cm；

②袖窿深：$\frac{B}{6}+7$cm；

③腰节：39cm + 3cm；

④胸围宽：$\frac{B}{4}$；

⑤腰围宽：$\frac{W}{4}+2.5$cm（省）；

⑥臀围宽：$\frac{H}{4}$；

⑦胸宽：$\frac{B}{6}+0.5$cm；

⑧领宽：$\frac{胸宽}{2}+0.5$cm；

⑨落肩：5cm；

⑩冲肩：3～3.5cm；

⑪口袋位：$\frac{衣长}{3}$。

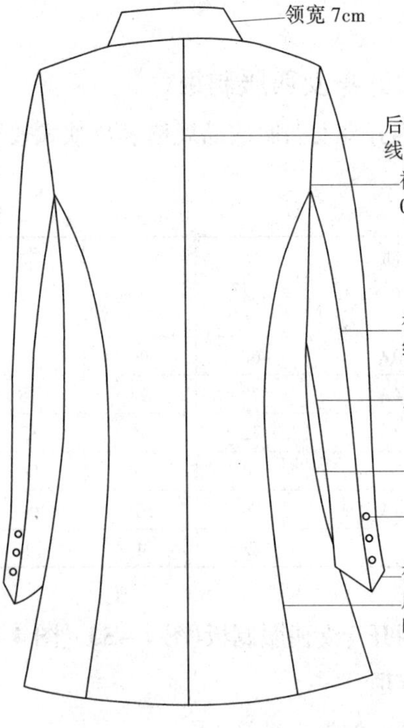

图 4-52 四开身女西服效果图

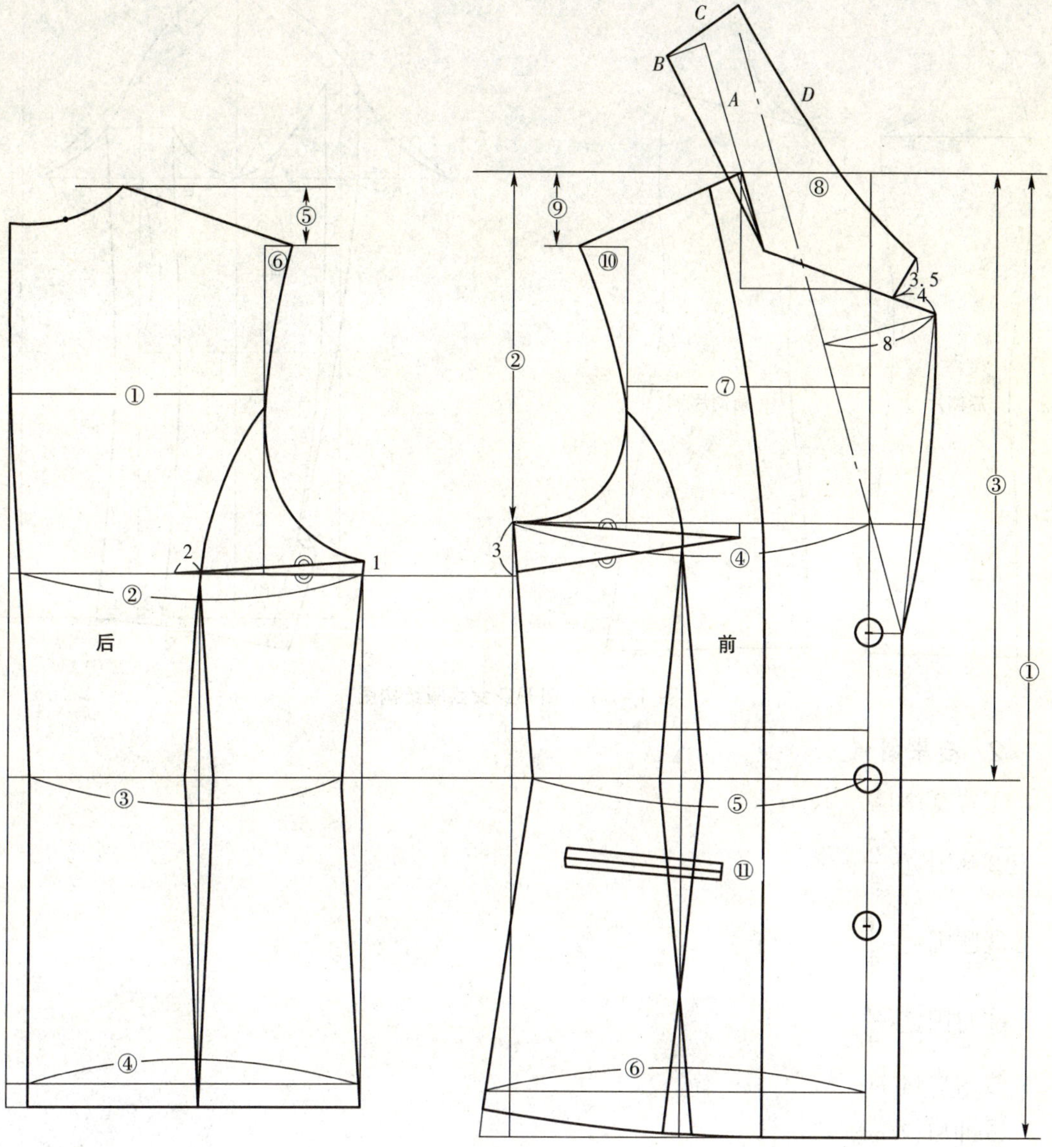

C
B
A
D
⑤
⑥
⑨
⑩
⑧
3.5
4
8
①
②
③
④
⑤
⑥
⑦
⑪
2
1
3
后
前

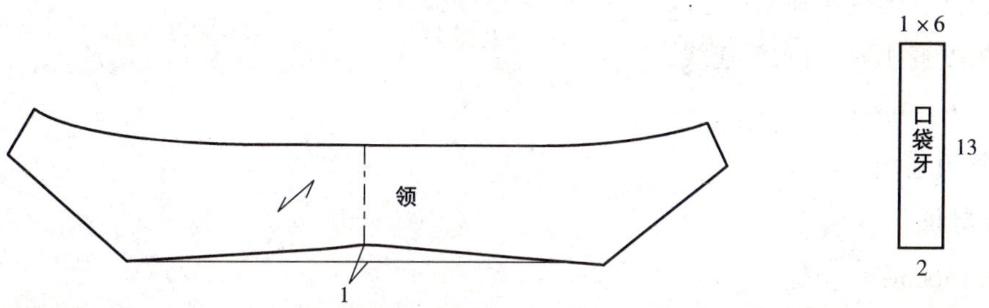

领
1
1 × 6
口袋牙
13
2

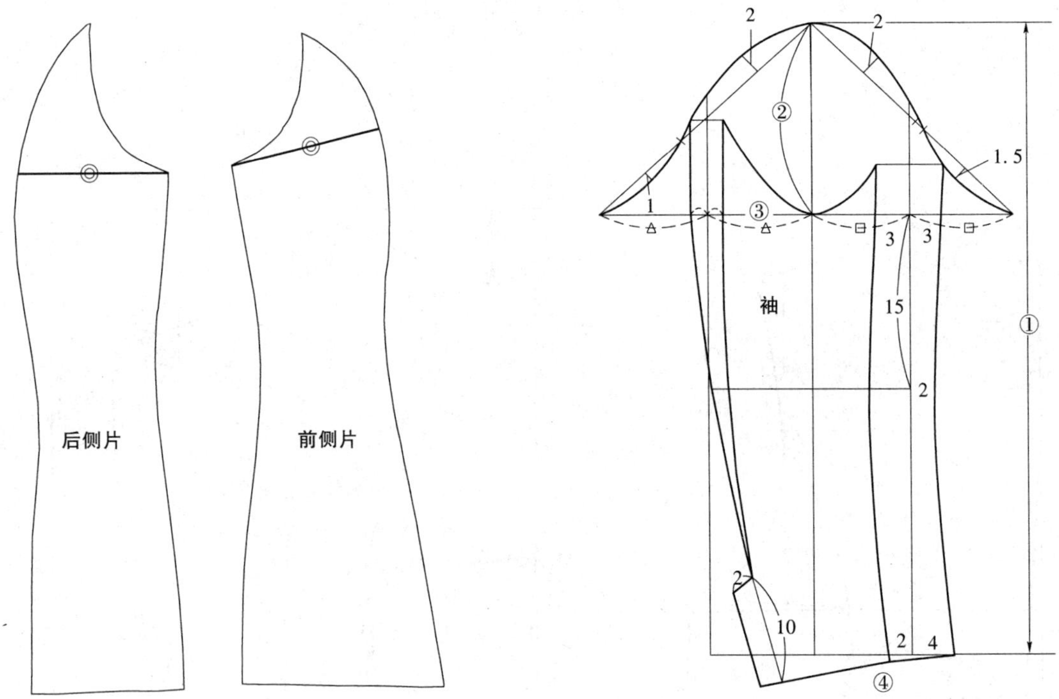

图 4 –53　四开身女西服结构图

2. **后片制板**

①背宽：胸宽 + 1cm；

②胸围宽：$\frac{B}{4}$；

③腰围宽：$\frac{W}{4}$ + 2cm(省)；

④臀围宽：$\frac{H}{4}$；

⑤落肩：4cm；

⑥冲肩：2cm。

3. **领制板**

A：由领宽点画线与翻领折叠线平行长度为后领弧线；

B：领松度变 1cm，与领深连线；

C：领宽 6～7cm；

D：与领角连线。

4. **袖制板**

①袖长：56cm；

②袖山高：由落肩线至袖窿深线减 2cm；

③袖肥：分别按前、后袖窿弧线 AH 确定；

④袖口宽：14cm。

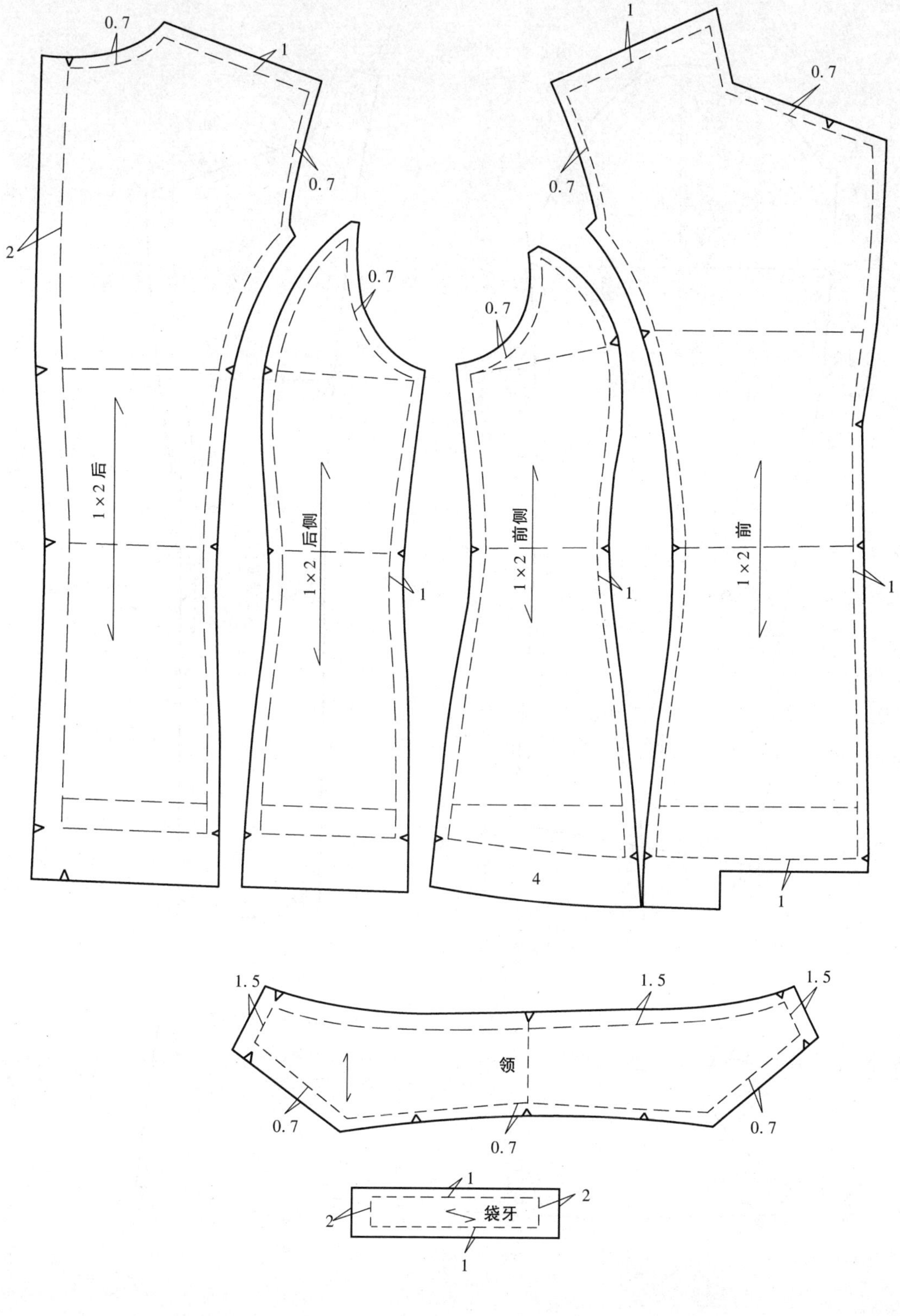
0.7
1
0.7
2
1×2后
0.7
0.7
1×2 后侧
1
1
0.7
0.7
0.7
1×2 前侧
1
1×2 前
1
4
1
1.5
1.5
1.5
领
0.7
0.7
0.7
1
2
2
袋牙
1

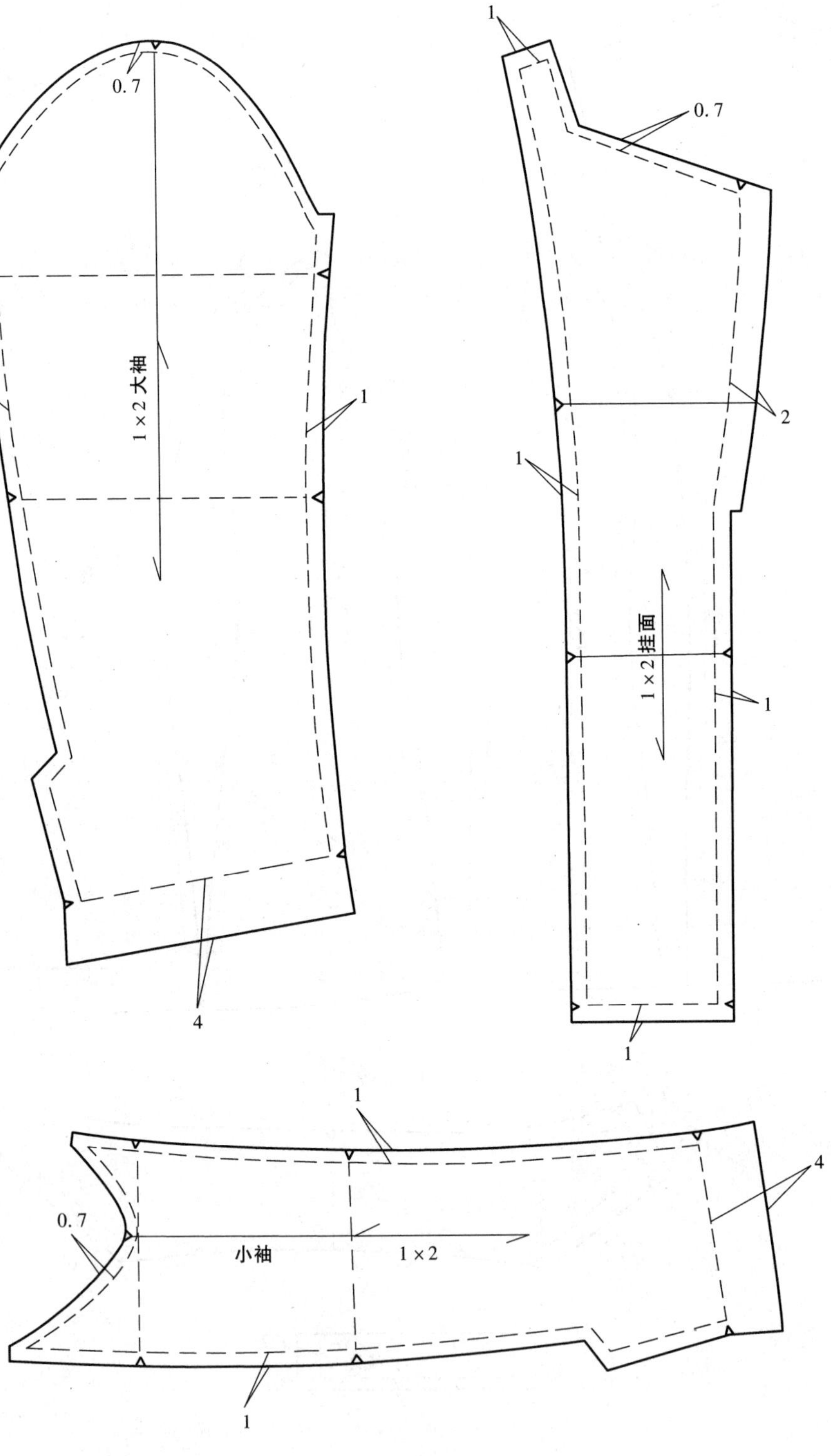

图 4－54　放缝份示意图

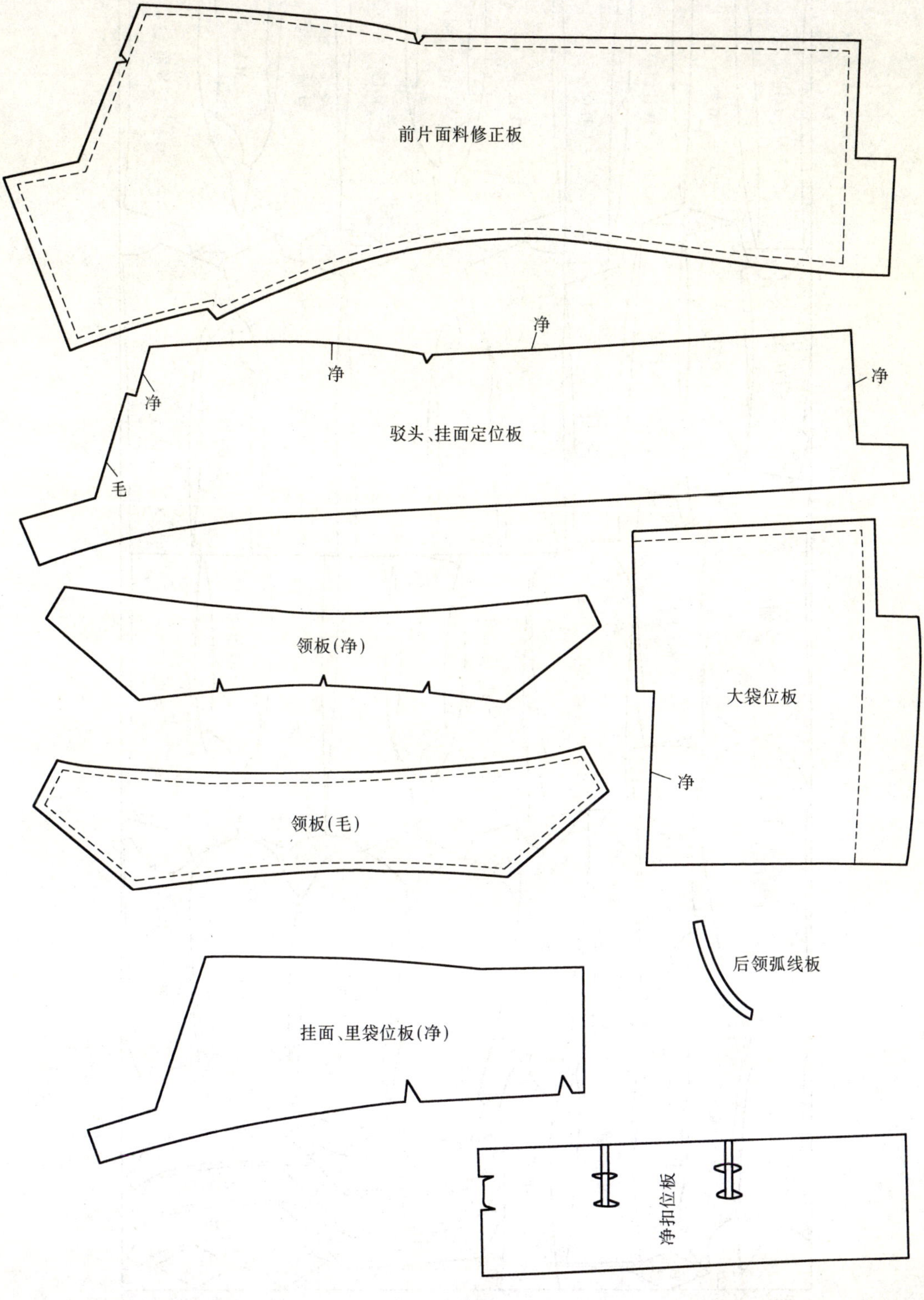

图 4-55 工艺样板示意图

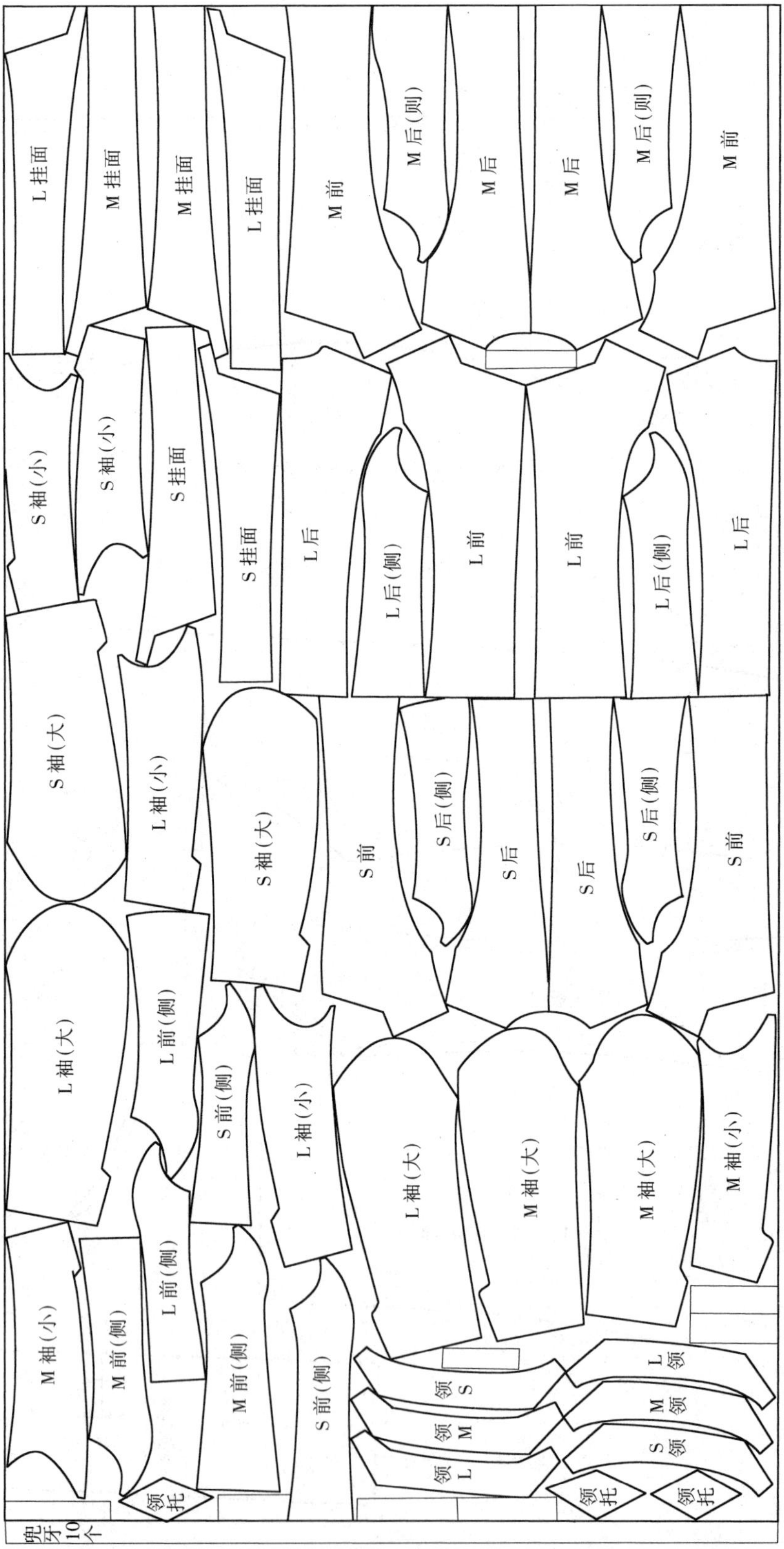

图4－56 工业排料示意图

第三节　典型休闲服结构原理与制板

一、休闲夹克制板

(一)休闲夹克成品规格表及款式效果图(图 4－57)

成品规格表

单位:cm

规格/部位名称/号型	衣长	胸围	腰围	臀围	领围	袖长	袖口
155/80A	58	90	76	94	42	54	12
160/84A	60	94	80	98	43	55.5	12.5
165/88A	62	98	84	102	44	57	13
170/92A	64	102	78	106	45	58.5	13.5
175/96A	66	106	82	110	46	60	14

(二)休闲夹克制板(图 4－58)

1. **前片制板**　采用宽松原型板。

①基础线:画出平行基础线;

②衣长:由①线向上画衣长长度;

③袖窿深:$\frac{B}{6}+8\text{cm}$;

④腰节:36cm + 2. 5cm(下落量);

⑤胸围宽:$\frac{B}{4}$;

⑥腰围宽:$\frac{W}{4}$;

⑦摆围:$\frac{摆围}{4}$;

⑧胸宽:$\frac{B}{6}+1.5\text{cm}$;

⑨落肩:5cm;

⑩冲肩:2. 5cm;

⑪领深:$\frac{N}{5}+0.5\text{cm}$;

⑫领宽:$\frac{N}{5}$;

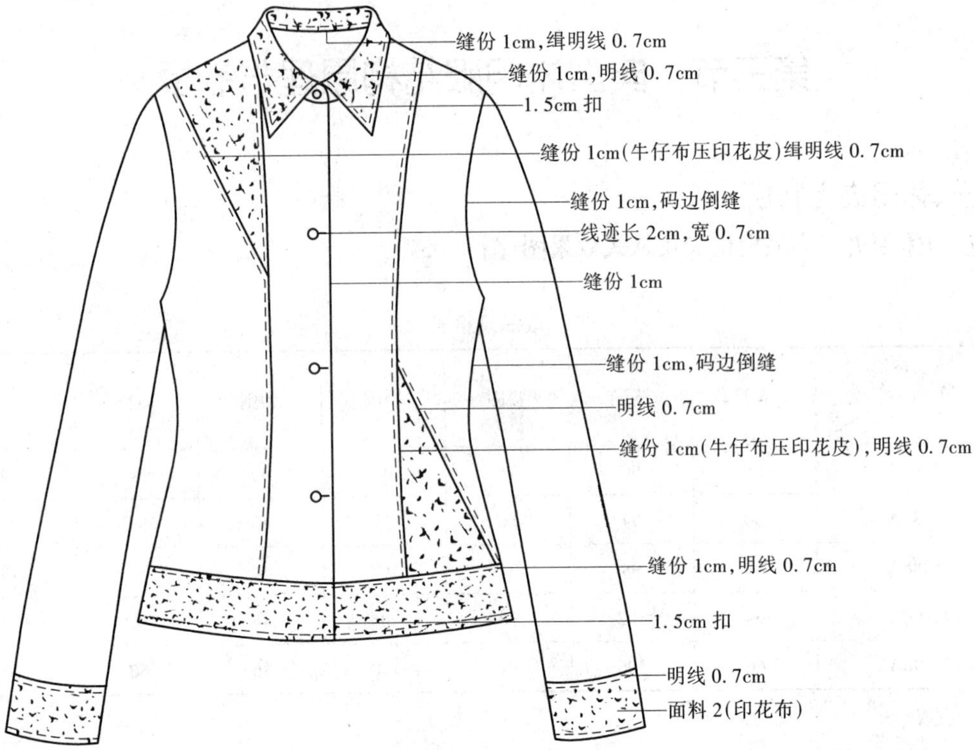

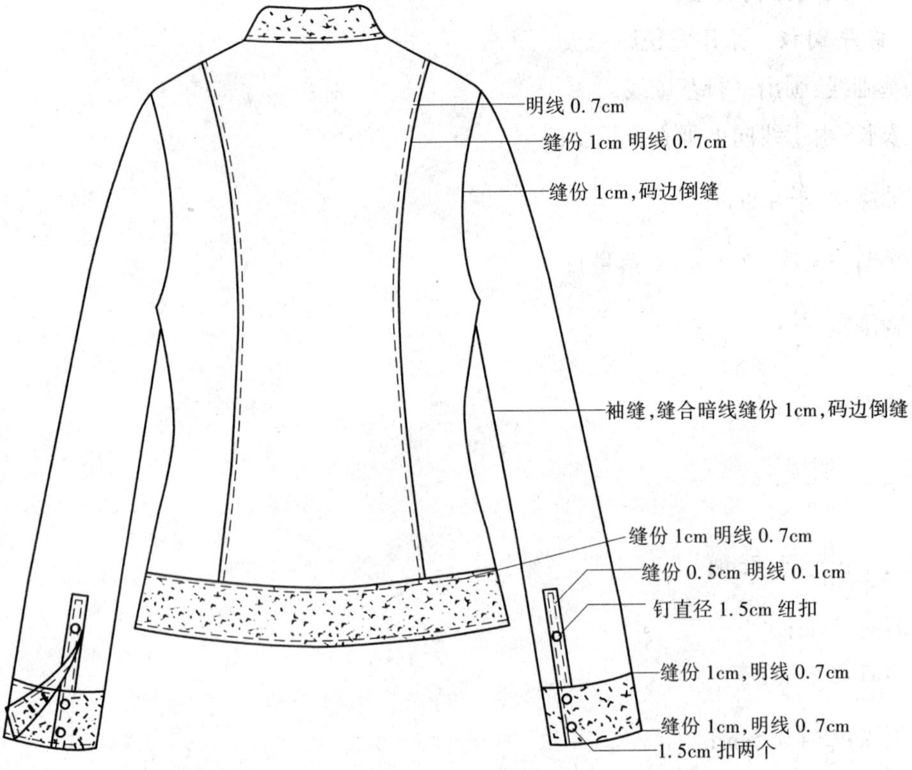

图 4-57 休闲夹克效果图

⑬撇胸：1cm。

2. 后片制板

①腰节：同前腰节；

②袖窿深：低于前袖窿深 2. 5cm(腋下省量)；

③落肩：4cm；

④背宽：胸宽 + 1cm；

⑤冲肩：2. 5cm；

⑥领深：2. 5cm；

⑦小肩：前小肩 + 0. 5cm(吃份)；

⑧胸围宽：$\frac{B}{4}$；

⑨腰围宽：$\frac{W}{4}+2\text{cm}$；

⑩摆围：$\frac{1}{4}$ 摆围。

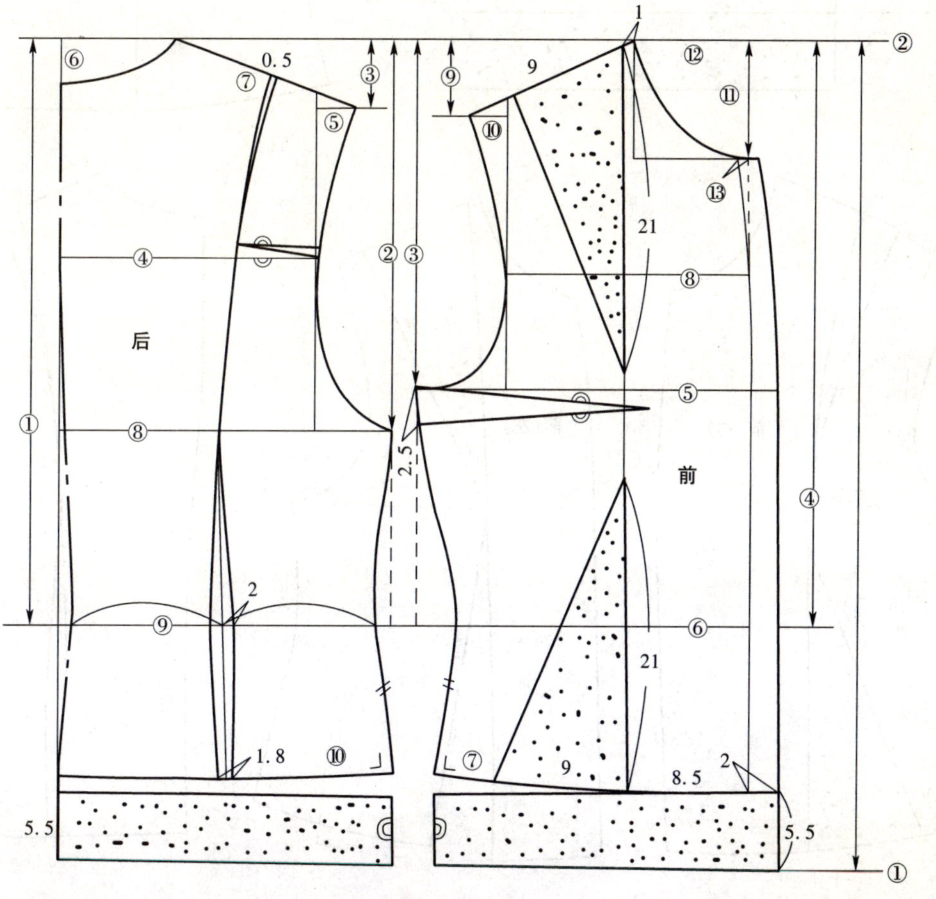

图 4 –58

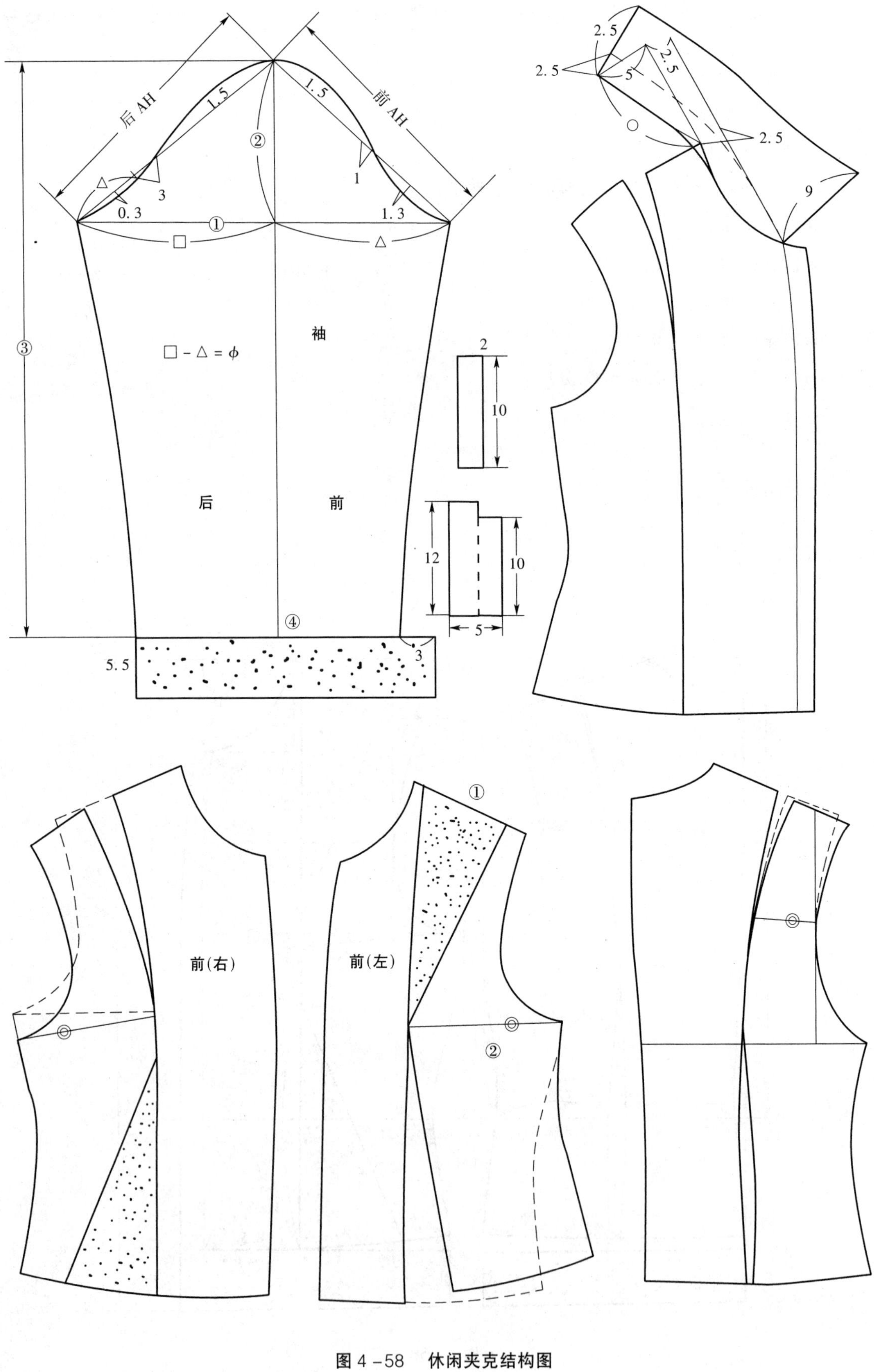

图 4 -58　休闲夹克结构图

3. **袖制板**

①袖肥线：画线段长$(\frac{B}{5}-1cm)\times2$；

②袖山高：实量袖窿前、后 AH。分别由前 AH、后 AH 线段斜交于袖肥线两端，斜线交点为袖山高点；

③袖长：由袖山高点垂直下量袖长 51cm（不包括袖头）；

④袖口：（前）袖口尺寸减$\frac{\phi}{2}$，（后）袖口尺寸加$\frac{\phi}{2}$。

4. **左前身纸样处理**

①有别布拼接的款式：在结构处理中尽量避免把省量转入靠近领部的拼接开剪线中，使此处拼接开剪接缝与纱向保持直线，避免增加不必要的工艺难度，提高质量与效率；

②剪开对应腋下省边的直腰省，折叠腋下省量 2.5cm，直腰省位展开省量。

5. **右前身纸样处理**

剪开对应腋下省边的肩部开剪线，折叠腋下省量 2.5cm。肩部开剪线展开肩省量。

6. **后片纸样处理**

拼合袖窿省（0.5cm），省量转移至肩省中。

二、休闲便装制板

（一）休闲便装成品规格表及款式效果图（图 4-59）

成品规格表

单位：cm

规格 号型 \ 部位名称	衣长	胸围	腰围	臀围	领围	袖长	袖口
155/80A	62	96	82	100	40	56	13
160/84A	64	100	86	104	41	57.5	13.5
165/88A	66	104	90	108	42	59	14
170/92A	68	108	94	112	43	60.5	14.5
175/96A	70	112	98	116	44	62	15

（二）休闲便装制板（图 4-60）

1. **前片制板**　采用宽松原型制板。

①衣长：66cm；

②落肩：5cm；

③领深：$\frac{N}{5}+0.5cm$；

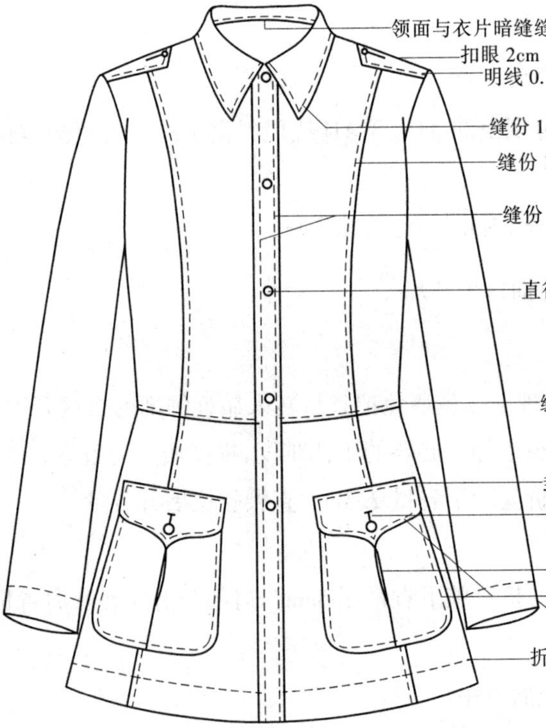

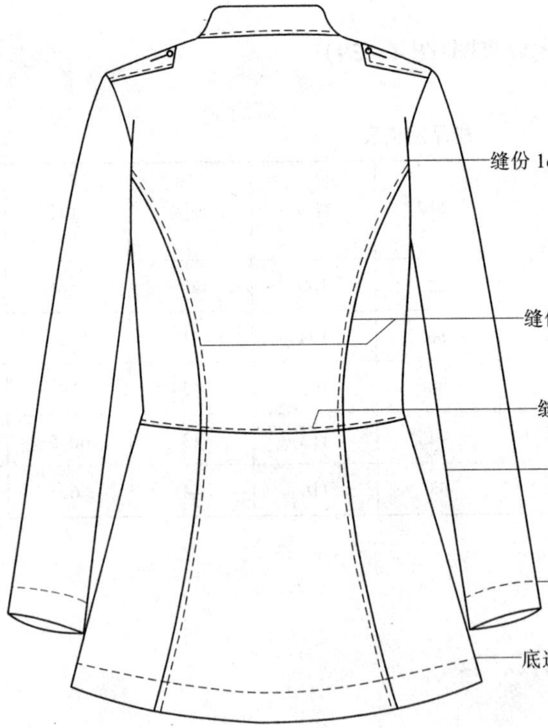

图 4-59　休闲便装效果图

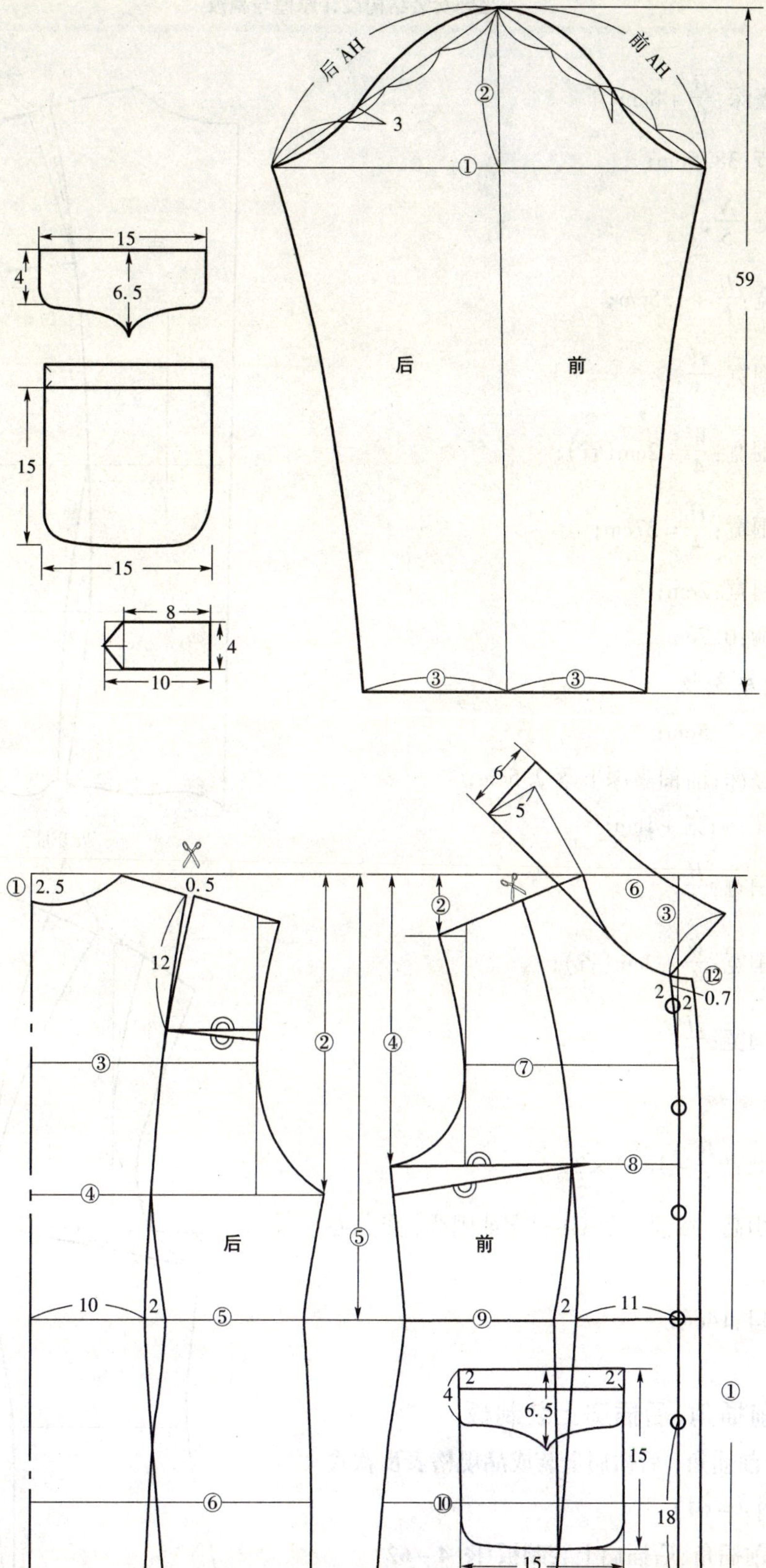

图 4－60

④袖窿深：$\frac{B}{6}+8cm$；

⑤腰节：38.5cm；

⑥领宽：$\frac{N}{5}$；

⑦胸宽：$\frac{B}{6}+1.5cm$；

⑧胸围宽：$\frac{B}{4}$；

⑨腰围宽：$\frac{W}{4}+2cm$(省)；

⑩臀围宽：$\frac{H}{4}=27cm$；

⑪搭门宽：2cm；

⑫撇胸：0.7cm。

2. **后片制板**

①领深：2.5cm；

②袖窿深：前袖窿深下落 2.5cm；

③背宽：胸宽 +1cm；

④胸围宽：$\frac{B}{4}$；

⑤腰围宽：$\frac{W}{4}+2cm$(省)；

⑥臀围宽：$\frac{H}{4}$。

3. **袖制板**

①袖肥：$(\frac{B}{5}-1cm)\times 2$；

②袖山高：按前、后 AH 斜交袖肥线，交点为袖山高点；

③袖口：14cm。

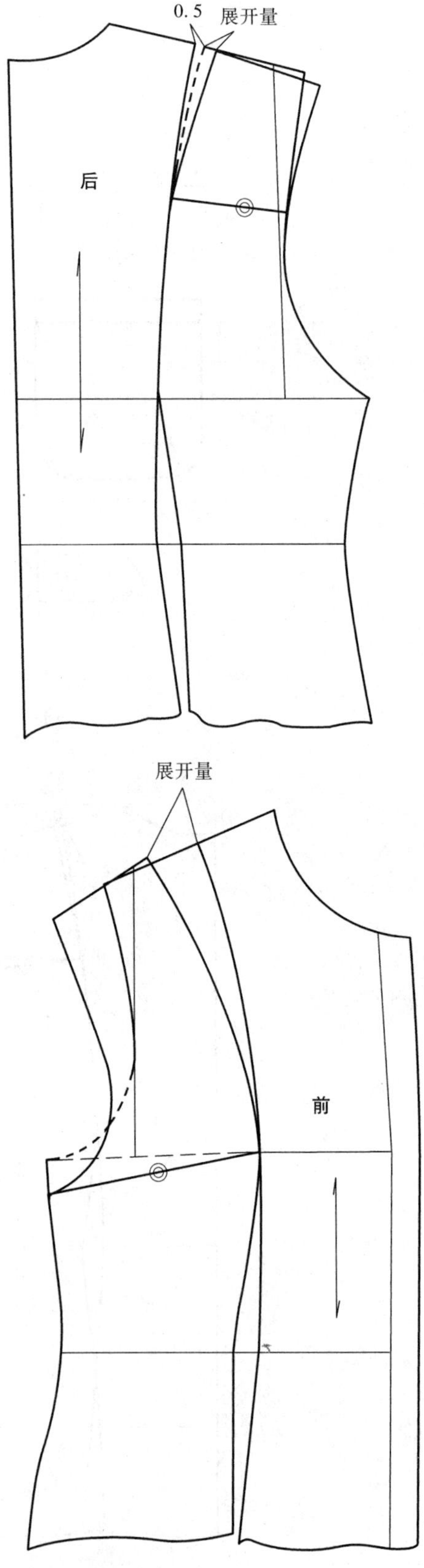

图 4-60　休闲便装结构图

三、前插角、后插肩上装制板

(一) 前插角、后插肩上装成品规格表及款式效果图(图 4-61)

(二)前插角、后插肩上装制板(图 4-62)

1. **前片制板**　采用宽松原型板虚线描板。

①衣长：60cm。

成品规格表　　单位:cm

部位名称 规格 号型	衣长	胸围	腰围	臀围	摆度	领围	袖长	袖口
155/80A	58	92	84	96	100	42	54	13
160/84A	60	96	88	100	104	43	55.5	13.5
165/88A	62	100	92	104	108	44	57	14
170/92A	64	104	96	108	112	45	58.5	14.5
175/96A	66	108	100	112	116	46	60	15

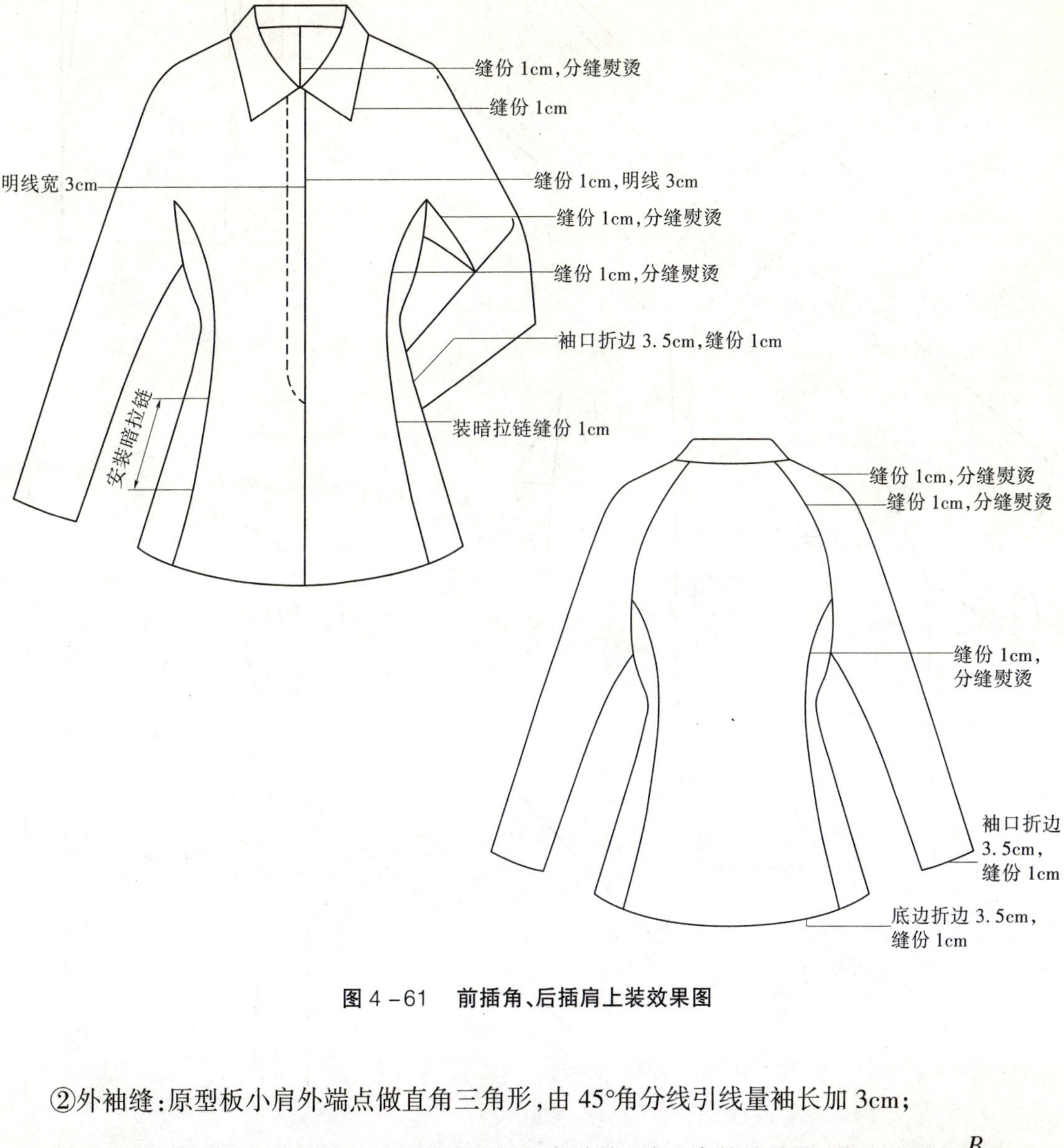

图 4-61　前插角、后插肩上装效果图

②外袖缝:原型板小肩外端点做直角三角形,由 45°角分线引线量袖长加 3cm;

③袖肥:由袖窿深与胸宽线交点的直角引 45°角分线,并垂直外袖缝线,截取线段长$\frac{B}{5}-1$cm

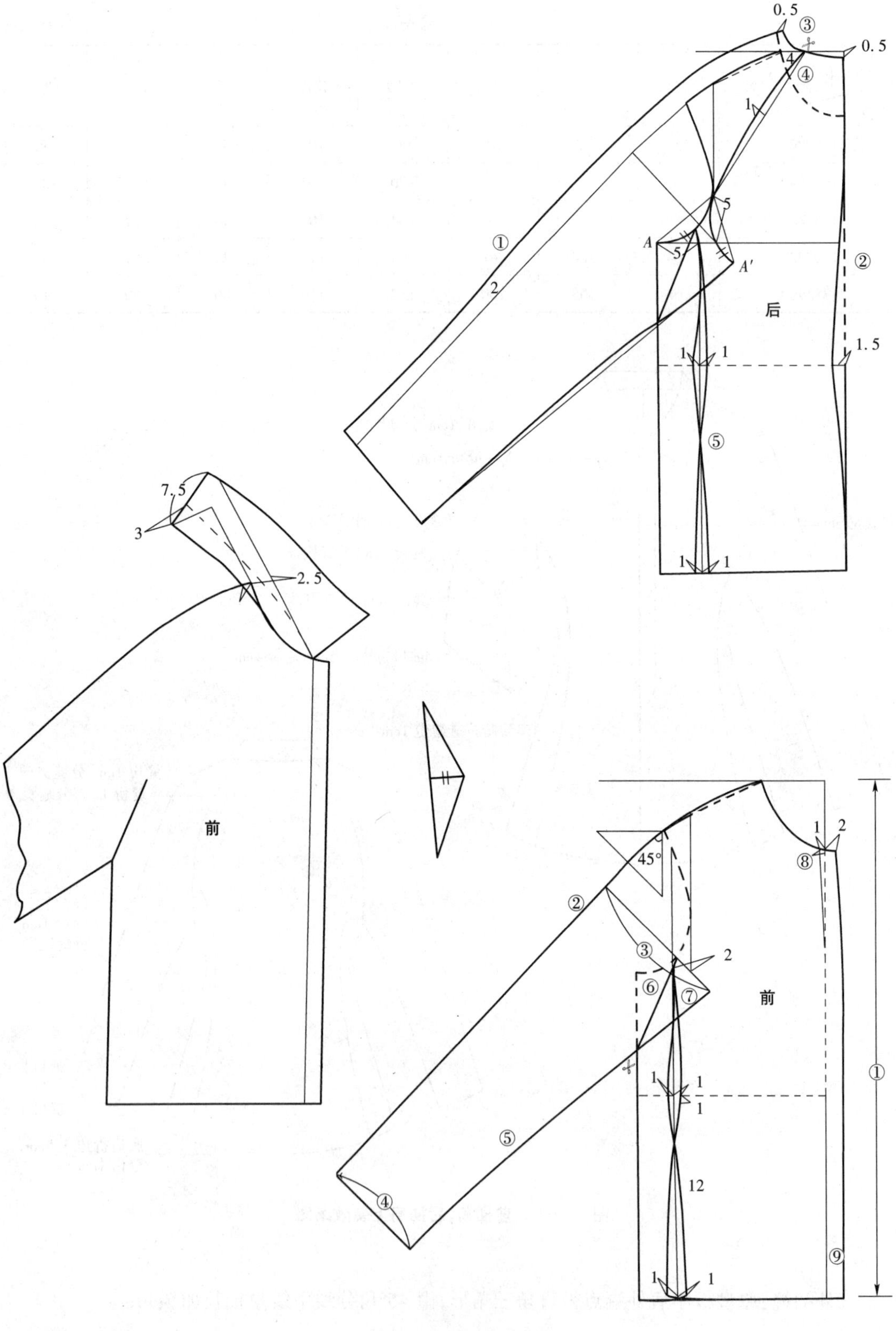

图 4 –62　前插角、后插肩上装结构图

为袖肥；

④袖口：13.5cm；

⑤里袖缝：由袖口点至袖肥点连线，向内弧保持袖口垂直；

⑥插角开剪位置：里袖缝与胸围线交点向胸宽线外量 2cm 连线为开剪线（由胸宽线向外找 2cm，因为开剪接缝可以藏于腋下，以免露出）；

⑦衣片开剪位置：由插角开剪端点，平行于胸宽线，画至底边。腰节收省总量 2cm，摆度总量 2cm；

⑧撇胸：1cm；

⑨搭门宽：2cm；

2. **后片制板** 后衣片制图在前衣片基础上进行。

①后片外袖缝：由前袖缝平行高出 2cm；

②背缝线：腰节收腰 1.5cm；

③领宽：由前领宽上 0.5cm；

④插角开剪位置：由领弧线上靠近颈肩点 4cm，同胸宽与袖窿深交点向上 5cm 点连线，弧起 1cm，A 与 A' 配直线相等且弧相等，A' 线交于袖肥线上；

⑤衣片开剪位置：由胸围线外端点进 5cm 点垂直向下划至底边，收腰省量 2cm，底摆量 2cm。

四、休闲服制板

（一）休闲服成品规格表及款式效果图（图 4 - 63）

成品规格表　　单位：cm

号型 \ 规格 \ 部位名称	衣长	胸围	腰围	臀围	袖长	袖口	领围
155/80A	68	88	74	92	54	12.5	39
160/84A	70	92	78	96	55.5	13	40
165/88A	72	96	82	100	57	13.5	41
170/92A	74	100	86	104	58.5	14	42
175/96A	76	104	90	108	60	14.5	43

（二）休闲服制板（图 4 - 64）

1. **前片制板**

①衣长：70cm；

②落肩：5cm；

③袖窿深：$\frac{B}{6}+7$cm；

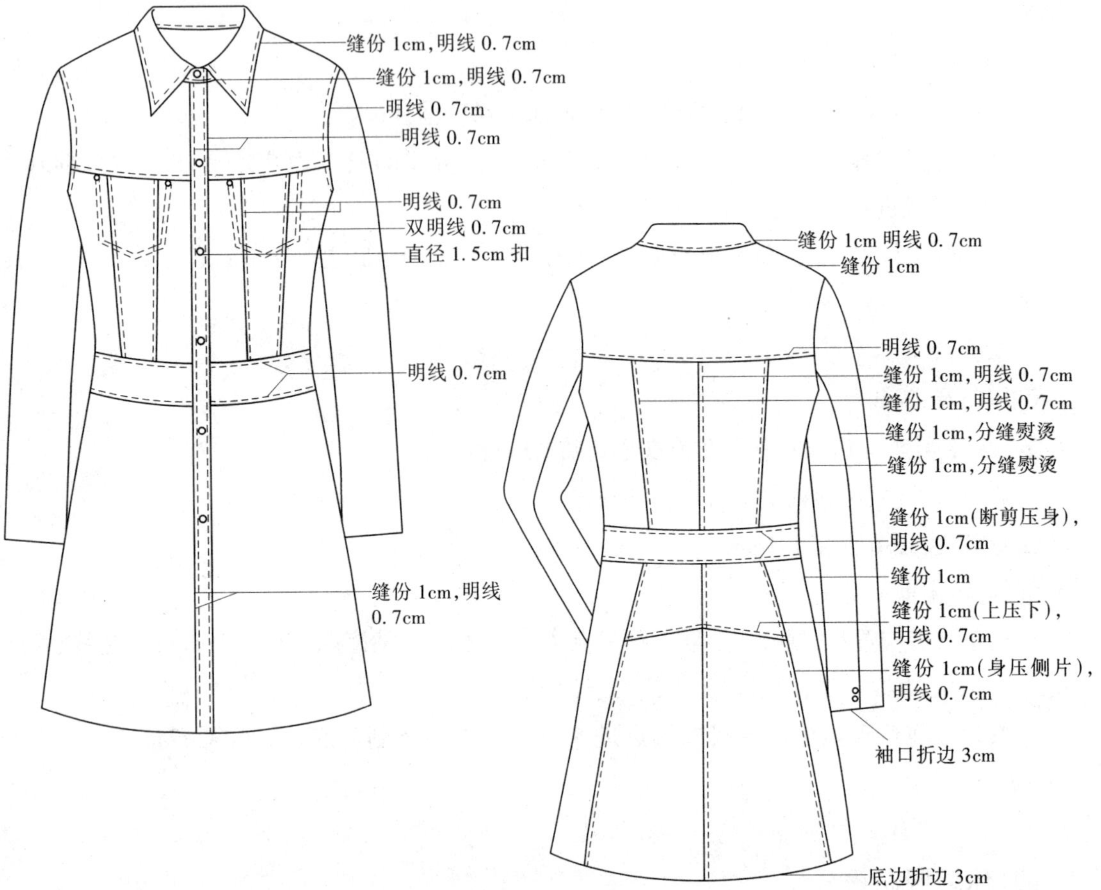

图 4-63　休闲服效果图

④腰节:36cm + 2.5cm;

⑤臀围线:腰节下 20cm;

⑥领宽:$\frac{N}{5}$;

⑦领深:$\frac{N}{5}+0.5$cm;

⑧胸宽:$\frac{B}{6}+0.5$cm;

⑨冲肩:3.5cm;

⑩胸围宽:$\frac{B}{4}$;

⑪腰围宽:$\frac{W}{4}+2.5$cm;

⑫臀围宽:$\frac{H}{4}$;

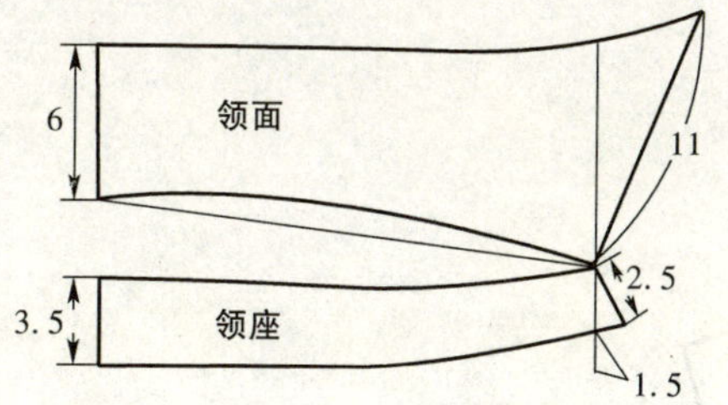

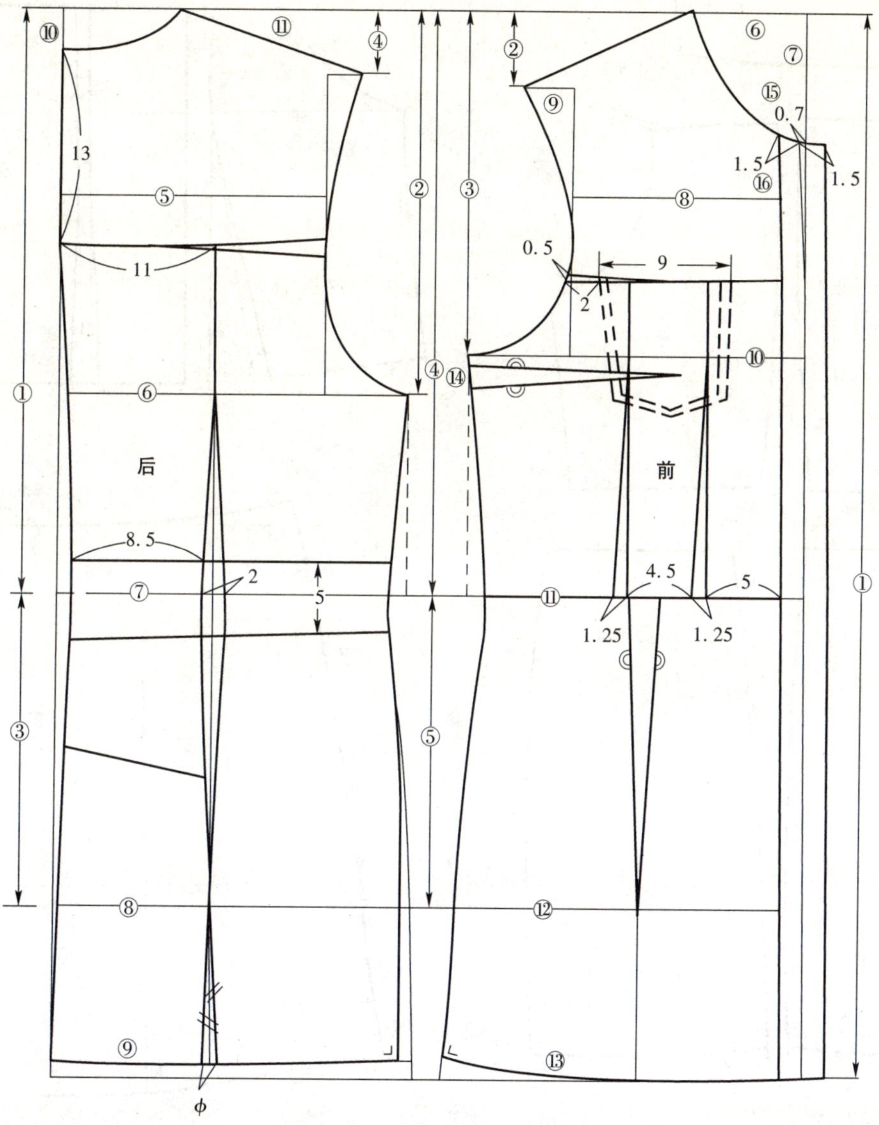

图 4 -64

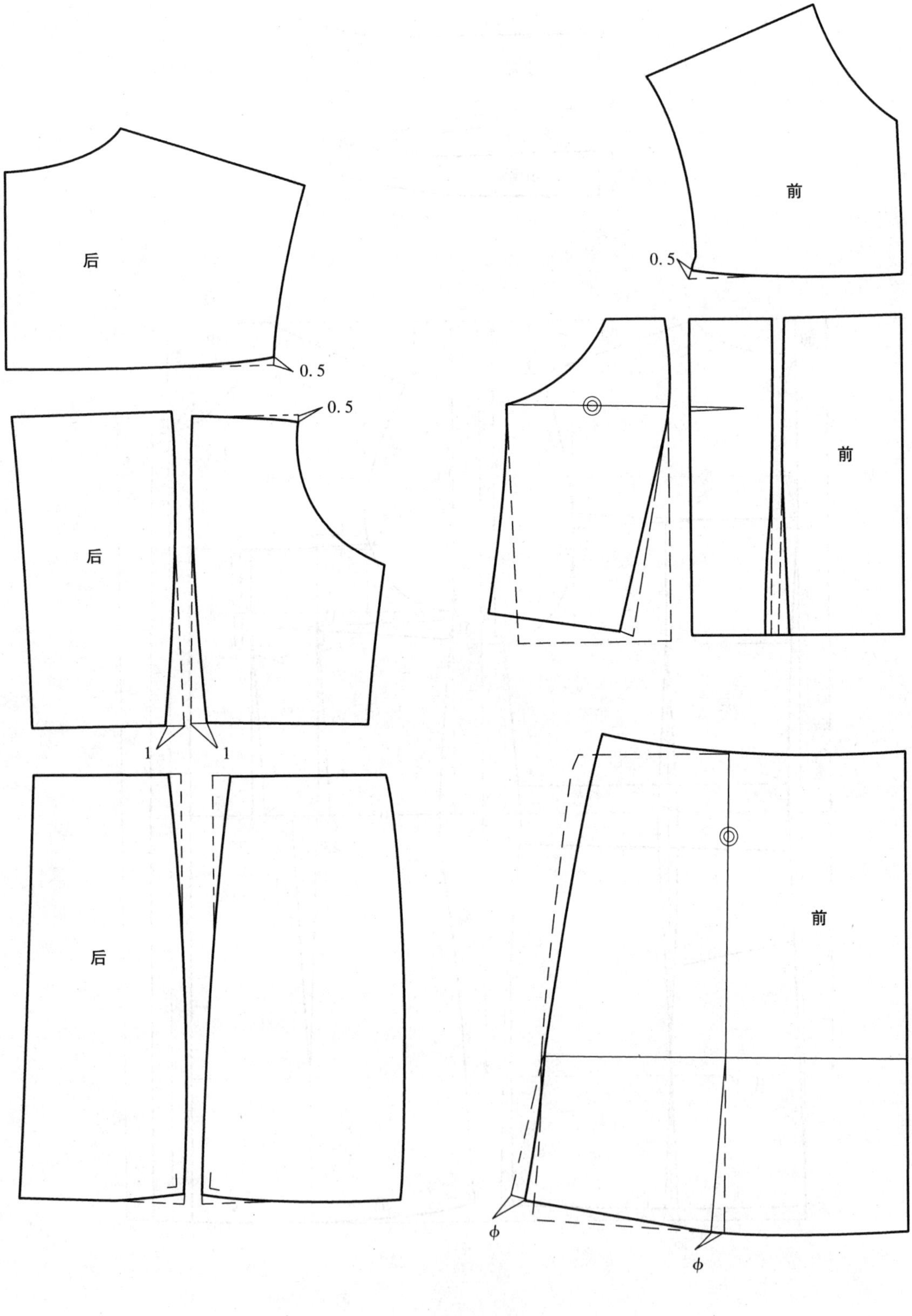

图 4-64

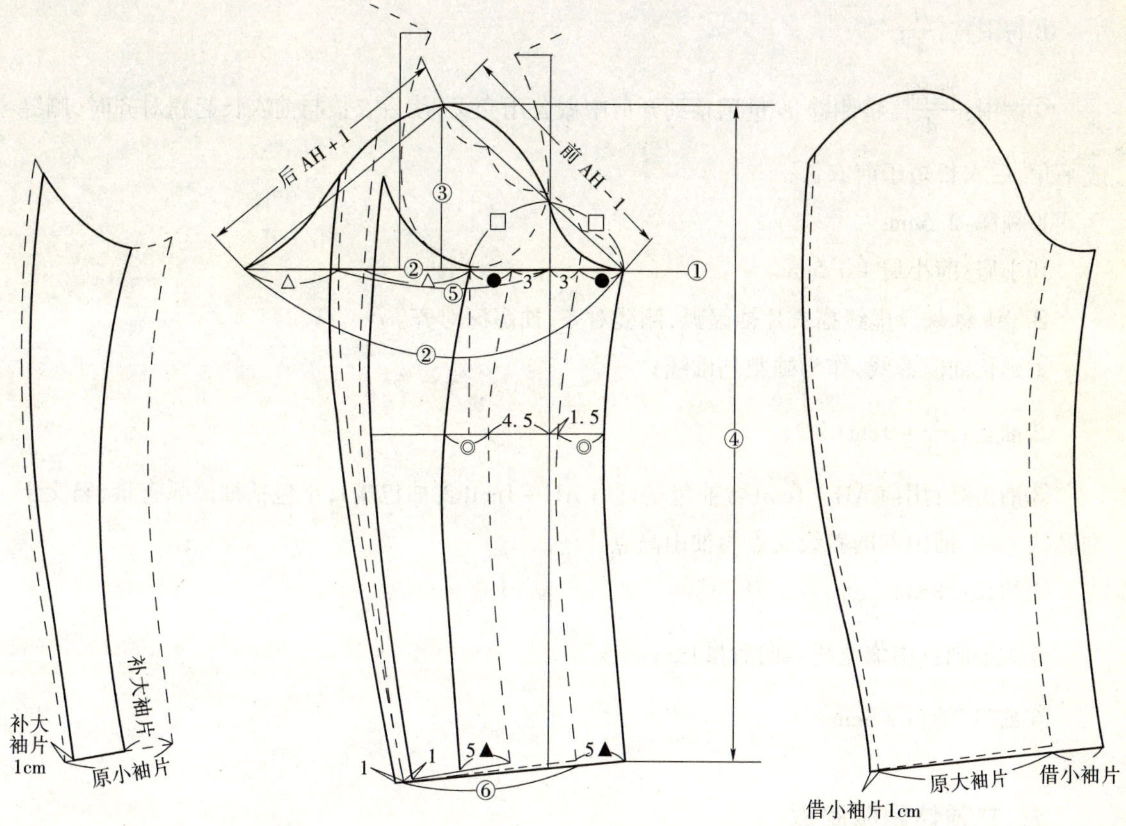

图 4 -64　休闲服结构图

⑬摆围：$\frac{摆围}{4}$；

⑭腋下省：省量 2. 5cm，省尖至 BP 点纸样拼合；

⑮撇胸：0. 7 ~ 1cm；

⑯搭门宽：3cm。

2. **后片制板**

①腰节：与前腰节齐；

②袖窿深：低于前袖窿深 2. 5cm；

③臀围线：腰节下 20cm；

④落肩：4cm；

⑤背宽：胸宽 + 1cm；

⑥胸围宽：$\frac{B}{4}$；

⑦腰围宽：$\frac{W}{4}$ + 2cm；

⑧臀围宽：$\frac{H}{4}$；

⑨摆围：$\frac{摆围}{4}$。将侧缝 ϕ 量调整到开剪中做公用交叉，使后衣长与前衣长起翘对齐时，侧缝成平角，后衣长短于前衣长；

⑩领深：2. 5cm；

⑪小肩：前小肩 + 0. 5cm。

3. **袖制板** 虚线描衣片袖窿弧，侧缝对齐，袖窿深对齐。

①延长袖窿深线，作为袖肥基础线；

②袖肥：$(\frac{B}{5} - 1cm) \times 2$；

③袖山高：用前 AH - 1cm（含袖包量）；后 AH + 1cm（含袖包量），不包括袖窿弧省量，斜交于袖肥线两端，袖山部的斜线交点为袖山高点；

④袖长：58cm；

⑤大袖肥：（由胸宽线点向后量）$\frac{B}{5}$；

⑥袖口：袖口 + 3cm。

五、立领休闲服制板

（一）立领休闲服成品规格表及款式效果图（图 4 - 65）

成品规格表

单位：cm

号型 \ 规格 \ 部位名称	衣长	胸围	腰围	臀围	领围	袖长	袖口
155/80A	52	92	76	96	39	54	12
160/84A	54	96	80	100	40	55.5	12.5
165/88A	56	100	84	104	41	57	13
170/92A	58	104	88	108	42	58.5	13.5
175/96A	60	108	92	112	43	60	14

（二）立领休闲服制板（图 4 - 66）

1. **前片制板**

①衣长：52cm；

②落肩：5cm；

③袖窿深：$\frac{B}{6}$ + 8cm（胸围大 + 8cm，胸围小 + 7cm）；

④腰节：36cm + 2. 5cm = 38. 5cm；

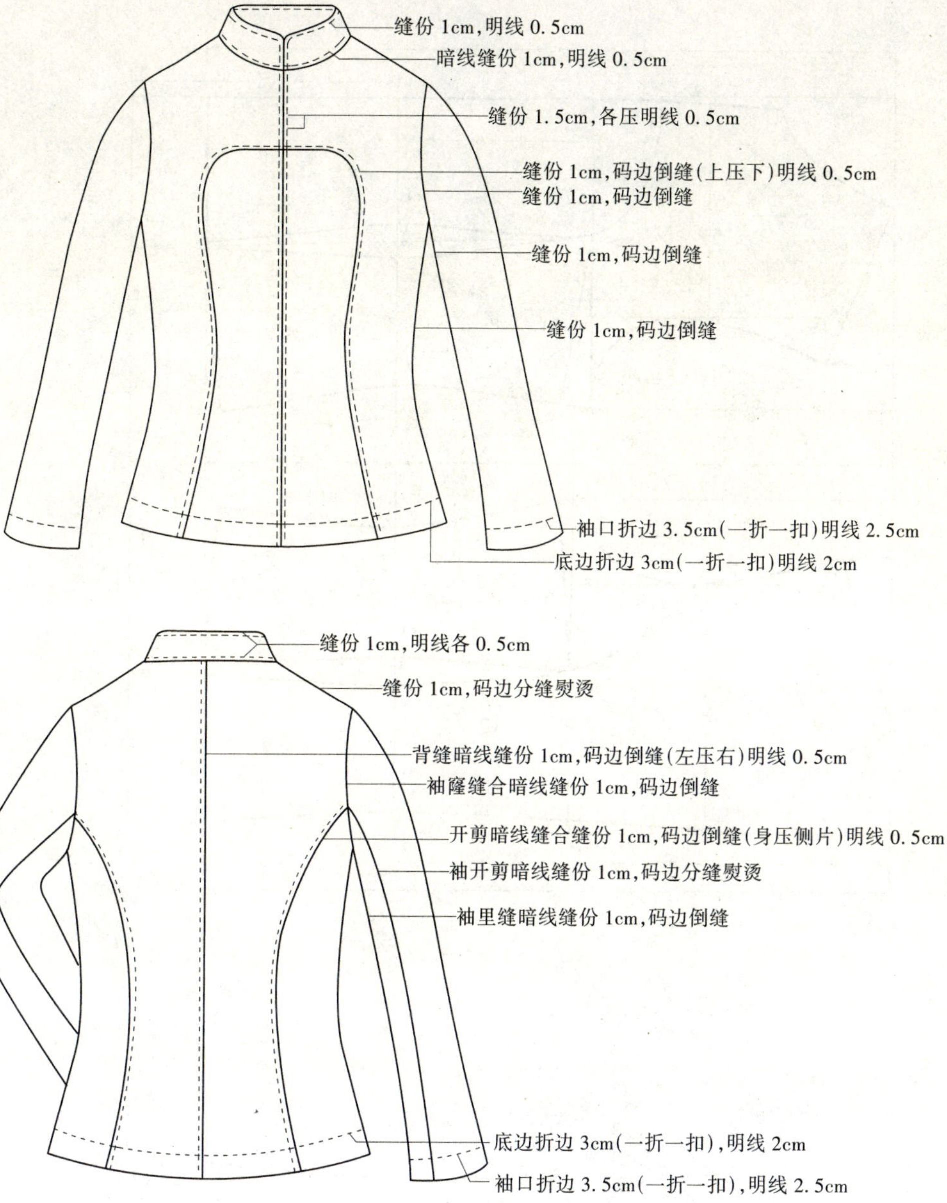

图 4－65　立领休闲服效果图

⑤臀围线：腰节下 20cm；

⑥领深：$\frac{N}{5}+0.5$cm；

⑦领宽：$\frac{N}{5}$（如果无撇胸款式按$\frac{N}{5}-0.5$cm）；

⑧胸宽：$\frac{B}{6}+0.5$cm；

⑨冲肩：3.5cm；

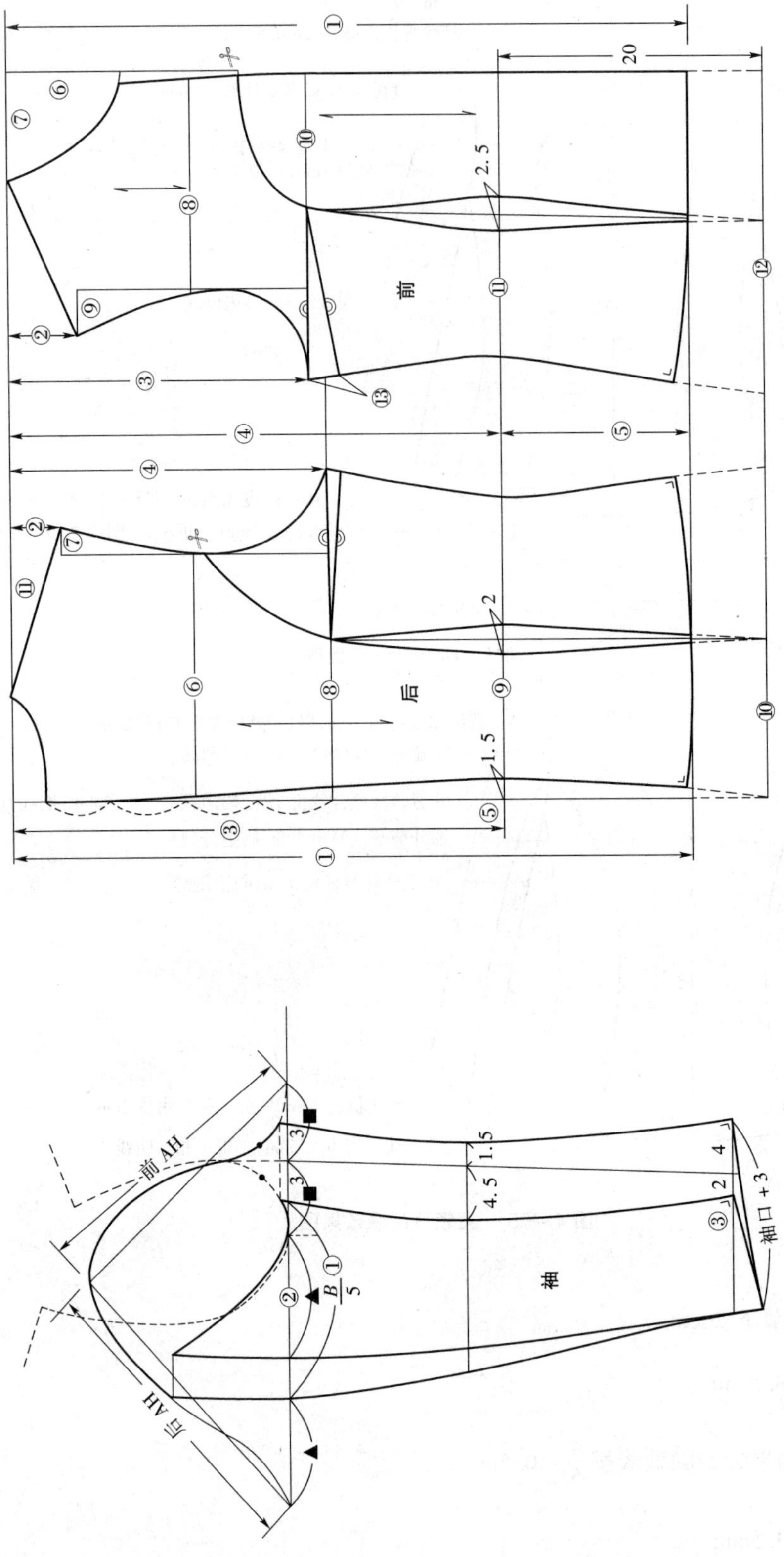

图 4－66　立领休闲服结构图

⑩胸围宽：$\frac{B}{4}$；

⑪腰围宽：$\frac{W}{4}+2.5\text{cm}$；

⑫臀围宽：$\frac{H}{4}$(在臀围线上量取)；

⑬腋下省：2.5cm。

2. **后片制板**

①衣长：同前片衣长；

②落肩：4cm；

③腰节：与前腰节齐；

④袖窿深：低于前袖窿深 1.5cm，后袖窿有 1cm 纸样折叠；

⑤背缝：腰节收 1.5cm；

⑥背宽：胸宽 + 1cm(由背缝线量起)；

⑦冲肩：2cm；

⑧胸围宽：$\frac{B}{4}$(由背缝线量起)；

⑨腰围宽：$\frac{W}{4}+2\text{cm}$(由背缝线量起)；

⑩臀围宽：$\frac{H}{4}$(由臀围线与背缝线交点量起)；

⑪小肩：前小肩 + 0.5cm。

3. **两片袖制板**

虚线描取前后袖窿弧长，定出侧缝点。

①大袖外缝点：$\frac{B}{5}$；

②小袖肥：由前、后袖窿弧交点即侧缝点向后返▲量；

③袖翘：保证袖口垂直，并保证里袖缝在袖口处相交垂直。

第四节　典型牛仔服结构原理与制板

一、牛仔服制板概述

牛仔服作为休闲服的主要品种，备受年轻人的青睐，是日常、运动休闲都可穿用的服装。牛仔服体现着装舒适感，便于活动。其风格多以粗犷、奔放为主，展示时代气息，为穿着者增添朝气与活力。牛仔服款式多姿多彩，装饰手段丰富，多采用以明线、镶嵌、刺绣、贴袋、纽扣、拉链、水洗、套色、怀旧处理等多种表现形式。

在结构制板中，常采用分割等方法，力求在线条形状、部件等方面创造出新奇效果，以迎合年轻人求新、求变的个性特征。牛仔服板型以宽松原型板为主，采用四开身衣片结构，较少缉缝明省，大多把省道融进分割线中。牛仔服是南方、北方城市都可穿用的服装品种。因为是在春秋季节常用，不是第一层服装，南、北方结构制板没有较大的区别，打板时，采用当地适用的服装号型即可。在制板时，应考虑工艺因素，例如，袖窿缉明线的款式在配袖板时，应在前、后 AH 值的基础上减去袖包量。牛仔服袖板一般为一片袖，后袖片分割结合袖开衩结构，两片袖板型结构配较合体的衣身结构，通常为圆装袖，袖肥小于一片袖袖肥。

在制图规格方面，要把握好衣长的确定，最长的牛仔服衣长为后颈中心点至地面距离的$\frac{1}{2}$减 10 ~ 15cm，最短的衣长到腰节线；袖长为标准袖长尺寸；袖口大小按掌围一周加 2 ~ 4cm 设计；袖头长度与袖口尺寸大小相同；胸围加放松度 8 ~ 12cm。腰围与胸围相差 10 ~ 14cm(A 体型) 臀围与胸围相差 4 ~ 6cm；衣身多数都以宽松原型制板为主，袖肥按$\frac{B}{5}-2$cm 或按$\frac{B}{5}-1$cm。胸围加放松度大时可按$\frac{B}{5}-2$cm 确定袖肥，胸围放放松度小时可按$\frac{B}{5}-1$cm 确定袖肥；宽松原型衣身袖窿深按$\frac{B}{6}+8$cm 确定，合体原型衣身袖窿深按$\frac{B}{6}+7$cm 确定；底摆围大小按实际衣长通过臀围线计算所得数据确定。

二、翻领牛仔服制板

(一)翻领牛仔服成品规格表及款式效果图(图 4 – 67)

成品规格表　　单位：cm

号型 \ 规格 \ 部位名称	衣长	胸围	腰围	臀围	领围	袖长	袖口
155/80A	56	92	80	96	39	55.5	12.5
160/84A	58	96	84	100	40	57	13
165/88A	60	100	88	104	41	58.5	13.5
170/92A	62	104	92	108	42	60	14
175/96A	64	108	96	110	43	61.5	14.5

(二)翻领牛仔服制板(图 4 – 68)

1. **前片制板**　采用宽松原型制图。

①衣长：58cm；

②袖窿深：$\frac{B}{6}+8$cm；

③腰节：36cm + 2. 5cm；

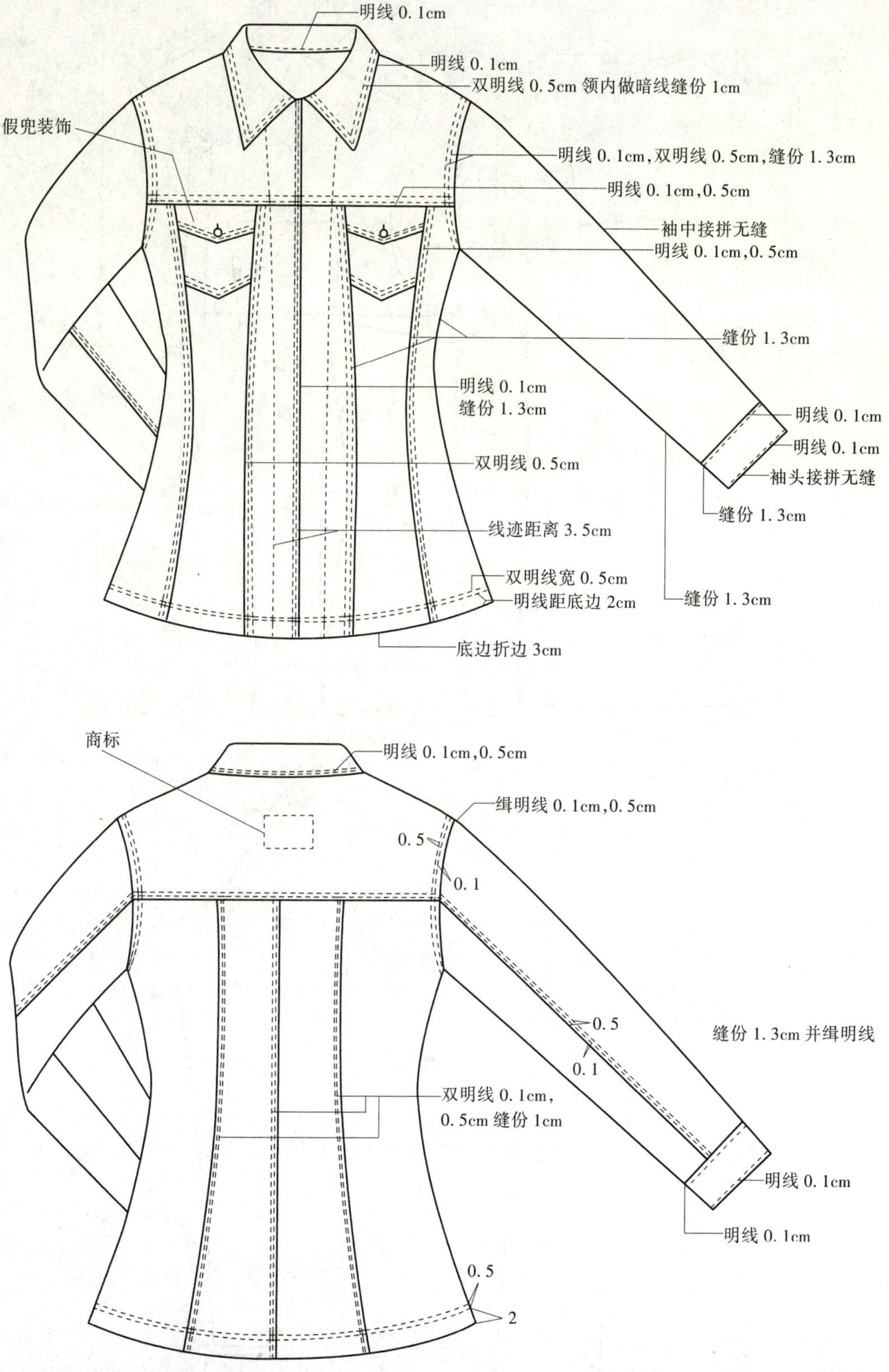

图 4－67　翻领牛仔服效果图

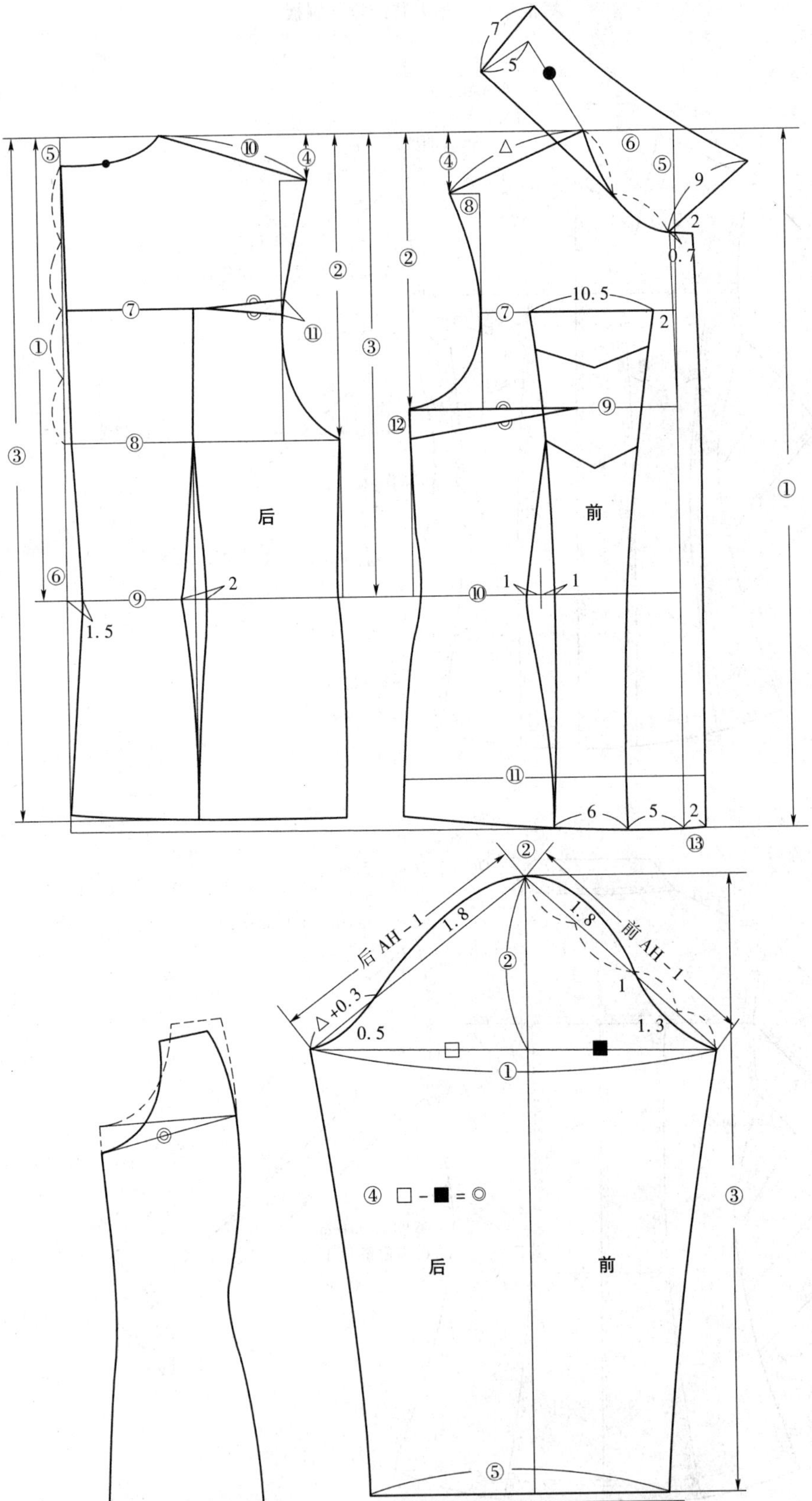

图 4－68　翻领牛仔服结构图

④落肩:5cm;

⑤领深:$\frac{N}{5}+0.5cm$;

⑥领宽:$\frac{N}{5}$;

⑦胸宽:$\frac{B}{6}+1.5cm$;

⑧冲肩:2.5cm;

⑨胸围宽:$\frac{B}{4}$;

⑩腰围宽:$\frac{W}{4}+2.5cm$;

⑪臀围宽:$\frac{H}{4}$;

⑫腋下省:2.5cm 转入袖窿省中;

⑬搭门宽:2cm。

2. **后片制板**

①腰节:与前腰节齐;

②袖窿深:与前袖窿深 2.5cm 省量齐;

③衣长:与前衣长起翘齐;

④落肩:4cm;

⑤领深:2.5cm;

⑥背缝:腰节收 1.5cm;

⑦背宽:胸宽 +1cm;

⑧胸围宽:$\frac{B}{4}$;

⑨腰围宽:$\frac{W}{4}+2cm$;

⑩小肩长:前小肩(△) +0.5cm;

⑪袖窿省:1cm。

3. **袖制板**

①袖肥:$(\frac{B}{5}-1cm)\times 2$;

②袖山高:用前、后 AH - 1cm 线段斜交袖肥线两端,两线相交的顶点为袖山高点;

③袖长:由袖山高点垂直下量 57cm(袖长) - 4cm(袖头)为 53cm;

④袖肥差量:后袖肥减前袖肥等于差量(◎);

⑤袖口:前袖口 $=13-\frac{◎}{2}$,后袖口 $=13+\frac{◎}{2}$。

三、立翻领牛仔服制板

(一)立翻领牛仔服成品规格表及款式效果图(图 4 – 69)

成品规格表

单位:cm

规格/部位名称/号型	衣长	胸围	腰围	臀围	领围	袖长	袖口
155/80A	56	90	76	94	38	55.5	12.5
160/84A	58	94	80	98	39	57	13
165/88A	60	98	84	102	40	58.5	13.5
170/92A	62	102	88	106	41	60	14
175/96A	64	106	92	110	42	61.5	14.5

(二)立翻领牛仔服制板(图 4 – 70)

1. **前片制板**　采用宽松原型制图。

①衣长:58cm – 3.5cm;

②袖窿深:$\frac{B}{6}+8$cm;

③落肩:5cm;

④腰节:36cm + 2.5cm;

⑤胸宽:$\frac{B}{6}+1.5$cm;

⑥冲肩:2.5cm;

⑦胸围宽:$\frac{B}{4}$;

⑧腰围宽:$\frac{W}{4}+2.5$cm;

⑨臀围宽:$\frac{H}{4}$;

⑩领宽:$\frac{N}{5}$;

⑪领深:$\frac{N}{5}+0.5$cm;

⑫撇胸:1cm;

⑬门襟:由前中心向衣片内进 3cm,搭门宽 2.5cm;

⑭腋下省:2.5cm(转移至袖窿分割线中)。

2. **后片制板**

①腰节:与前腰节齐;

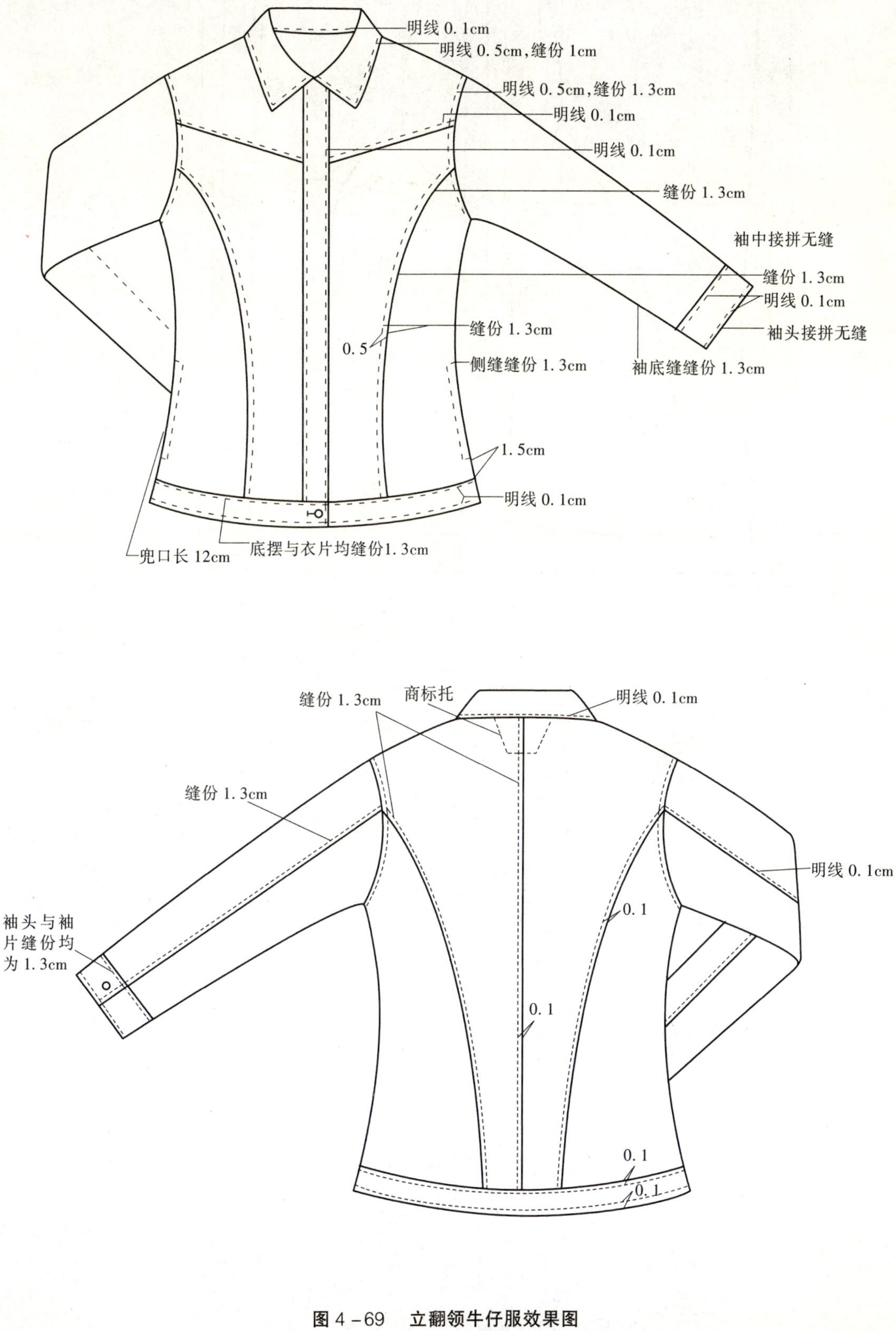

图 4-69　立翻领牛仔服效果图

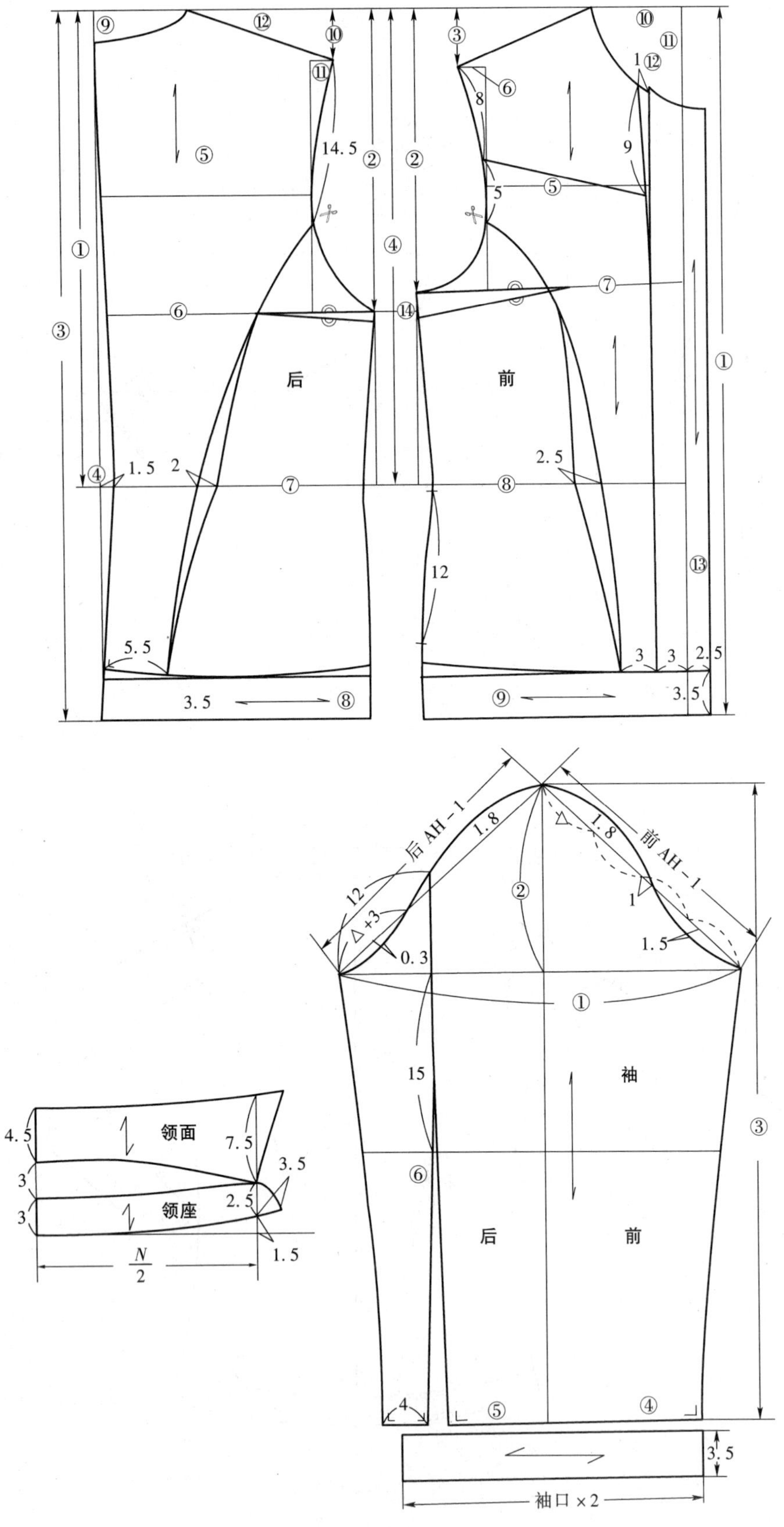

图 4－70　立翻领牛仔服结构图

②袖窿深：低于前袖窿深 1.5cm；

③衣长：等于前衣长；

④背缝：腰节收 1.5cm；

⑤背宽：胸宽 + 1cm；

⑥胸围宽：$\frac{B}{4}$；

⑦腰围宽：$\frac{W}{4}+2\text{cm}$；

⑧臀围宽：$\frac{H}{4}$；

⑨领深：2.5cm；

⑩落肩：4cm；

⑪冲肩：2cm；

⑫小肩：前小肩 + 0.5cm。

3. **一片袖制板**

①袖肥：$(\frac{B}{5}-1\text{cm})\times 2$；

②袖山高：用前、后 AH - 1cm 线段斜交于袖肥线两端，顶部相交点为袖山高点；

③袖长：57cm - 3.5cm（袖头）；

④前袖口：13cm；

⑤后袖口：13cm + 1.5cm（省量）；

⑥后袖片开剪：袖山弧量取 12cm，袖口量取 4cm，连直线。

第五节　典型运动装结构原理与制板

一、运动装制板概述

运动装即运动休闲时穿着的服装品种，是在特定环境、特定条件下所穿着的服装。其功能性得到突出体现，具有强烈的代表性与象征性。在众多服装品种中，是宽松度最大、舒适度最高、活动幅度最大的一种服装类型。款式风格宽松、自然、随意，是最典型的休闲服装。成品胸围中包含的松度相对其他服装较大，一般为 20 ~ 30cm 左右。底边大多配以罗纹做收拢。运动服的袖窿深是女装制板中最大值。其袖窿弧形状呈细长的“枣弧”型。运动装袖板一般在衣片上配板，采用延长小肩线方法，量取袖长尺寸。另外，也有在肩端点采取 30°角或其他角度的配袖方法。采用宽松原型板结构的运动装，其袖板采用量取前、后 AH 值配袖方法，通常在前、后 AH 值中各减掉 1cm（袖包量）。运动装多以分割、明线、套色等方法作为装饰手段。袖口与底边做收拢，配以翻领、方领、连帽结构居多。

在制板规格方面，要把握衣长的确定，最长的休闲运动装，衣长为后颈中心至地面距离$\frac{1}{2}$，最短的为$\frac{1}{2}$减 5 ~ 10cm，袖长要比正常其他服装袖长 3 ~ 5cm，因为是紧袖口，袖口要适当，一般为 16 ~ 17cm。松紧袖口按腕围一周确定，一般为 22 ~ 24cm，胸围加放松度 20 ~ 40cm 之间。宽松原型板袖肥一般为$\frac{B}{6}+8$cm。底摆的大小要根据胸围加放松度，胸围加放 20cm，底摆围与胸围相等，胸围加放 30cm，底摆围小 4cm。胸围加放 40cm，底摆围小 8cm。这些环节中出现错误就会产生服装弊病。

二、连帽春秋罩衫制板

（一）连帽春秋罩衫成品规格表及款式效果图（图 4 – 71）

成品规格表　　单位：cm

号型 \ 规格 部位名称	衣长	胸围	摆围	领围	袖长	袖口	帽长	帽宽
155/80A	58 + 5	122	116	50	64 + 5	15	34	23
160/84A	60 + 5	126	120	51	65.5 + 5	15.5	34.5	23.5
165/88A	62 + 5	130	124	52	67 + 5	16	35	24
170/92A	64 + 5	134	128	53	68.5 + 4	16.5	35.5	24.5
175/96A	66 + 5	138	132	54	71 + 5	17	36	25

（二）连帽春秋罩衫制板（图 4 – 72、图 4 – 73）

1. 前片制板

①衣长：67cm；

②落肩：4cm；

③袖窿深：$\frac{B}{6}+9$cm；

④领深：$\frac{N}{5}+0.5$cm；

⑤领宽：$\frac{N}{5}$（无撇胸款式$\frac{N}{5}-1$cm）；

⑥胸围宽：$\frac{B}{4}$；

⑦胸宽：胸围宽线进 6cm（成品胸围在 120cm 以下进 5cm）；

⑧冲肩：1. 5cm；

⑨底摆：$\frac{摆围}{4}$；

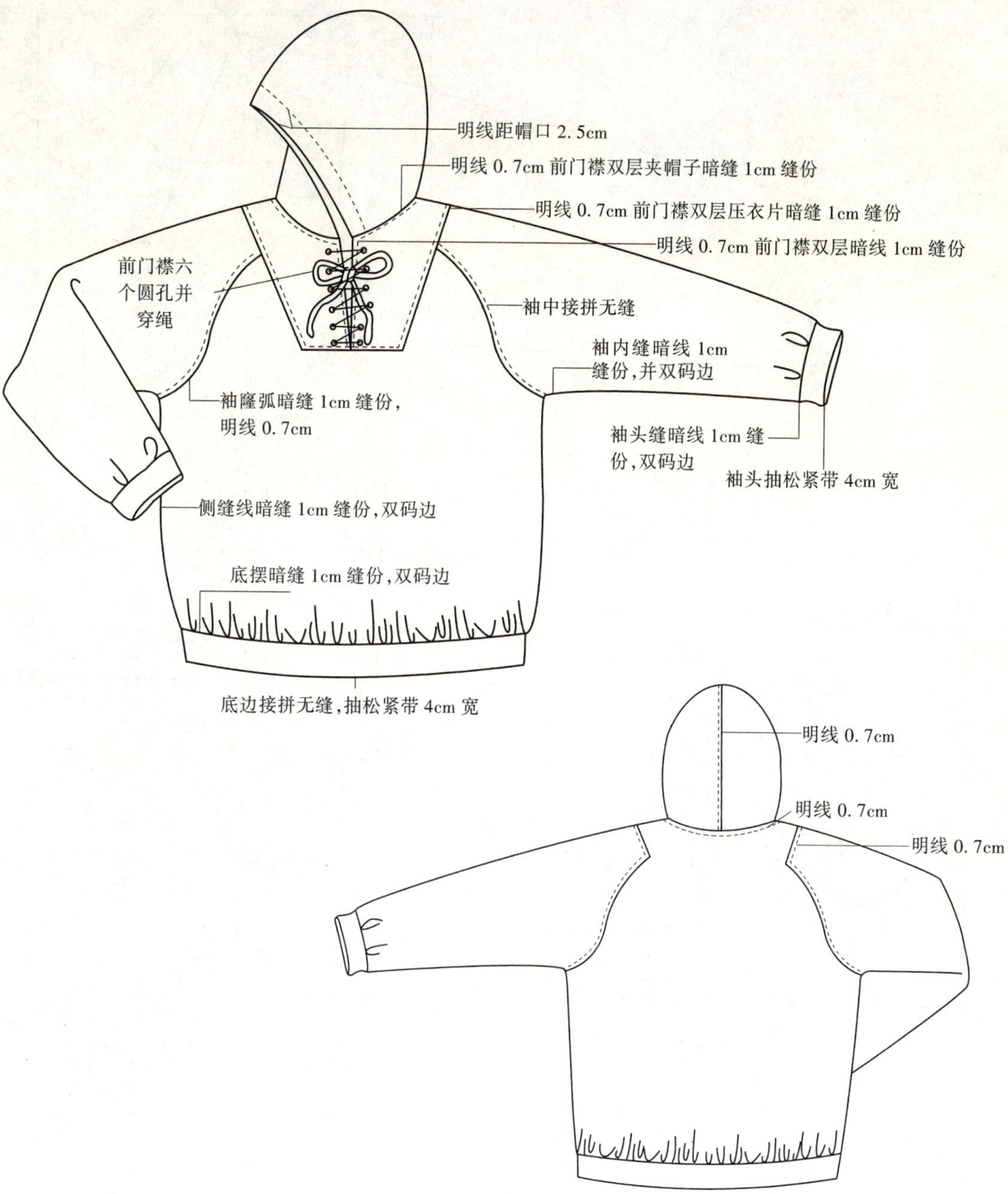

图 4－71　连帽春秋罩衫效果图

⑩袖长：延长小肩线，量取袖长尺寸；

⑪袖口：垂直袖长线，量取袖口尺寸；

⑫袖肥：经过胸宽线与袖窿深线的交点 O'，做袖长线的垂直线，并配弧线相等。

2. **后片制板**

①衣长：同前衣长；

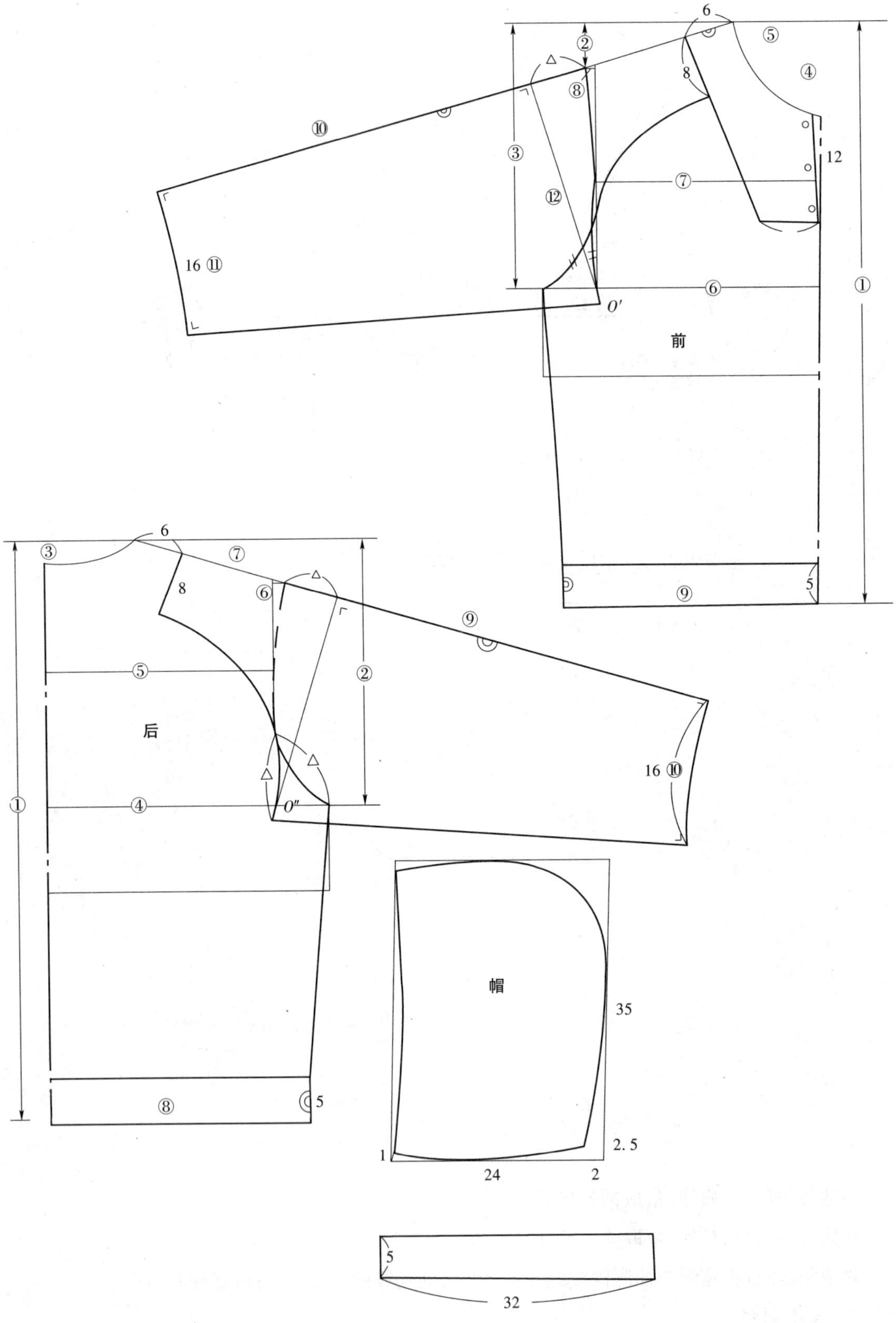

图 4－72　连帽春秋罩衫结构

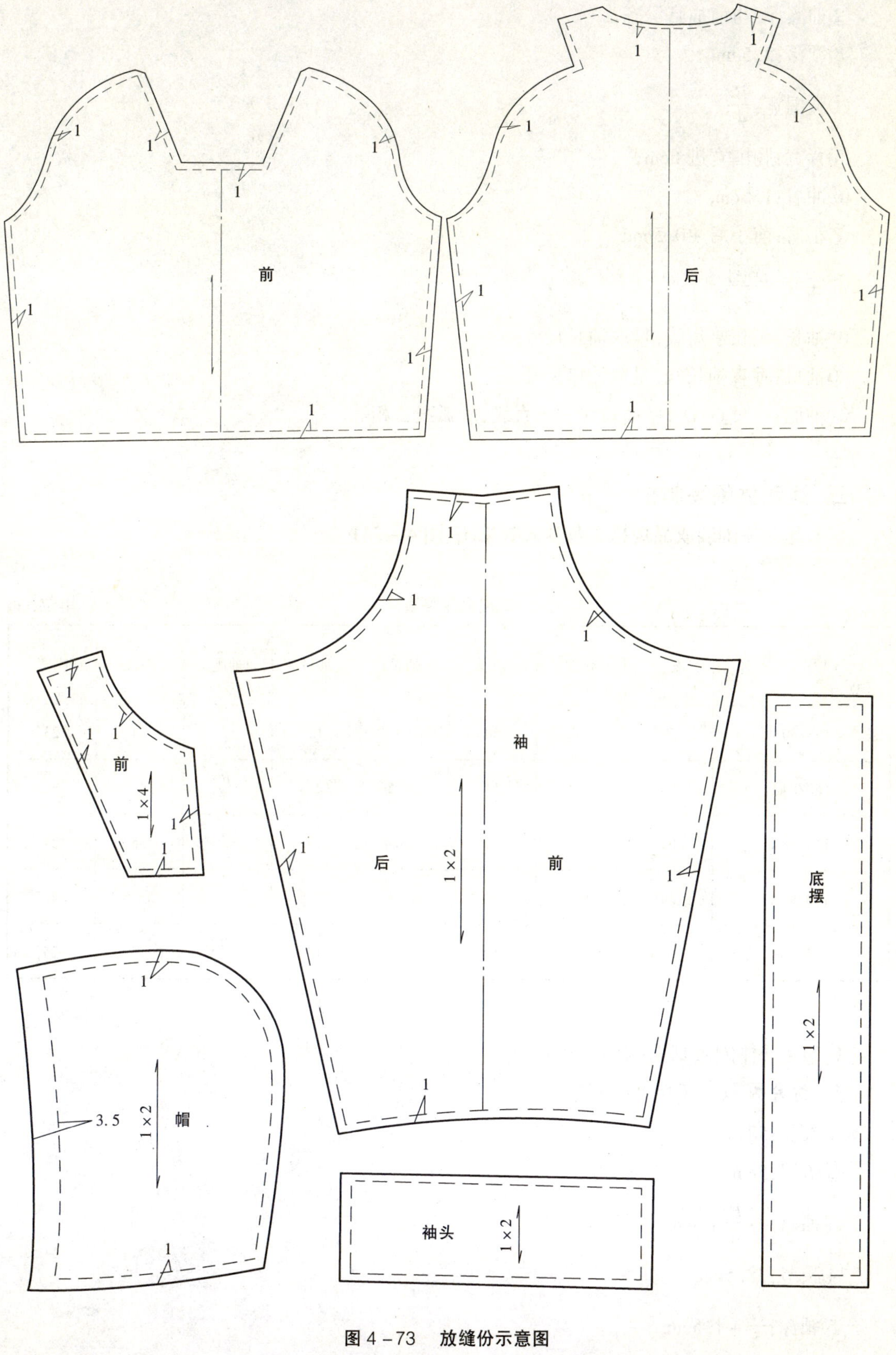

图 4－73　放缝份示意图

②袖窿深:与前袖窿深齐;

③领深:2.5cm;

④胸围宽:$\frac{B}{4}$;

⑤背宽:胸围宽进 6cm;

⑥冲肩:1.5cm;

⑦小肩:前小肩 +0.5cm;

⑧底摆:$\frac{摆围}{4}$;

⑨袖长:延长小肩线,量取袖长尺寸;

⑩袖口:垂直袖长线,量取袖口尺寸;

⑪袖肥:经过点 O'',做袖长线的垂直线,配弧线△相等。

三、运动休闲装制板

(一)运动休闲装成品规格表及款式效果图(图 4-74)

成品规格表　单位:cm

号型＼规格＼部位名称	衣长	胸围	领围	袖长	袖口	袖肥	帽长	帽宽
155/80A	58	100	50	53	12	$\frac{B}{5}$	34	23
160/84A	60	104	51	54.5	12.5	$\frac{B}{5}$	34.5	23.5
165/88A	62	108	52	56	13	$\frac{B}{5}$	35	24
170/92A	64	112	53	57.5	13.5	$\frac{B}{5}$	35.5	24.5
175/96A	66	116	54	59	14	$\frac{B}{5}$	36	25

(二)运动休闲装制板(图 4-75)

1. **前片制板**　采用宽松原型。

①衣长:58cm;

②落肩:5cm;

③袖窿深:$\frac{B}{6}+8$cm;

④腰节:38.5cm;

⑤领深:$\frac{N}{5}+1.5$cm;

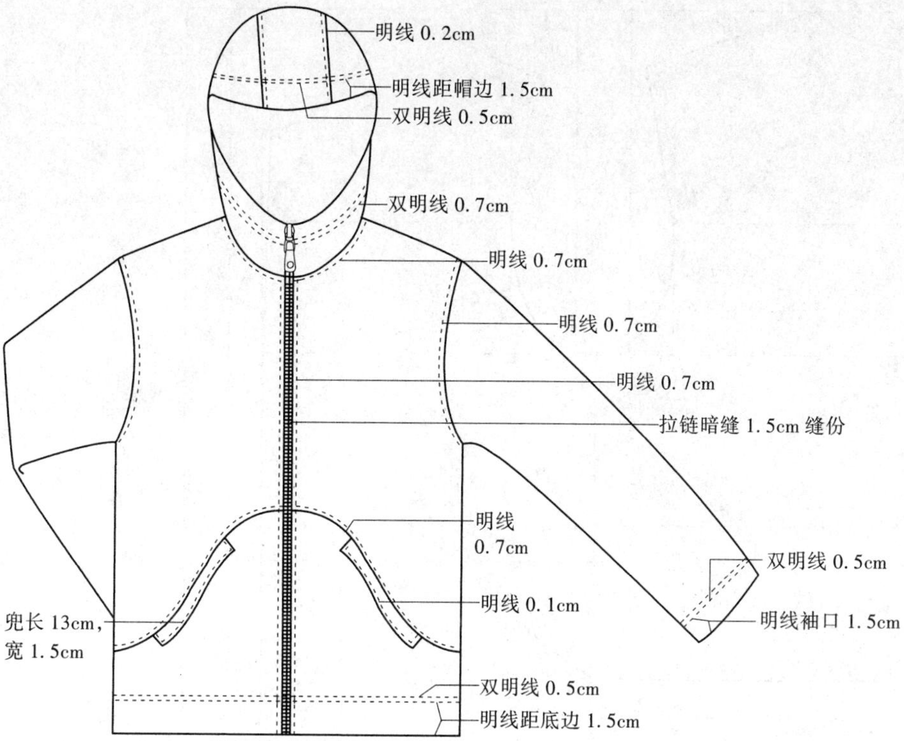

⑥领宽：$\frac{N}{5}-1\text{cm}$；

⑦胸宽：$\frac{B}{6}+1.5\text{cm}$；

⑧冲肩：2.5cm；

⑨胸围宽：$\frac{B}{4}$。

2. **后片制板**

①袖窿深：同前袖窿深齐；

②腰节：补充 2.5cm，与前腰节齐；

③领深：2.5cm；

④背宽：前胸宽 +1cm；

⑤冲肩：2cm；

⑥小肩：前小肩 +0.5cm；

⑦胸围宽：$\frac{B}{4}$。

3. **袖制板**

①袖肥：$\frac{B}{5}\times 2$

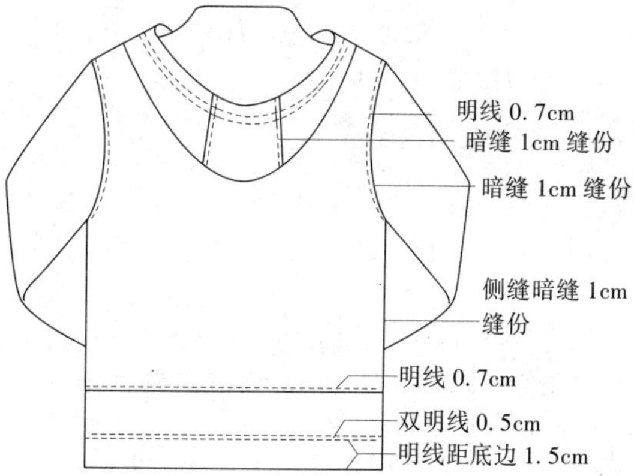

图 4–74　运动休闲装效果图

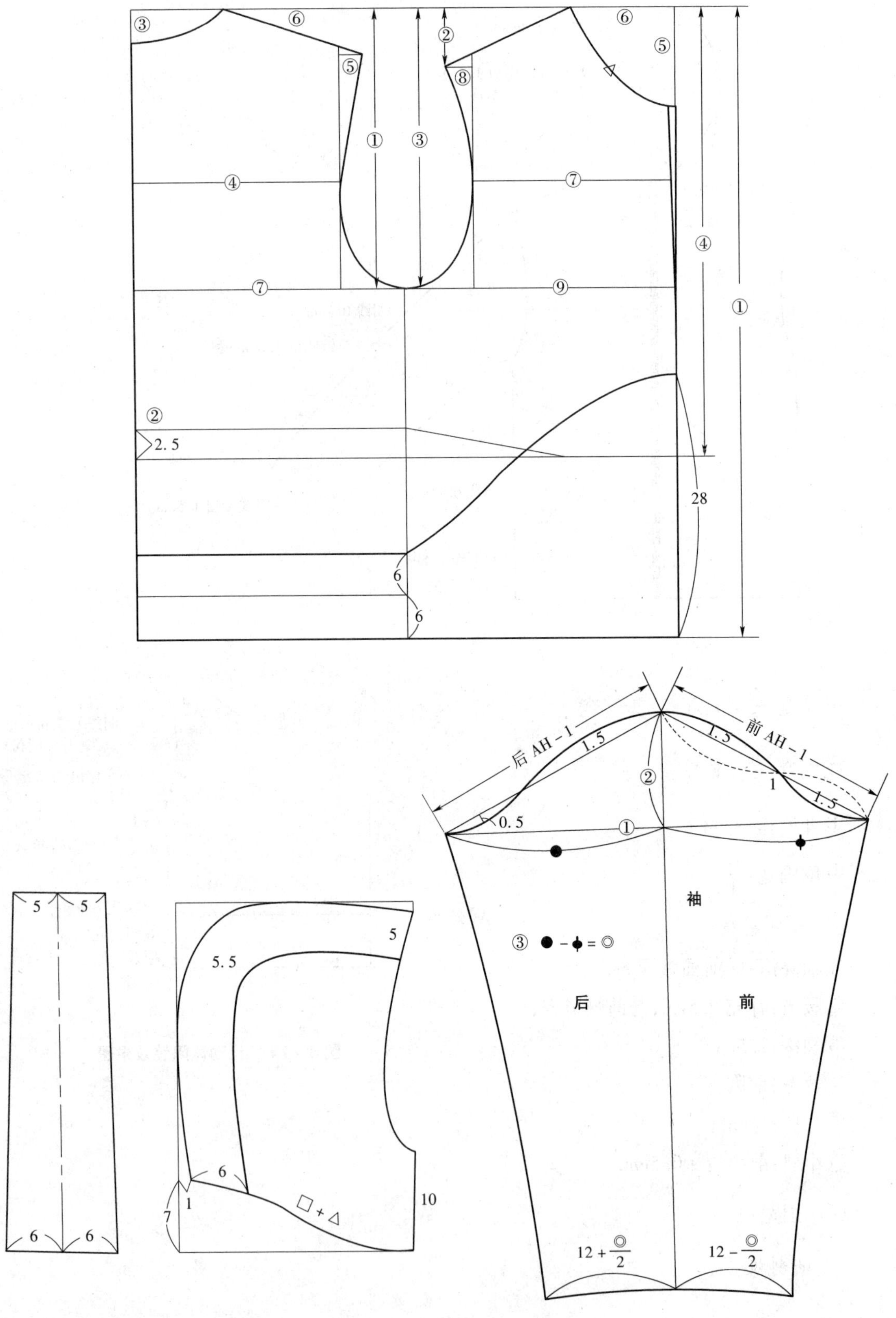

图 4 -75　运动休闲装结构图

②袖山高：前 AH - 1cm，后 AH - 1cm，与袖肥直线两端为起点，向中心相交，产生袖山高；

③袖肥差：● - ◆ = ◎。

四、运动装制板

（一）运动装成品规格表及款式效果图（图 4 - 76）

成品规格表　　单位：cm

规格　部位名称 号型	衣长	胸围	领围	通袖长	袖口
155/80A	62 + 6	108	46	64 + 5	15
160/84A	64 + 6	112	47	65.5 + 5	15.5
165/88A	66 + 6	116	48	67 + 5	16
170/92A	68 + 6	120	49	69.5 + 5	16.5
175/96A	70 + 6	124	50	71 + 5	17

（二）运动装制板（图 4 - 77）

1. 前片制板

①衣长：76cm；

②落肩：4cm；

③袖窿深：$\frac{B}{6} - 9$cm；

④领深：$\frac{N}{5} + 1.5$cm；

⑤领宽：$\frac{N}{5} - 1$cm；

⑥胸围宽：$\frac{B}{4}$；

⑦胸宽：胸围宽点进 5cm；

⑧冲肩：1.5cm；

⑨袖长：沿小肩延长线量取袖长尺寸 76cm；

⑩袖口：垂直袖长线，量取袖口尺寸 17cm；

⑪袖肥：经过 O' 点做袖长线的垂直线，配袖窿弧相等。

2. 后片制板

①衣长：76cm；

②袖窿深：$\frac{B}{6} + 9$cm；

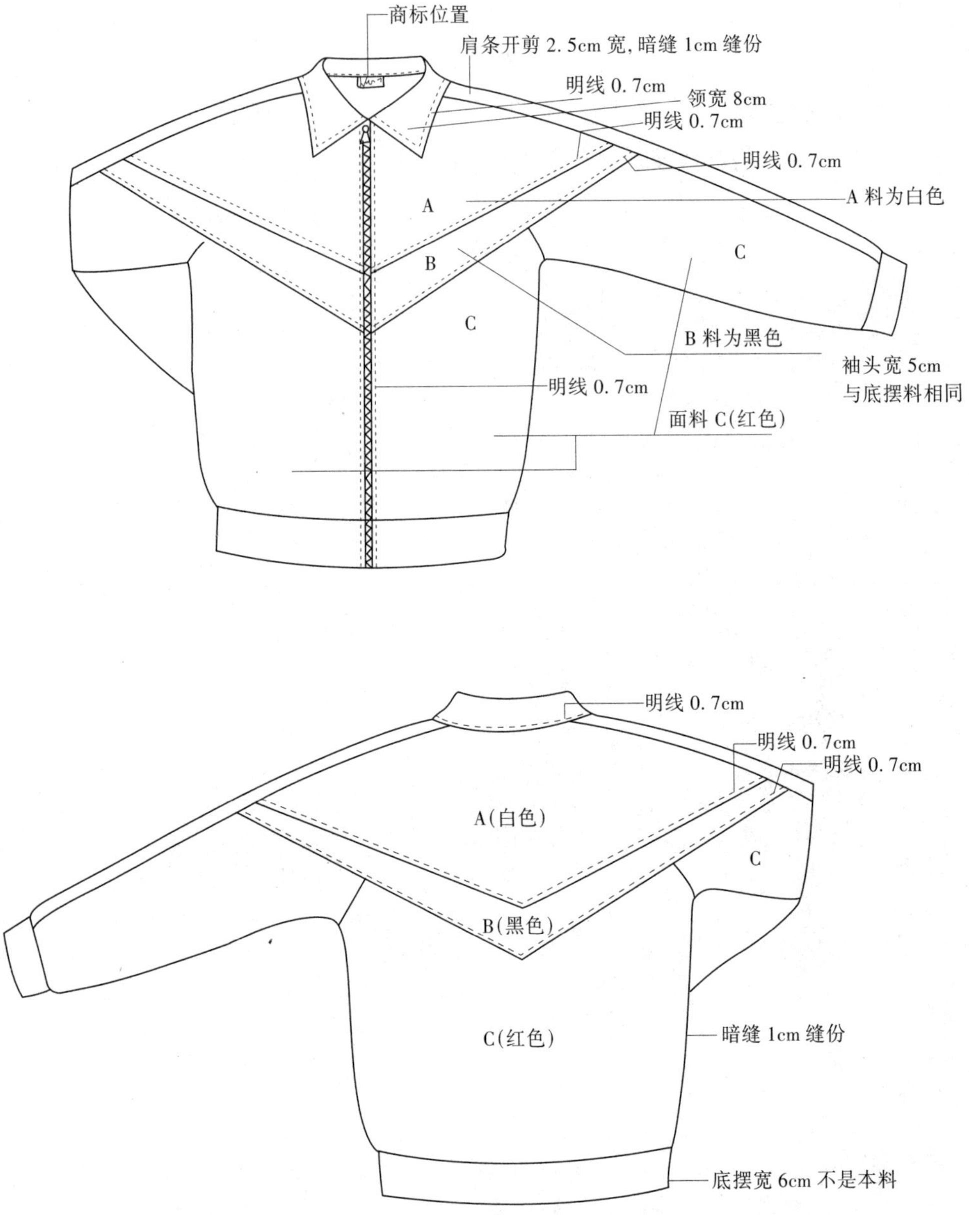

图 4 –76　**运动装效果图**

③领深:2. 5cm;

④落肩:4cm;

⑤胸围宽:$\frac{B}{4}$;

⑥背宽:胸围宽进 5cm;

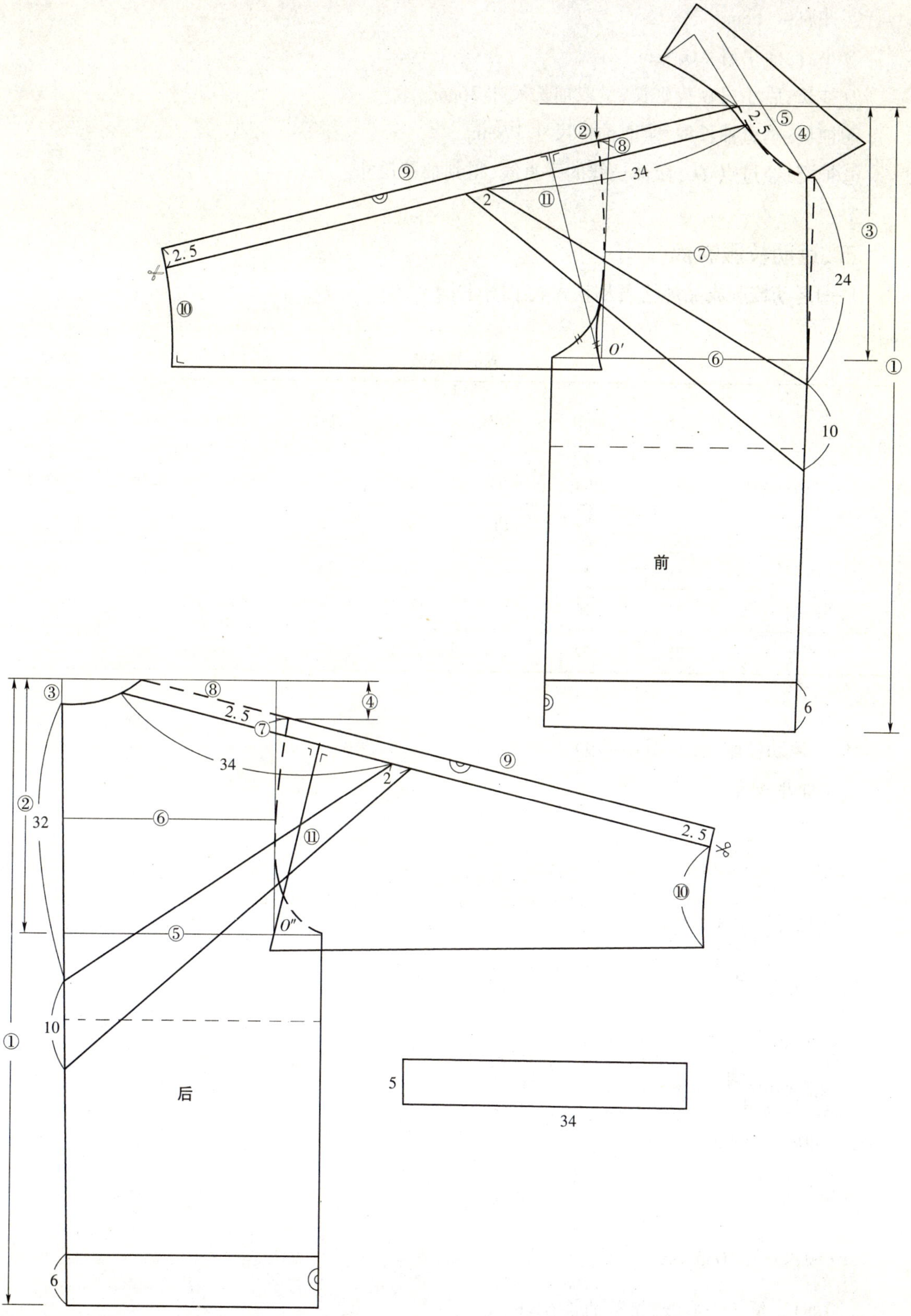
2.5
⑤
④
②
⑧
⑨
34
2
⑪
2.5
⑦
③
24
⑩
O′
⑥
①
10
前
6
③
⑧
④
2.5
⑦
34
⑨
2
②
32
⑥
⑪
2.5
⑩
O″
⑤
10
①
后
5
34
6

图 4 -77　运动装结构图

⑦冲肩:1.5cm;

⑧小肩:前小肩+0.5cm;

⑨袖长:后小肩顺势延长,量取袖长尺寸76cm;

⑩袖口:垂直袖长线,量取袖口尺寸17cm;

⑪袖肥:经过点O'',做袖长线的垂直线,得到袖肥尺寸。

五、运动校服制板

(一)运动校服成品规格表及款式效果图(图4-78)

成品规格表

单位:cm

部位名称 / 规格 / 号型	衣长	胸围	摆围	袖长	袖口	领围	帽长	袖肥
155/80	67	108	98	55.5	15.5	49	33	13
160/84	69	112	102	57	16	50	33.5	23.5
165/88	71	116	106	58.5	16.3	51	34	24
170/92	73	120	110	61	17	52	34.5	24.5
175/96	75	122	114	62.5	17.5	53	35	25

(二)运动校服制板(图4-79)

1. **前片制板**

①衣长:73cm;

②落肩:4cm;

③袖窿深:$\frac{B}{6}+12$cm;

④胸围宽:$\frac{B}{4}$;

⑤胸宽线:由胸围宽线进6cm;

⑥摆围:$\frac{摆围}{4}$;

⑦冲肩:1.5cm;

⑧领宽:$\frac{N}{5}$;

⑨领深:$\frac{N}{5}+0.5$cm;

⑩袖长:延长小肩线,量取袖长61cm;

⑪袖口:做袖长线的垂直线,并量取袖口尺寸17cm;

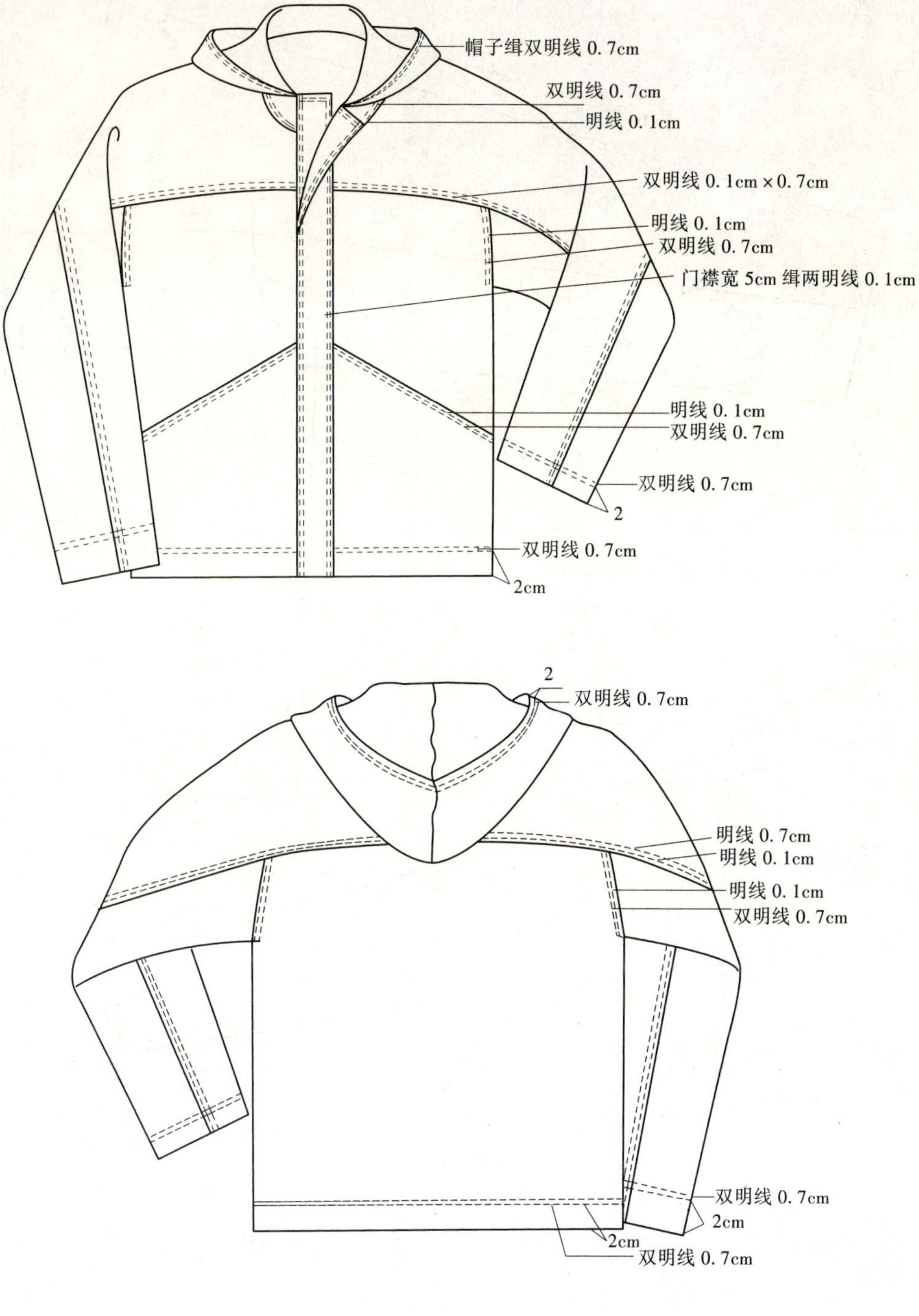

图 4-78　运动校服效果图

⑫袖山高：做袖长斜线的垂直线，并经过胸宽线与袖窿深线的交点。

2. 后片制板

后领深：2.5cm，其他部位同前衣片。

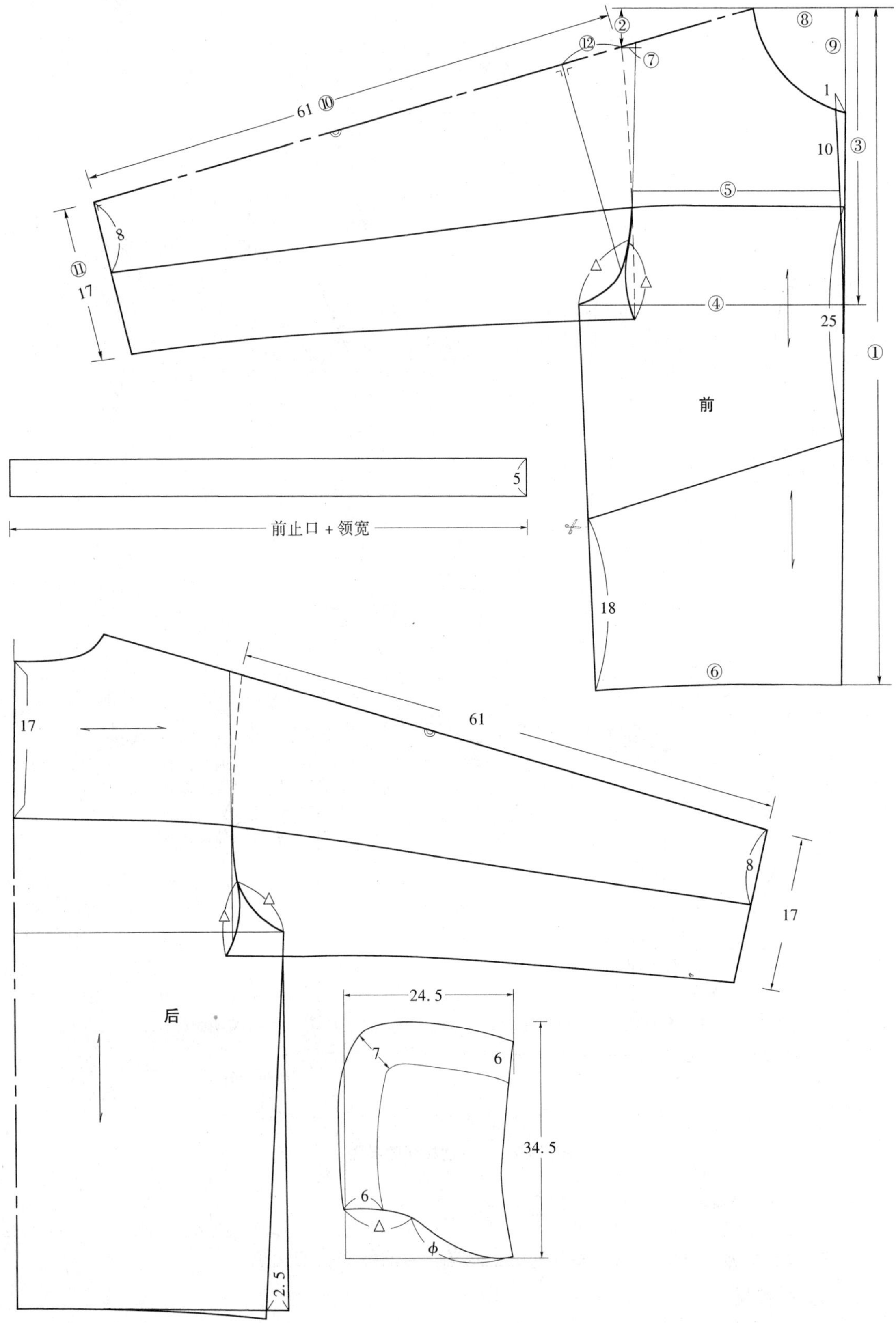

图 4 -79　运动校服结构图

第六节　典型中式服装结构原理与制板

一、中式服装结构原理与制板概述

随着人们对服饰文化的认识与追求，个人审美与品味逐渐成熟，更趋向个性化、多元化发展。人们已不再单一追逐流行，而是有目的地体现自我风格与文化内涵。中式服装作为中国服饰文化的代表、中国传统文化的象征，步入了世界的时尚文化的大舞台。现代的中式服装，在保留传统风格的同时不断创新、发展，从面料、色彩、款式、图案、装饰等多个方面，追求全新的设计、创作理念，使传统的中式服装更鲜活、更多彩、更具有时代气息，并且给更多的人创造了穿着中式服装的机会，使不同年龄、不同爱好、不同种族与肤色的人都穿起了中式服装。

在结构制板方面，保留了传统旗袍的上、下连装结构及工艺特征。如长度至脚面、偏襟、镶滚、扣袢等主要元素，力求“原汁原味”。同时，时装款的中式服装板型结构变化有较大突破，有套装、中长式、风衣板、短款、非对称式板型等。局部结构引入了圆装袖、插肩袖、连袖等多种变化，出现了以中式风格为点缀的服装类型，在整件成衣中起到画龙点睛的作用。中式服装正以其独特的内涵与魅力引领着时尚的脚步。

在制图规格方面应注意袖窿深的调整、丰满体型制板后袖窿深要小于前袖窿深 2cm，小号板后袖窿深小于前袖窿深 1cm 或不变，袖肥应根据款示造型来制定。合体板配袖肥可按$\frac{B}{5}-3$cm 确定，宽松板配袖肥可按$\frac{B}{5}-2$cm 确定。衣长最长为后中心颈椎点量至地面减 5cm，或根据款式确定。袖长可分为长袖、八分袖、半袖、三分袖，以上这些因素应灵活掌握，没有固定不变的。

二、中式上装制板

(一)中式上装成品规格表及款式效果图(图 4－80)

成品规格表　　单位:cm

规格 部位名称 / 号型	衣长	胸围	腰围	臀围	领围	背长	袖长	袖口	袖肥
155/80A	58	86	68	90	37	37	46	30.5	30.5
160/84A	60	90	72	94	38	38	47.5	32	32
165/88A	62	94	76	98	39	39	49	33.5	33.5
170/92A	64	98	80	102	40	40	5.5	35	35
175/96A	66	102	84	106	41	41	52	36.5	36.5

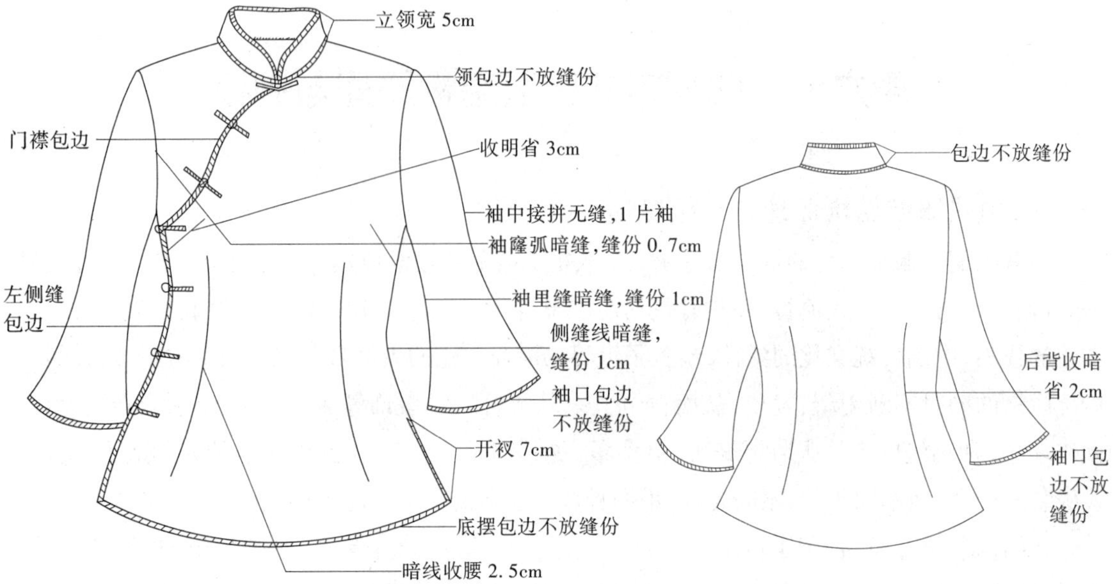

图 4-80　中式上装效果图

(二)中式上装制图(图 4-81)

1. **前片制板**　采用合体原型板。

①衣长:60cm;

②落肩:5cm;

③袖窿深:$\frac{B}{6}+6$cm(夏季穿着的单衣,按$\frac{B}{6}+6$cm 计算,春秋季穿着的外衣按$\frac{B}{6}+7$cm 计算);

④腰节:37cm+3cm;

⑤领深:$\frac{N}{5}+0.5$cm;

⑥领宽:$\frac{N}{5}-0.5$cm;

⑦胸宽:$\frac{B}{6}+0.5$cm;

⑧冲肩:3.5cm;

⑨胸围宽:$\frac{B}{4}$;

⑩腰围宽:$\frac{W}{4}+2.5$cm;

⑪臀围宽:$\frac{H}{4}$;

⑫腋下省:3cm(明省);

⑬原型做转撇胸:袖窿深线以下衣身不变,以 A 点为圆心,将衣身顺时针方向转动,超出前

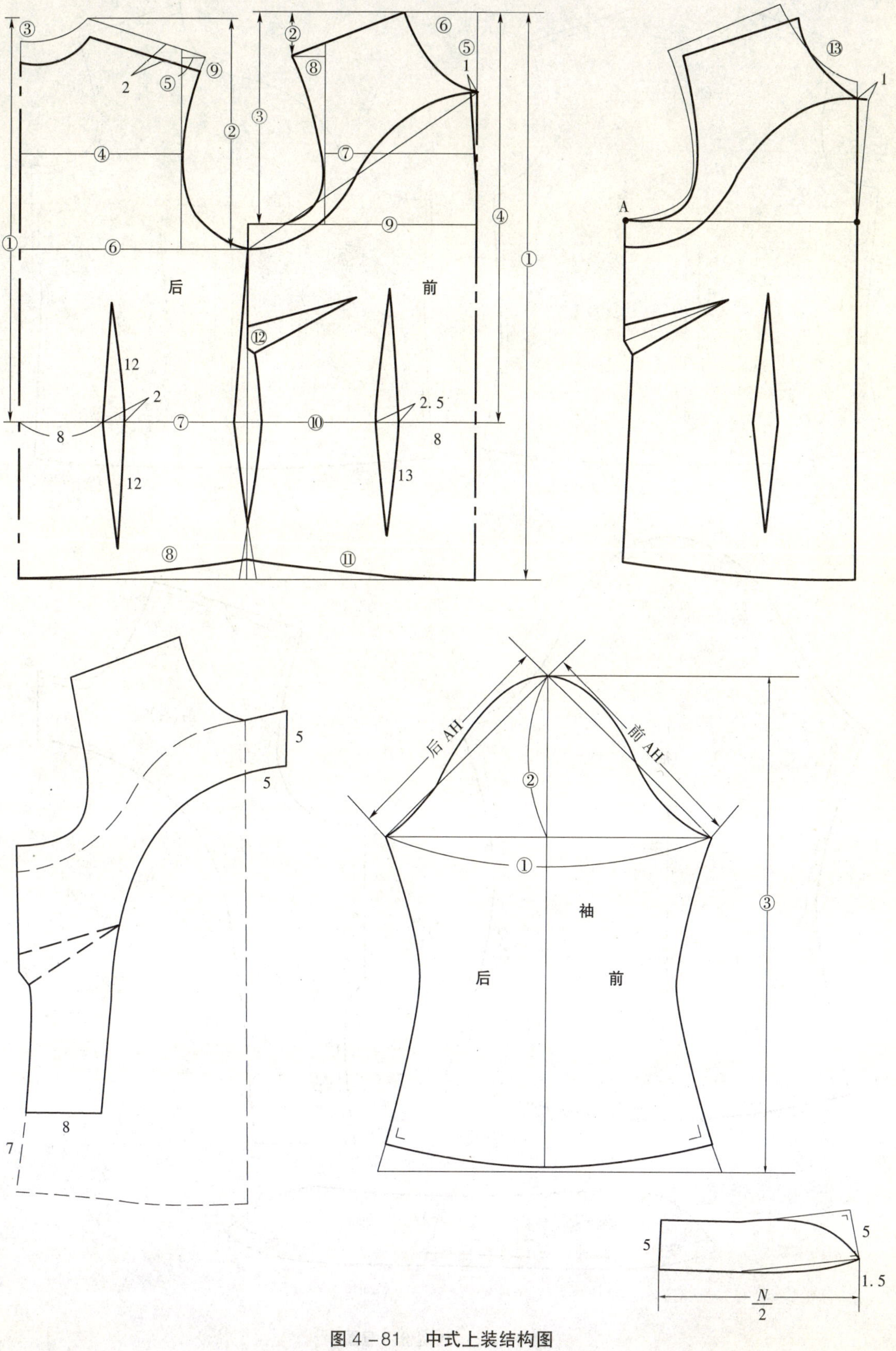

图 4－81　中式上装结构图

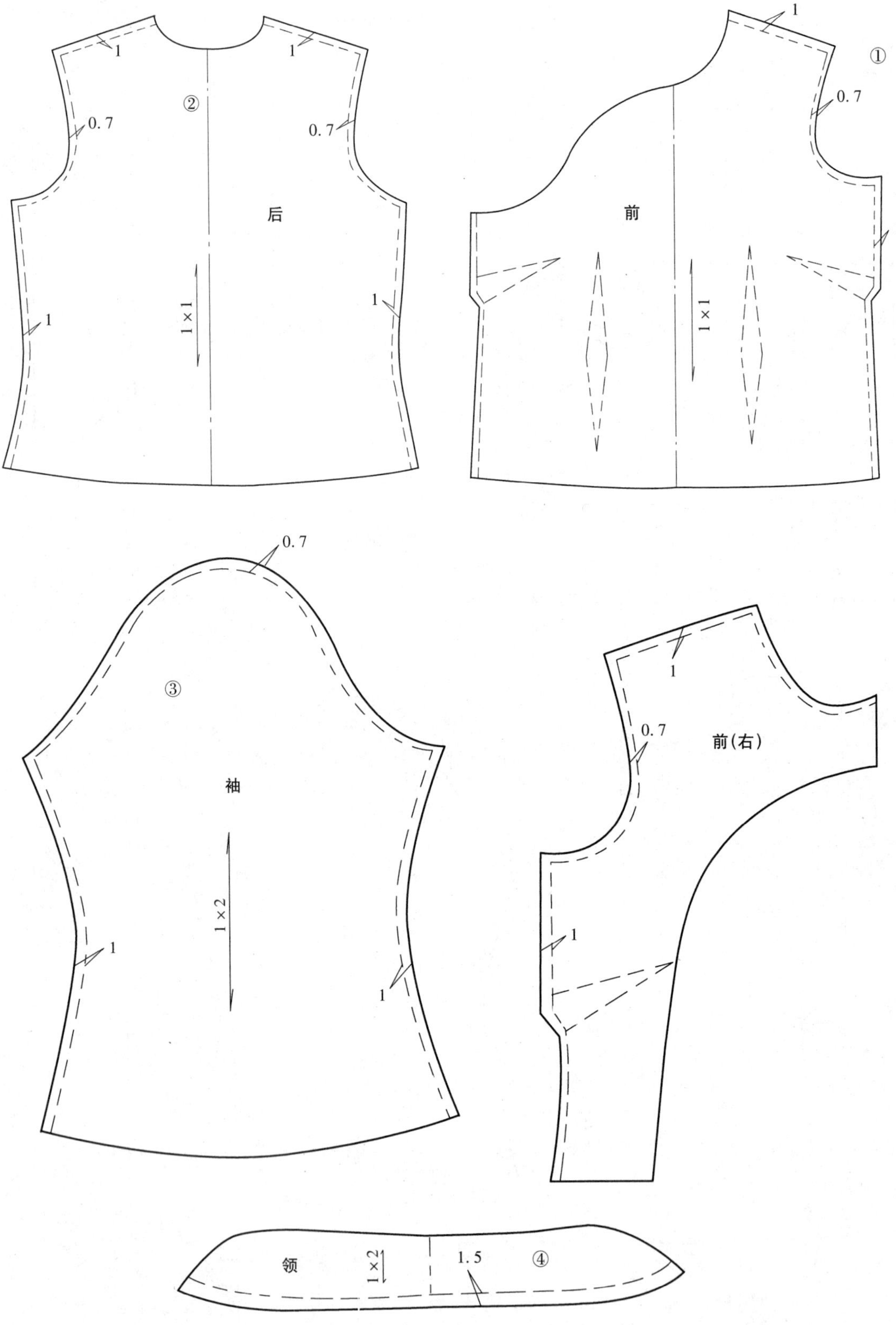

图 4－82　放缝份示意图

中心线 1cm 停止。1cm 为撇胸量。取原前中心线不变。取转动后的领弧线、小肩线、袖窿弧线及以下的衣片组成新的前片结构。

2. **后片制板**

①腰节：与前腰节齐；

②袖窿深：低于前袖窿深 3cm；

③领深：2.5cm；

④背宽：胸宽 + 1cm；

⑤冲肩：2cm；

⑥胸围宽：$\frac{B}{4}$；

⑦腰围宽：$\frac{W}{4}+2$cm；

⑧臀围宽：$\frac{H}{4}$；

⑨在领弧线、后小肩平行去掉 2cm，越贴体的服装前、后衣长的差量越大，随着服装穿着层数的增加，前、后衣长的差量会随之减小。

3. **袖制板**

①总袖肥：$(\frac{B}{5}-2\text{cm})\times 2$；

②袖山高：用前 AH 线段，后 AH 线段（后小肩落 2cm 以后的袖窿弧），斜交袖肥直线两端，交点为袖山高点，袖肥水平线至袖山顶点之间的垂直距离为袖山高；

③袖长：由袖中点垂直向下量取袖长尺寸。

4. **中式上装缝份要求**（图 4-82）

①前衣片侧缝线、小肩线为 1cm 缝份。袖窿弧线为 0.7cm 缝份。前领弧线不放缝份，前衣片开剪线不放缝份；

②后衣片侧缝线、小肩线为 1cm 缝份，袖窿弧线为 0.7cm 缝份，后领弧线不放缝份；

③袖内缝放缝份 1cm，袖山弧线放缝份 0.7cm，袖口不放缝份；

④领面和领里放缝份 1.5cm；

不放缝份为斜条包边，放缝份 0.7cm 是绱袖时保证圆顺，放 1cm 缝纷为正常。

三、便服偏襟上装制板

（一）便服偏襟上装成品规格表及款式效果图（图 4-83）

（二）便服偏襟上装制板（图 4-84、图 4-85）

1. **衣片制板**

①衣长：62cm；

②袖窿深：$\frac{B}{6}+8$cm；

成品规格表

单位:cm

部位名称 / 规格 / 号型	衣长	胸围	臀围	领围	袖长	袖口	袖肥
155/80A	56	90	94	37	59.5	13.5	$\frac{B}{5}$
160/84A	58	94	98	38	61	14	$\frac{B}{5}$
165/88A	60	98	102	39	62.5	14.5	$\frac{B}{5}$
170/92A	62	102	106	40	64	15	$\frac{B}{5}$
175/96A	64	106	110	41	65.5	15.5	$\frac{B}{5}$

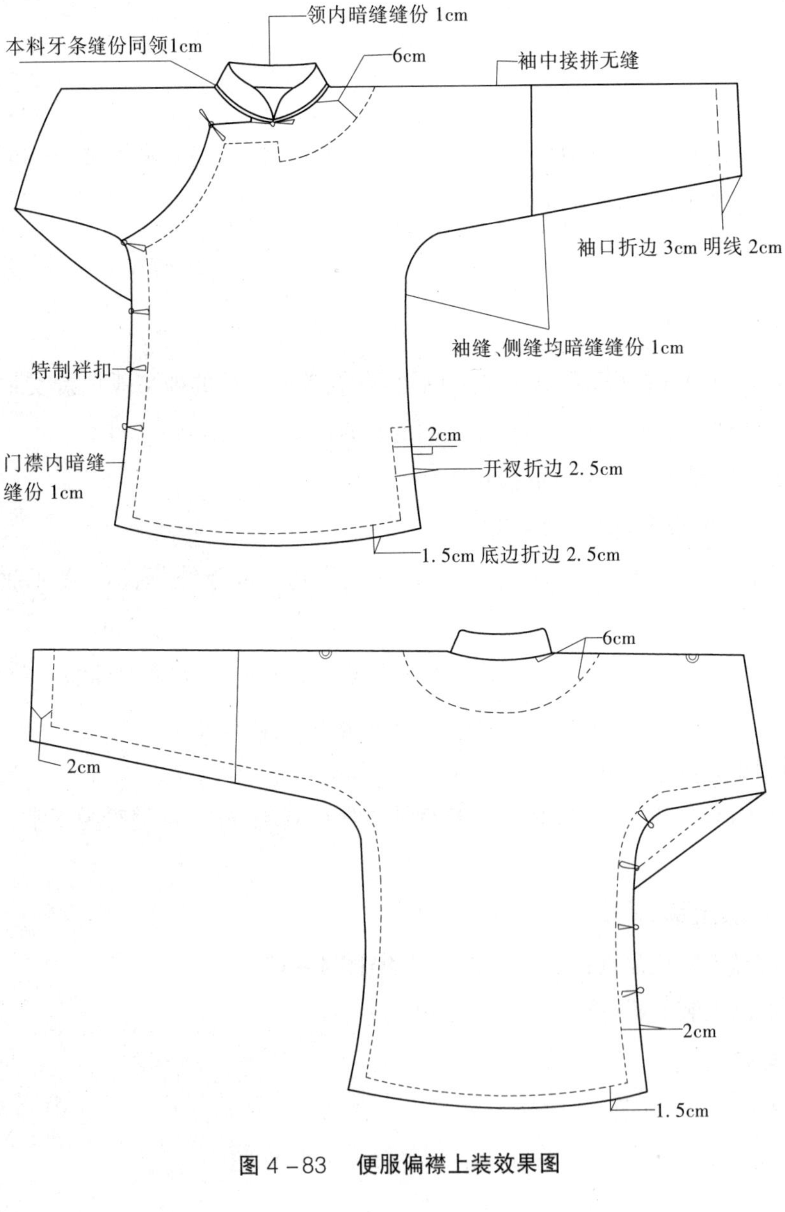

图 4－83　便服偏襟上装效果图

③胸围宽：$\frac{B}{4}$；

④领深：$\frac{N}{5}+0.5cm$；

⑤领宽：$\frac{N}{5}-0.5cm$；

⑥袖长：64cm；

⑦袖口：15cm；

⑧袖肥：$\frac{B}{5}$；

⑨摆度：4cm；

⑩开衩：12.5cm；

⑪后领深：2.5cm。

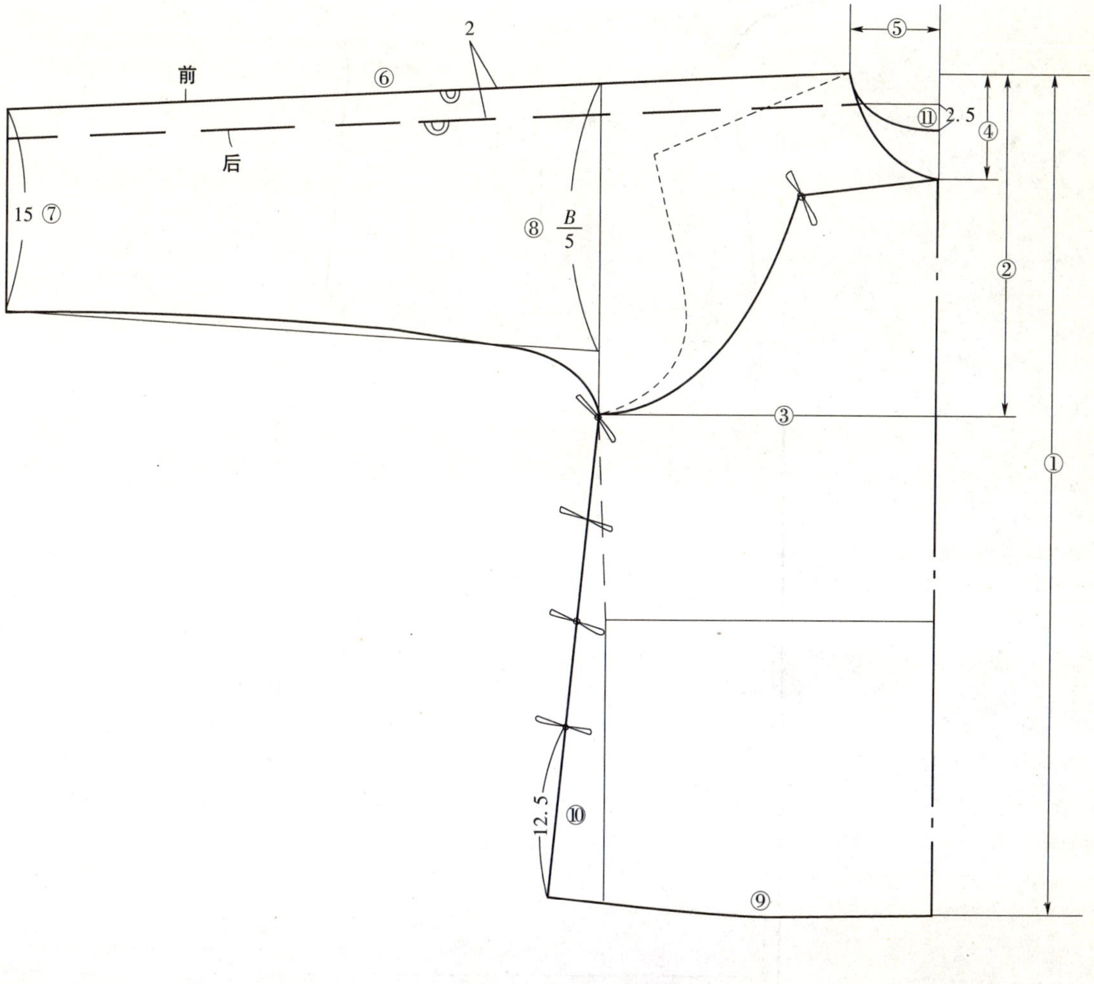

图 4-84　便服偏襟上装结构图

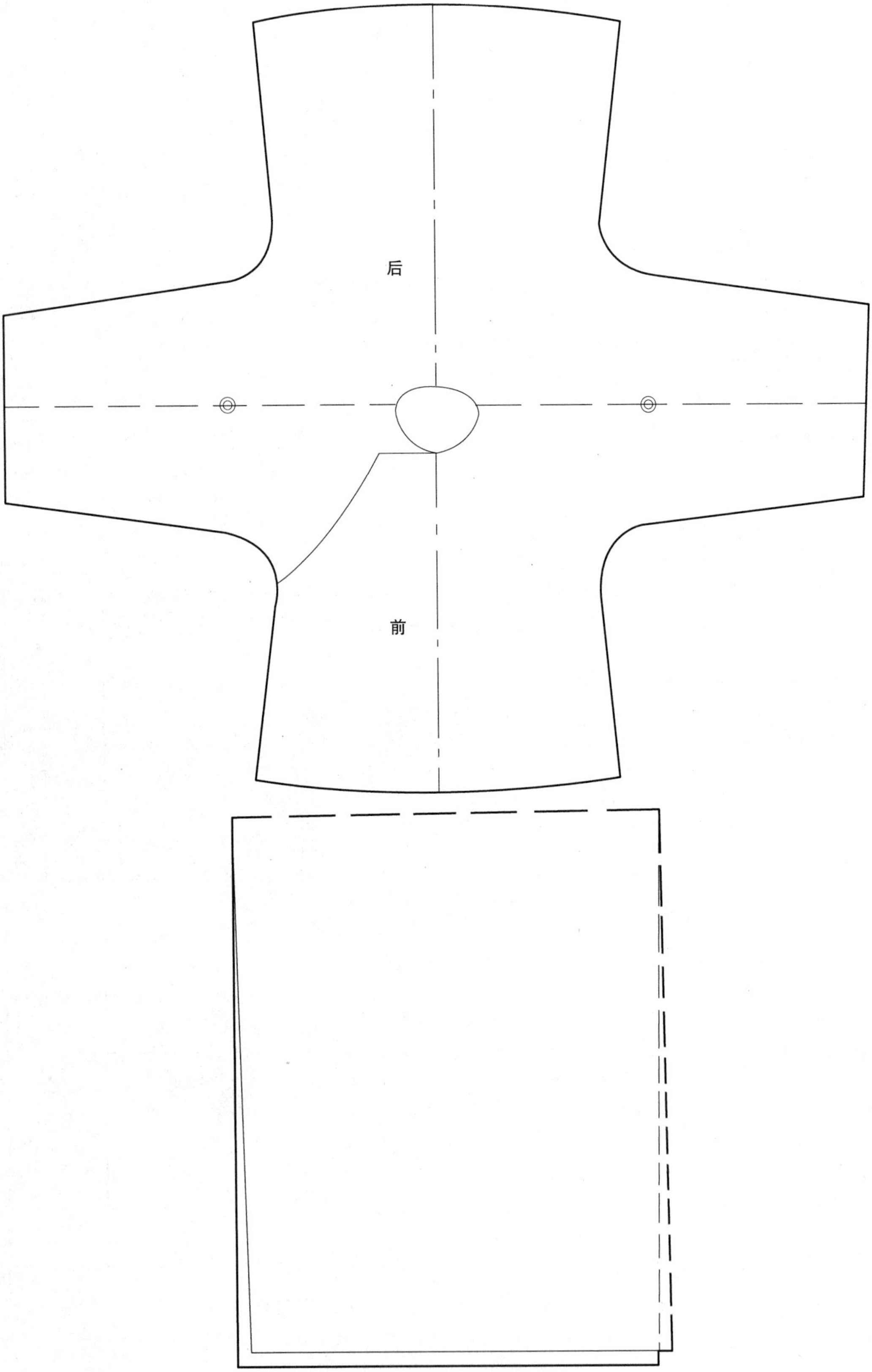

图 4 - 85　拼合和叠料示意图

四、中长袖旗袍制板

(一)中长袖旗袍成品规格表及款式效果图(图4-86)

成品规格表

单位:cm

号型 \ 规格 \ 部位名称	衣长	胸围	腰围	臀围	领围	背长	袖长	袖口	袖肥
155/80A	110	86	70	92	37	37	46	11	30.5
160/84A	114	90	74	96	38	38	47.5	11.5	32
165/88A	118	94	78	100	39	39	49	12	33.5
170/92A	122	98	82	104	40	40	50.5	12.5	35
175/96A	126	102	86	108	41	41	53	13	36.5

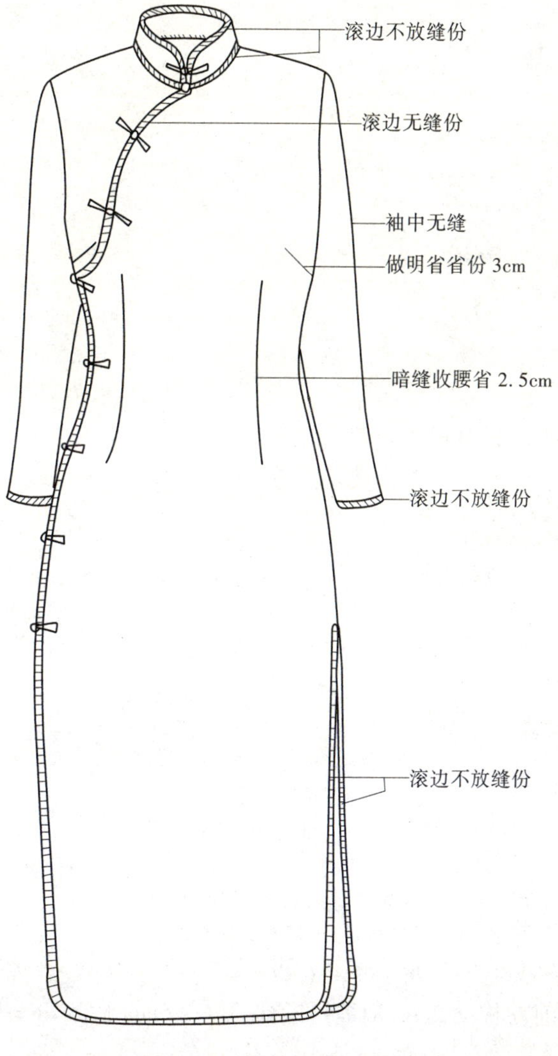

图4-86　中长袖旗袍效果图

(二)中长袖旗袍制板(图4-87)

1. 前片制板

①衣长:110cm;

②袖窿深:$\frac{B}{6}+6cm$;

③腰节线:37cm+3cm;

④胸围宽:$\frac{B}{4}$;

⑤腰围宽:$\frac{W}{4}+2cm$(省);

⑥臀围宽:$\frac{H}{4}$;

⑦胸宽:$\frac{B}{6}+0.5cm$;

⑧领宽:$\frac{N}{5}$(含撇胸1cm);

⑨领深:$\frac{N}{5}+0.5cm$;

⑩落肩:5cm;

⑪冲肩:3cm;

⑫腋下省:3cm。

2. 后片制板

①腰节:与前腰节齐;

②袖窿深:低于前袖窿深3cm;

③领深:2.5cm;

④背宽:胸宽+1cm;

⑤胸围宽:$\frac{B}{4}$;

⑥腰围宽:$\frac{W}{4}+2cm$(省);

⑦臀围宽:$\frac{H}{4}$;

⑧后领弧、后小肩平行去掉2cm。

3. 袖制板

①袖山高:袖窿深-2cm;

②袖长:由袖山高点垂直向下量取袖长尺寸;

③袖口:袖中线向前袖移动2cm,前袖口=袖口-0.5cm,后袖口=袖口+0.5cm。

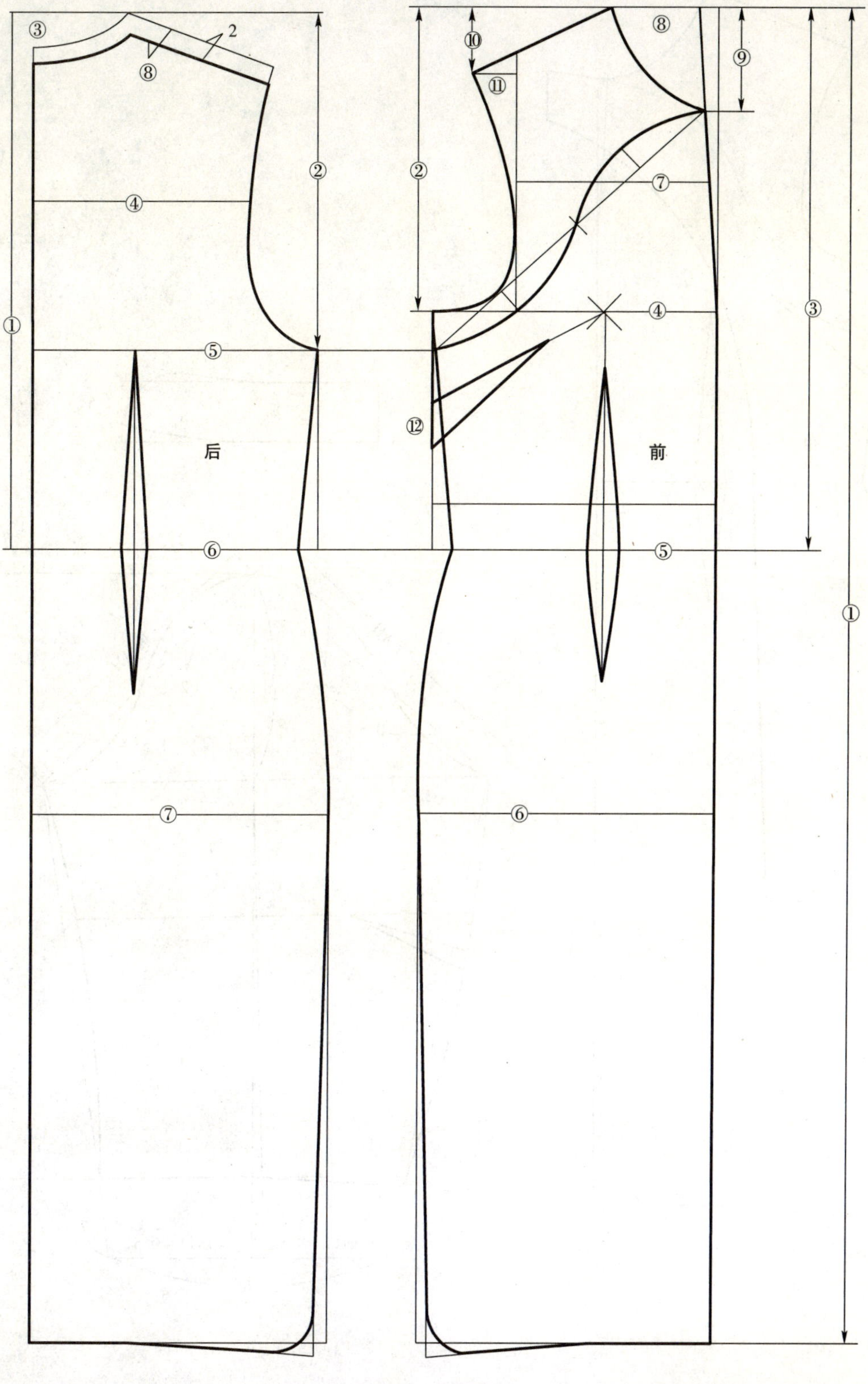

图 4－87

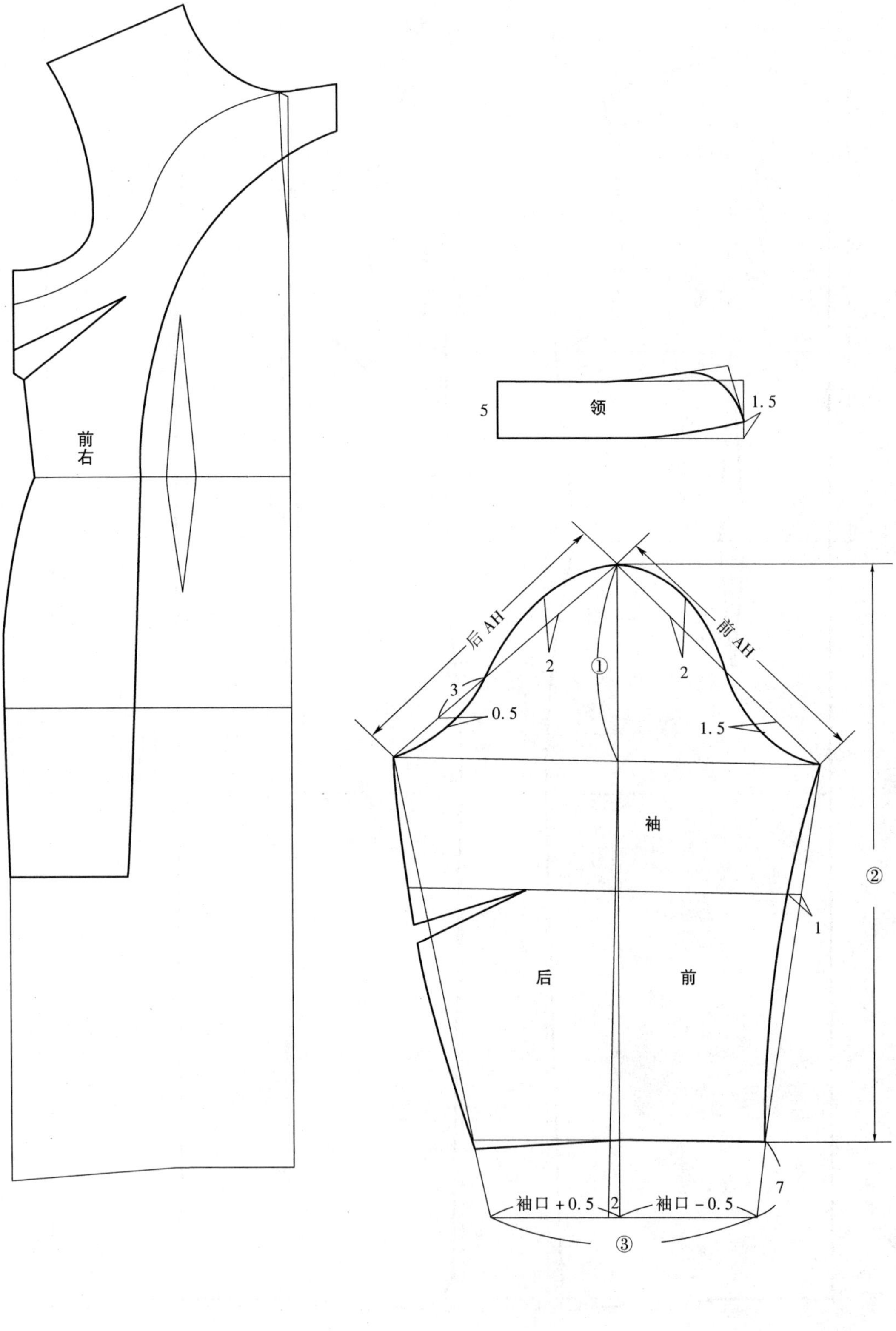

图 4-87　中长袖旗袍结构图

五、对襟中式上装制板

(一)对襟中式上装成品规格表及款式效果图(图 4－88)

成品规格表

单位:cm

号型＼部位名称	衣长	胸围	腰围	臀围	领围	袖长	袖口	袖肥
155/80A	62	92	82	98	39	42	18.5	$\frac{B}{5}-1$
160/84A	64	96	86	102	40	43	19	$\frac{B}{5}-1$
165/88A	66	100	90	106	41	44	19.5	$\frac{B}{5}-1$
170/92A	68	104	94	110	42	45	20	$\frac{B}{5}-1$
175/96A	70	108	98	114	43	46	20.5	$\frac{B}{5}-1$

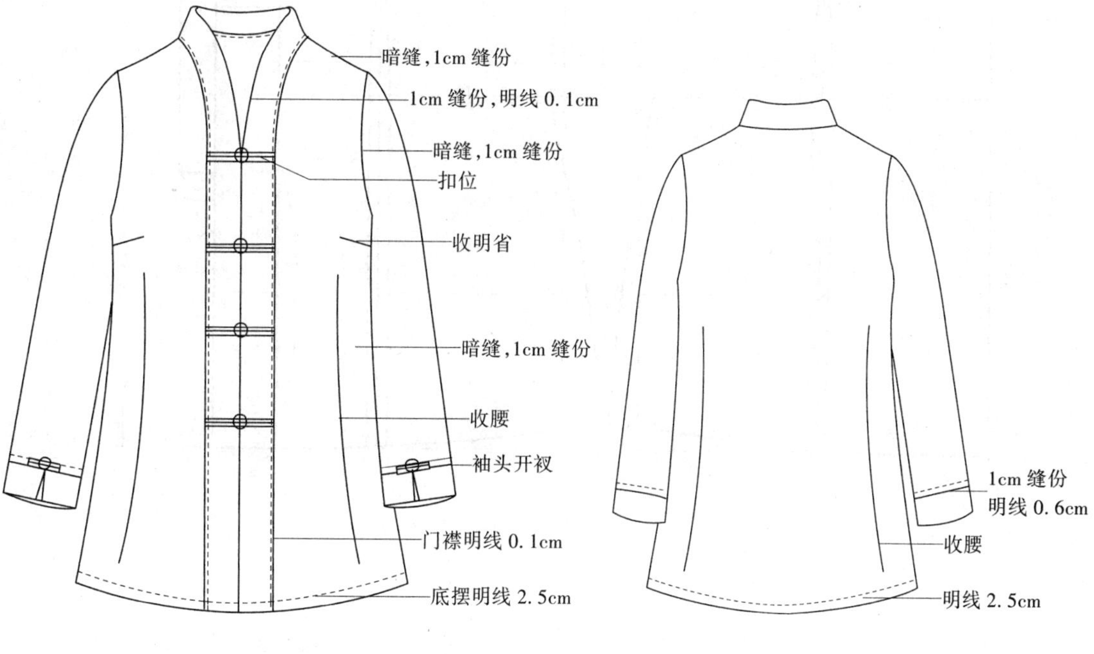

图 4－88　中式上装效果图

(二)对襟中式上装制板(图 4－89、图 4－90)

1. 前片制板宽松原型板

①衣长:64cm;

②落肩:5cm;

③袖窿深:$\frac{B}{6}+7$cm;

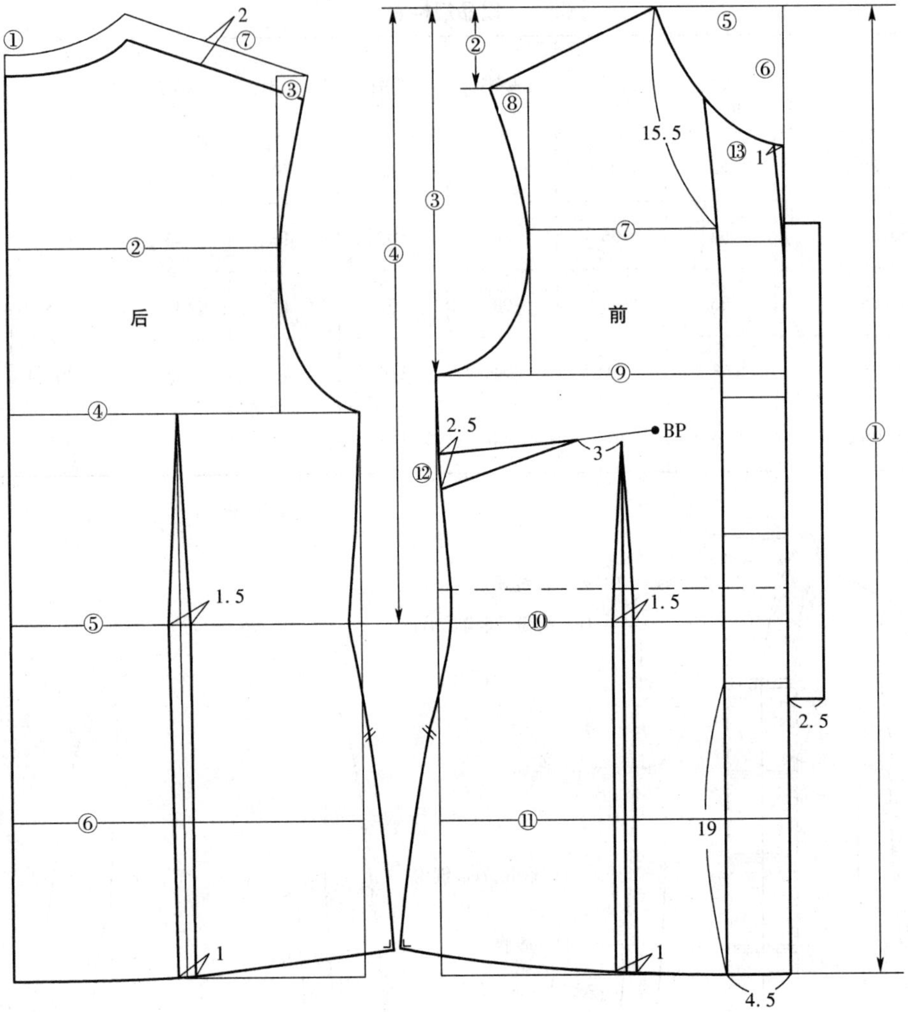
①
2
⑦
③
②
后
④
⑤
1.5
⑥
1
②
⑧
③
④
15.5
⑤
⑥
⑬
1
⑦
前
⑨
2.5
⑫
BP
3
1.5
⑩
2.5
⑪
19
1
①
4.5

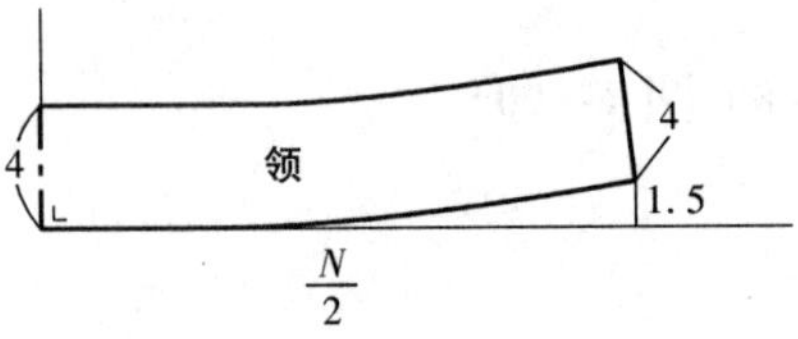
4
领
4
1.5
$\frac{N}{2}$

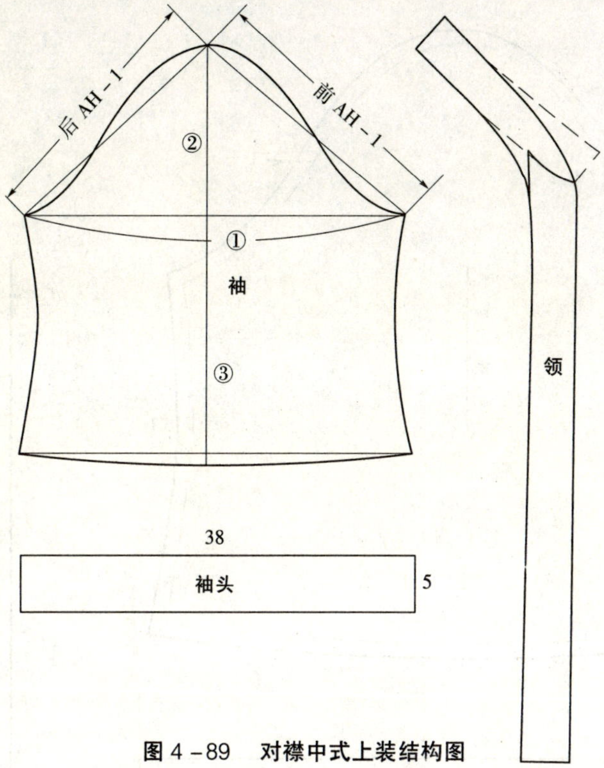

图 4－89　对襟中式上装结构图

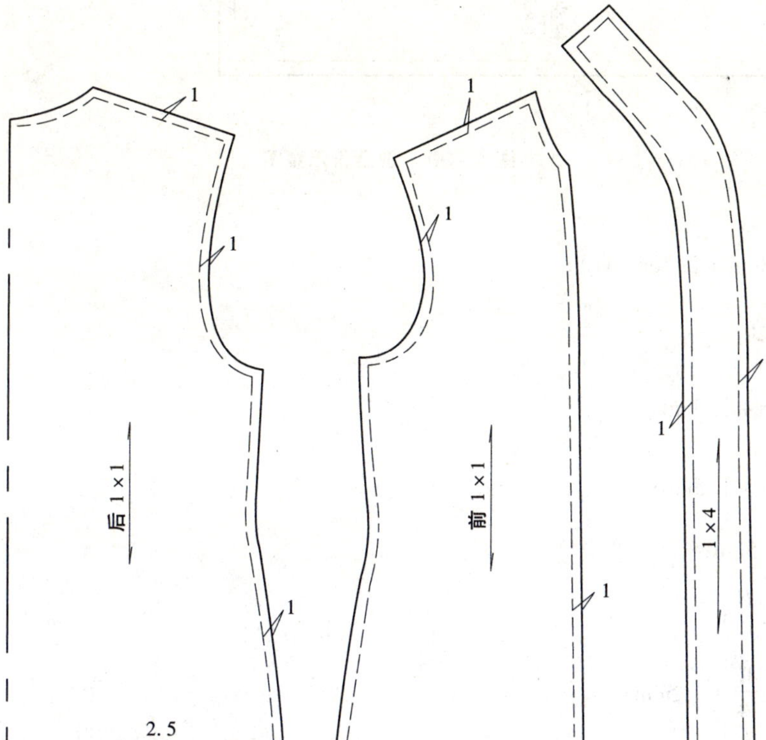

图 4－90　放缝份示意图

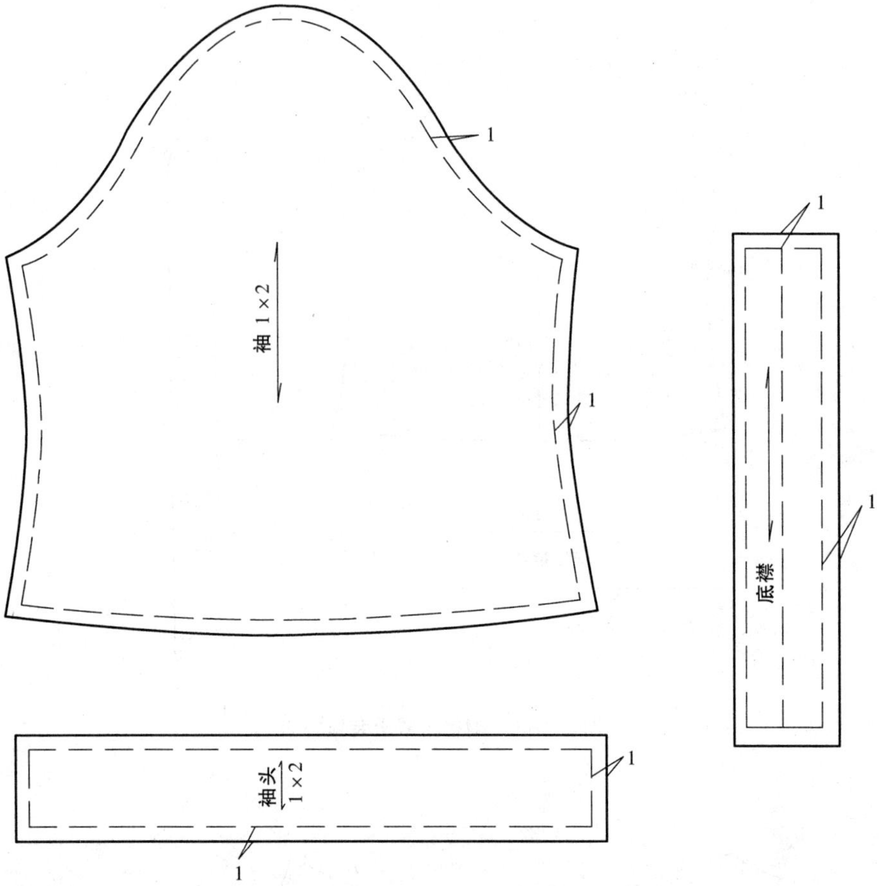

图 4 –90　放缝份示意图

④腰节:38cm + 2. 5cm(省);

⑤领宽:$\frac{N}{5}$;

⑥领深:$\frac{N}{5}$ + 0. 5cm;

⑦胸宽:$\frac{B}{6}$ + 1. 5cm;

⑧冲肩:2. 5cm;

⑨胸围宽:$\frac{B}{4}$;

⑩腰围宽:$\frac{W}{4}$ + 1. 5cm;

⑪臀围宽:$\frac{H}{4}$ + 1cm(省);

⑫腋下省:2. 5cm;

⑬撇胸:1cm;

2. 后片制板

①领深:2.5cm;

②背宽:胸宽 +1cm;

③冲肩:2cm;

④胸围宽:$\frac{B}{4}$;

⑤腰宽:$\frac{W}{4}+1.5cm$;

⑥臀宽:$\frac{H}{4}$;

⑦后领弧线、后小肩线平行去掉 2cm,并保证后领宽、小肩线尺寸不变。

3. 袖制板

①总袖肥:$(\frac{B}{5}-1cm)\times 2$

②袖山高:用前 AH - 1cm 线段,后 AH - 1cm 线段(后小肩落 2cm 以后的袖窿弧)斜交袖肥直分两端,交点为袖山高点,袖肥水平线至袖山高点之间的垂直距离为袖山高;

③袖长:43cm - 5cm(袖头宽)。

第五章　大衣的结构与制板

第一节　大衣的结构原理

大衣是指穿在套装外并有一定宽松量的服装。在众多服装品种中，实用性很高。大衣因用途、季节等因素，其质地、款式有很大变化。冬季穿用的大衣质地较厚，衣长可至脚踝，造型多以宽松为主，春秋季穿用的大衣质地薄而轻，款式多样，紧身、宽松皆宜。大衣无论在什么季节穿用，其结构特点都以大方实用为主，线条流畅优美。

一、衣长的确定

1. 大衣的衣长变化很多，短大衣的衣长一般在臀围线至膝围线之间。
2. 中长大衣的衣长在膝围线处。
3. 长大衣的衣长在膝围线至脚面之间。如图 5－1 所示。

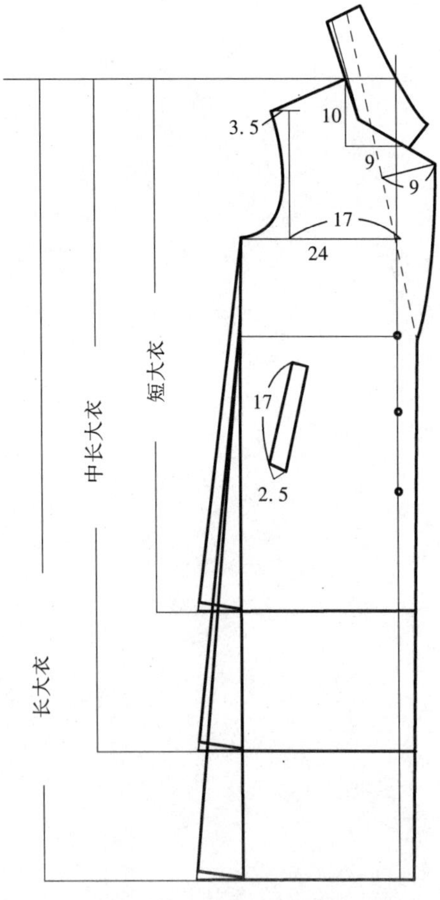

图 5－1　衣长确定平面图

二、款式造型的变化

大衣的款式造型主要以外部廓型变化为主，细部变化较小。短大衣常用于春、秋装的设计，中长大衣、长大衣则主要用于冬装的设计。大衣的廓型变化不受衣长限制，与季节、流行因素有关。

1. **合体型**　合体型是以标准体为前提，胸围、腰围、臀围加放松度较小，成品服装胸、腰、臀部呈现自然型曲线效果。服装与人体间的空隙量为最低限度，只考虑穿用时的机能性。

2. **A 型**　A 型的轮廓近似三角形，底摆围度不能只在侧缝加放，应采用纸样开剪展开的处理方法。

3. **长方形**　将合体型稍加变化就做出了长方形线条也称盒式线条。长方形中间部位横向上加一些放松量，可演变成锤形轮廓。

如上所述，大衣的轮廓造型种类很多，变化很大，也常受流行趋势的影响，又特别容易受里层衣服的影响，因此，衣长、宽松度、面料这三种因素构成大衣轮廓和造型，如图 5－2 所示。

图 5－2　款式造型效果图

三、门襟的变化

门襟可按自己的喜好来定,下面介绍几种门襟,如图 5 - 3 所示。

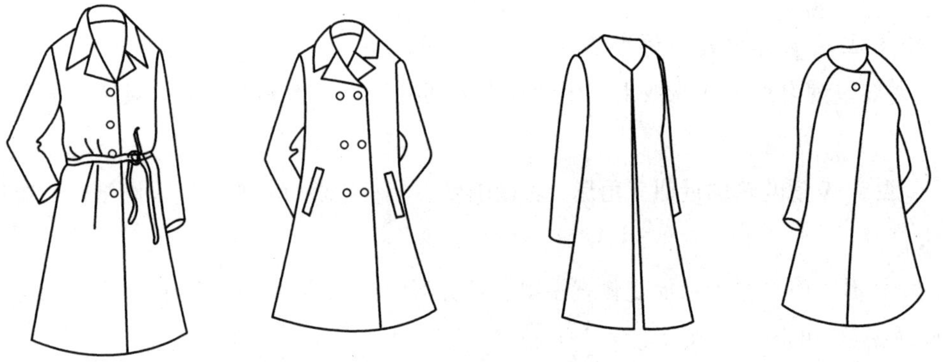

图 5 - 3　门襟款式效果图

1. **单排扣门襟**　应用广范,是门襟最常见的形式之一。门襟的重叠量可据面料的厚度和扣的大小而定,一般为 2.5 ~ 3cm,还可以不加扣而用腰带系住,或采用暗门襟形式。

2. **双排扣门襟**　为最普通的门襟形式,双排扣门襟适用于任何人,门襟重叠的量按个人喜好来设计。

3. **无门襟**　多用于春、夏季兼用的大衣。门襟可包边,用扣袢来固定扣。

四、大衣袖的变化

大衣袖包括一片袖与两片袖两种。一片袖经常用于休闲类款式,两片袖常用于较正式款式,两片袖是由一片袖变化而来。根据流行可以在两片袖的基础上变化出三片插肩袖、连肩袖等不同袖型。如图 5 - 4 所示。

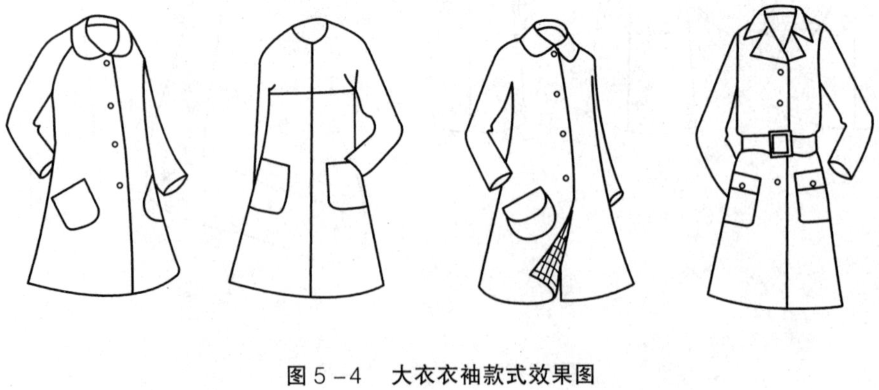

图 5 - 4　大衣衣袖款式效果图

第二节　典型大衣及其制板

一、中长皮大衣制板

(一)中长皮大衣成品规格表及款式效果图(图5-5)

成品规格表

单位:cm

部位名称 / 规格 / 号型	衣长	胸围	腰围	臀围	领围	摆度	袖长	袖口
155/80A	78	92	78	96	49	116	56.5	12.5
160/84A	80	96	82	100	50	120	58	13
165/88A	88	100	86	124	51	124	59.5	13.5
170/92A	84	104	90	108	52	128	61	14
175/96A	86	108	94	112	53	132	62.5	14.5

(二)中长皮大衣制板(图5-6)

1. 前片制板

①衣长:80cm;

②落肩:5cm;

③袖窿深:$\frac{B}{6}+8$cm;

④腰节:38.5cm;

⑤领深:$\frac{N}{5}+0.5$cm;

⑥领宽:$\frac{N}{5}$;

⑦胸宽:$\frac{B}{6}+1.5$cm,冲肩2.5cm;

⑧胸围宽:$\frac{B}{4}$;

⑨腰围宽:$\frac{W}{4}+2$cm(省);

⑩底摆:$\frac{120}{4}$。

2. 后片制板

①领深:2.5cm;

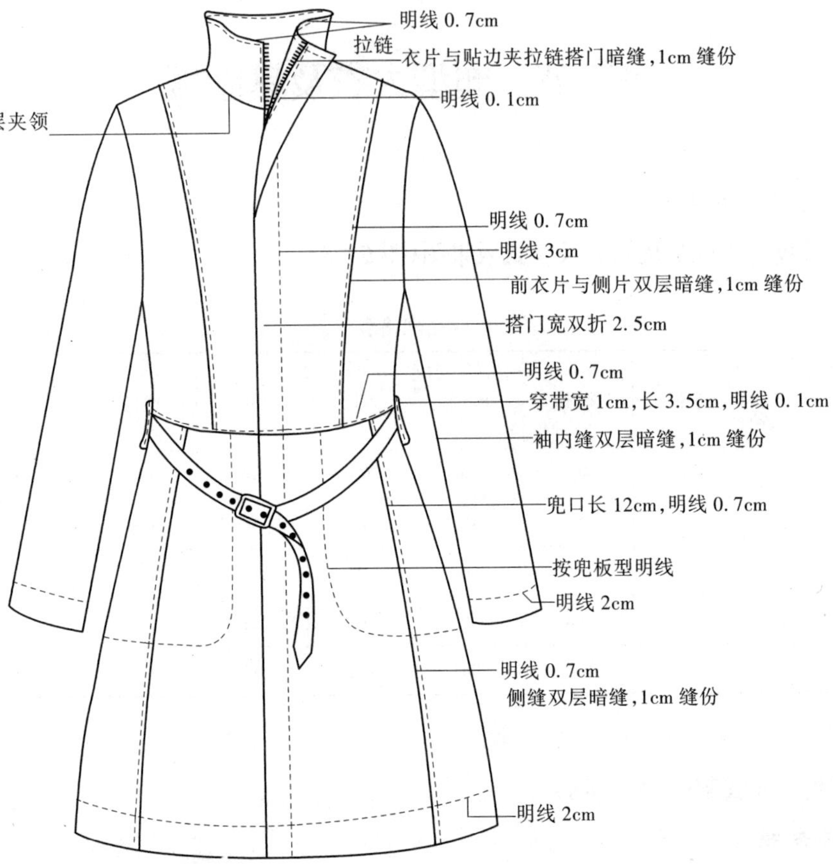

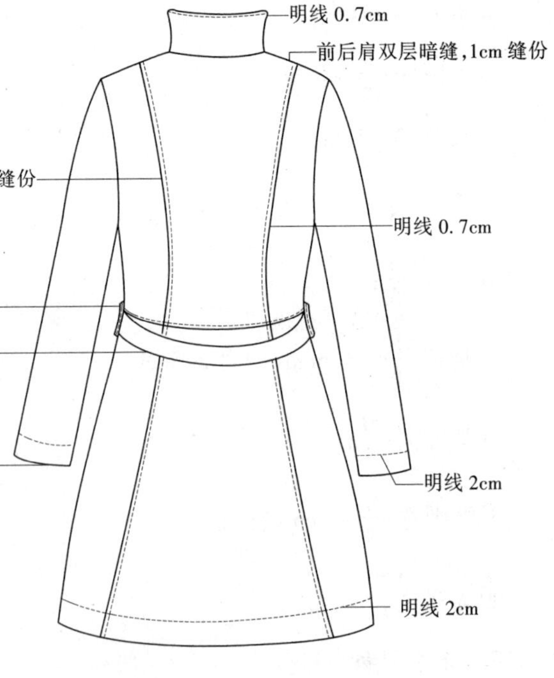

图 5-5 中长皮大衣效果图

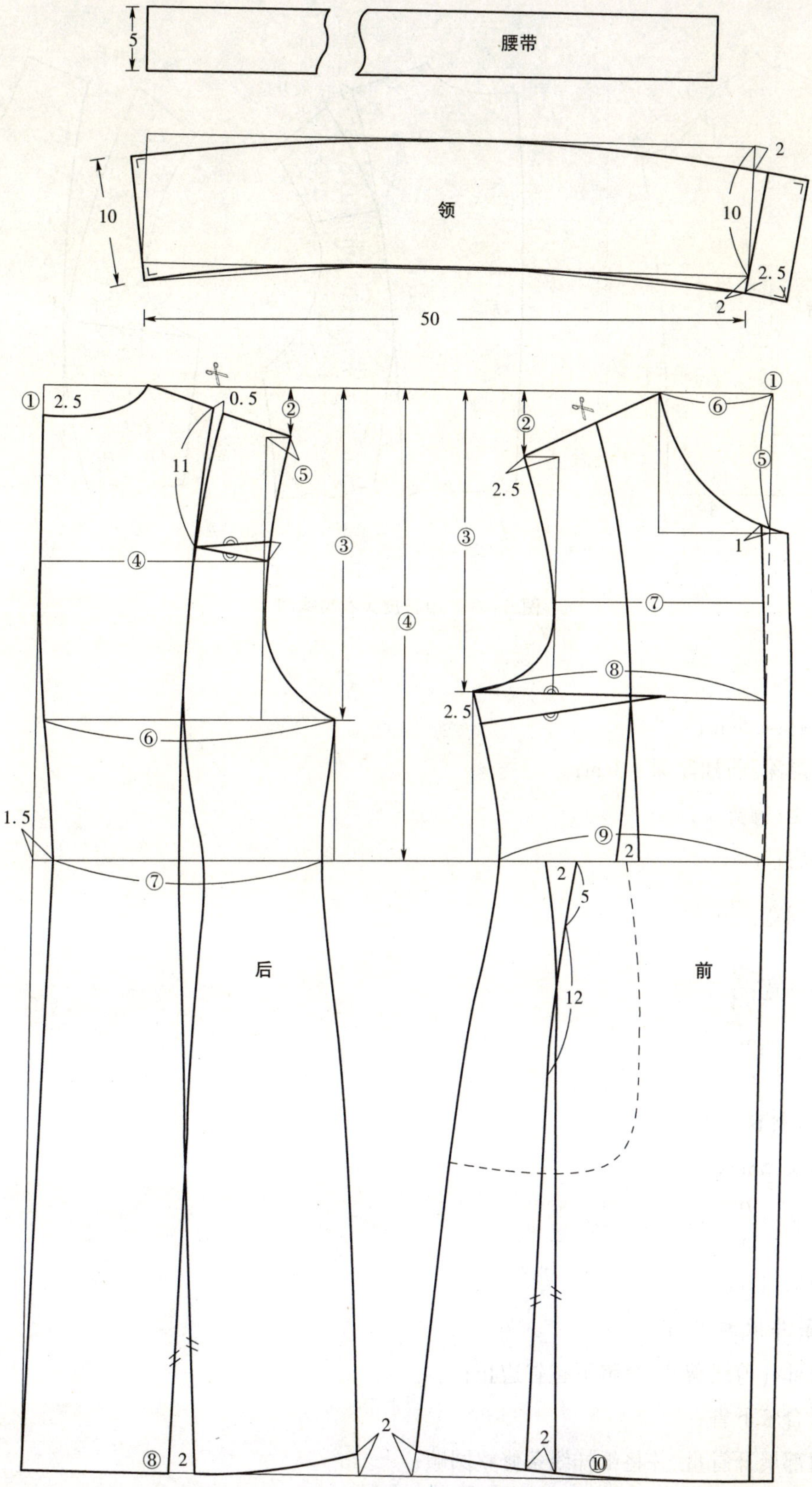

图5－6

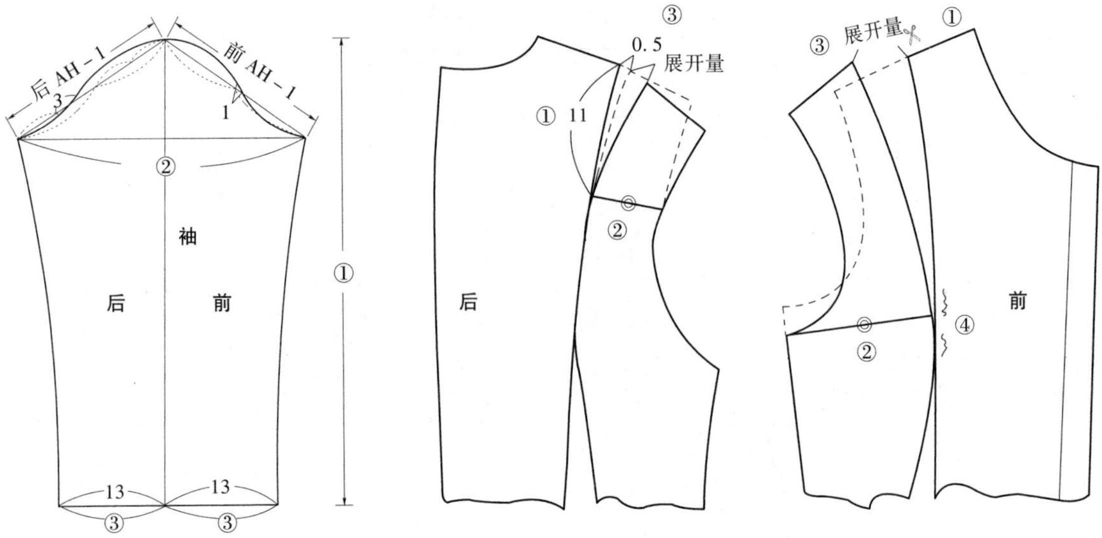

图 5 –6　中长皮大衣结构图

②落肩:4.5cm;

③袖窿深:前袖窿深 + 3cm;

④背宽:胸宽 + 1cm;

⑤冲肩:2cm;

⑥胸围宽:$\frac{B}{4}$;

⑦腰围宽:$\frac{W}{4}+2$;

⑧底摆:$\frac{120}{4}$。

3. 袖制板

①袖长:58cm;

②袖肥:$(\frac{B}{5}-1)\times 2$;

③袖口:13cm。

4. 前片纸样处理

①肩部开剪线剪开,至腋下省省边止;

②拼合腋下省;

③肩部展开省量,并将纸样线条修整圆顺;

④前片大片有一段剩余腋下省量,在工艺制作时作为吃份,并保证在 BP 点位置吃进。

5. **后片纸样处理**

①肩部开剪线剪开 11cm;

②拼合袖窿省;

③肩部展开省量(省部原的有与前小肩差量,即吃份量,因为开剪去掉,此量不包括在转省量以内);圆顺纸样线条。

二、连立领中长大衣制板

(一)连立领中长大衣成品规格表及款式效果图(图5-7)

成品规格表

单位:cm

部位名称 / 规格 号型	衣长	胸围	腰围	臀围	领围	袖长	袖口	摆围
155/80A	78	92	78	96	39	56.5	12.5	106
160/84A	80	96	82	100	40	58	13	110
165/88A	82	100	86	104	41	59.5	13.5	114
170/92A	84	104	90	108	42	61	14	118
175/96A	88	108	94	112	43	62.5	14.5	122

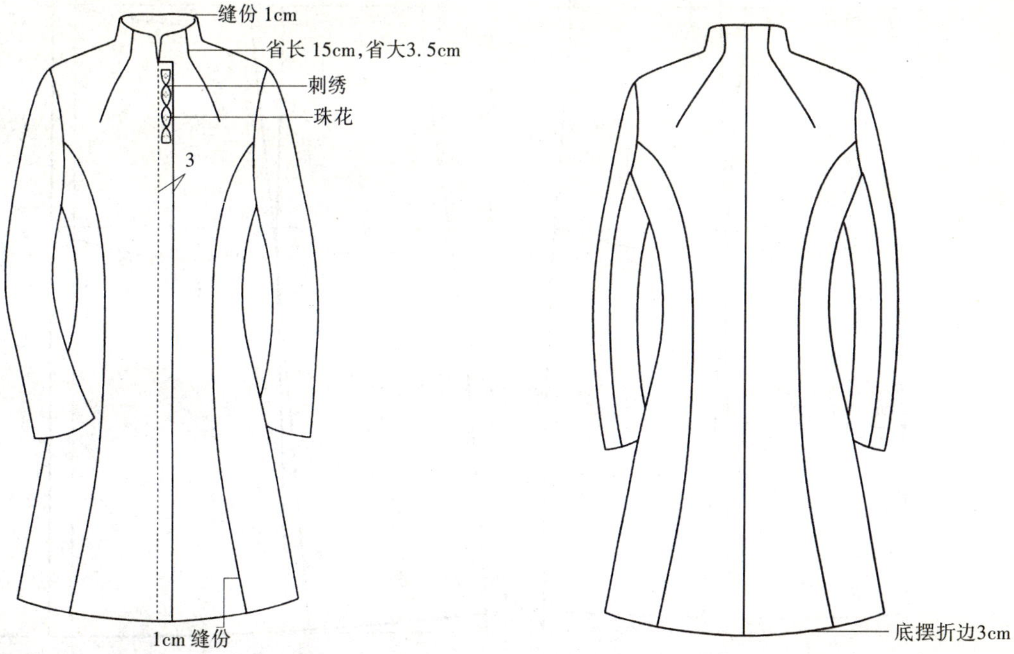

图5-7　连立领中长大衣效果图

(二)连立领中长大衣制板(图 5 – 8)

1. 前片制板

①基础线:画出平行基础线;

②衣长线:垂直①线画衣长所需长度;

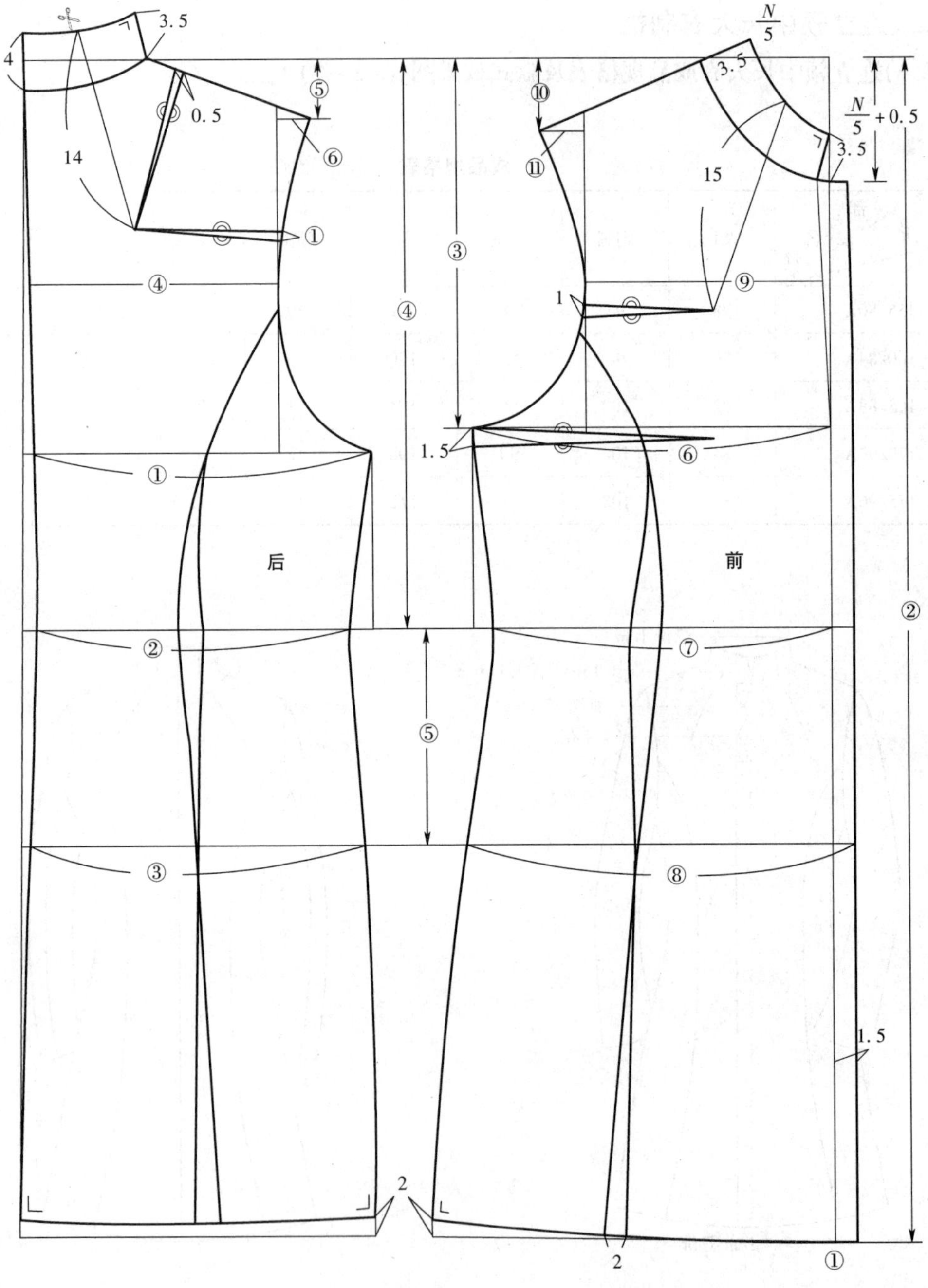

图 5 – 8

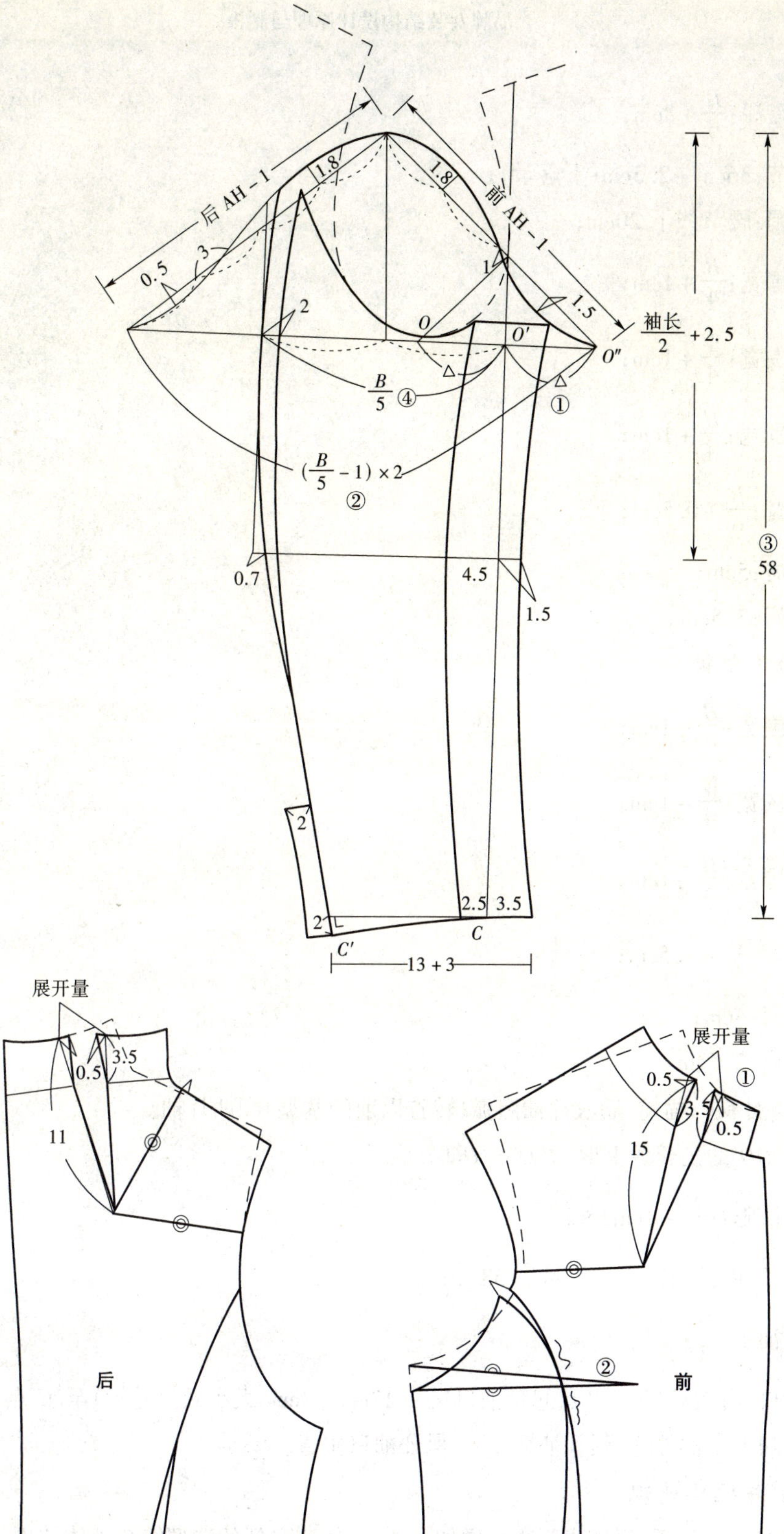

⑤

图 5－8　连立领中长大衣结构图

③袖窿深：$\frac{B}{6}+8cm$；

④腰节：36cm + 2.5cm（下落量）；

⑤臀围：腰节线下 20cm；

⑥胸围宽：$\frac{B}{4}+1cm$；

⑦腰围宽：$\frac{W}{4}+1cm$；

⑧臀围宽：$\frac{H}{4}+1cm$；

⑨胸宽：$\frac{B}{6}+0.5cm$；

⑩落肩：5cm；

⑪冲肩：3.5cm。

2. **后片制板**

①胸围宽：$\frac{B}{4}-1cm$；

②腰围宽：$\frac{W}{4}-1cm$；

③臀围宽：$\frac{H}{4}-1cm$；

④背宽：$\frac{B}{6}+1.5cm$；

⑤落肩：4cm；

⑥冲肩：2.5cm。

3. **袖制板**　描前、后衣片袖窿弧（转省以前的基型）配两片袖。

①在 OO' 的延长线上取 $O'O''=OO'$；

②总袖肥：$(\frac{B}{5}-1cm)\times 2$；

③袖长：由袖山高点垂直量取 58cm；

④大袖肥：$\frac{B}{5}$；

⑤袖口：由大袖里缝 C 点起量袖口尺寸 13cm + 3cm（大小袖口差量）至 C' 点；

⑥圆顺大小袖外缝，延长袖翘 2cm，保证袖口垂直。

4. **前片纸样处理**

①领部开剪展开，领弧线两边各增加 0.5cm，使连立领的造型符合人体结构；

②将腋下省转移至公主线开剪处，拼合袖窿省。前片剩余腋下省量，作为吃份在原位置吃进。

5. **后片纸样处理**

将袖窿省、肩省转移至领部开剪处，领弧线两侧各增加0.5cm，圆顺纸样弧线。

三、中长风衣制板

(一)中长风衣成品规格表及款式效果图(图5-9)

成品规格表

单位:cm

规格 部位名称 号型	衣长	胸围	腰围	臀围	领围	袖长	袖口	摆围
155/80A	78	88	72	92	39	54	12.5	106
160/84A	80	92	76	96	40	55.5	13	110
165/88A	82	96	80	100	41	57	13.5	110
170/92A	84	100	84	104	42	58.5	14	118
175/96A	86	104	88	108	43	60	14.5	122

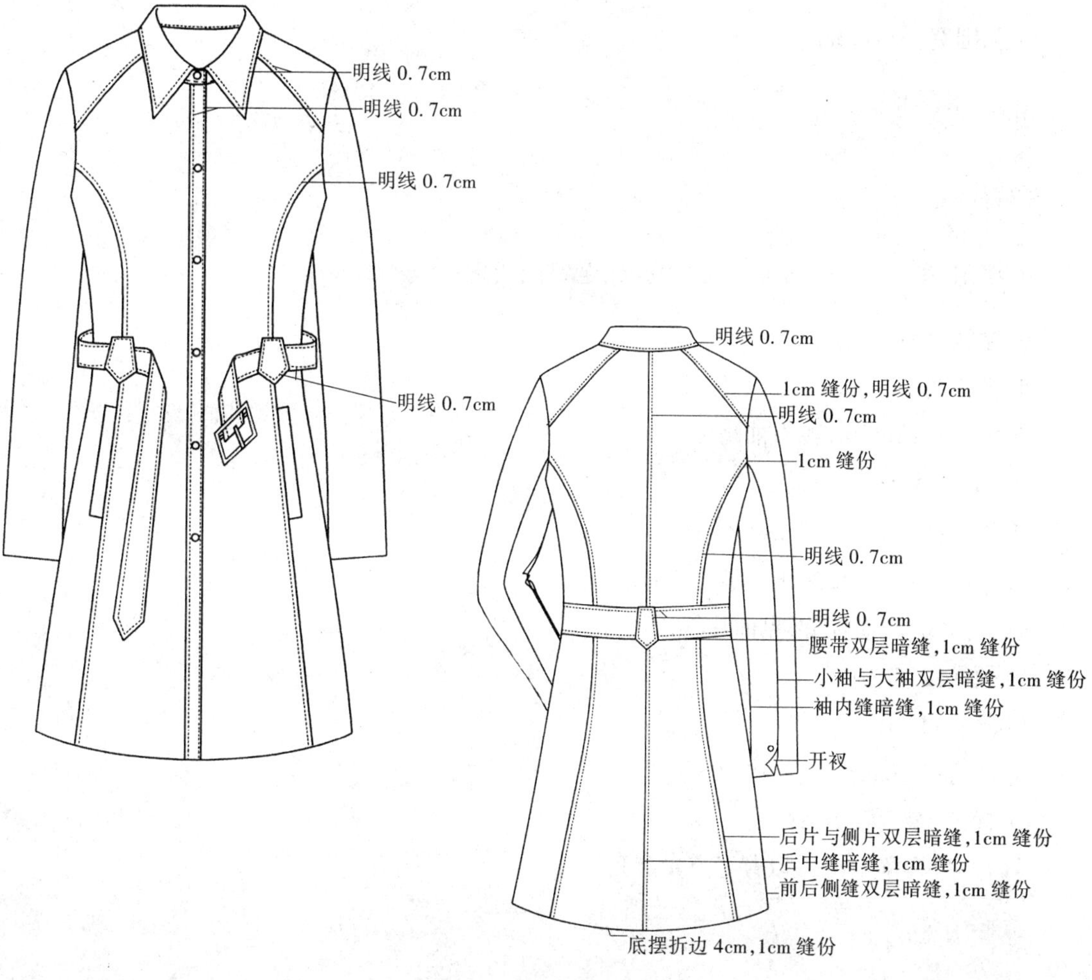

图5-9　中长风衣效果图

(二)中长风衣制板(图 5 - 10)

1. 前片制板

①衣长:80cm;

②落肩:5cm;

③袖窿深:$\frac{B}{6}+7$cm;

④腰节:36cm + 2.5cm;

⑤臀围线:腰节下 20cm;

⑥领深:$\frac{N}{5}+0.5$cm;

⑦领宽:$\frac{N}{5}$;

⑧胸宽:$\frac{B}{6}+0.5$cm;

⑨冲肩:3.5cm;

⑩胸围宽:$\frac{B}{4}+1$cm;

⑪腰围宽:$\frac{W}{4}+2.5$cm;

⑫臀围宽:$\frac{H}{4}$;

⑬摆围:$\frac{摆围}{4}$,去掉 ϕ 量做公用交叉,至臀围线止;

⑭撇胸:1cm;

⑮搭门宽:1.5cm;

⑯腋下省:2.5cm,转入袖窿中。

2. 后片制板

①腰节:同前腰节,见前片④;

②袖窿深:前袖窿深线下落 2.5cm;

③臀围线:同前腰节,见前片⑤;

④领深:2.5cm;

⑤落肩:4cm;

⑥冲肩:2.5cm;

⑦背缝:腰节收 1cm;

⑧背宽:胸宽 + 1cm(以背缝点量起);

⑨胸围宽:$\frac{B}{4}$;

⑩腰围宽:$\frac{W}{4}+2$cm;

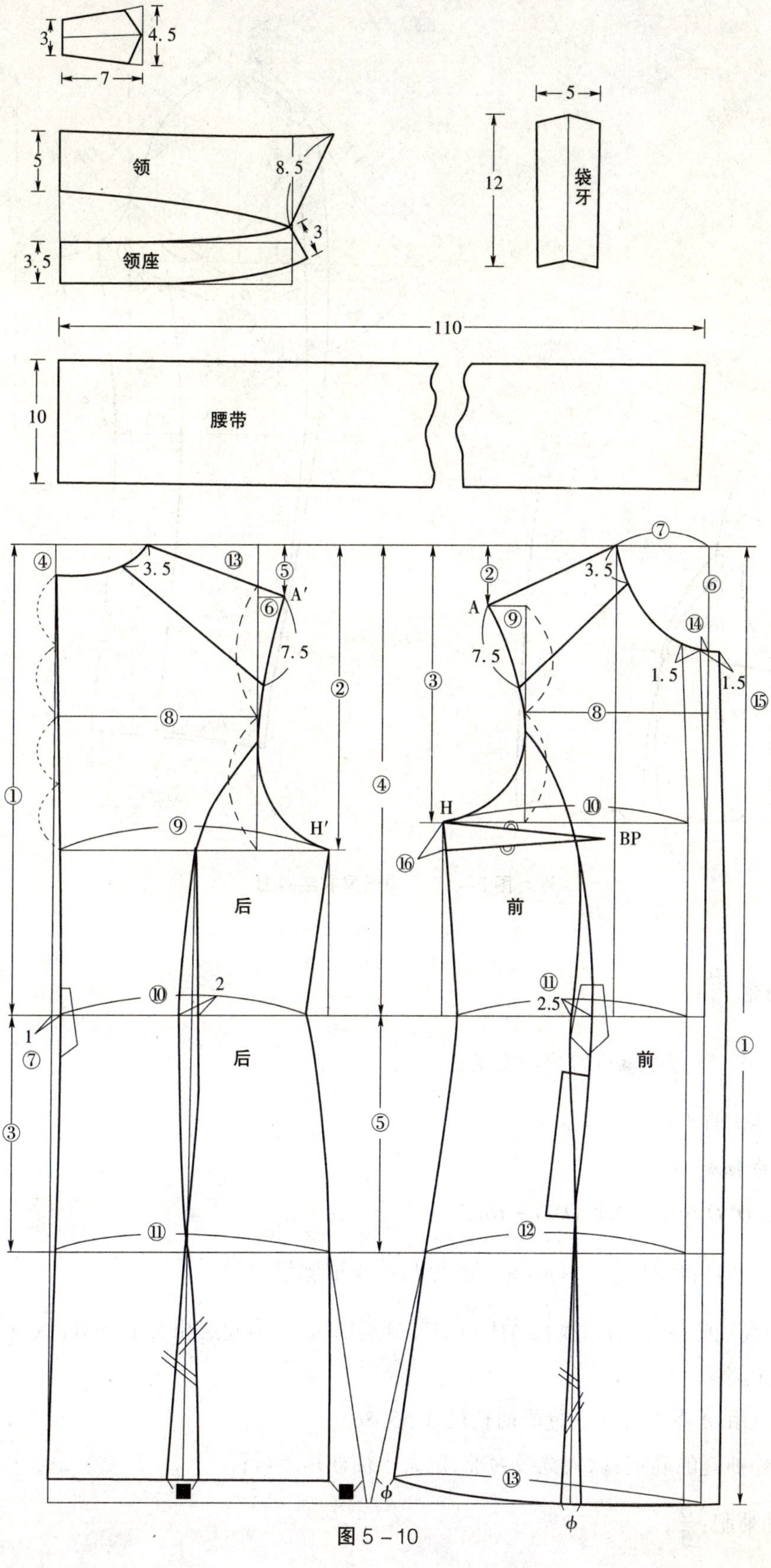
3
4.5
7
5
领
8.5
3
3.5
领座
5
12
袋牙
110
10
腰带
⑦
④
3.5
⑬
⑤
A′
⑥
7.5
②
⑧
①
⑨
H′
后
⑩
2
1
⑦
后
③
⑤
⑪
④
⑫
⑬
②
A
⑨
7.5
③
3.5
⑥
⑭
1.5
1.5
⑮
⑧
H
⑩
BP
⑯
前
⑪
2.5
前
①
ϕ
ϕ

图 5－10

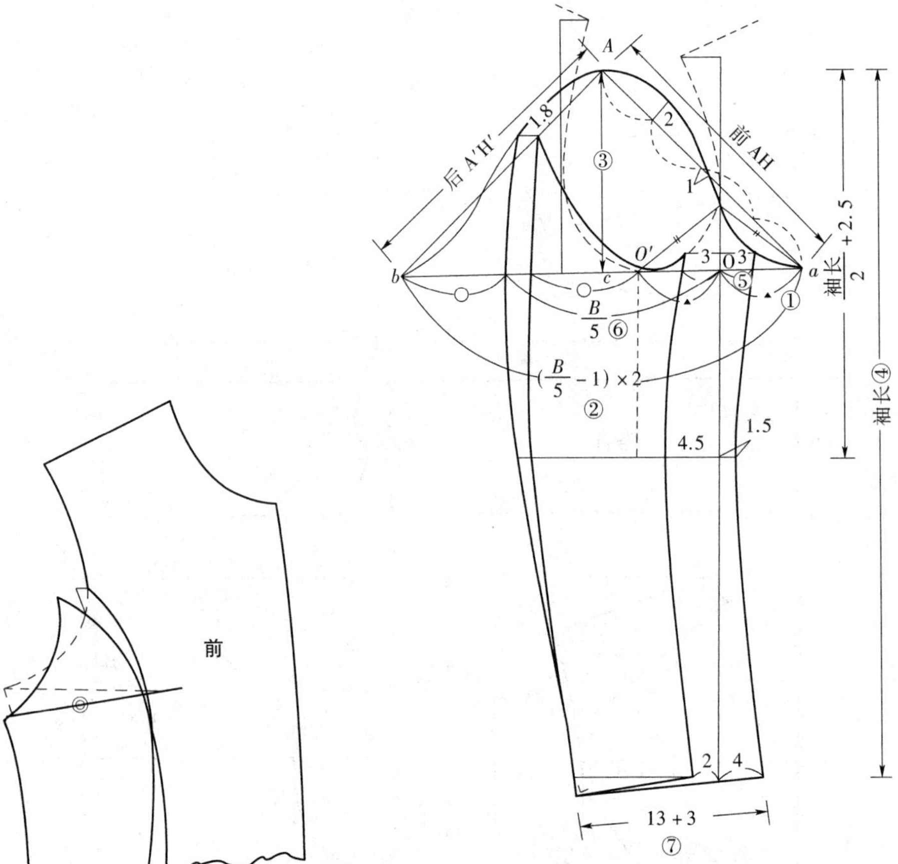

图 5－10　**中长风衣结构图**

⑪臀围宽：$\frac{H}{4}$；

⑫摆围：$\frac{摆围}{4}$，去掉■量做公用交叉；

⑬后小肩：前小肩＋0.5cm。

3. **两片袖制板**

①延长 $O'O$ 至点 a，使 $O'O = Oa$；

②由 a 点向后量取$(\frac{B}{5}-1\text{cm})\times 2$ 至点 b，为总袖肥量；

③袖山高：前、后袖窿弧线长 AH、A'H'，分别以 a、b 为起点相交于点 A，点 A 即为袖山中点，Ac 为袖山高；

④袖长：由 A 点垂直向下量取袖长尺寸 55.5cm；

⑤里、外袖缝的确定：以胸宽线为准，定大小袖袖片差量；

⑥大袖袖肥：$\frac{B}{5}$；

⑦袖口：由大袖袖口的里袖缝点量袖口 13cm + 3cm = 16cm。

四、插角连袖中长大衣(袖片开剪)制板

(一)插角连袖中长大衣成品规格表及款式效果图(图 5-11)

成品规格表　　单位:cm

号型＼规格＼部位名称	衣长	胸围	领围	摆度	袖长	袖口	袖肥
155/80A	78	98	43	106	56.5	14	$\frac{B}{5}-1$
160/84A	80	102	44	110	58	14.5	$\frac{B}{5}-1$
165/88A	82	106	45	114	59.5	15	$\frac{B}{5}-1$
170/92A	84	110	46	118	61	17.5	$\frac{B}{5}-1$
175/96A	86	114	47	122	62.5	16	$\frac{B}{5}-1$

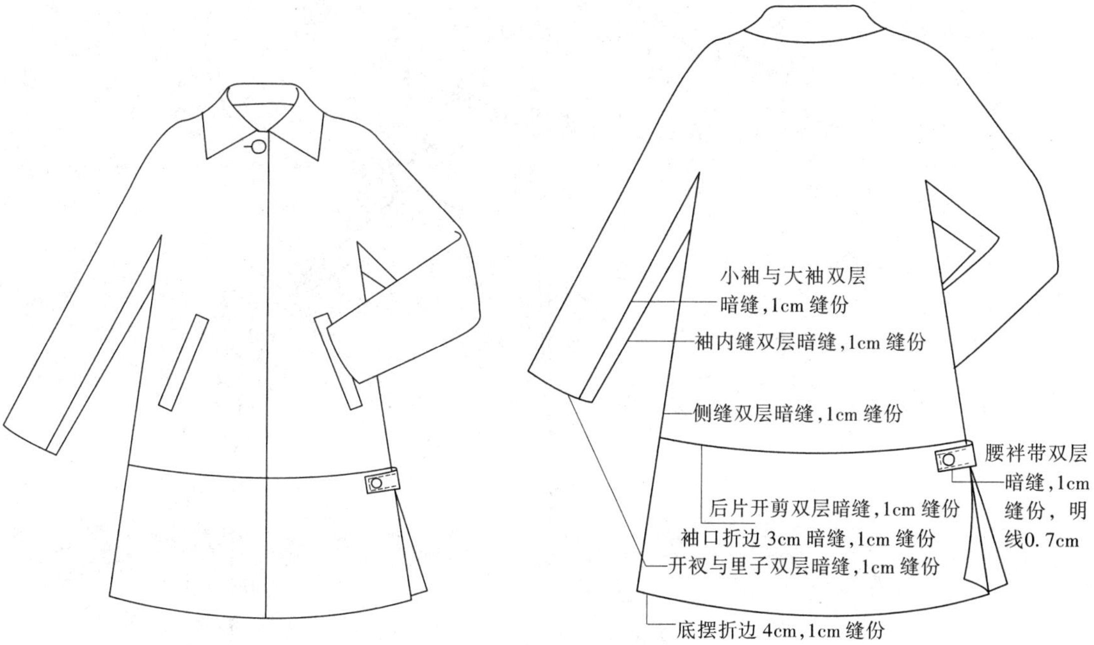

图 5-11　插角连袖中长大衣效果图

(二)插角连袖中长大衣(袖片开剪)制板(图 5-12)

1. **前片制板**　采用宽松原型制板。

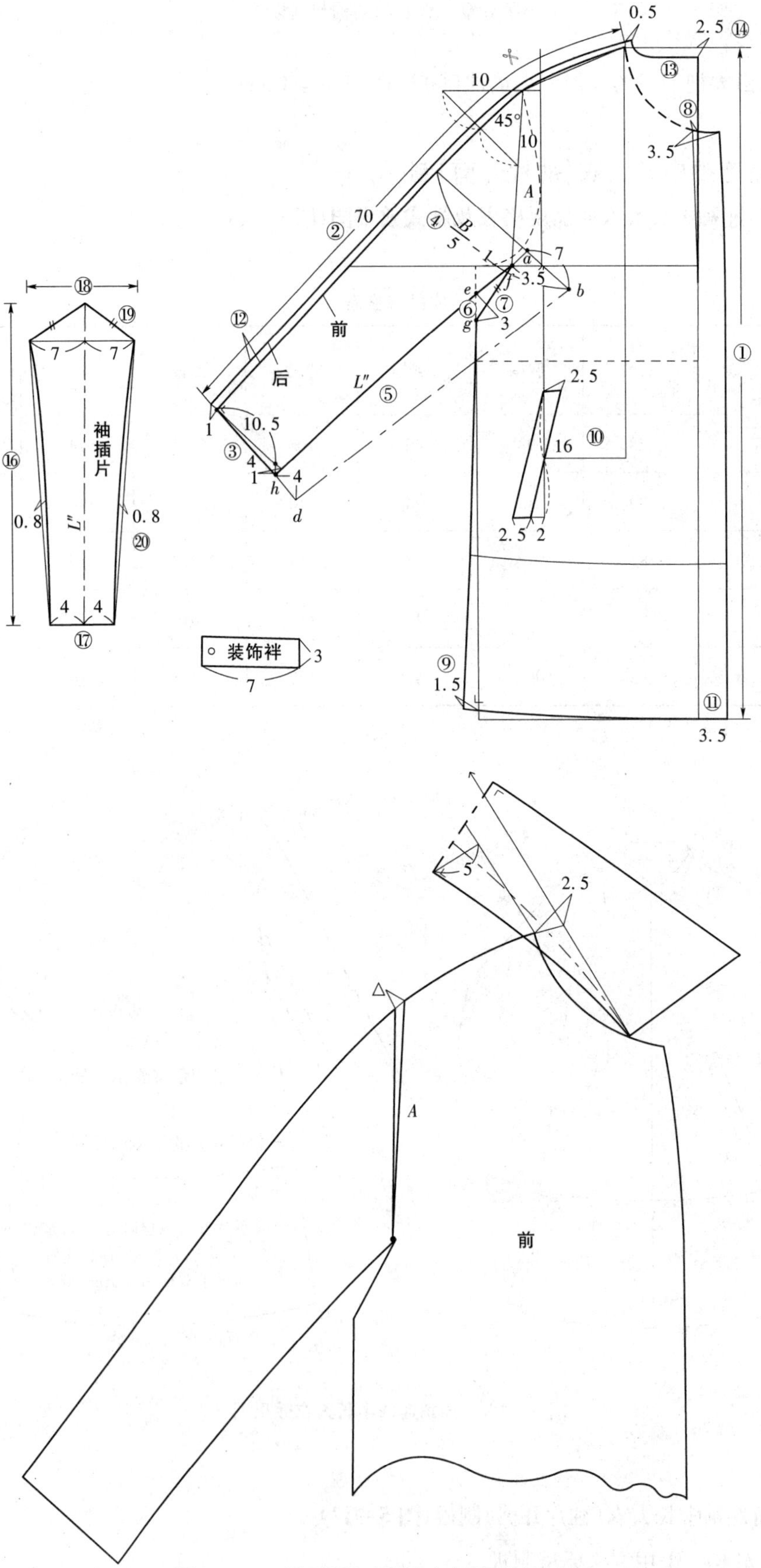

图 5－12　插角连袖中长大衣(袖开剪)结构图

①衣长：80cm；

②袖长：原型板小肩点做直角三角型，由 45°角分线点与小肩点连线并延长，截取袖长 70cm；

③袖口：14. 5cm－4cm＝10. 5cm；

④袖肥：总袖肥为$\frac{B}{5}-1$cm。通过胸围线与胸宽线交点作肩袖缝的垂直线，垂直线长等于$\frac{B}{5}-1$cm。ab 为 7cm，连接 b、d，d、h 为 4cm；

⑤袖里缝：以胸围为基础，以胸宽线向袖窿方向量取 3. 5cm 为 f 点，与 h 点连线；

⑥由 e 点向下量取 3cm 为 g 点，g 点与 f 点连线，gf 为插角长度（f 点距胸宽线最小 2cm，否则成衣接角外露）；

⑦原型肩端点与 f 点连线。在验板时，前、后袖外缝长度差量由此线展开。

⑧撇胸：1cm；

⑨下摆处摆出：1. 5cm；

⑩口袋位：肩颈点下量 50cm 为$\frac{1}{2}$口袋位，袋口长 16cm；

⑪搭门：3. 5cm。

2. 后片制板

⑫袖缝由前袖缝平行向上 1cm；

⑬领宽：由前领宽点向上 0. 5cm（小肩吃份）；

⑭领深：2. 5cm；

⑮其他同前片制图。

3. 袖片制板

⑯实量里袖缝长度 $fh=L''$；

⑰袖插片：以 L''为中心两边各 4cm；

⑱袖插片肥：以 L''为中心两边各 7cm；

⑲取线段长度等于 fg，以 L''线为中心斜交于两边线；

⑳两边线向内凹 0. 8cm。

4. 袖片调整

将前片 A 线开剪展开，展开的量（△）为前、后袖外缝线长的差量减 0. 5。因为后片外袖缝线是在前片外袖缝的基础上平行扩放，属于外弧线，而前片外袖缝为内弧线，所以在此处将前、后外袖缝线之间存在的差量补齐。调整后后片外袖缝线应长于前外袖缝线 0. 5cm，0. 5cm 为肩部吃份。

五、插角连袖中长大衣（衣片开剪）制板

（一）插角连袖中长大衣（衣片开剪）款式效果图（图 5－13）

成品规格表

单位:cm

规格 部位名称 号型	衣长	袖长	领围	胸围	摆度	袖口
155/80A	78	56.5	44	98	110	14
160/84A	80	58	45	102	114	14.5
165/88A	82	59.5	46	106	118	15
170/92A	84	61	47	110	122	15.5
175/96A	86	62.5	48	114	126	16

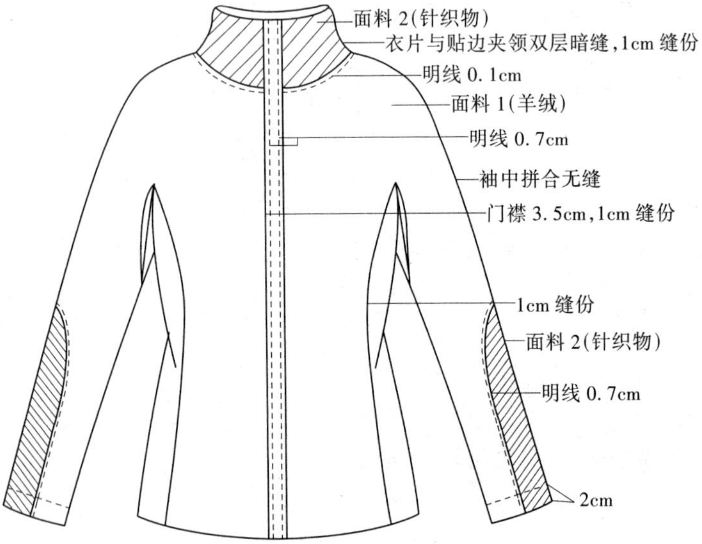

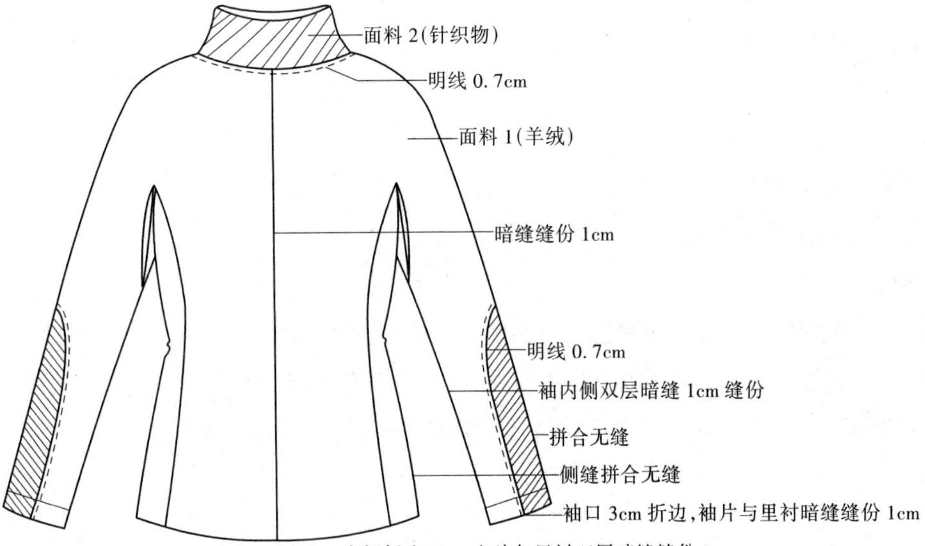

图 5-13　插角连袖中长大衣(衣片开剪)效果图

(二)插角连袖中长大衣(衣片开剪)制板(图5-14)

1. **前片制板**

①衣长:80cm;

②落肩:5cm;

③袖窿深:$\frac{B}{6}+8$cm;

④腰节:36cm+2.5cm(下落量);

⑤胸宽:$\frac{B}{6}+0.5$cm;

⑥冲肩:2.5cm;

⑦领宽:$\frac{N}{5}$;

⑧领深:9cm;

⑨撇胸:1cm;

⑩过小肩点做45°角分线,角分线长=袖长+3cm;

⑪袖肥:过胸围线与胸宽线交点作线段垂直于外袖缝,线段长$\frac{B}{5}-1$cm;

⑫袖口:14.5cm;

⑬里袖缝:连接点 a 点、b 点;

⑭插角线:连接袖里缝与侧缝线的交点 c 点与 d 点;

⑮搭门宽:3.5cm。

2. **后片制板**

⑯肩袖缝线:由前袖缝线平行放2cm;

⑰领深:2.5cm;

⑱领宽:前领宽-0.5cm。

⑲拼合前、后侧片:以侧缝直线为中心,拼合前、后侧片。

3. **前衣片纸样展开原理**　同上款服装。

4. **另外各部位制板**　可参考以下数据。

①宽松插肩或连肩服装胸宽线也可按原型板不变，合体插肩或连肩服装胸宽线可按$\frac{B}{6}-0.5$cm,背宽$\frac{B}{6}+2$cm;

②腰围:冬季为 $B-12$cm,夏季为 $B-(14\text{cm}\sim16\text{cm})$;

③摆度:上衣为 $B+4$cm,中长大衣为 $B+8$cm;

④袖肥:插肩或连肩类服装袖肥为$\frac{B}{5}$或$\frac{B}{5}-1$cm,因为袖片与衣片相连,不宜为瘦型袖,绱袖类服装袖肥为$\frac{B}{5}-2$cm。

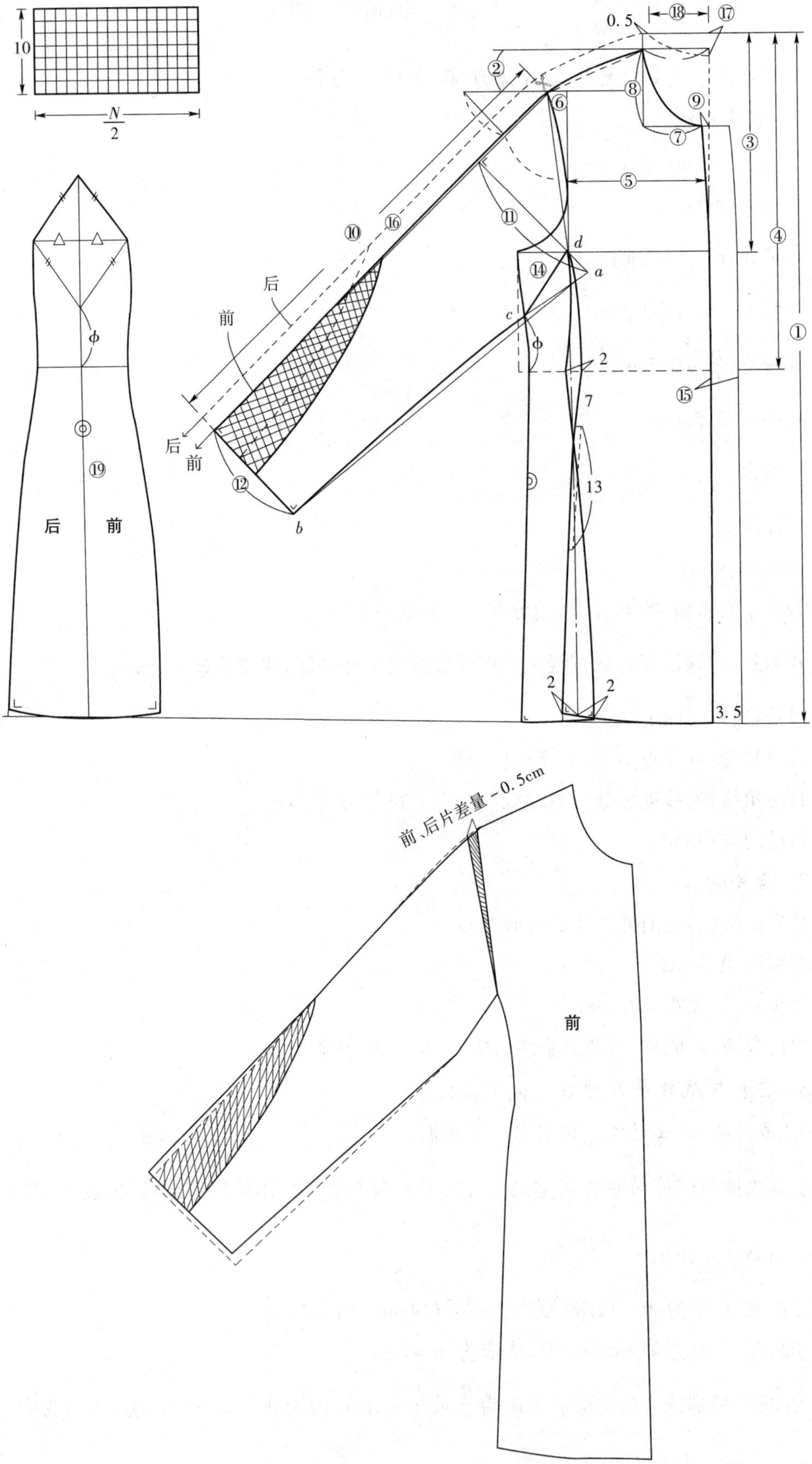

图 5－14　插角连袖中长大衣(衣片开剪)结构图

六、三开身中长大衣制板

(一)三开身中长大衣成品规格表及款式效果图(图 5-15)

成品规格表

单位:cm

号型 \ 部位名称	衣长	胸围	腰围	臀围	袖长	袖口	袖肥
155/80A	80	94	84	98	56	13	$\frac{B}{5}-2$
160/84A	82	98	88	102	57.5	13.5	$\frac{B}{5}-2$
165/88A	84	102	92	106	59	14	$\frac{B}{5}-2$
170/92A	86	106	96	110	60.5	14.5	$\frac{B}{5}-2$
175/96A	88	110	100	114	62	15	$\frac{B}{5}-2$

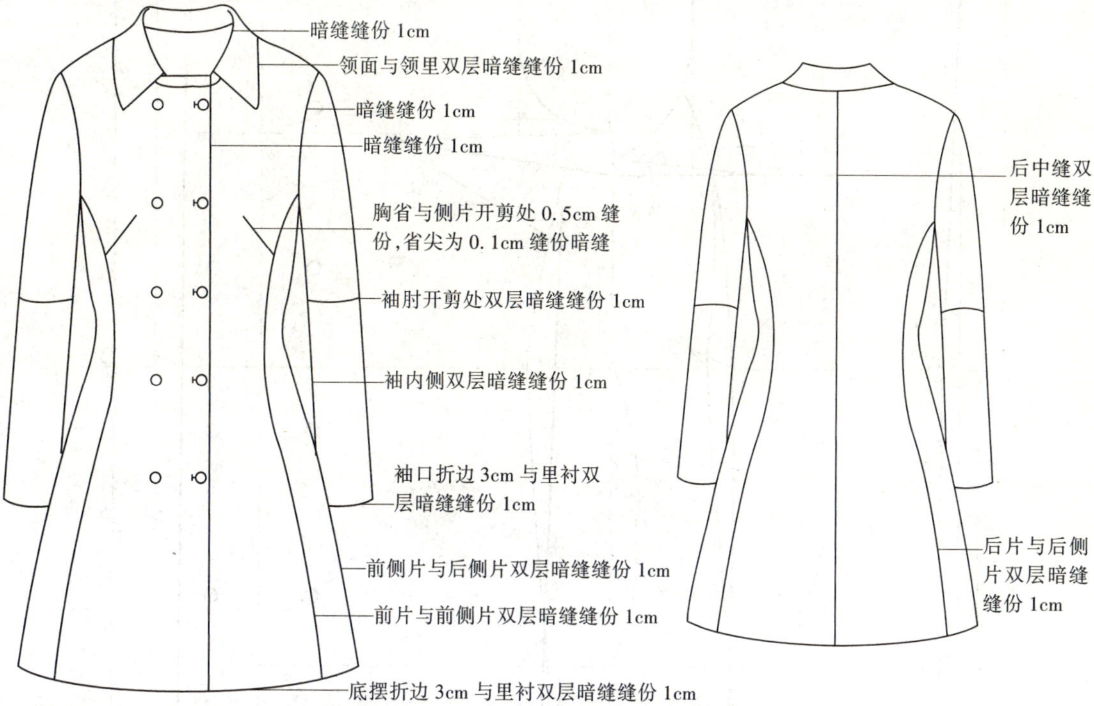

图 5-15　三开身中长大衣效果图

(二)三开身中长大衣制板(图 5-16)

1. **前片制板**　采用宽松原型制板。

①衣长:80cm;

②落肩:5cm;

③袖窿深:$\frac{B}{6}+8$cm;

④腰节：36cm + 2.5cm；

⑤臀围：腰节线向下 20cm；

⑥胸宽：$\frac{B}{6}$ + 1.5cm；

⑦领宽：$\frac{\text{胸宽}}{2}$ + 0.5cm；

⑧冲肩：2.5cm；

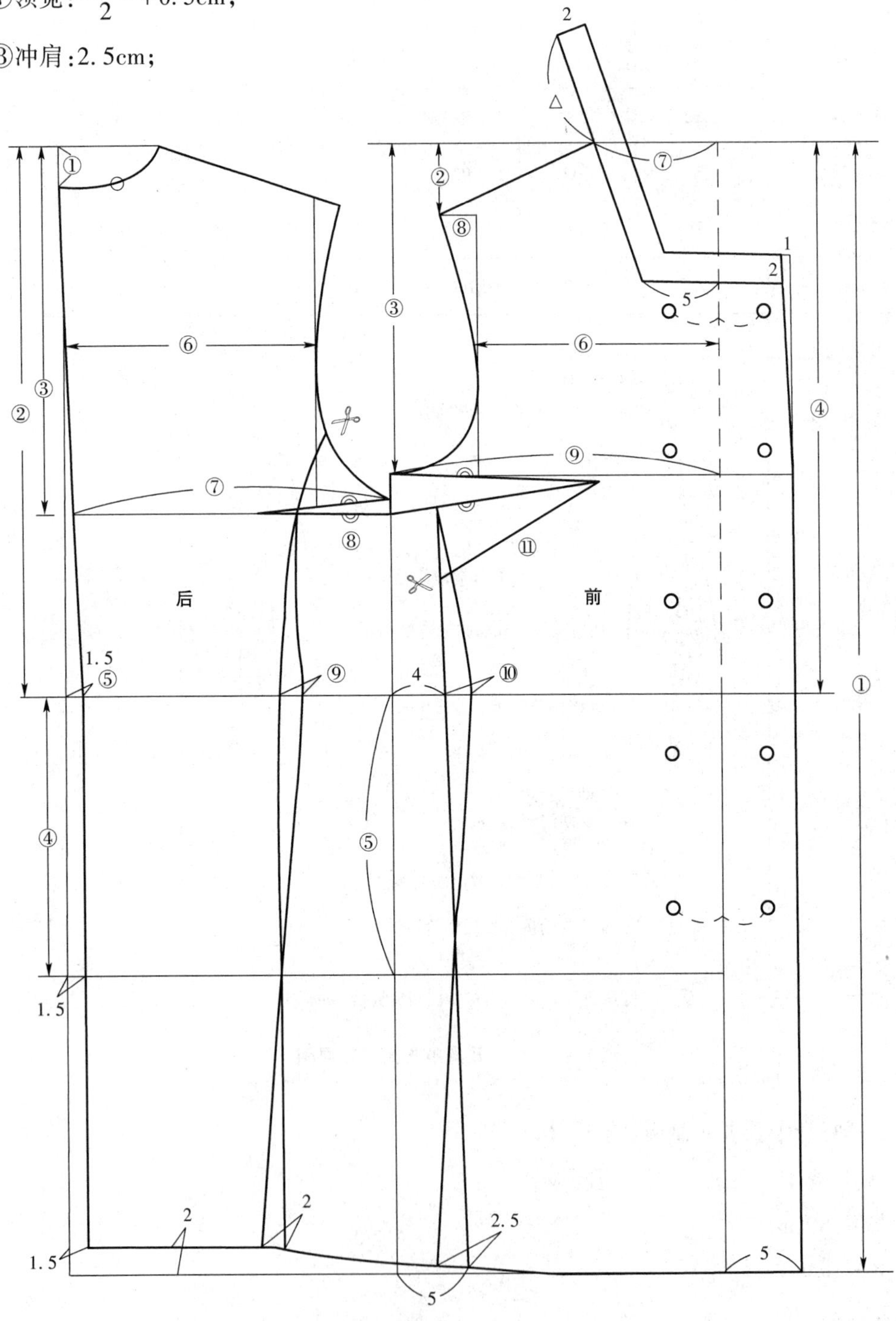

图 5 – 16

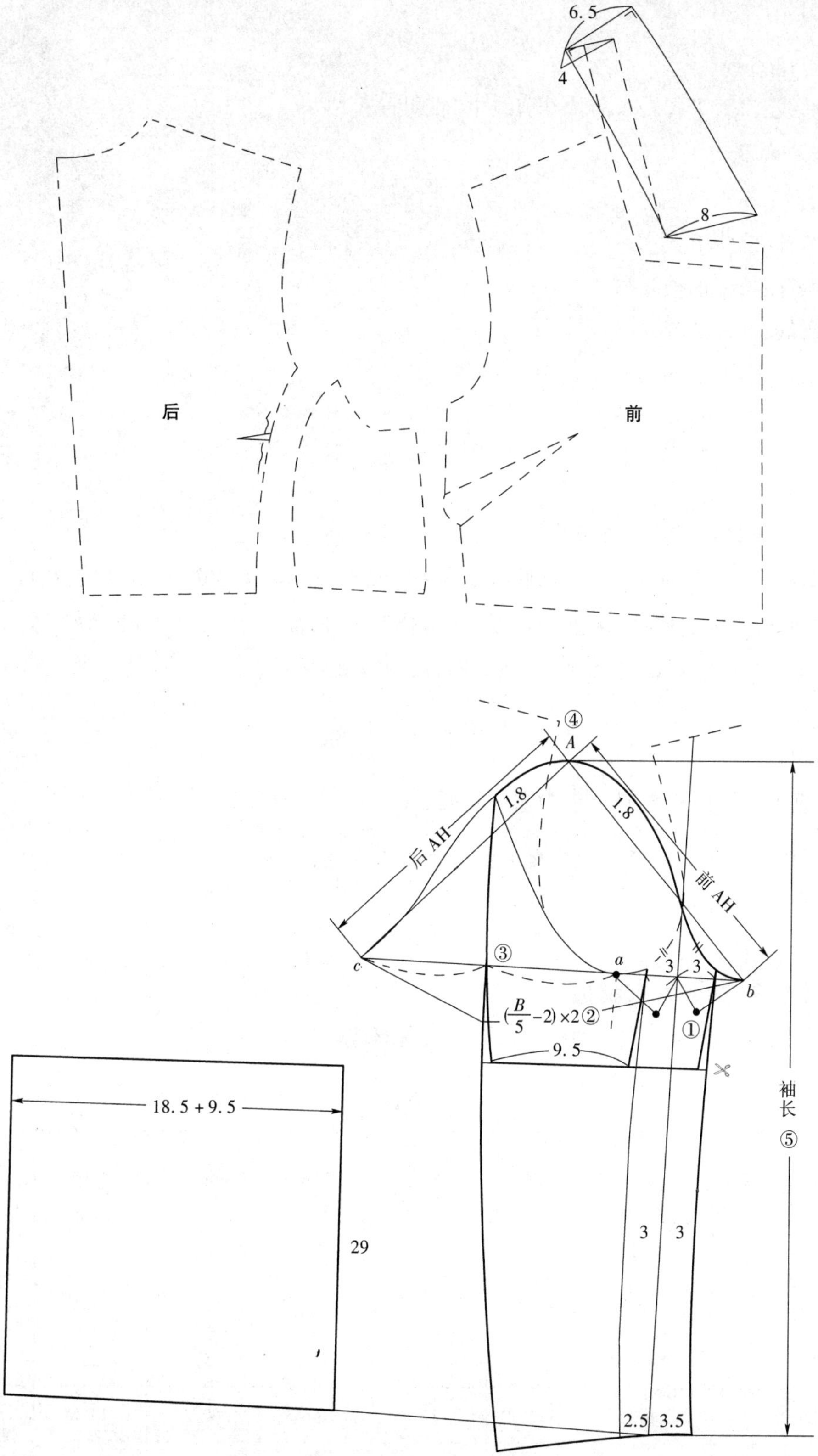

图 5 - 16　三开身中长大衣结构图

⑨胸围宽：$\frac{B}{4}$；

⑩腰省：2.5cm。

⑪开剪线：将腋下省转入前片开剪线中，收明省。

2. **后片制板**

①领深：2.5cm；

②腰节：同前腰节齐；

③袖窿深：低于前袖窿深 2.5cm；

④臀围线：同前片⑤；

⑤背缝：腰节收 1.5cm；

⑥背宽：胸宽 + 1cm；

⑦胸围宽：$\frac{B}{4}$；

⑧将腋下省转移至公主线中；

⑨腰省：2cm（背缝省 1.5cm + 后腰省 2cm + 前腰省 2cm = 总省量，即 B、W 差数）。

3. **袖制板** 采用袖窿弧线配袖方法，虚线描取前、后袖窿弧。

①量取胸宽线与 a 点之间距离为•，使线段 $ab = 2$•；

②作 ba 的延长线至 c，$bc = (\frac{B}{5} - 2\text{cm}) \times 2$；

③ a 点至 c 点间距离的$\frac{1}{2}$点为大袖外缝点；

④袖山高点：前、后 AH 线段相交于点 A 即袖山高点；

⑤袖长：由 A 点垂直向下量取袖长尺寸。

七、西服领中长大衣制板

（一）西服领中长大衣成品规格表及款式效果图（图 5-17）

成品规格表 单位：cm

规格 部位名称 号型	衣长	胸围	腰围	臀围	袖长	袖口	袖肥
155/80A	80	90	74	94	56	12	$\frac{B}{5}-2$
160/84A	82	94	78	98	57.5	12.5	$\frac{B}{5}-2$
165/88A	84	98	82	102	59	13	$\frac{B}{5}-2$
170/92A	86	102	86	106	60.5	13.5	$\frac{B}{5}-2$
175/96A	88	106	90	110	62	14	$\frac{B}{5}-2$

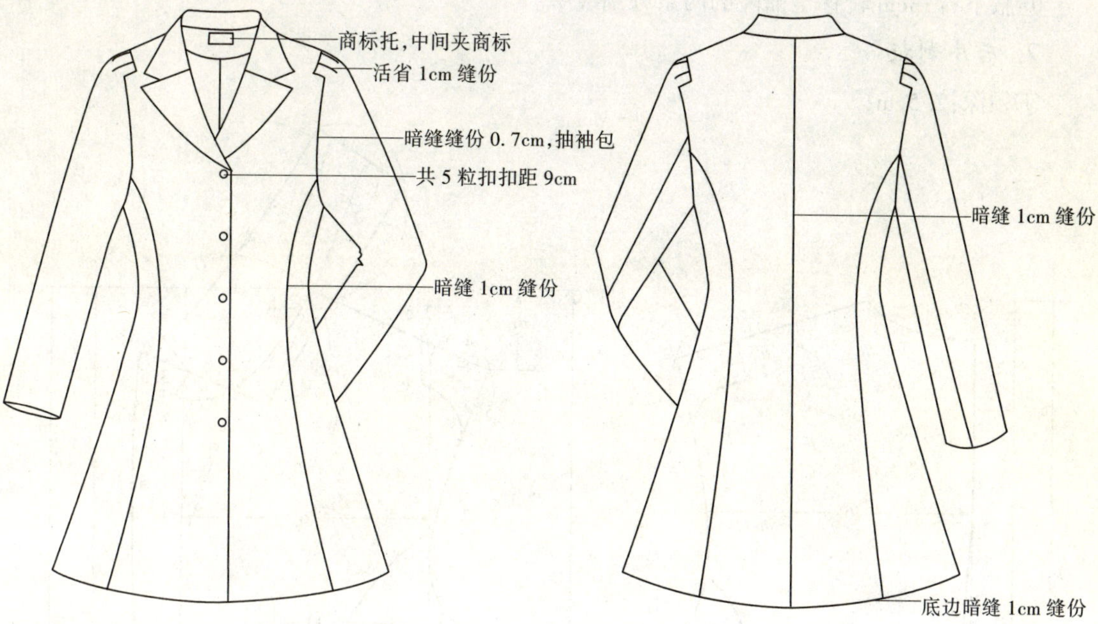

图 5－17　西服领中长大衣效果图

(二)西服领中长大衣制板(图 5－18)

1. **前片制板**　采用合体原型制板。

①衣长：80cm；

②落肩：5cm；

③袖窿深：$\frac{B}{6}+7$cm；

④腰节：36cm＋2.5cm；

⑤臀围线：腰节线下 20cm；

⑥胸宽：$\frac{B}{6}+0.5$cm；

⑦领宽：$\frac{胸宽}{2}+0.5$cm；

⑧领深：9cm；

⑨冲肩：3.5cm；

⑩胸围宽：$\frac{B}{4}$；

⑪腰围宽：$\frac{W}{4}+4$cm；

⑫臀围宽：$\frac{H}{4}$(在臀围线上量取)；

⑬腋下省:3cm 转移至袖窿的两条分割线中。

2. 后片制板

①领深:2. 5cm;

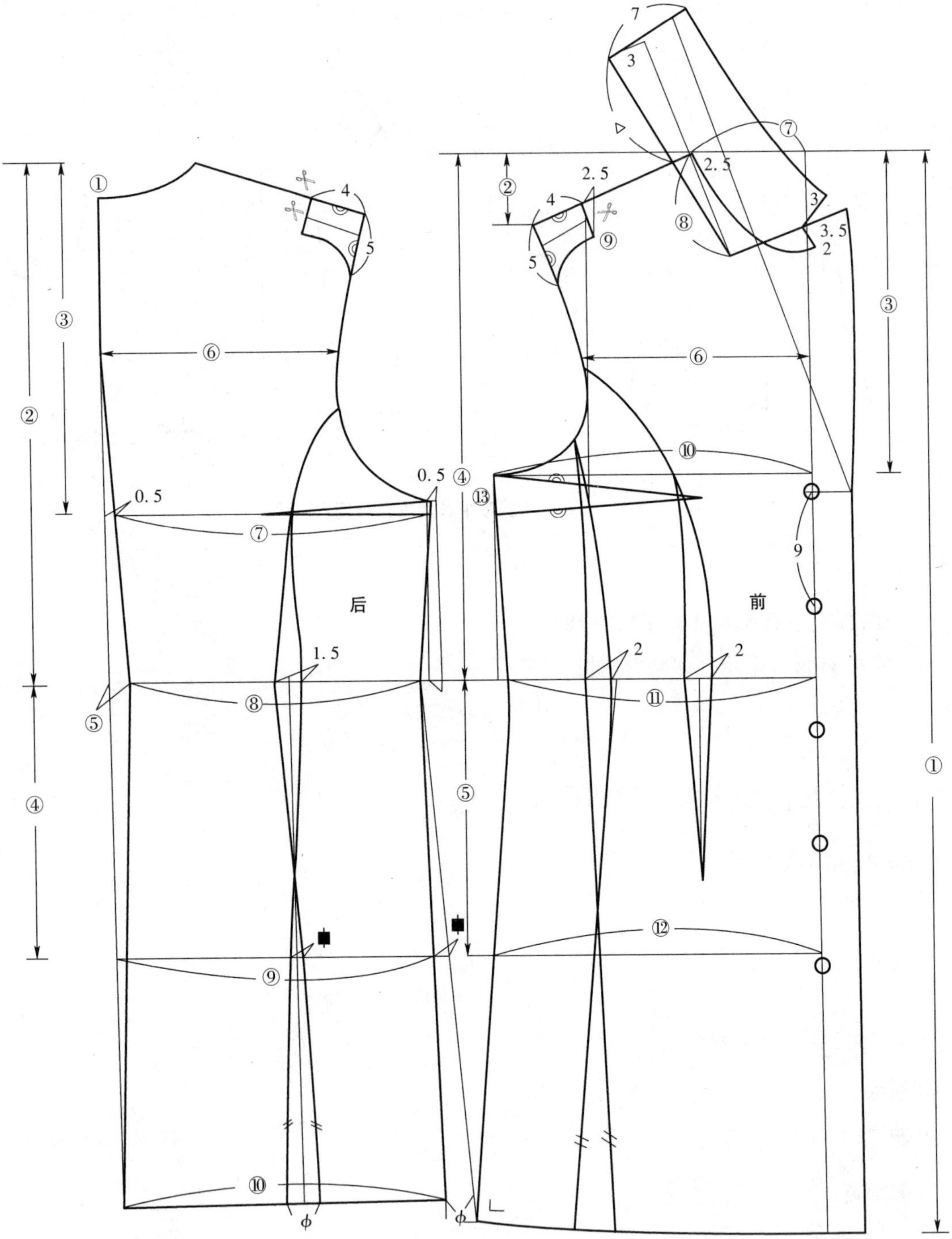

图 5 - 18

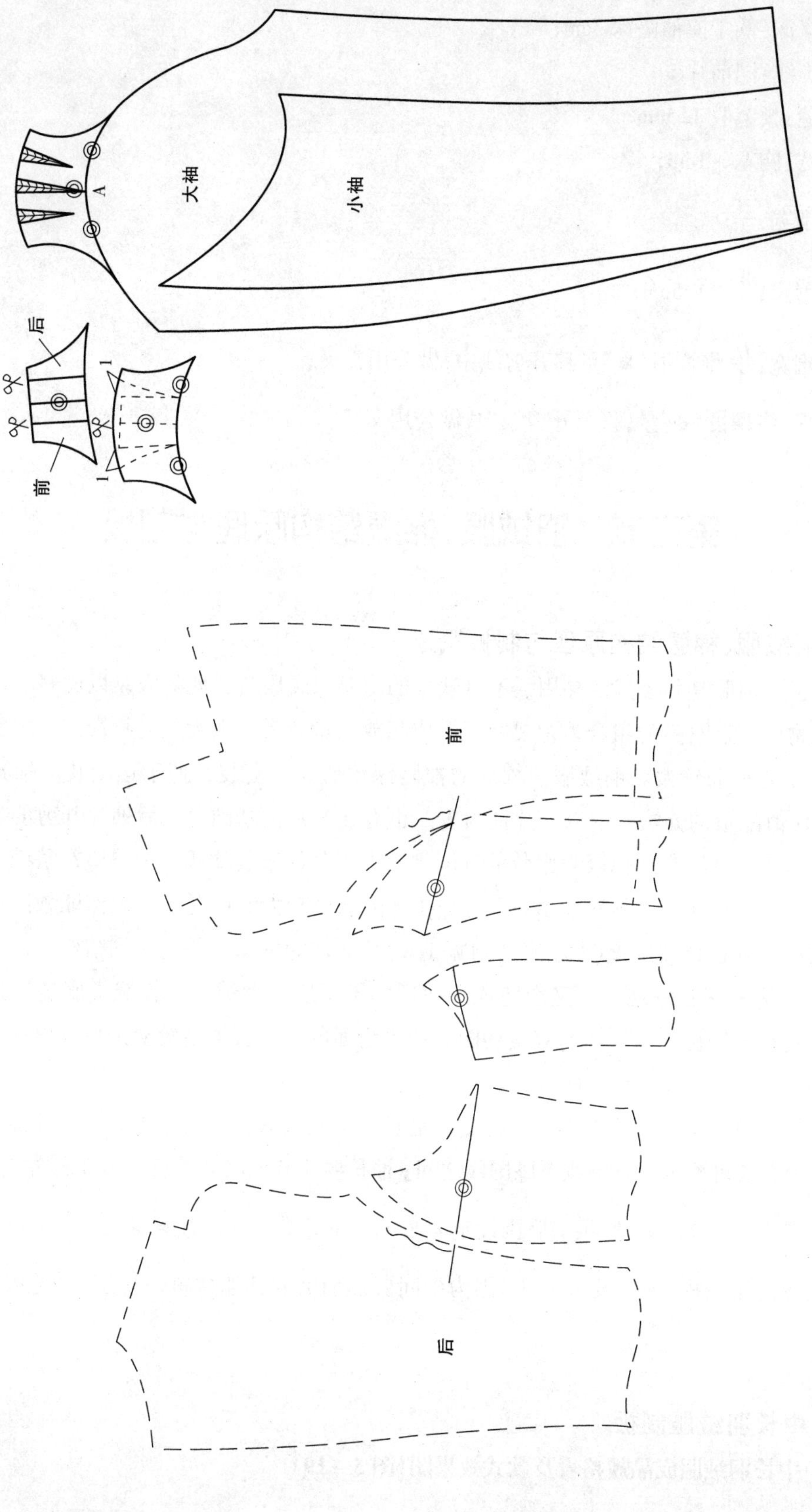

图 5－18　西服领中长大衣结构图

②腰节：同前腰节④；

③袖窿深：低于前袖窿深 3cm；

④臀围线：同前片⑤；

⑤背缝：腰节收 1.5cm；

⑥背宽：胸宽 + 1cm；

⑦胸围宽：$\frac{B}{4}$；

⑧腰围宽：$\frac{W}{4}$ + 1.5cm；

⑨臀围宽：$\frac{H}{4}$ 将臀围“■”量移开剪线中，做公用交叉；

⑩底摆：将摆度“ϕ”量，移至开剪线中，做公用交叉。

第三节　羽绒服、棉服结构原理与制板

一、羽绒服、棉服结构原理与制板概述

羽绒服、棉服是冬季广泛穿用、不可缺少的防寒保暖服装，此类服装以面料、内衬、中间夹填充物(羽绒或棉)的组合为主要特征。成品放松量较大，因为填充物占据一定空间，其厚度对松度的影响较大。羽绒服、棉服的袖窿深数值大于套装，低于运动装。袖板采用以前、后 AH 值配板的方法，多以一片袖为主。也有在一片袖基础上，后袖片开剪的款式，其结构特点不变。羽绒服、棉服类服装的领围规格大于其他服装款式，一般要在基础领宽、领深上调整，领宽减 1cm，领深加 1cm。这是在领围规格较大的情况下，既保证领围尺寸，同时又能保证领宽在合理位置(大于套装领宽 1cm)从而加深领深，并能达到结构平衡。如果领深过浅，既达不到领围规格，又会造成颈前部的不平服。羽绒服、棉服类服装以连帽款居多，帽子具有装饰性与实用性的双重功能。活里活面的羽绒服板型较复杂，其内衬制板在面料板的基础上套裁，具有特殊性。

在制图规格方面，要把握衣长的确定，最长的羽绒服衣长为后颈中心点至地面的距离减 10cm。最短衣长可确定在臀围线至膝围线之间。袖长要比其他服装袖长长出 3cm 左右。胸围加放松度一般为 18 ~ 22cm，腰围与胸围设定为 8 ~ 10cm 差数之间。袖窿深线按$\frac{B}{6}$ + 11cm，比其他服装袖窿要深一些，袖口要大一些，因为中间要加羽绒或其他材料，这是与其他服装不同的地方。

二、中长羽绒服制板

(一)中长羽绒服成品规格表及款式效果图(图 5 - 19)

成品规格表　　　　单位:cm

规格 部位名称 号型	衣长	胸围	腰围	臀围	领围	袖长	袖口	袖肥	帽长	帽宽
155/80A	84	96	82	102	51	57.5	14	$\frac{B}{5}$	34	23
160/84A	86	100	86	106	52	5.9	14.5	$\frac{B}{5}$	34.5	23.5
165/88A	88	104	90	110	53	60.5	15	$\frac{B}{5}$	35	24
170/92A	90	108	96	114	54	62	15.5	$\frac{B}{5}$	35.5	24.5
175/96A	92	112	100	118	55	63.5	16	$\frac{B}{5}$	36	25

图 5-19　中长羽绒服效果图

(二)中长羽绒服制板(图 5 - 20、图 5 - 21)

1. **前片制板**　采用宽松原型制图。

①衣长:86cm;

②落肩:5cm;

③袖窿深:$\frac{B}{6}+11\text{cm}$;

④腰节:38cm + 2cm(棉服腰大于套装 1 ~ 2cm);

⑤臀围线:腰节线下 20cm;

⑥领深:$\frac{N}{5}+1.5\text{cm}$;

⑦领宽:$\frac{N}{5}-1\text{cm}$;

⑧胸宽:$\frac{B}{6}+1.5\text{cm}$;

⑨冲肩:2. 5cm;

⑩胸围宽:$\frac{B}{4}$;

⑪腰围宽:$\frac{W}{4}+2\text{cm}$;

⑫臀围宽:$\frac{H}{4}$(在臀围线上量取);

⑬腋下省:省量 2cm,转入胸部开剪线中;

⑭撇胸:1cm。

2. **后片制板**

①落肩:4cm;

②腰节:同前腰节④;

③袖窿深:低于前袖窿深 2cm(腋下省量);

④臀围:同前片⑤;

⑤领深:2. 5cm;

⑥背宽:胸宽 + 1cm;

⑦冲肩:2cm;

⑧小肩:前小肩 + 0. 5cm;

⑨胸围宽:$\frac{B}{4}$;

⑩腰围宽:$\frac{W}{4}+2\text{cm}$;

⑪臀围宽:$\frac{H}{4}$;

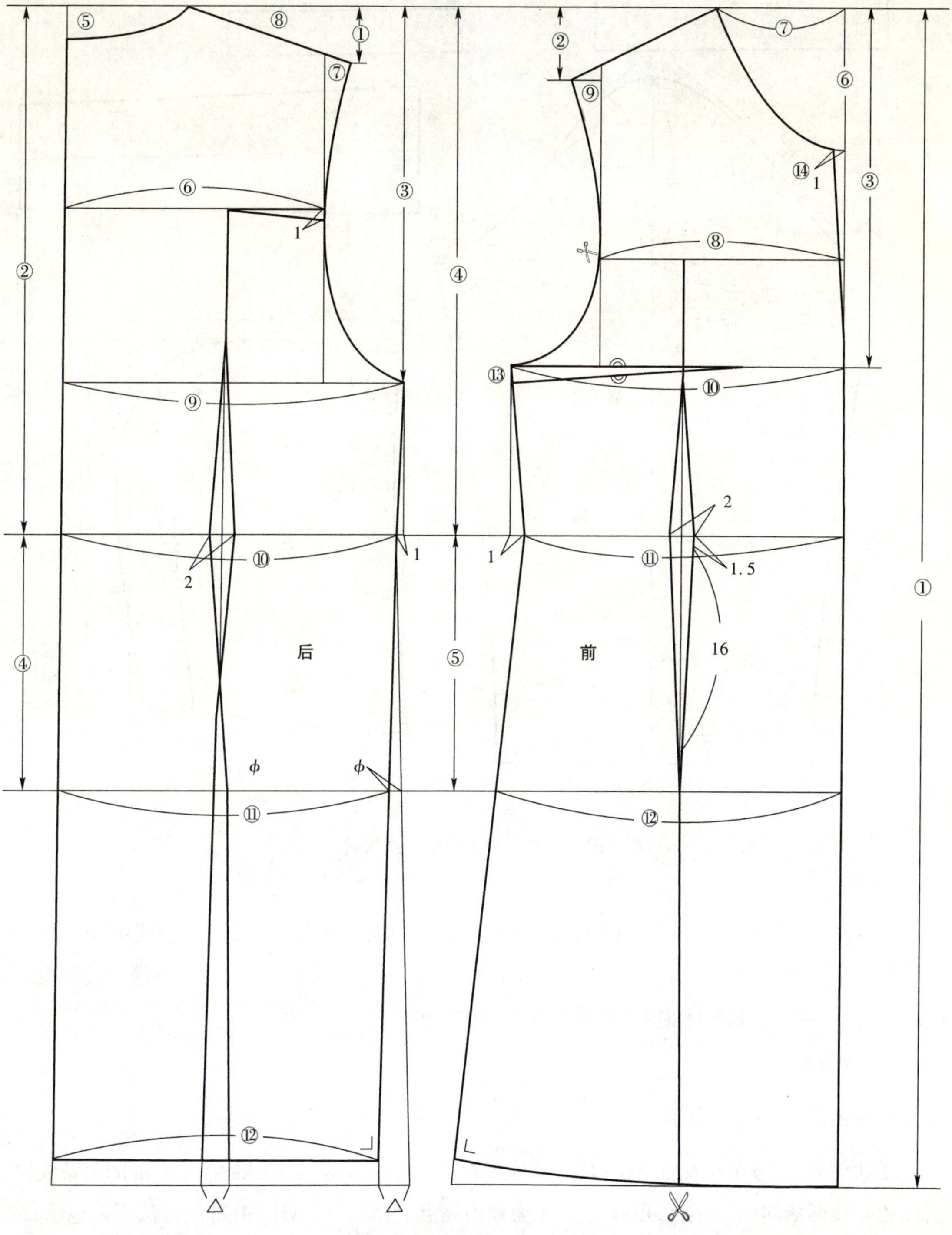

图 5－20

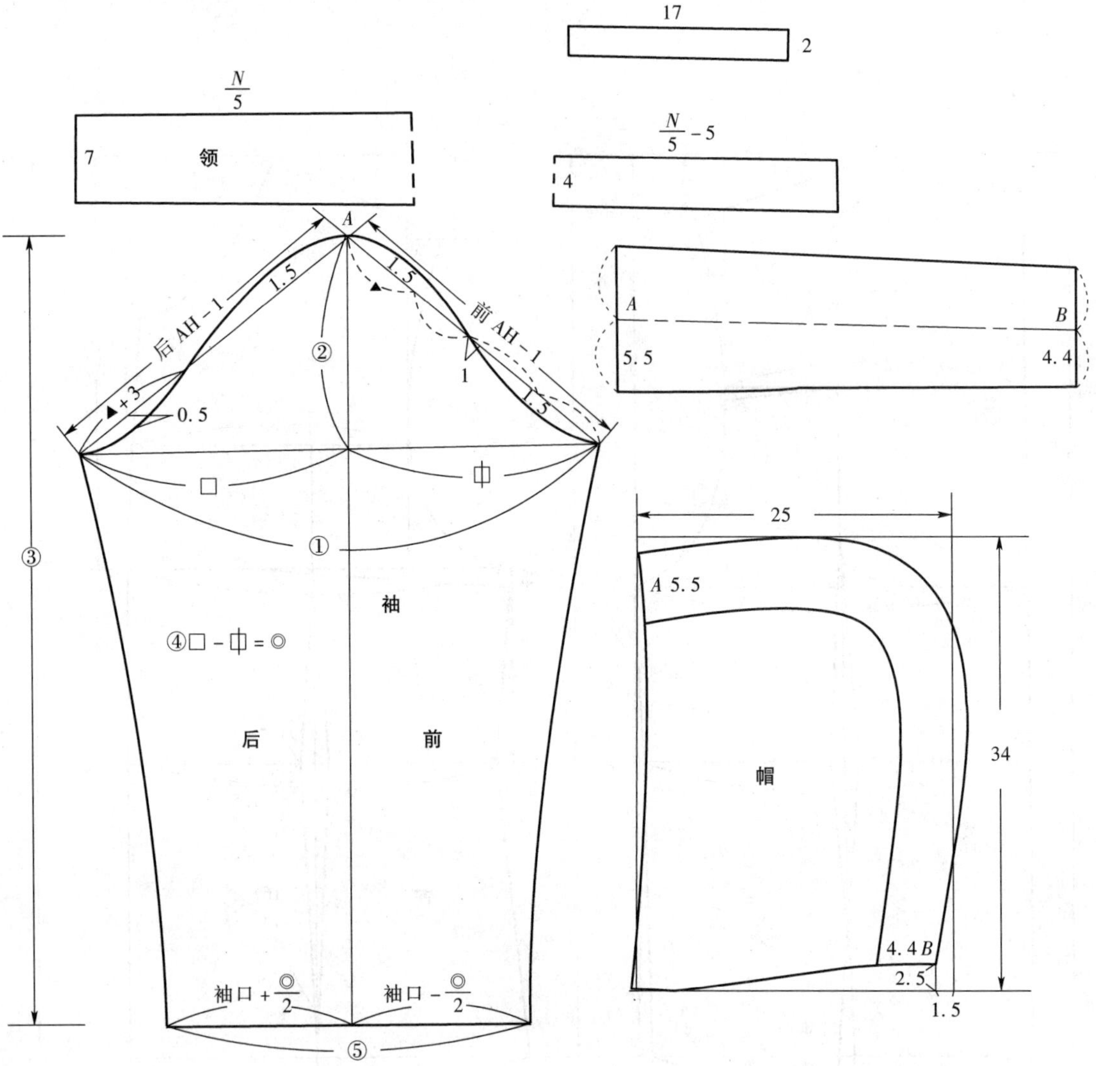

图 5－20　中衣羽绒服结构图

⑫摆度："△"量移位在开剪线中做公用交叉。臀围线处减掉的"ϕ"量在开剪线中补。借片的目的是为了解决摆度较大的款式，其摆度过于集中在两侧缝的弊病。同时由于后摆缝较平直，与底边垂直后，使后衣长短于前衣长，符合人体结构特征。

3. **袖制板**

①袖肥：$(\frac{B}{5})\times 2$ 为总袖肥；

②袖山高：实量前后袖窿 AH 值(去掉袖窿省量)。以前 AH－1cm，后 AH－1cm 的两条线段，由袖肥直线两端向中心相交，顶部交点 A 为袖山高点。用前、后 AH－1cm 的方法无袖包量；

③袖长：由袖中点垂直向下量取袖长尺寸；

④袖肥差量：□－巾=◎；

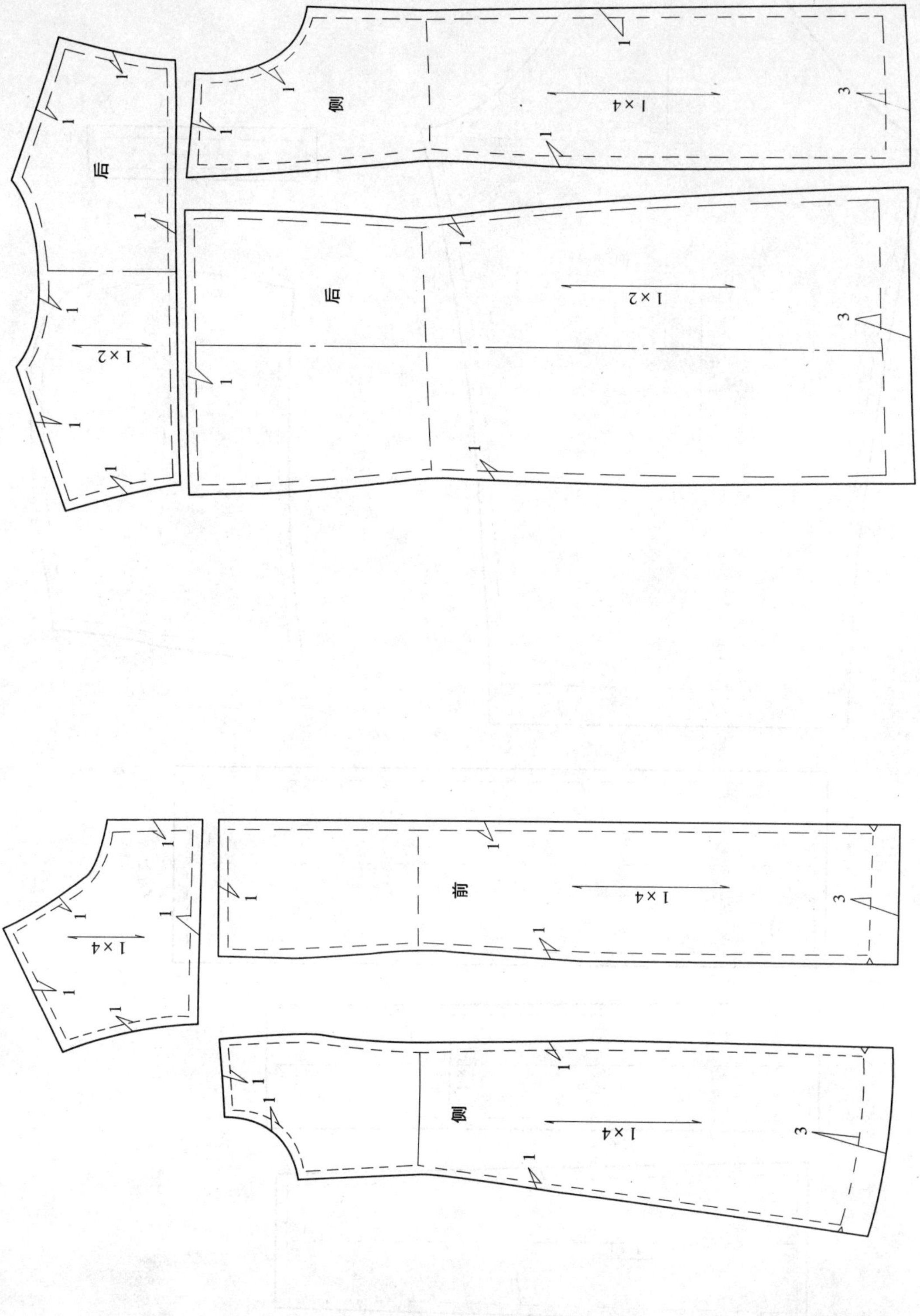

图 5－21　放缝份示意图

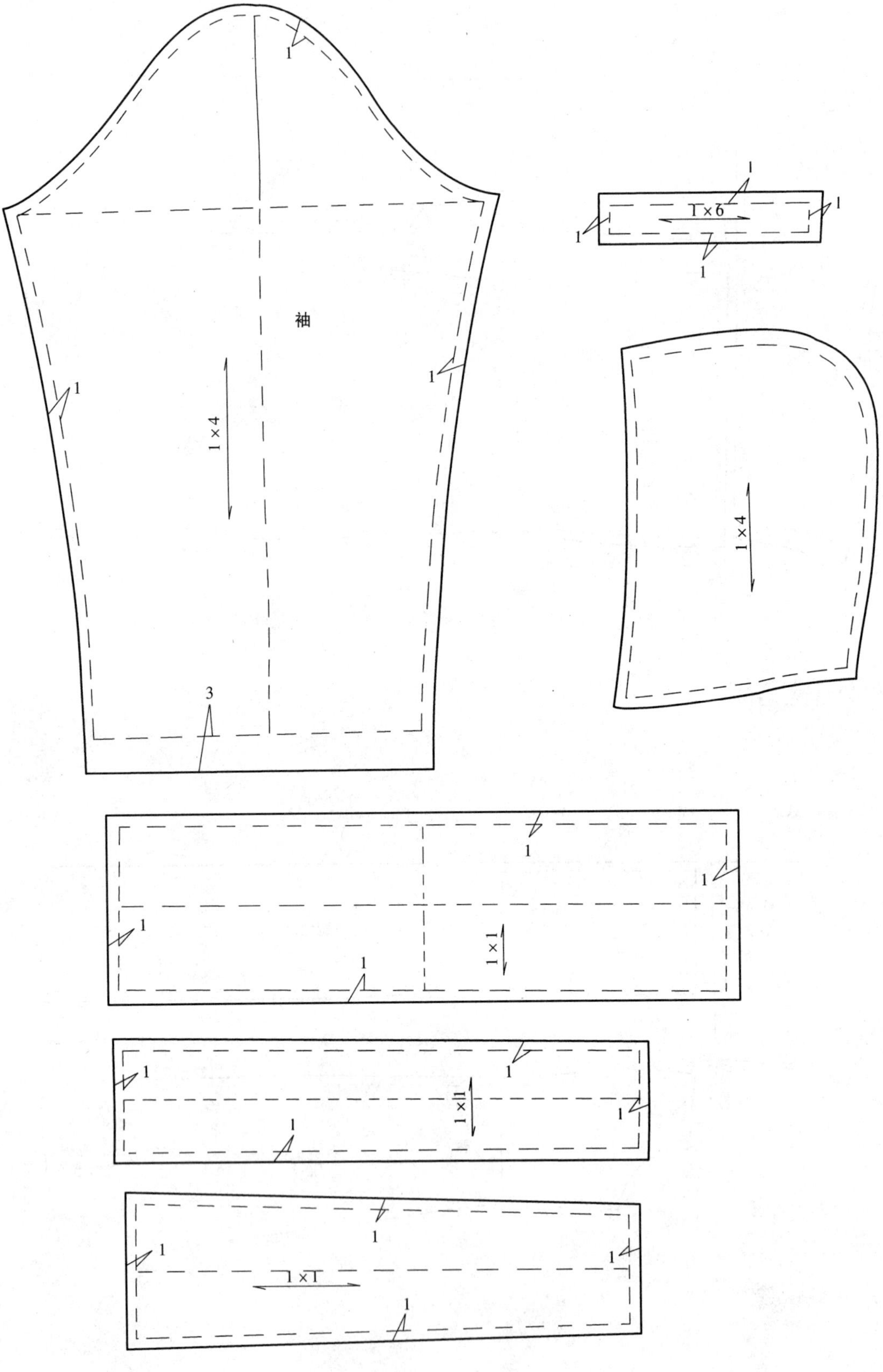

图 5-21　放缝份示意图

⑤袖口:以袖中线为准,前袖口 = 袖口 $-\frac{◎}{2}$,后袖口 = 袖口 $+\frac{◎}{2}$。

三、羽绒服长大衣制板

(一)羽绒服长大衣成品规格表及款式效果图(图 5-22)

成品规格表　单位:cm

号型＼规格＼部位名称	衣长	胸围	腰围	臀围	领围	袖长	袖口	袖肥	帽长	帽宽
155/80A	114	100	90	104	52	58	13	$\frac{B}{5}-1$	34	23
160/84A	118	104	94	108	53	59.5	13.5	$\frac{B}{5}-1$	34.5	23.5
165/88A	122	108	98	112	54	61	14	$\frac{B}{5}-1$	35	24
170/92A	126	112	102	116	55	62.5	14.5	$\frac{B}{5}-1$	35.5	24.5
175/96A	130	116	106	120	56	64	15	$\frac{B}{5}-1$	36	25

(二)羽绒服长大衣制板(图 5-23)

1. **前片制板**　采用宽松原型制板。

①衣长:130cm;

②落肩:5cm;

③袖窿深:$\frac{B}{6}+11$cm;

④腰节:38cm + 2.5cm;

⑤臀围线:腰节线下 20cm;

⑥领深:$\frac{N}{5}+1.5$cm;

⑦领宽:$\frac{N}{5}-1.5$cm;

⑧胸宽:$\frac{B}{6}+1.5$cm;

⑨冲肩:2.5cm;

⑩胸围宽:$\frac{B}{4}$;

⑪腋下省:2.5cm(转入肩部分割线中);

⑫腰围宽:$\frac{W}{4}+1.5$cm;

⑬臀围宽:$\frac{H}{4}$;

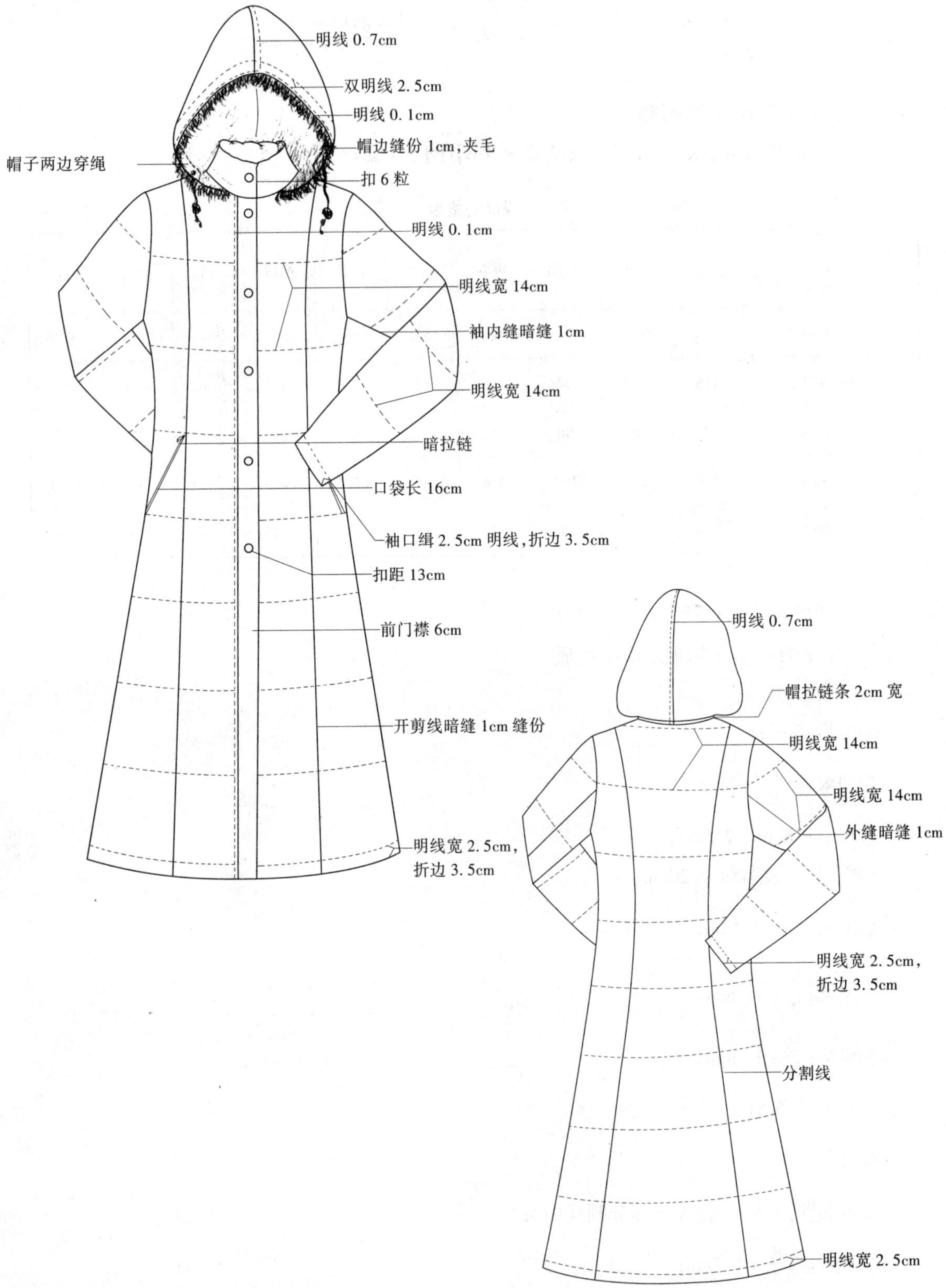

图 5-22　羽绒服长大衣效果图

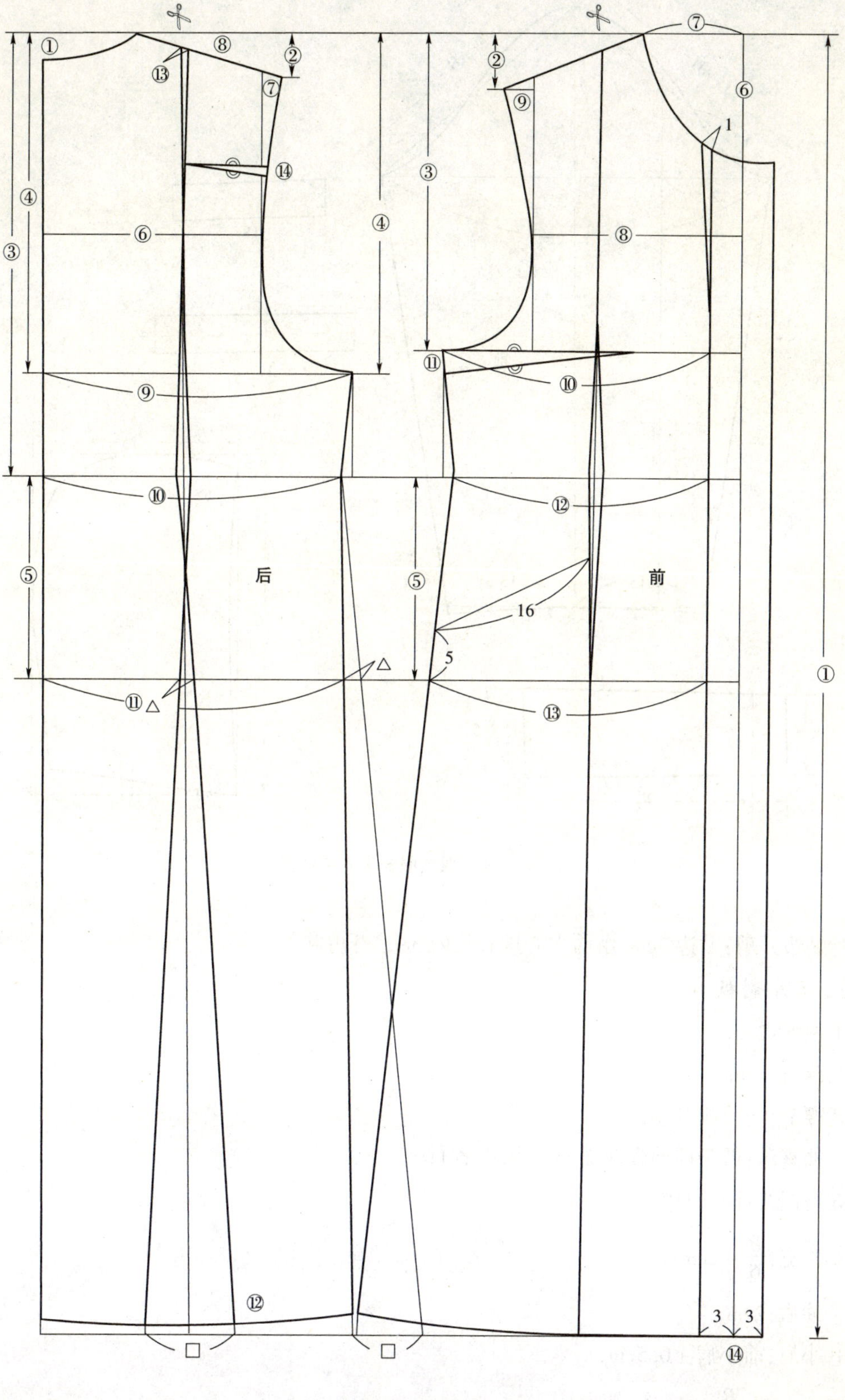

图 5－23

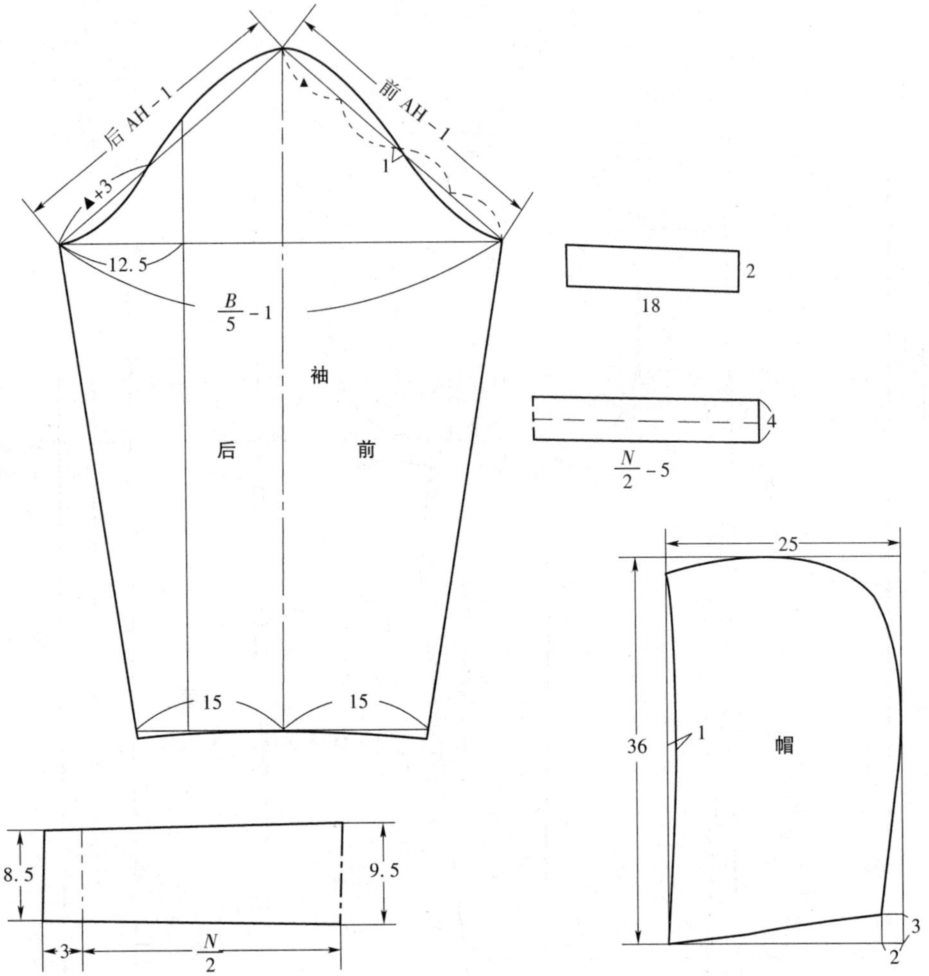

图 5 – 23　羽绒服长大衣结构图

⑭贴边开剪：贴边 3cm，由前中心进衣片内 3cm，开剪共 6cm。

2. **后片制板**

①领深：2. 5cm；

②落肩：4cm；

③腰节：同前腰节④；

④袖窿深：低于前袖窿深 2. 5cm(腋下省)；

⑤臀围线：同前身⑤；

⑥背宽：$\frac{B}{6}+2$cm；

⑦冲肩：2cm；

⑧小肩：前小肩 +0. 5cm；

⑨胸围宽：$\frac{B}{4}$；

⑩腰围宽：$\frac{W}{4}+1.5cm$；

⑪臀围宽：$\frac{H}{4}$其中将"△"量移至开剪线，做公用交叉；

⑫底摆：将摆围、其中将"□"量移至开剪线中，做公用交叉；

⑬肩省：0.5cm，不开剪的款式将 0.5cm 做吃份处理；

⑭袖窿省：1cm 纸样折叠，转入肩部开剪线，连同肩省 0.5cm 一同去掉。

四、薄棉休闲上衣制板

(一)薄棉休闲上衣成品规格表及款式效果图(图 5－24)

成品规格表　　单位：cm

号型＼规格＼部位名称	底长	胸围	腰围	臀围	领围	袖长	袖口	袖肥
155/80A	62	98	94	102	49	57.5	18.5	$\frac{B}{5}-1$
160/84A	64	102	98	106	50	59	19	$\frac{B}{5}-1$
165/88A	66	106	102	110	51	60.5	19.5	$\frac{B}{5}-1$
170/92A	68	110	106	114	52	62	20	$\frac{B}{5}-1$
175/96A	70	114	110	118	53	63.5	20.5	$\frac{B}{5}-1$

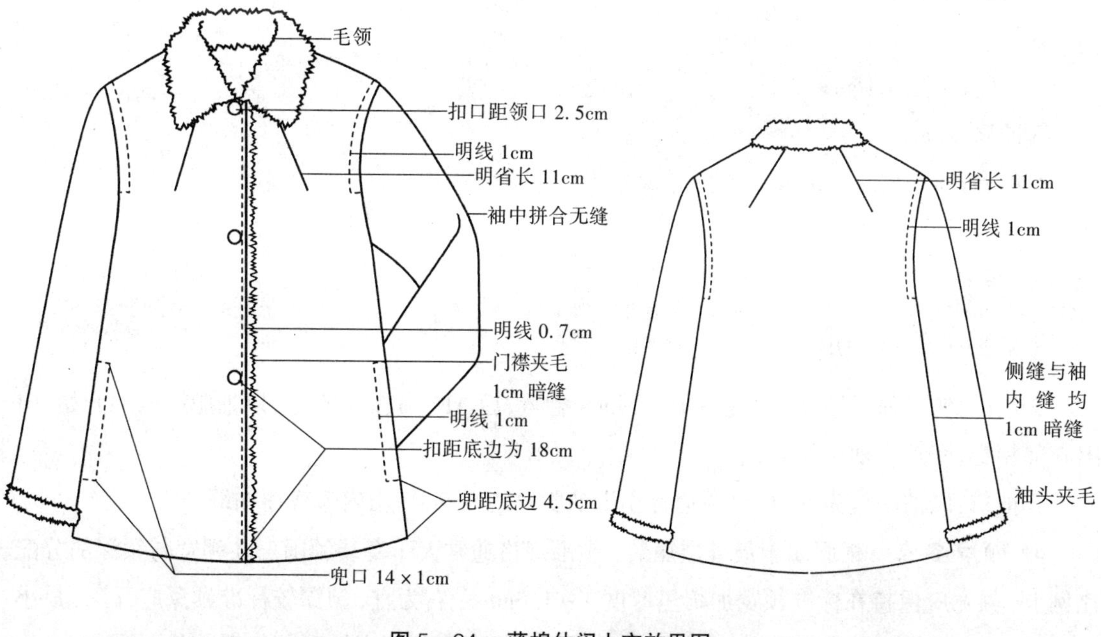

图 5－24　薄棉休闲上衣效果图

(二)薄棉休闲上衣制板(图 5－25)

1. **前片制板** 采用宽松原型制板。

①衣长:64cm;

②落肩:5cm;

③袖窿深:$\frac{B}{6}+13$cm;

④腰节:38. 5cm;

⑤领深:$\frac{N}{5}+0.5$cm + 1cm;

⑥领宽:$\frac{N}{5}$;

⑦胸宽:$\frac{B}{6}+1.5$cm;

⑧胸围宽:$\frac{B}{4}$;

⑨冲肩:2. 5cm;

⑩过肩:由原型板小肩点下落 0. 5cm,小肩线回量 3cm,由 3cm 点经 0. 5cm 点沿弧线延长 2cm;

⑪袖窿省:1cm;

⑫撇胸省:1cm。

2. **后片制板**

①腰节:同前腰节④;

②落肩:4cm;

③领深:2. 5cm;

④背宽:胸宽 + 1cm;

⑤冲肩:2cm;

⑥小肩:前小肩 + 0. 5cm;

⑦过肩:配法同前片。

3. **袖制板**

①袖肥:$(\frac{B}{5}-1\text{cm})\times 2$;

②袖山:实量前后袖窿 AH,前 AH－1cm－省量,后 AH－1cm－省量,以袖肥线两端开始,向中心部相交,交点为袖山高点;

③袖口:以袖中线为准,袖口两边各小于袖肥两边 0. 5cm,用内弧线连袖缝。

4. **领口要点** 棉服属于最外层服装,领围规格通常大于套装领围。在领宽与领深的分配比例上,领宽应保持在标准领宽加棉里厚度 1～1. 5cm 左右为宜,领深较标准领深应开深,最小应开深 1～2cm。这样才能达到总领围增大的同时,领口形状与人体颈部相符的基本要求。

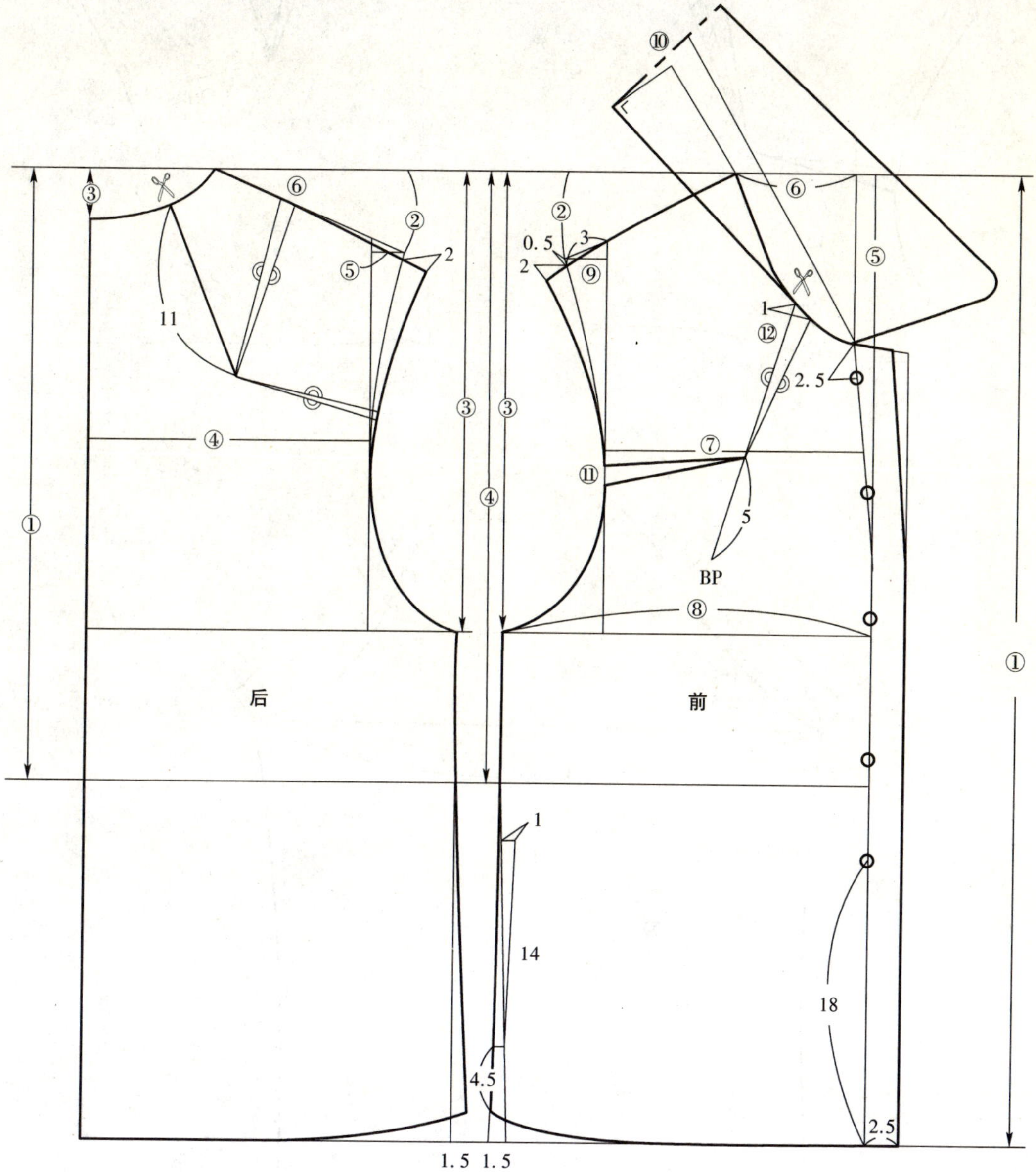

图 5－25

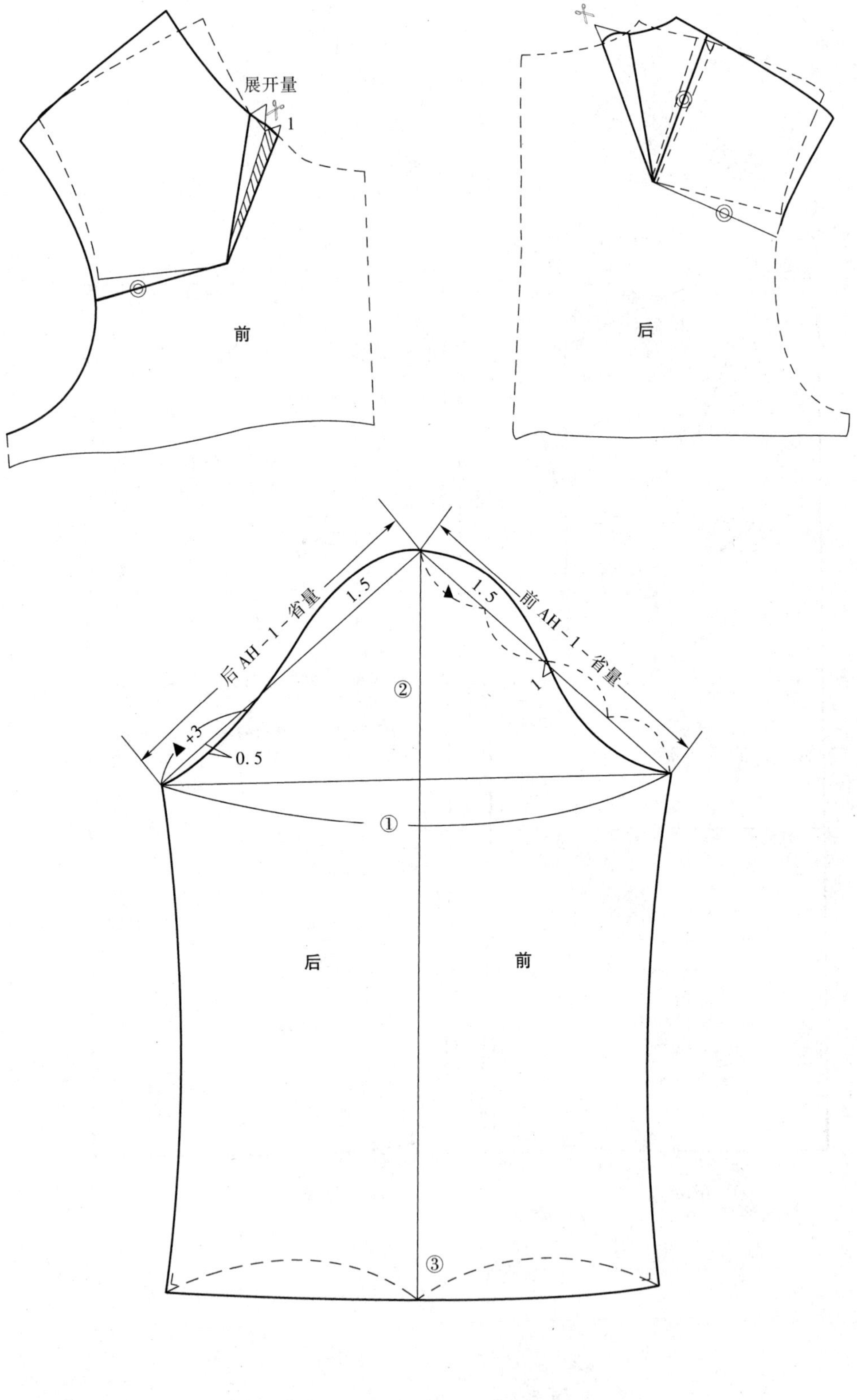

图 5－25　薄棉休闲上衣结构图

套装：领宽 = $\frac{N}{5}$(含撇胸)，领深 = $\frac{N}{5}$ + 0.5cm；

棉服：领宽 = $\frac{N}{5}$ + 1cm(1cm 为调整系数含撇胸)；

领深 = $\frac{N}{5}$ + 0.5cm + 1cm(1cm 为调整系数)。

5. **前片纸样处理**

①剪领弧省转省位置至 BP 点上 5cm 止；

②合并袖窿弧省，将省量转入领部；

③展开领省量；

④ 1cm 撇胸量在领部开剪中去掉。

6. **后片纸样处理**

①剪开领部转省位置；

②合并肩省，合并袖窿弧省；

③领省位置展开省量。

五、毛领皮上衣制板

(一)毛领皮上衣成品规格表及款式效果图(图 5-26)

成品规格表　单位：cm

规格　号型 \ 部位名称	衣长	胸围	腰围	臀围	袖长	袖口	袖肥
155/80A	55	92	72	96	55.5	12.5	$\frac{B}{5}-1$
160/84A	57	96	76	100	57	13	$\frac{B}{5}-1$
165/88A	59	100	80	104	58.5	13.5	$\frac{B}{5}-1$
170/92A	61	104	84	108	60	14	$\frac{B}{5}-1$
175/96A	63	108	88	108	61.5	14.5	$\frac{B}{5}-1$

(二)毛皮上衣制板(图 5-27)

1. **前片制板**　采用合体原型板制板。

①衣长：57cm；

②落肩：5cm；

③袖窿深：$\frac{B}{6}$ + 7cm；

④腰节：36cm + 2.5cm；

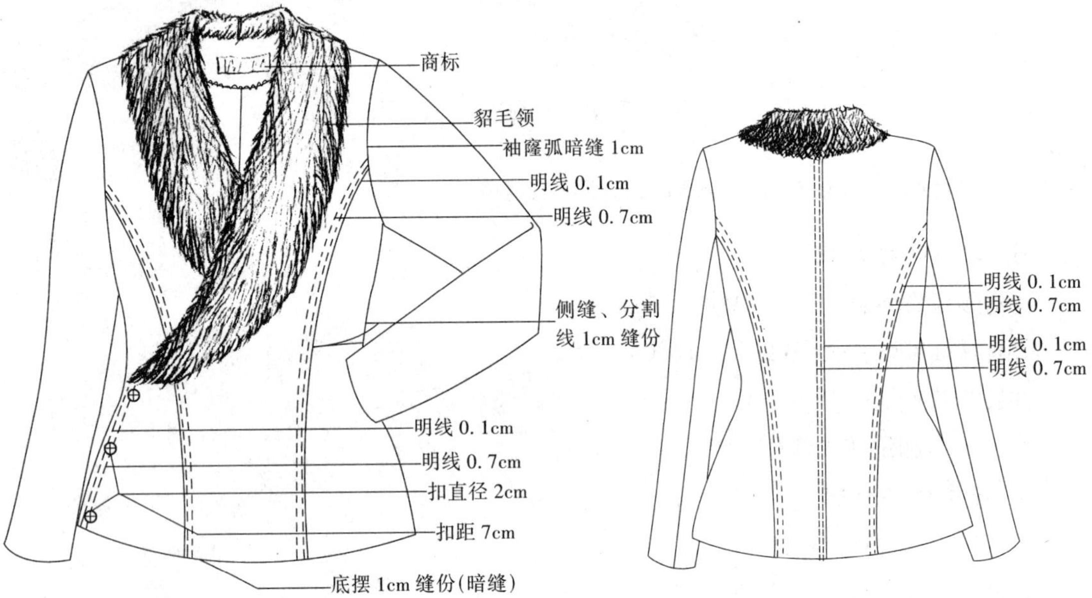

图 5－26　毛皮上衣效果图

⑤胸宽：$\frac{B}{6}+0.5cm$；

⑥胸围宽：$\frac{B}{4}$；

⑦臀围宽：$\frac{H}{4}$；

⑧腰围宽：$\frac{W}{4}+2.5cm$；

⑨冲肩：3.5cm；

⑩领宽：$\frac{胸宽}{2}+0.5cm$；

⑪借片：前片开剪线中的公用交叉▲量，从后片借取，后片制板时将去掉▲量；

⑫腋下省：2.5cm 纸样拼合，转至袖窿省中，剩余部分省尖做吃份；

⑬前、后片原型板中间 0.5cm 的量为收背缝后，补给胸围宽的量。

2. **后片制板**

①腰节：与前腰节齐；

②袖窿深：前袖窿深＋2.5cm 齐，另外提高 1cm 纸样拼合量，转入开剪线，重新圆顺袖窿弧线，纸样拼合；

③背缝：腰节收 1.5cm(后片围度宽均以此线量起)；

④领深：2.5cm；

⑤背宽：胸宽＋1cm；

⑥冲肩：2cm；

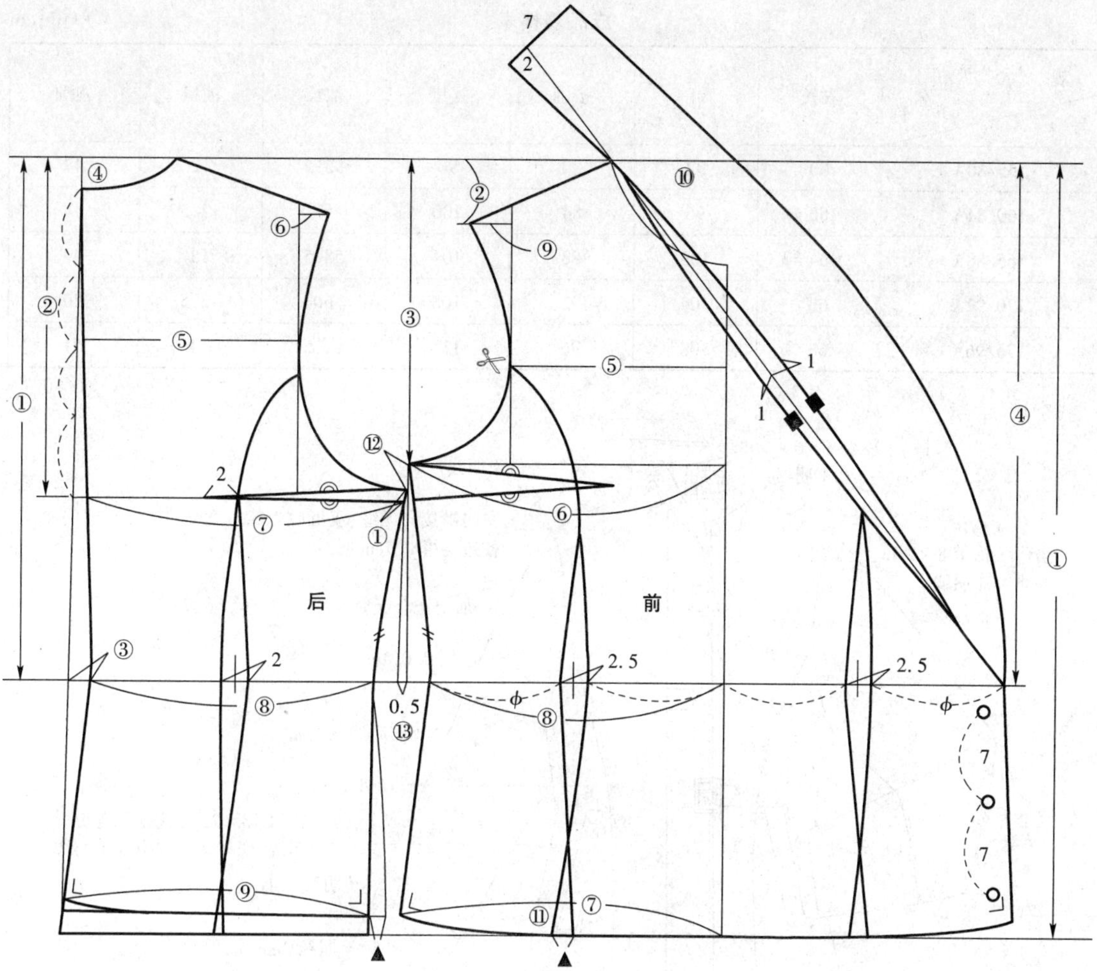

图 5－27　毛领皮上衣结构图

⑦胸围宽：$\frac{B}{4}$；

⑧腰围宽：$\frac{W}{4}+2cm$；

⑨臀围宽：$\frac{H}{4}$，将被前身借走的▲量去掉；

⑩袖窿 1cm 省转移至袖窿开剪部位。

六、时装棉袄制板

(一)时装棉袄成品规格表及款式效果图(图 5－28)

(二)时装棉袄制板(图 5－29)

1. 前片制板

①基础线：画出平行基础线；

②衣长线：由①线垂直画所需长度；

成品规格表　　单位:cm

号型＼部位名称	衣长	胸围	腰围	摆围	袖长	袖口	领围
155/80A	60	92	80	96	55.5	12	47
160/84A	62	96	84	100	57	12.5	48
165/88A	64	100	88	104	58.5	13	49
170/92A	66	104	92	108	60	13.5	50
175/96A	68	108	96	112	61.5	14	51

图 5－28　时装棉袄效果图

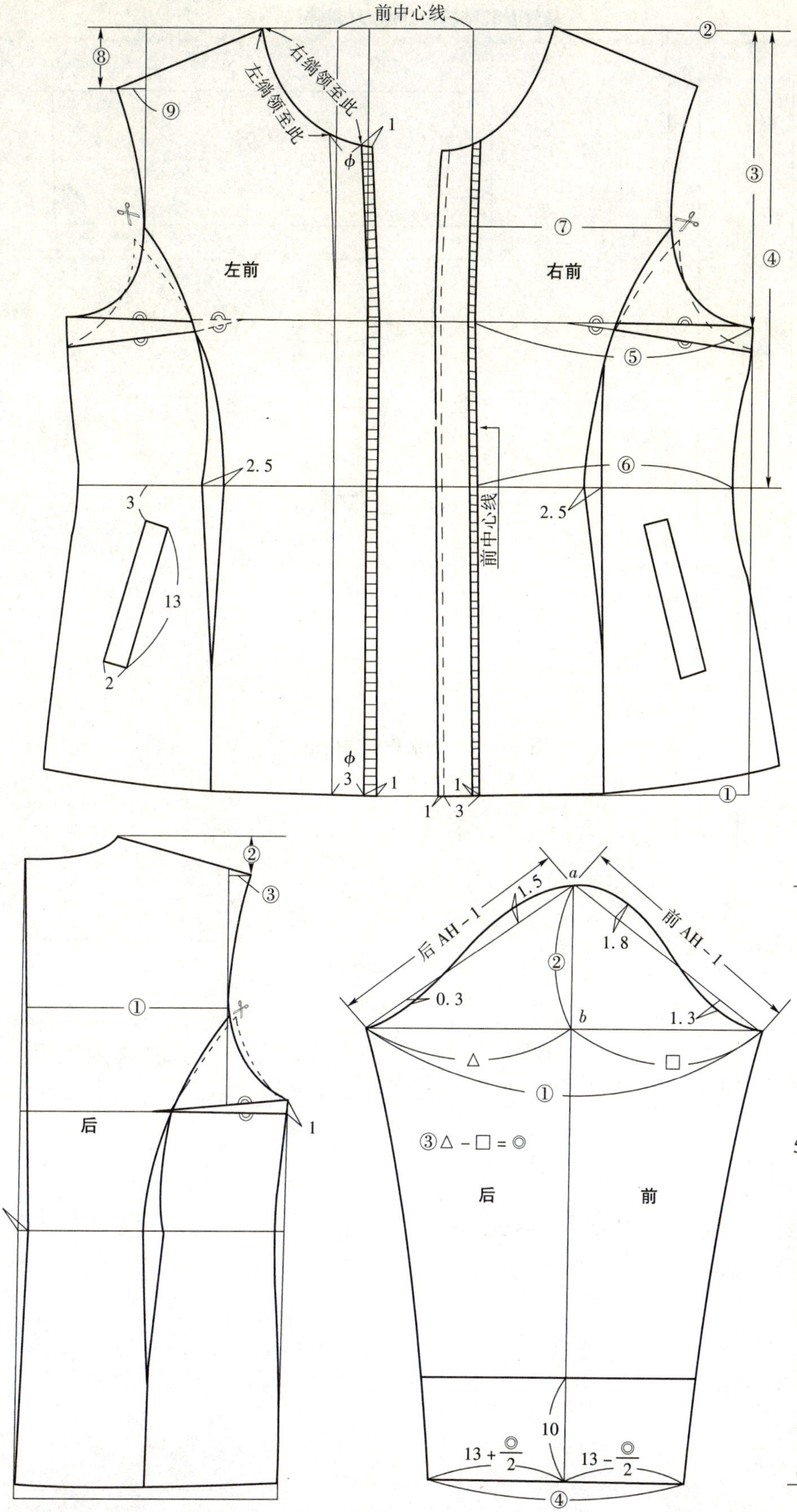

前中心线
右绱领至此
左绱领至此
左前
右前
前中心线
2.5
3
13
2
ϕ
1
后
后AH－1
前AH－1
1.5
1.8
0.3
1.3
a
b
△
□
③△－□＝◎
前
58
10
13＋◎/2
13－◎/2

图5－29

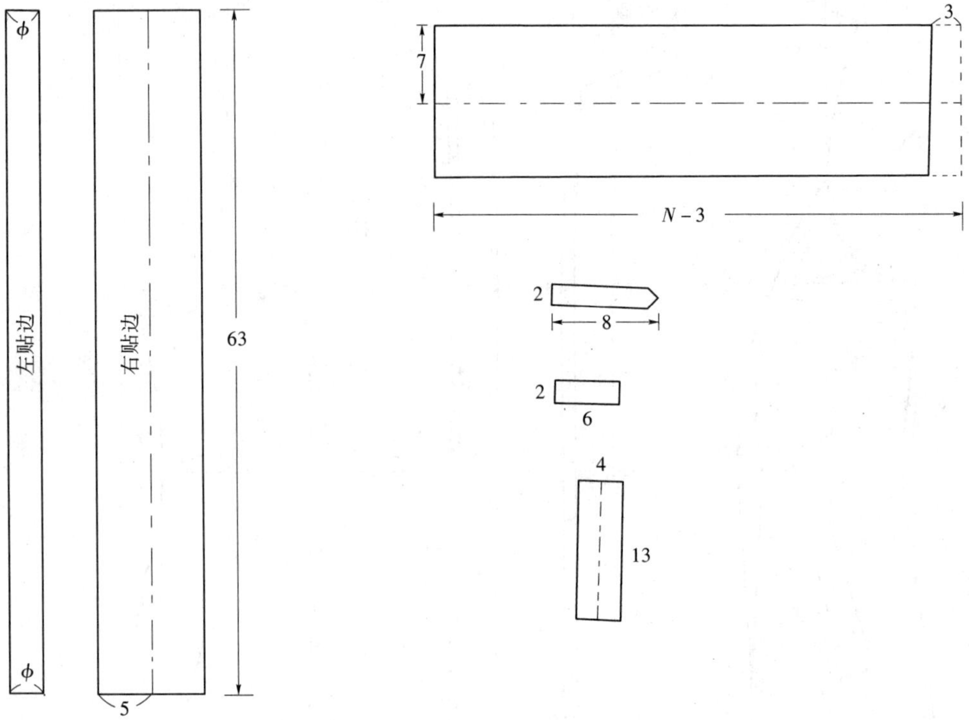

图 5 – 29　时装棉袄结构图

③袖窿深：$\frac{B}{6}+8cm$；

④腰节：36cm + 2.5cm（下落量）；

⑤胸围宽：$\frac{B}{4}=25cm$；

⑥腰围宽：$\frac{W}{4}+2.5cm$；

⑦胸宽：$\frac{B}{6}+1.5cm$；

⑧落肩：5cm；

⑨冲肩：2.5cm；

⑩前右片制图：差别在于前中心线尺寸。

2. 后片制板

①背宽：$\frac{B}{6}+2.5cm$；

②落肩：4cm；

③冲肩：2cm。

3. 袖制板

①袖肥：$(\frac{B}{5})\times 2$ = 总袖肥；

②袖山高：前、后袖窿弧线长（AH）－1cm 相交于点 a 点、ab 为袖山高；

③差量计算：后袖肥△－前袖肥□＝◎量；

④袖口：后袖口＝袖口尺寸（13）＋$\frac{◎}{2}$，前袖口＝袖口尺寸（13）－$\frac{◎}{2}$。

七、中长棉袄制板

（一）中长棉袄成品规格表及款式效果图（图 5－30）

成品规格表

单位：cm

规格 号型 / 部位名称	衣长	胸围	腰围	臀围	领围	袖长	袖口	袖肥
155/80A	80	92	82	98	45	54	17.5	$\frac{B}{5}-1$
160/84A	83	96	86	102	46	55.5	18	$\frac{B}{5}-1$
165/88A	86	100	90	106	47	57	18.5	$\frac{B}{5}-1$
170/92A	89	104	94	110	48	58.5	19	$\frac{B}{5}-1$
175/96A	92	108	98	114	49	60	19.5	$\frac{B}{5}-1$

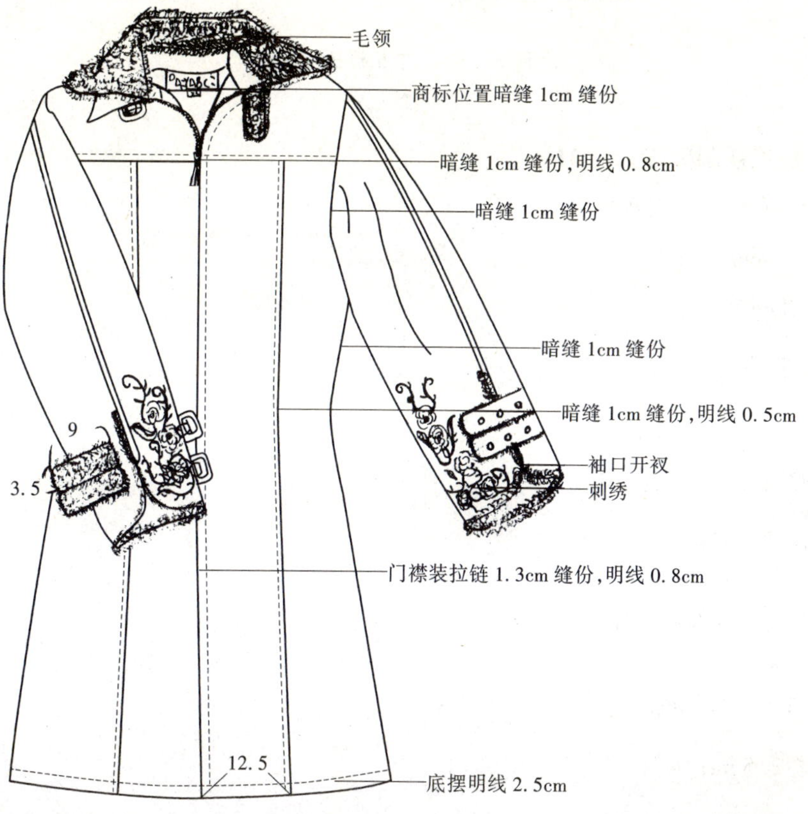

图 5－30

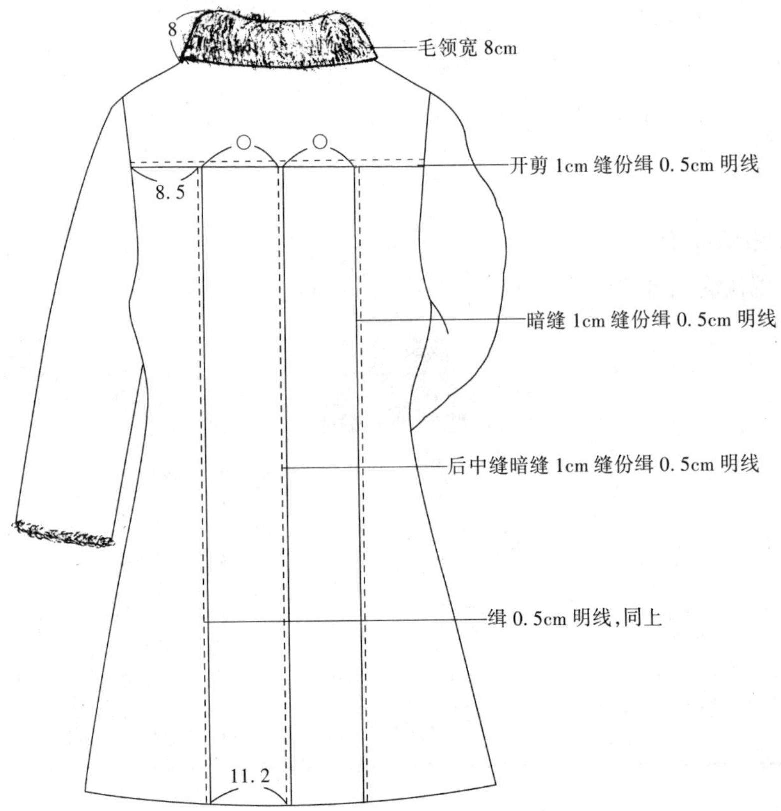

图 5-30　中长棉袄效果图

(二)中长棉袄制板(图 5-31)

1. **前片制板**　采用宽松原型板。

①衣长:83cm;

②落肩:5cm;

③袖窿深:$\frac{B}{6}+11\text{cm}$;

④腰节:36cm+2.5cm;

⑤臀围线:腰节线向下 20cm;

⑥领宽:$\frac{N}{5}+1\text{cm}$;

⑦领深:$\frac{N}{5}+0.5\text{cm}+1\text{cm}$;

⑧胸宽:$\frac{B}{6}+1.5\text{cm}$;

⑨冲肩:2.5cm;

⑩胸围宽:$\frac{B}{4}$;

⑪腰宽：$\frac{W}{4}+2cm$（省）；

⑫臀宽：$\frac{H}{4}$（在臀围线上量取）；

⑬腋下省：2.7cm，转入开剪线；

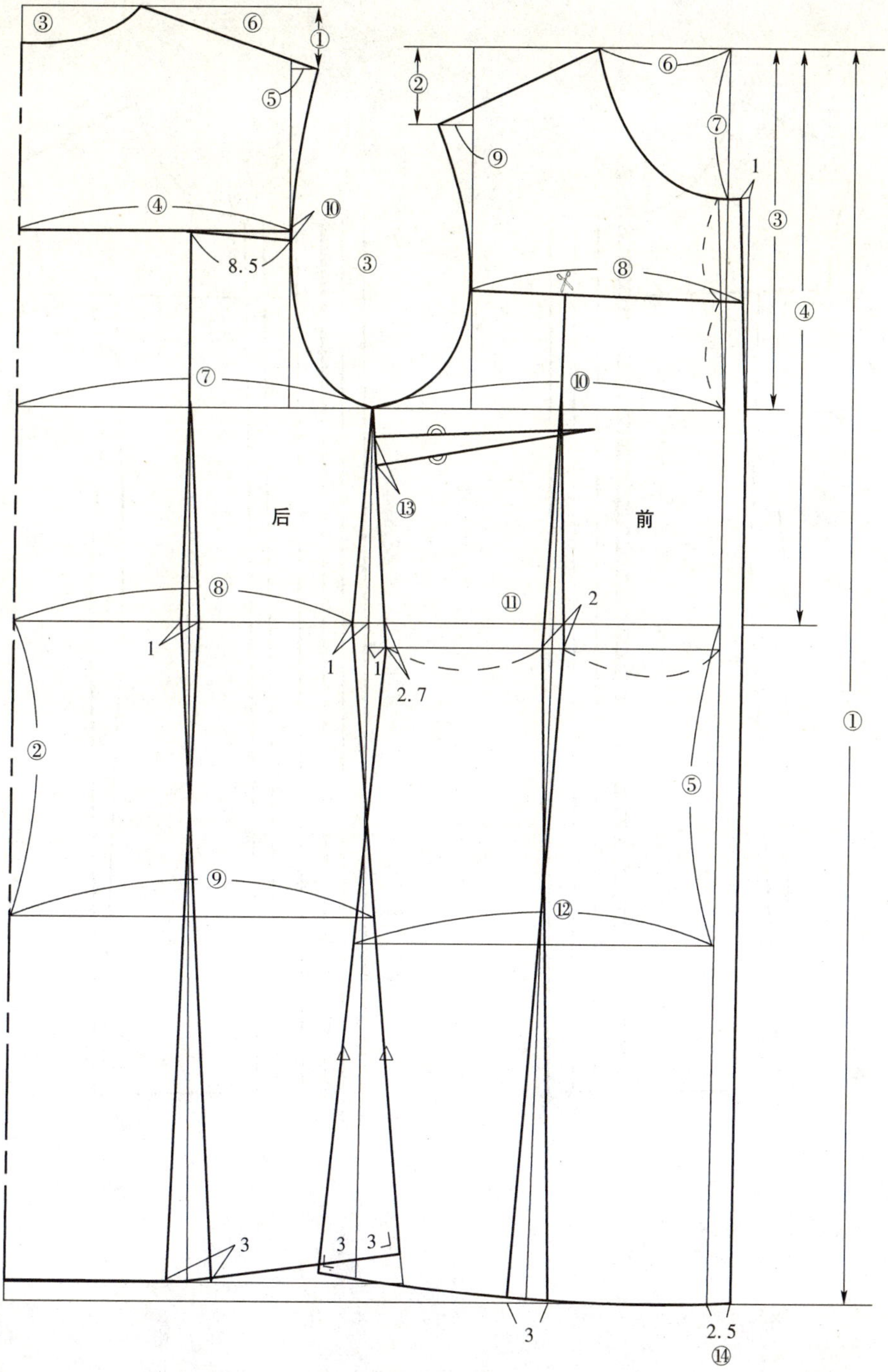

图 5－31

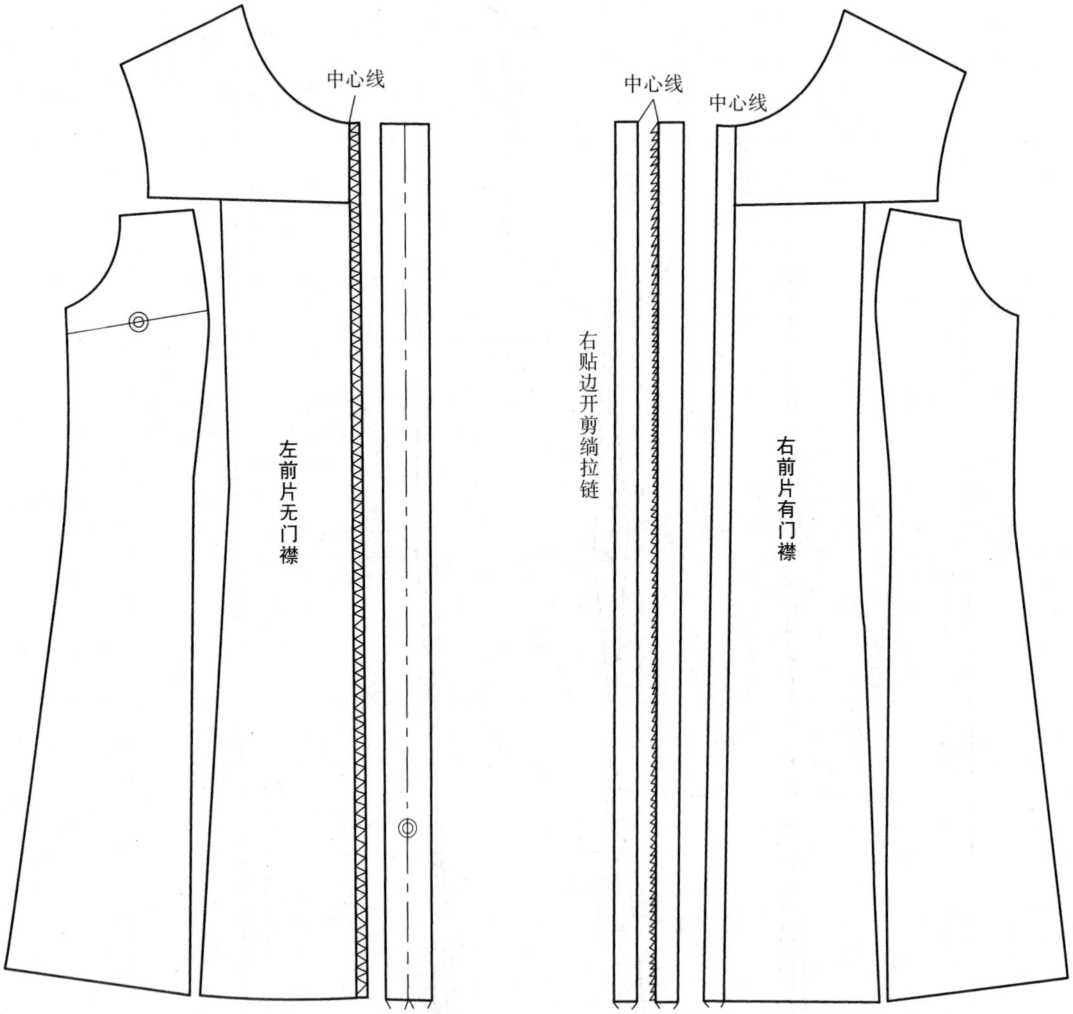
中心线
左前片无门襟
2.5 2.5
右贴边开剪绱拉链
中心线
中心线
右前片有门襟
2.5 2.5 2.5

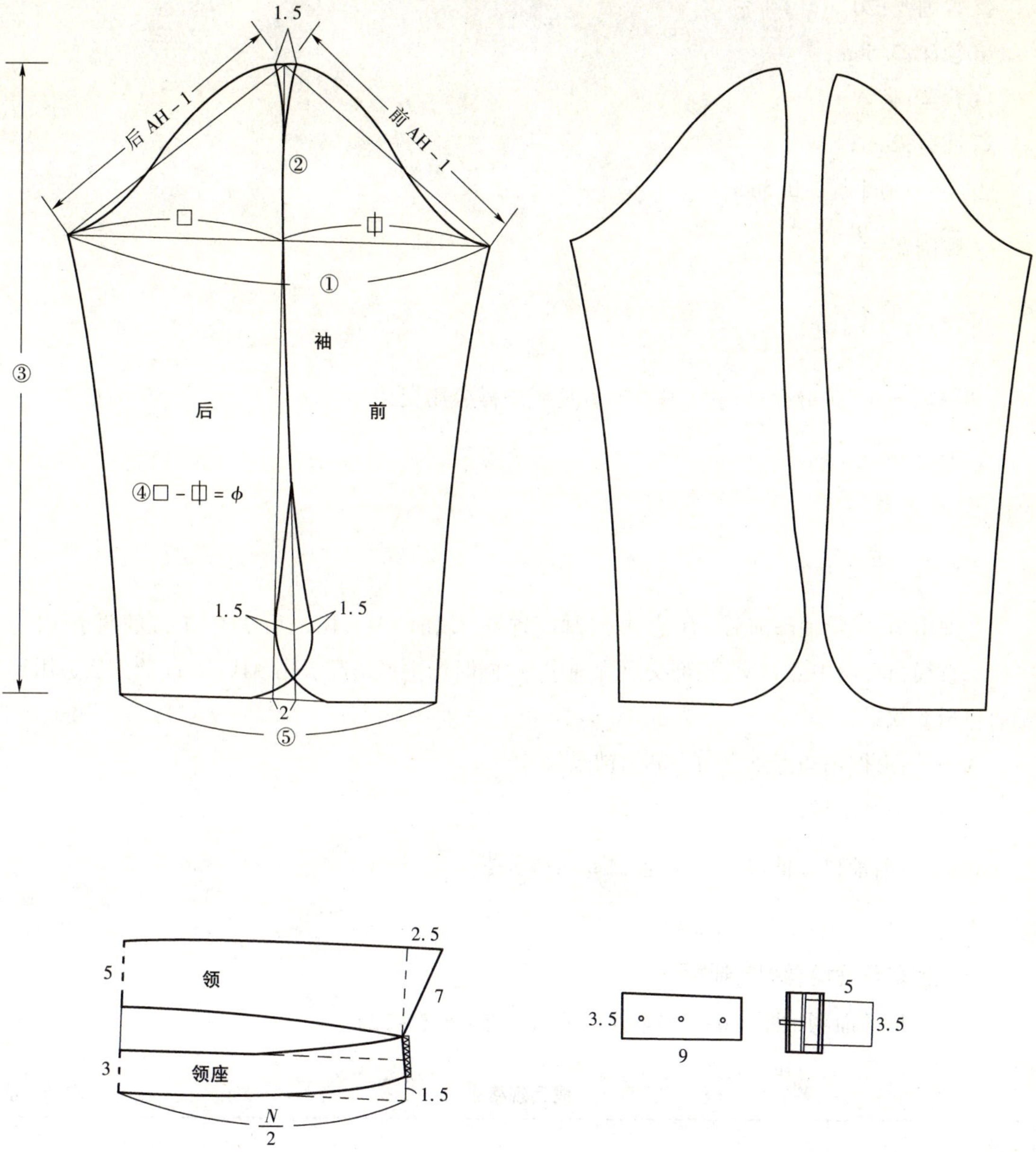

图 5－31　中长棉袄结构图

⑭搭门宽:2.5cm(右边有搭门,左边没搭门)。

2. 后片制板

①落肩:4cm;

②臀围线:20cm;

③领深:2.5cm;

④背宽:胸宽 + 1cm;

⑤冲肩:2cm;

⑥小肩:前小肩 + 0.5cm;

⑦胸围宽:$\frac{B}{4}$;

⑧腰宽:$\frac{W}{4}+1cm$;

⑨臀宽:$\frac{H}{4}$因侧缝摆量过大,移位在开剪线中做公用交叉;

⑩袖窿省:0.7cm。

3. 袖制板

①袖肥:$(\frac{B}{5}-1cm)\times 2$;

②袖山高:实量袖窿前后 AH 值,去掉袖窿省量。以前 AH - 1cm、后 AH - 1cm 的两条线段,由袖肥直线两端向中心相交,顶部交点为袖中点,同时产生袖山高。用 AH - 1cm 的方法适用于无袖包量的款式;

③袖长:由袖山高点垂直向下划出袖长尺寸;

④计算袖肥差量:□ - ⊕ = ϕ;

⑤袖口:前袖口 = 袖口 $-\frac{\phi}{2}$,后袖口 = 袖口 $+\frac{\phi}{2}$。

八、活里活面羽绒服制板

(一)活里活面羽绒服成品规格表及款式效果图(图 5 - 32)

成品规格表　　单位:cm

规格 部位名称 号型	衣长	胸围	腰围	背长	臀围	领围	袖长	袖口	袖肥
155/80A	66	102	96	37	106	49	57.5	14.5	43
160/84A	68	106	100	38	110	50	59	15	44.5
165/88A	70	110	104	39	114	51	60.5	15.5	46
170/92A	72	114	108	40	118	52	62	16	47.5
175/96A	74	118	112	41	122	53	63.5	16.5	49

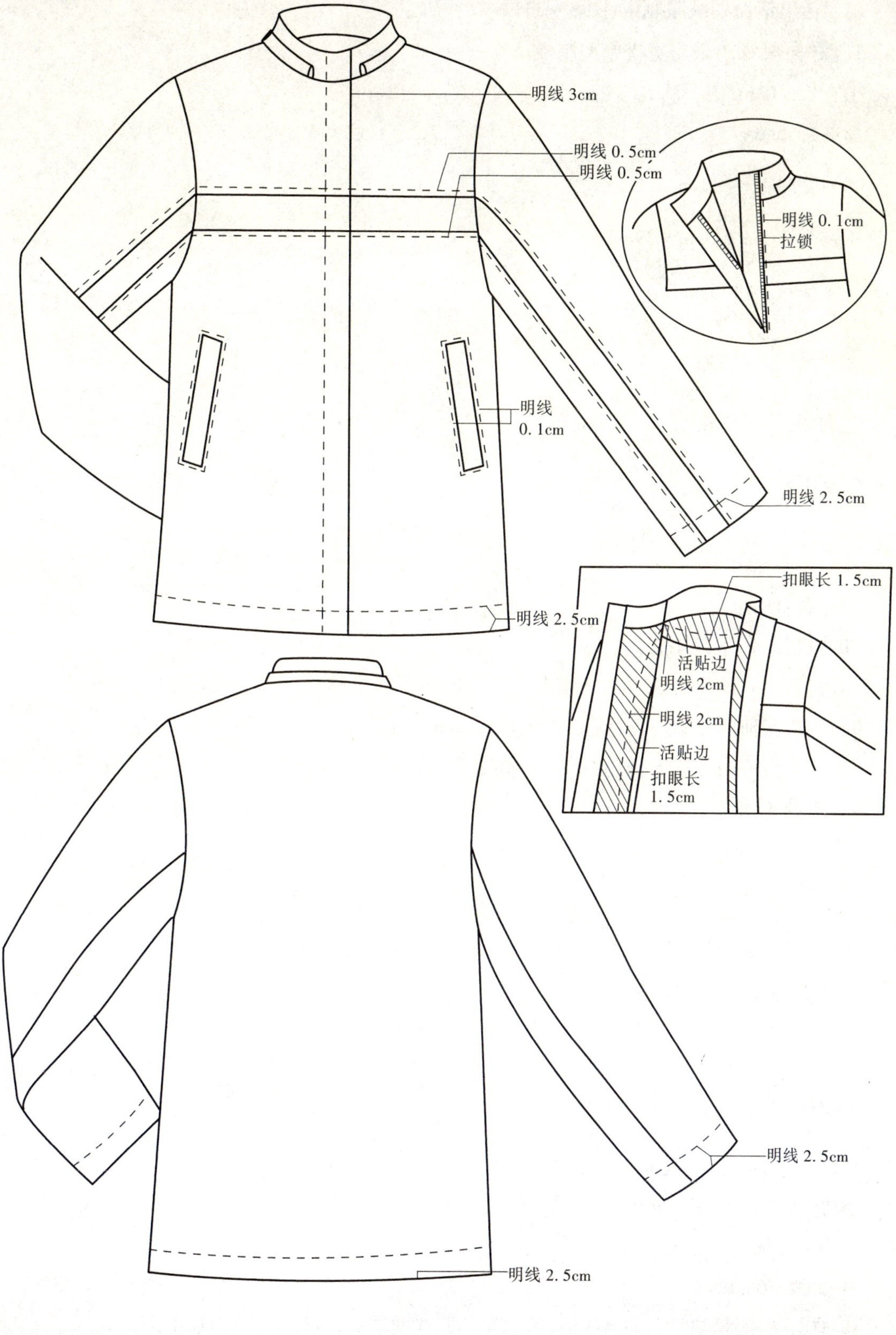
明线 3cm
明线 0.5cm
明线 0.5cm
明线 0.1cm
拉锁
明线
0.1cm
明线 2.5cm
扣眼长 1.5cm
明线 2.5cm
活贴边
明线 2cm
明线 2cm
活贴边
扣眼长
1.5cm
明线 2.5cm
明线 2.5cm

图 5－32　羽绒服效果图

(二)活里活面羽绒服制板(图 5－33)

1. **前片制板** 采用宽松原型制板。

①衣长:70cm;

②落肩:5cm;

③袖窿深:$\frac{B}{6}+11$cm;

④腰节:36cm＋3cm＝39cm;

⑤领深:$\frac{N}{5}+1.5$cm;

⑥领宽:$\frac{N}{5}-1$cm;

⑦胸宽:$\frac{B}{6}+1.5$cm;

⑧胸围宽:$\frac{B}{4}$;

⑨臀围宽:$\frac{H}{4}$;

⑩撇胸:1cm;

⑪冲肩:2cm,下落 1cm;

⑫搭门宽:右前片 2.5cm,左前无搭门,装拉链,另接里襟;

⑬挂面:左前门襟贴边,肩缝处 4cm,底边 8cm;

右前门襟贴边,肩缝处 4cm,底边 5.5cm。

2. **后片制板**

①衣长:70cm;

②落肩:4cm;

③袖窿深:$\frac{B}{6}+11$cm;

④腰节:同前腰节 39cm;

⑤臀围:$\frac{H}{4}$;

⑥背宽:$\frac{B}{6}+2.5$cm;

⑦冲肩:2cm,下落 1cm;

⑧小肩:前小肩＋0.5cm。

3. **袖制板**

①袖肥:46cm;

②袖山高:实量袖窿前后 AH 值,斜线交袖肥线两端点,线段 ab 即为袖山高;

③袖长:由袖山高点 a 垂直向下量取袖长 60.5cm;

④袖肥差量：后袖肥（▲）－前袖肥（●）＝差量（ϕ）。

⑤前袖口＝袖口－$\frac{\phi}{2}$，后袖口＝袖口＋$\frac{\phi}{2}$＋4（省），将 4cm 省量在开剪线中剪去，化省成缝，使衣袖产生适合于手臂形状的弯度。

4. **公式设定原理**　前片③在宽松原型制板中，袖窿深公式为$\frac{B}{6}+8\text{cm}$，用于套装、休闲服、春秋风衣等，非棉服类服装按公式打板不需要调整。羽绒服、棉袄等由于增加了内层填充物，而且填充物的厚度、体积无法确定，在制板中根据具体情况而定。一般常用羽绒服的袖窿深按$\frac{B}{6}+11\text{cm}$ 较合理，最大按$\frac{B}{6}+13\text{cm}$ 计算。

前片⑤领深的开度根据款式而定，正常关门领服装由于内层填充物的厚度，也要在正常计算$\frac{N}{5}+0.5\text{cm}$ 的基础上加 1cm。

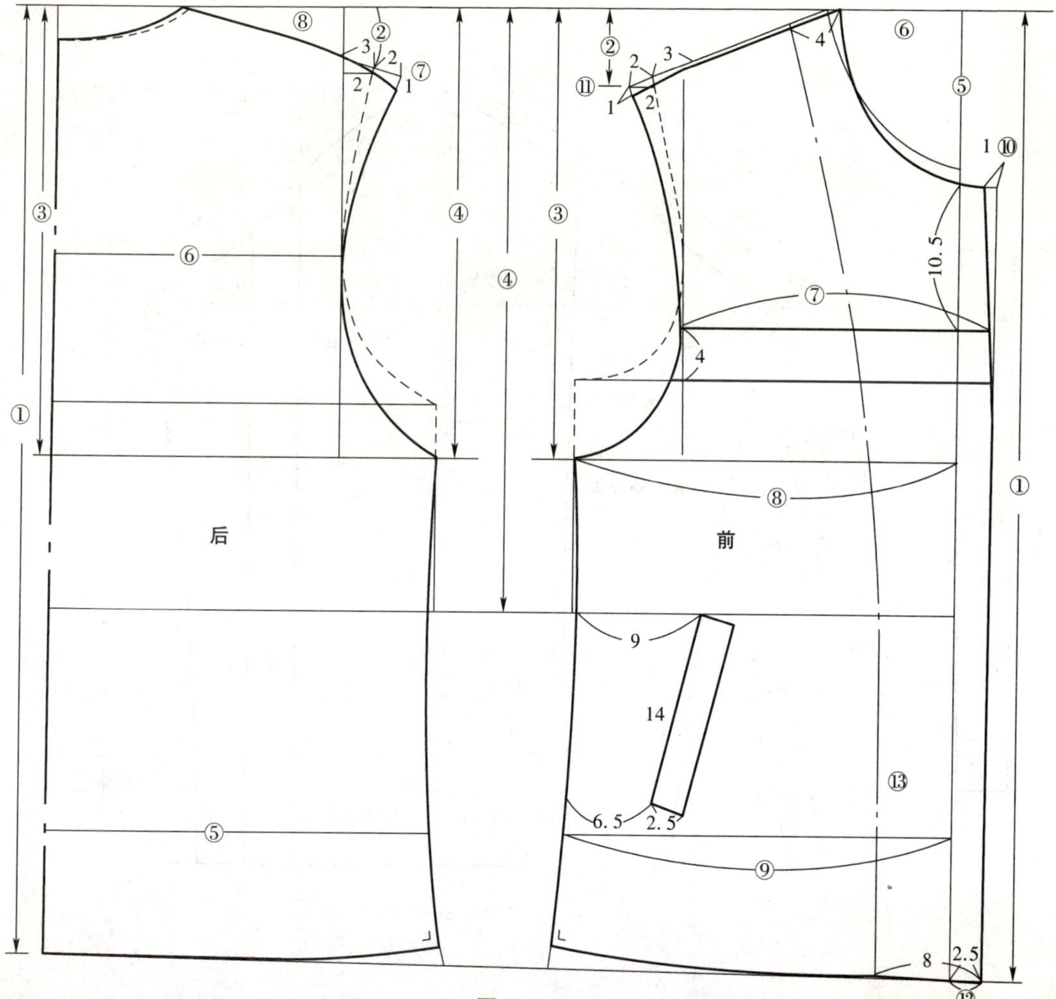

图 5－33

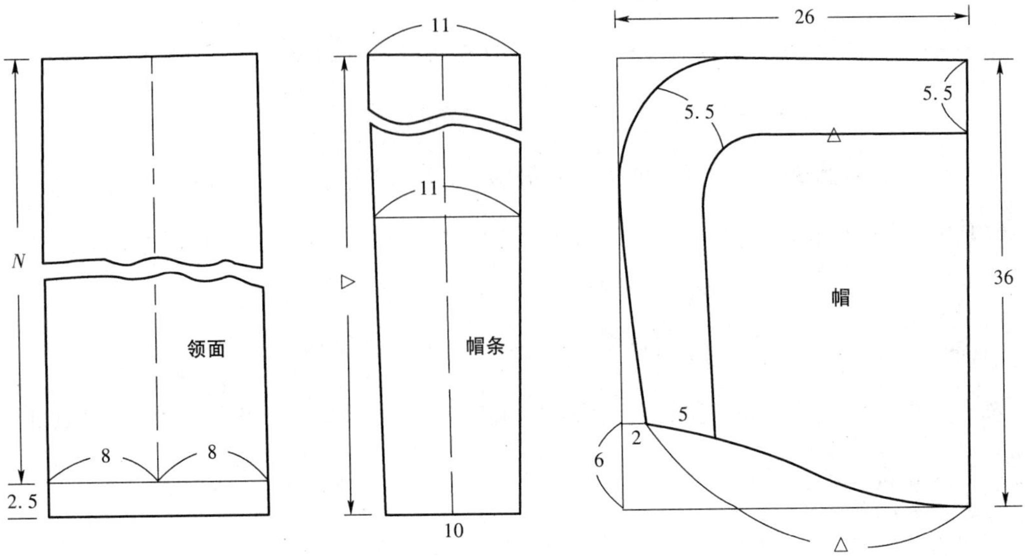

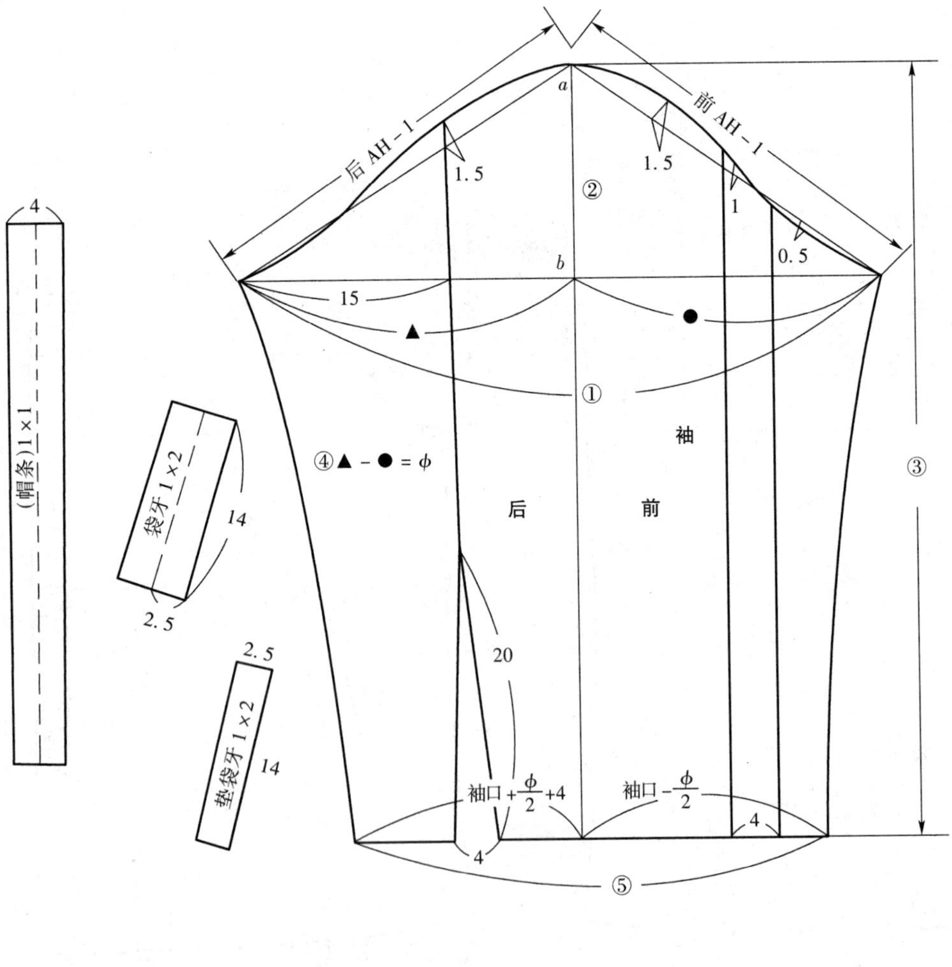

图 5 – 33　活里活面羽绒服结构图

前片⑪羽绒服为最外层服，有较厚的填充物。要求各部位尺寸都要大于单层服装。肩部加宽，在结构上要求向下落 1cm。由于人体肩部呈圆滑型向下倾斜状、衣服肩部加宽超出人体的同时，如果不向下调整圆顺，袖与外肩点起空，不服帖。

5. **羽绒服右前片挂面面料样板**（图 5-34）

(1) 在制作前片和挂面面料纸样时，要依据款式说明及规格尺寸放出缝份，领弧线、袖窿弧

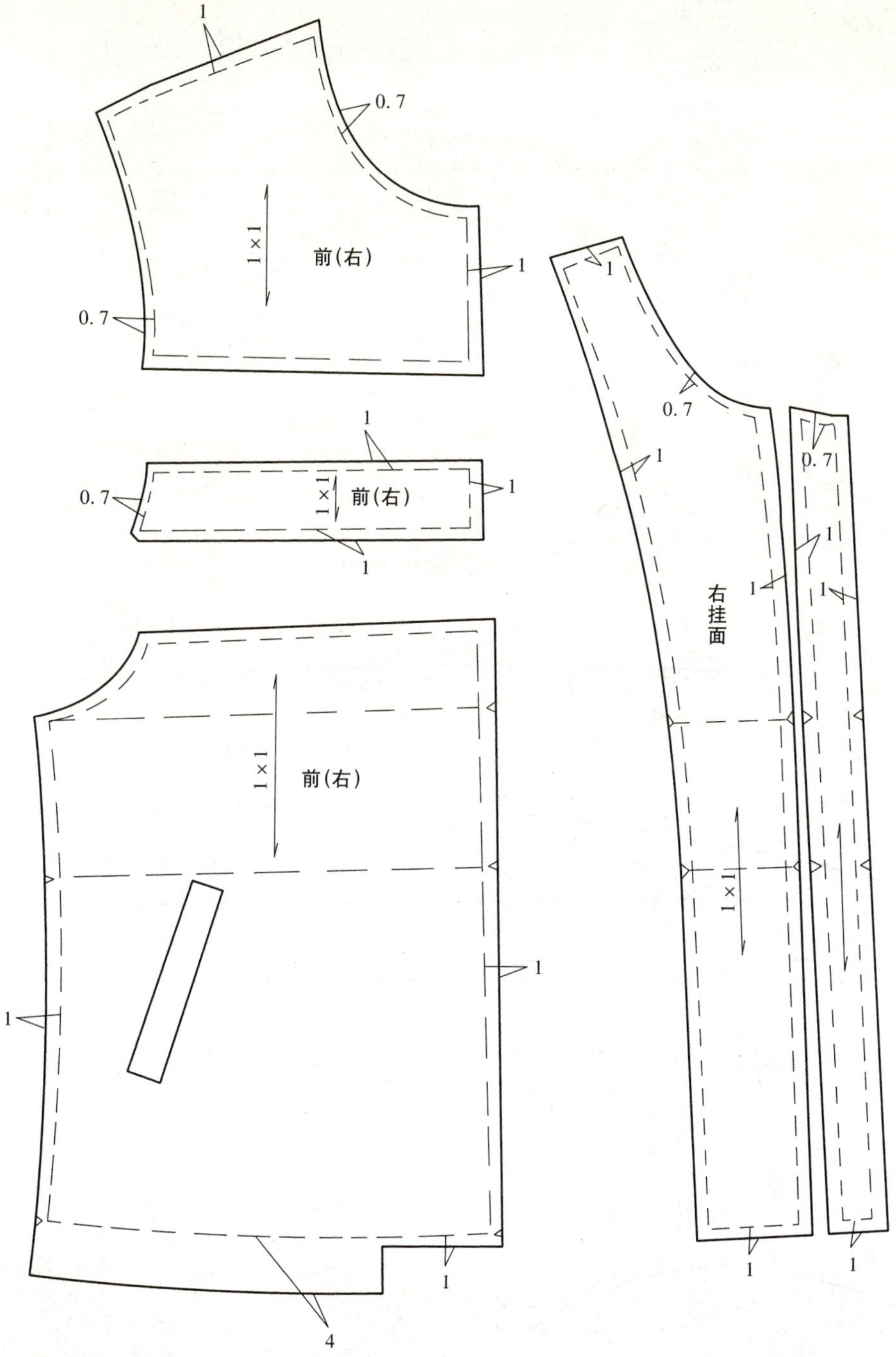

图 5-34

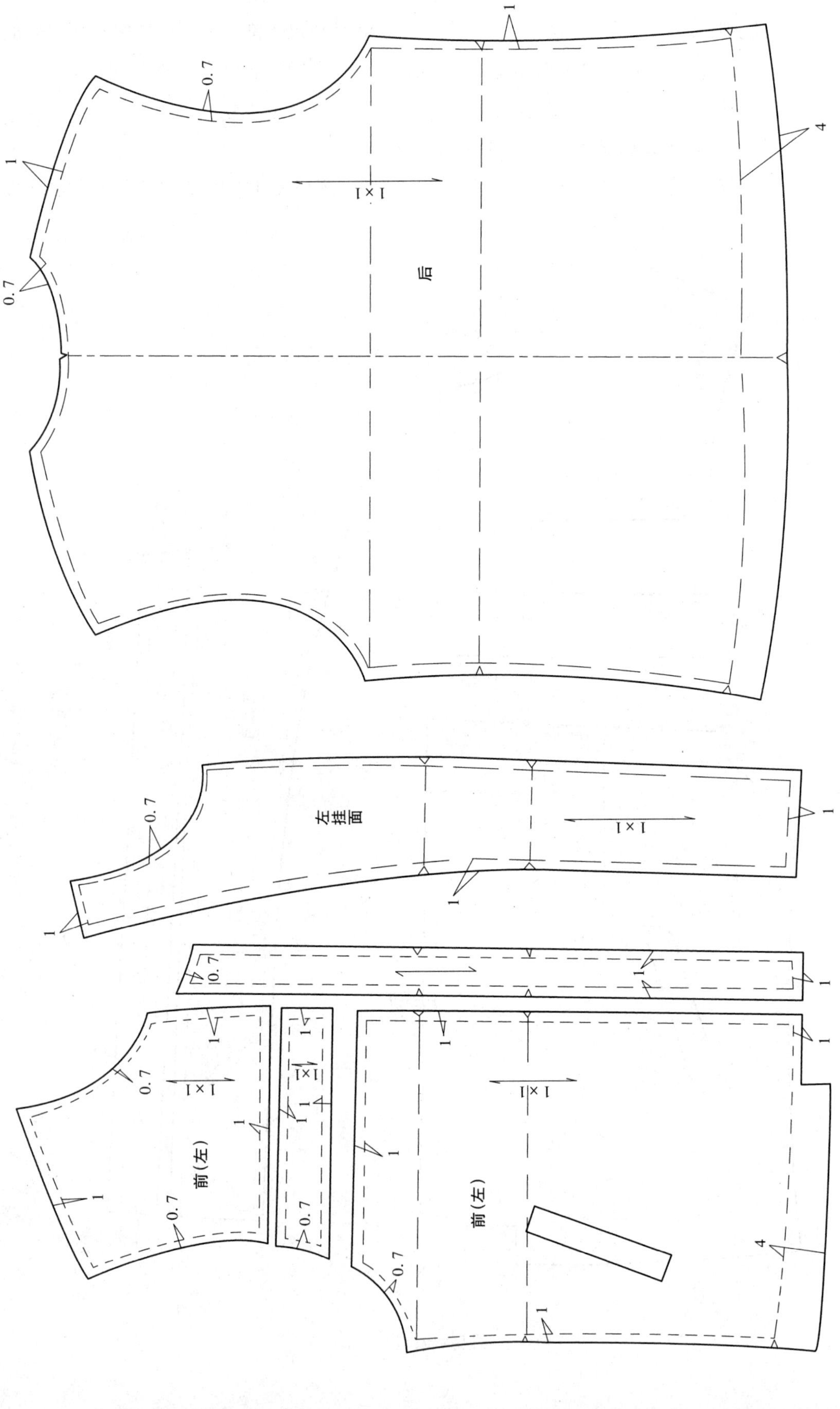

图 5－34

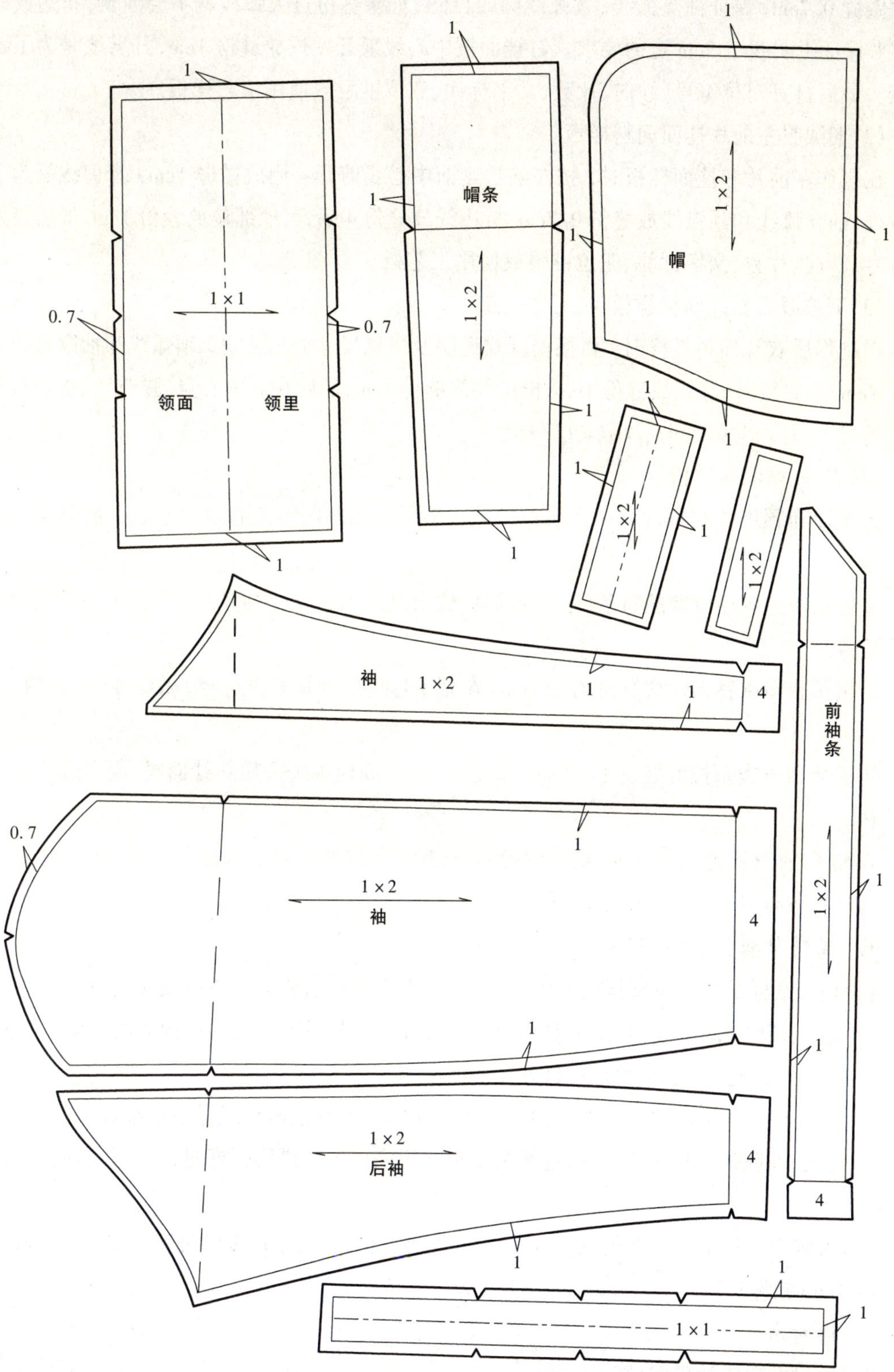

图 5-34 面料样板示意图

线放做缝 0.7cm，保证袖窿弧线、领弧线圆顺自然，如果缝份过大弧线就不会圆顺，折边放缝份 4cm 来保证缉明线 2.5cm 宽的要求。右挂面按中心线剪开一周放缝份 1cm，开剪线是为了缝制拉锁。最后打好对位符号、纱向、片数、文字标注、兜位锥眼或使用工艺样板。

(2)羽绒服左前片挂面面料样板

在制作左前片和挂面样板时，按左前片延前中心线剪开一周放做缝 1cm，开剪线是为了缝制拉锁。袖窿弧线和领弧线放缝份 0.7cm，折边线放缝份 4cm、其他部位放缝份 1cm，最后打好对位符号、纱向、片数、文字标注、兜位锥眼或使用工艺板。

(3)羽绒服后衣片面料样板

在制作后衣片面料纸样时，要根据款式说明及规格尺寸放出缝份，领弧线和袖窿弧线放缝份 0.7cm；小肩线、侧缝线放缝份 1cm，折边线放缝份 4cm，最后在后中心点、腰节线、折边线打好对位符号，衣片内写好纱向、片数、文字标注。

(4)衣片、袖面料样板

①领面和领里连在一起，一周各部位放出缝份 1cm，在领面的后中心点，肩颈点打好对位符号。

②连帽条是盖住拉链的布条，一周各部位放出缝份 1cm，在领面的后中心点，肩颈点，打好对位符号。

③帽子和帽条各部位放缝份均为 1cm，在帽子弯角处打好对位符号，做好纱向、片数、文字标注。

④袋牙和垫袋布长度缝份 1~2cm，宽度为 1cm，高档服装采用斜纱面料、低档服装可采用直纱料。

⑤袖子、袖窿弧缝份 0.7cm，折边缝份 4cm，其他各部位均为 1cm 缝份，最后在折边线、袖肘线处打好对位符号、纱向、片数、文字标注。

6. 里料样板(图 5-35)

(1)里料纸样是在面料纸样的基础上完成的，先将衣片面料纸样描在纸板上，里料衣长缩短 2cm，侧缝线、袖窿弧线扩尖 0.3cm，挂面处放出 2cm。后片里料样板的打板方法与前片相同，最后打好对位符号、标出纱向，做好片数等文字标注。

(2)袖里料纸样是在袖面料纸样的基础上完成的，先将袖面料纸样描在纸板上，袖长缩短 2cm，侧缝线、袖窿弧线扩大 0.3cm，这样袖里料样板完成了。最后打好对位符号、纱向、片数、文字标注。

(3)大袋布面料纸样：首先画长度 30cm，宽度 18cm；4cm 是袋口角度，18cm 是袋口宽度 14cm+4cm(缝份)。

7. 内衬衣

(1)内衬衣款式效果图(图 5-36)

(2)内衬衣前片制板(图 5-37)

活里制板是在活面样板的基础上套制，这样可以保证里外层裁片各部位规格不发生误差。

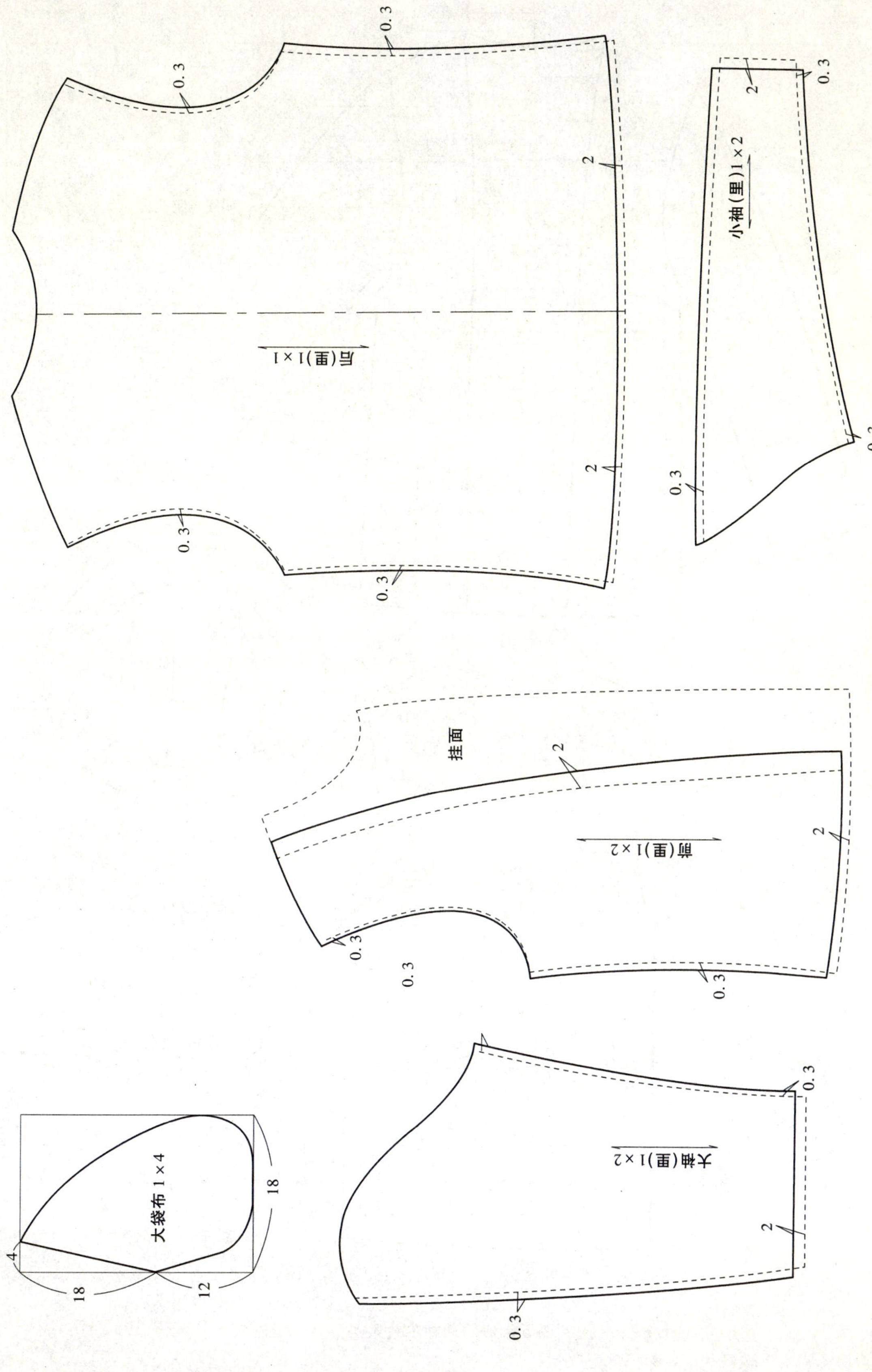

图 5-35　里料样板示意图

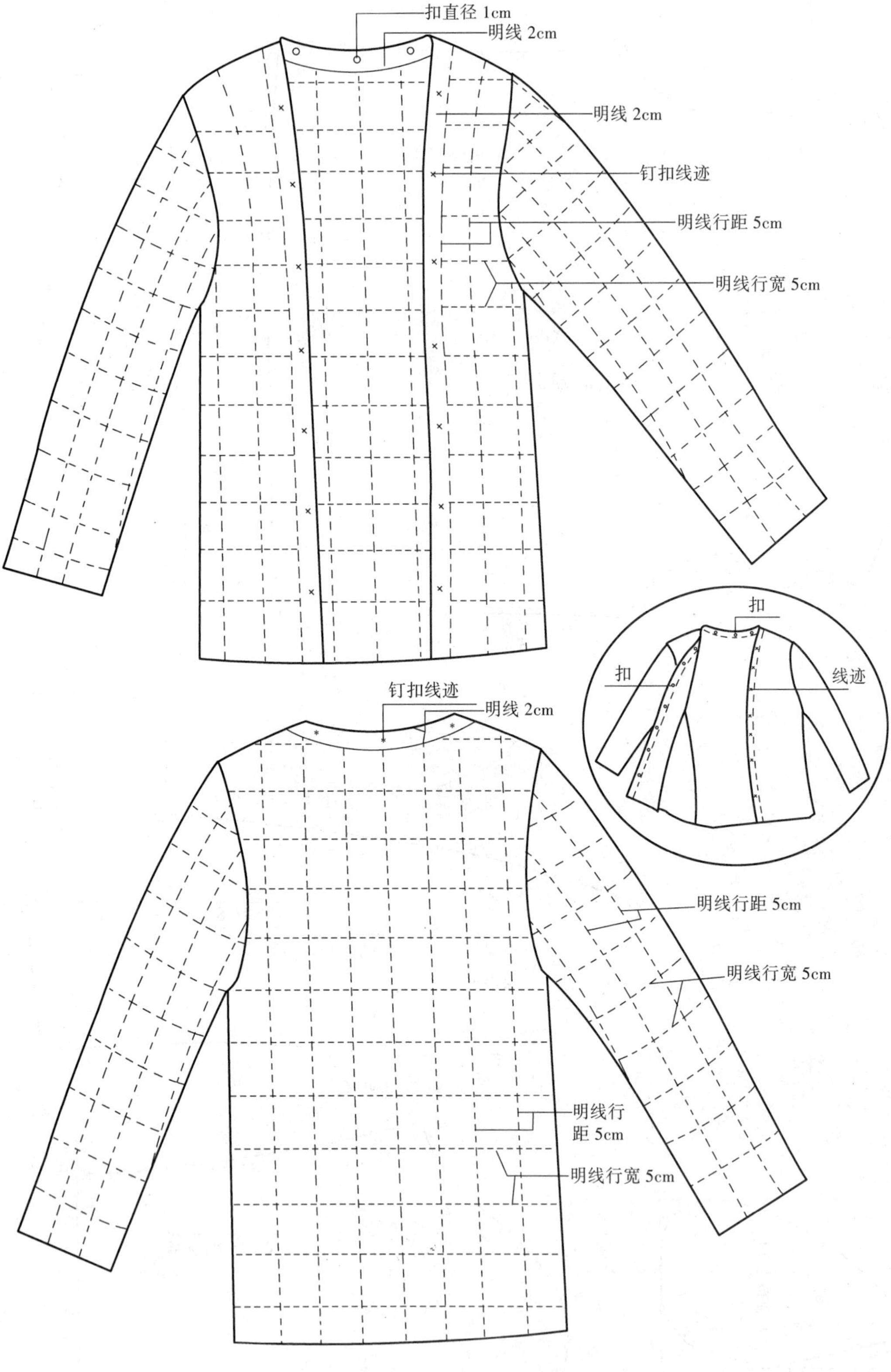
扣直径 1cm
明线 2cm
明线 2cm
钉扣线迹
明线行距 5cm
明线行宽 5cm
钉扣线迹
明线 2cm
明线行距 5cm
明线行宽 5cm
明线行距 5cm
明线行宽 5cm
扣
扣
线迹

图 5－36　内衬衣效果图

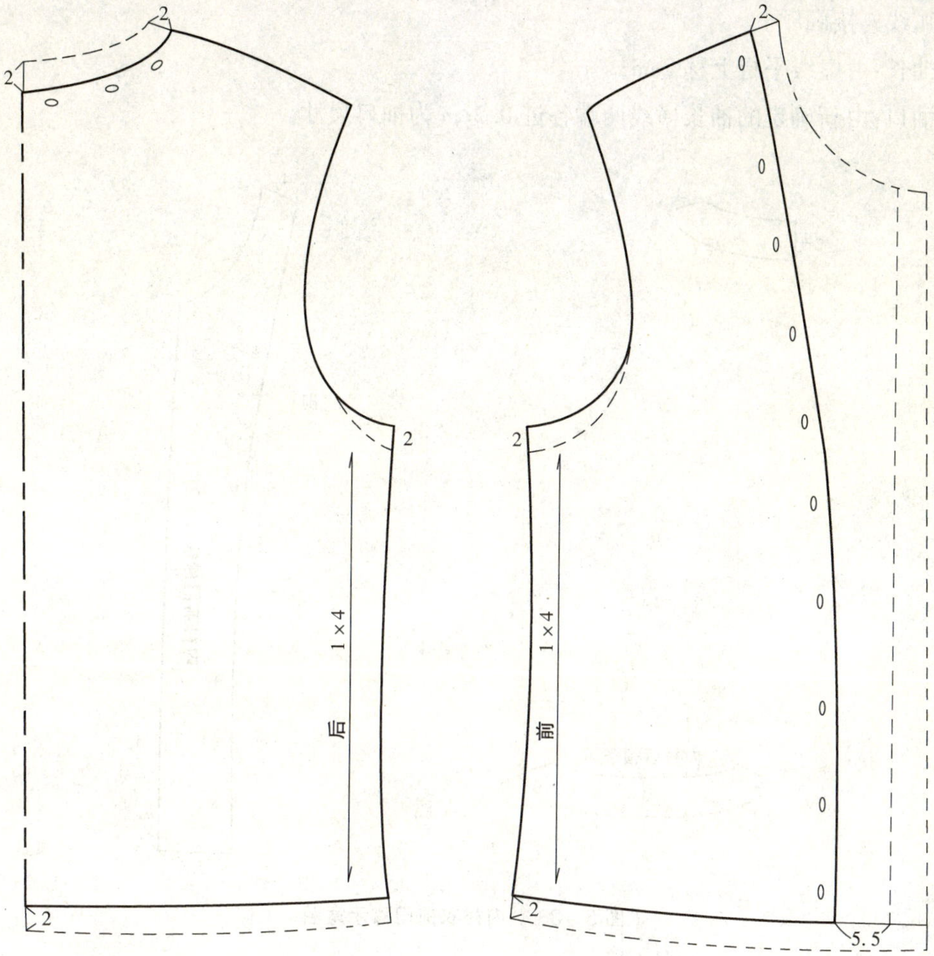

图 5－37　内衬衣样板图

①活里袖窿深高于活面 2cm；

②领宽：在活面基础上开宽 2cm，为与贴边对接；

③止口：由前中心向内进 5.5cm，领宽开宽 2cm，弧线连接；

④底边短于活面 2cm。

(3)内衬衣后片制板

①后领弧：平行短于活面后领弧 2cm。短缺量由领托补充；

②袖窿深：高于活面袖窿 2cm；

③底边：平行短于活面 2cm。

(4)内衬衣前门襟(图 5－38)

门襟肩部宽 4cm，下宽 7.5cm，搭门 2.5cm。

8. **内衬衣袖制板**(图 5－39)

①袖山弧：*a* 沿袖中线下落 2cm，*b* 沿袖肥线进 1cm，*c* 沿袖肥线进 1cm。

用弧线连接圆顺。

②袖长：由虚线平行上移 2cm；

③袖口：由新确定的袖长横线两端各进 0.5cm 为袖口尺寸。

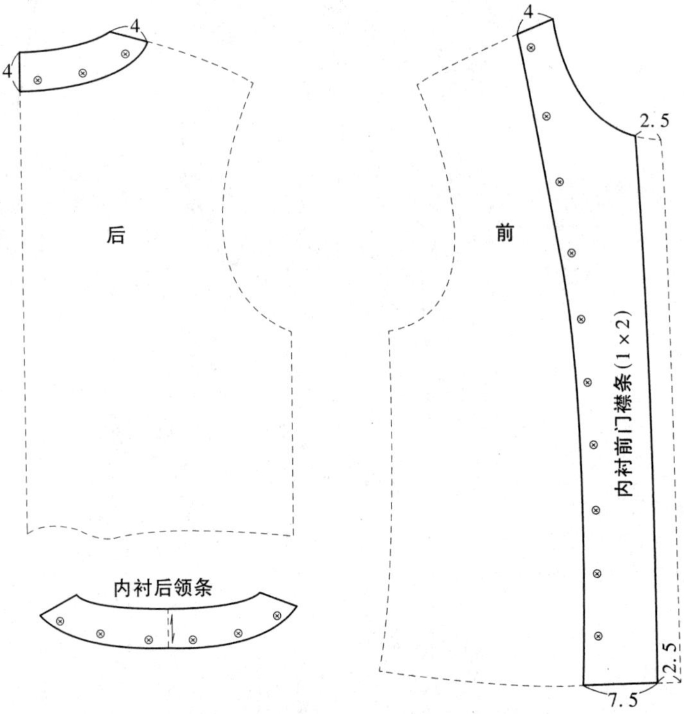

图 5－38　内衬衣前门襟示意图

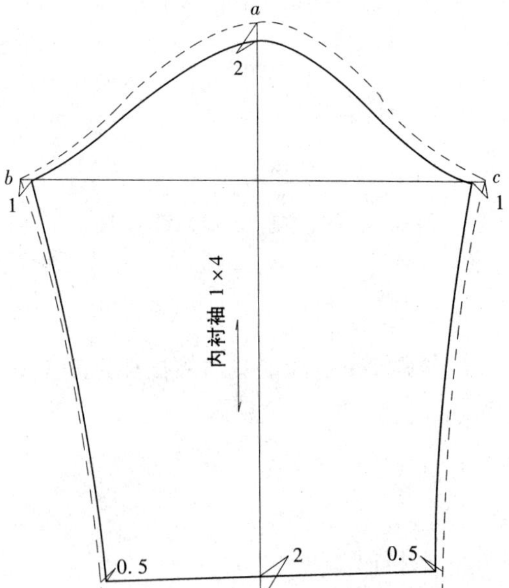

图 5－39　内衬衣袖样板图

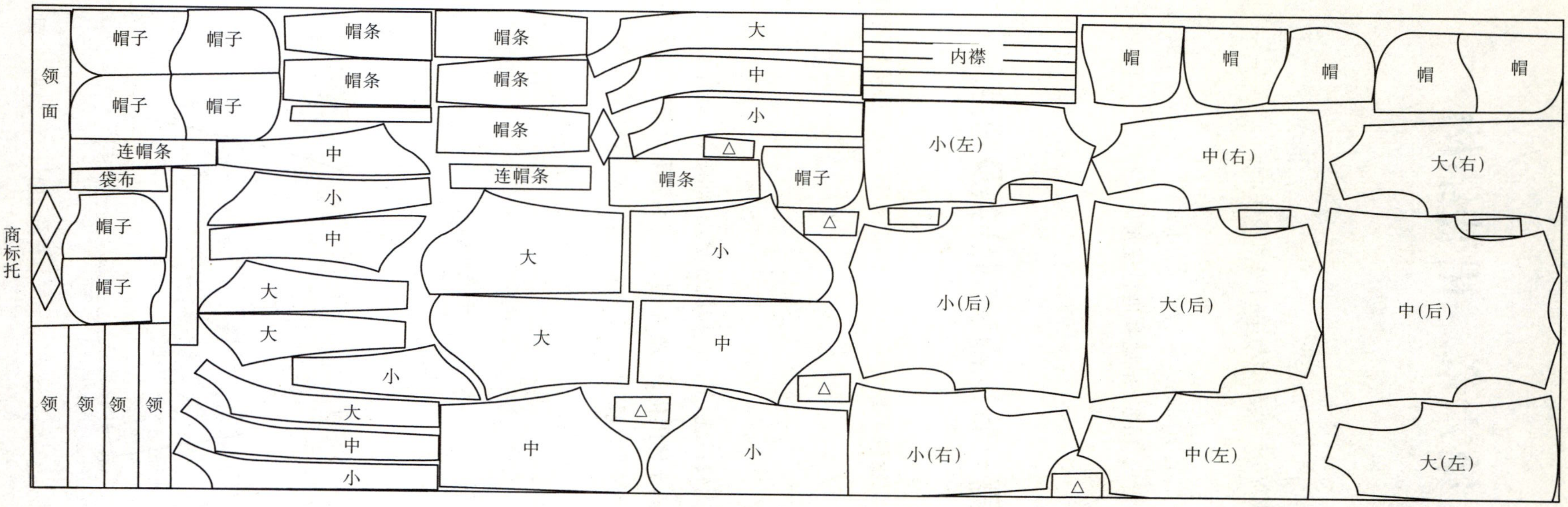

商标托
领面
帽子
帽子
帽子
帽子
连帽条
袋布
帽子
帽子
领
领
领
领
帽条
帽条
帽条
帽条
帽条
连帽条
中
小
中
大
大
小
大
中
小
大
大
小
中
大
中
小
帽条
帽子
内襟
小(左)
小(后)
小(右)
中(右)
大(后)
中(左)
大(右)
中(后)
大(左)
帽
帽
帽
帽
帽

图 5－40　排料图

第六章　裙装结构

裙装是女装的主要组成部分，其造型与结构灵活多样，每一种造型又可以变化出若干结构不同、风格各异的裙装款式。

在制定裙装板型时，要根据不同的人体特征及其他因素进行设计，要力求对人体的修饰达到扬长避短的目的。通过对裙长、裙摆、裙型等进行完善的结构设计，可以使裙装进一步多侧面、多角度地体现女性的优雅仪态。

第一节　裙装的分类及特点

裙装的种类很多，按外部廓形可划分为 H 型、V 型、A 型三大类；按长度可划分为超长裙、长裙、中长裙、短裙、超短裙。

一、按裙装廓形分类

1. **H 型裙（筒裙）** 比较正统，多与西服配套穿用，如图 6－1 所示。

2. **A 型裙（梯裙）** 属于休闲裙，小摆 A 型、可与西服配套穿用，如图 6－2 所示。

3. **V 型裙（锥裙）** 充分体现形体，属于时装裙，结构设计主要部位在腰部，如图 6－3 所示。

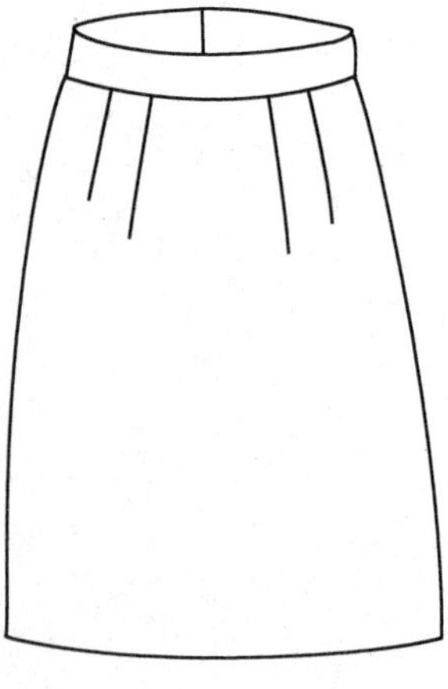

图 6－1　H 型裙效果图

图 6－2　A 型裙效果图

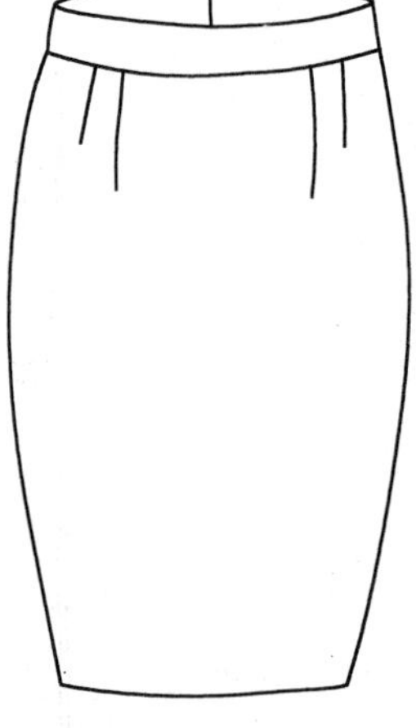

图 6－3　V 型裙效果图

二、按裙装长度分类

裙装长度和摆度的大小是决定裙子风格的重要元素，如图 6－4 所示按长度不同，裙装可划分为：

(1)超长裙：长度拖地，属晚礼服，不适合在日常生活中穿着。

(2)长裙：从腰节至小腿的$\frac{1}{2}$左右，最长可及脚面。

(3)中长裙：从腰节至膝盖附近(大约 50～60cm 左右)。

(4)短裙：从腰节至膝盖上 10cm 左右。

(5)超短裙：亦称迷你裙，长至膝盖上 20cm 左右。

另外，裙子以腰线为准，向上、向下变化的结构造型以开剪线、褶裥为特点的造型，也是裙装的重要品种，见图 6－5。

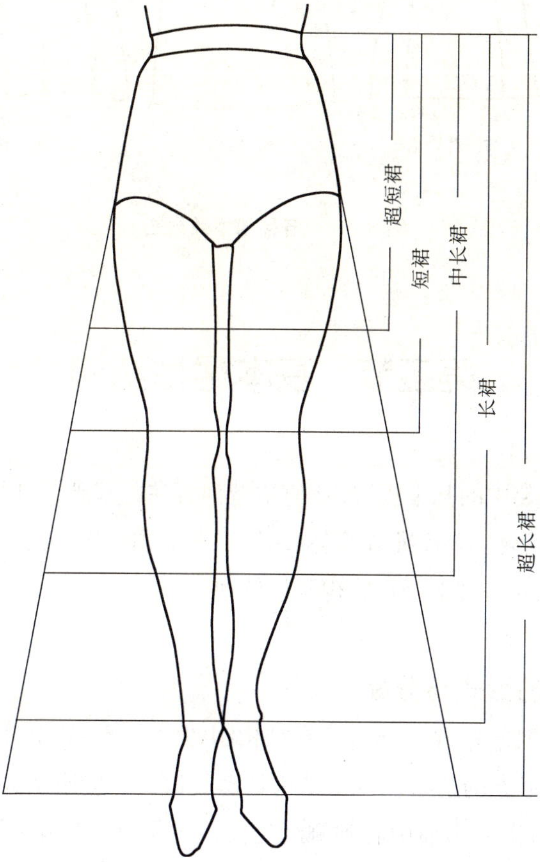

图 6－4　裙长示意图

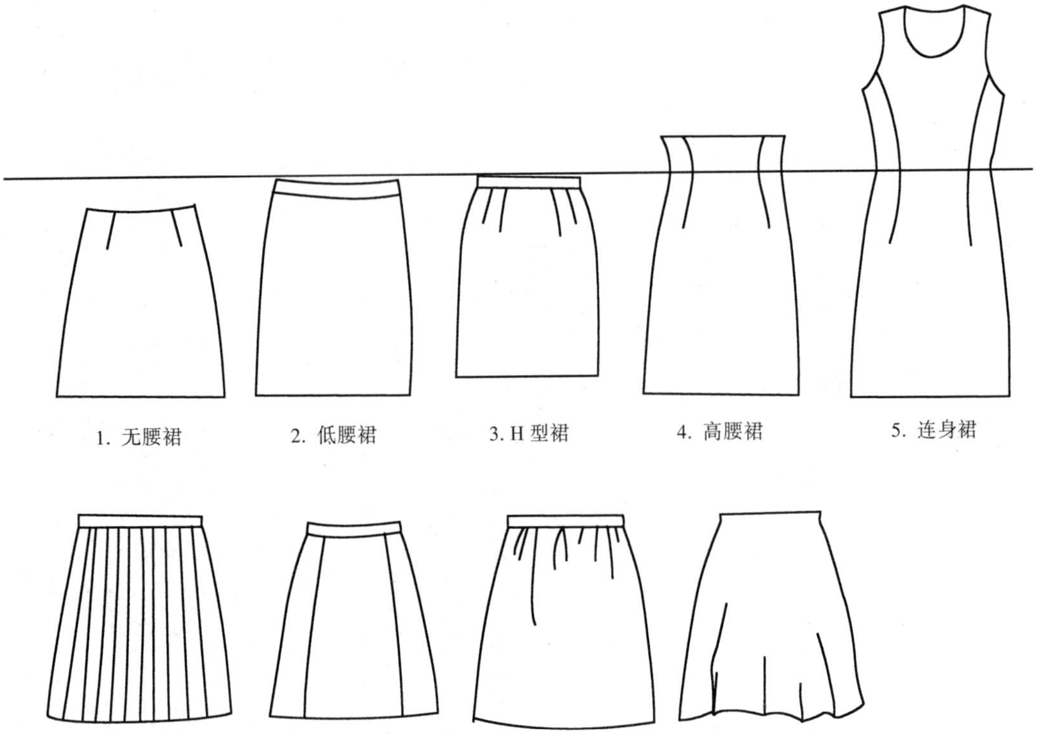

图 6－5　各种裙型效果图

第二节　基本裙型结构

H 型裙（筒裙）是裙装中的基本板型，任何裙型都可在此基础上进行变化。腰、臀围差数的处理是裙装结构的主要问题。以标准 A 型体腰、臀围截面图为例，见图 6－6 所示，分析人体腰、臀围部位的形态差异，在此基础上进行结构制板处理。

一、腰、臀围差数的形式与分配

标准 A 型体的腰臀围差为 26～28cm。在结构制图中，通常以省道、褶裥等形式处理，从而形成不同风格、不同形态的造型。一切结构处理的依据，应服从人体结构及运动规律的需要。从图 6－6 中可以看出，由前中心到侧缝处曲线较平滑，后中心至侧缝的弧线变化比较大。由此可以得出以下结论：臀凸点与腹凸在 HL 与 WL 之间的间距为省长。其长度要大于在侧缝部位两边的 HL 与 WL 之间的间距，臀凸点与腹凸点的高度决定与垂直线夹角的大小。凸点越高，夹角越大，省量越大；相反，凸点越低，夹角也越小，省量也随之减小，见图 6－7 所示。

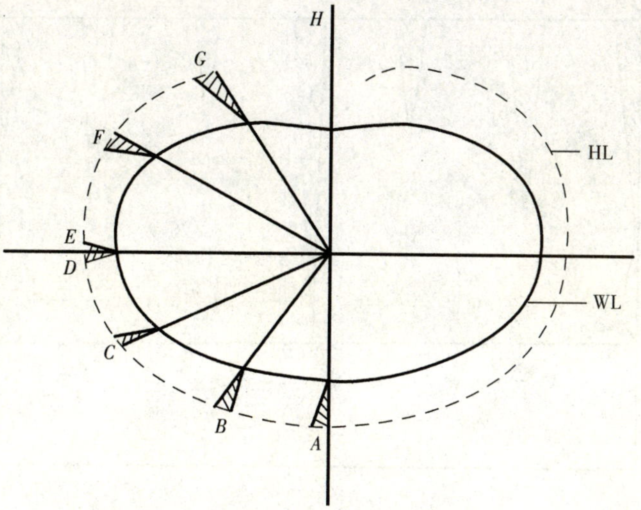

图 6－6　腰臀围截面图及人体示意图

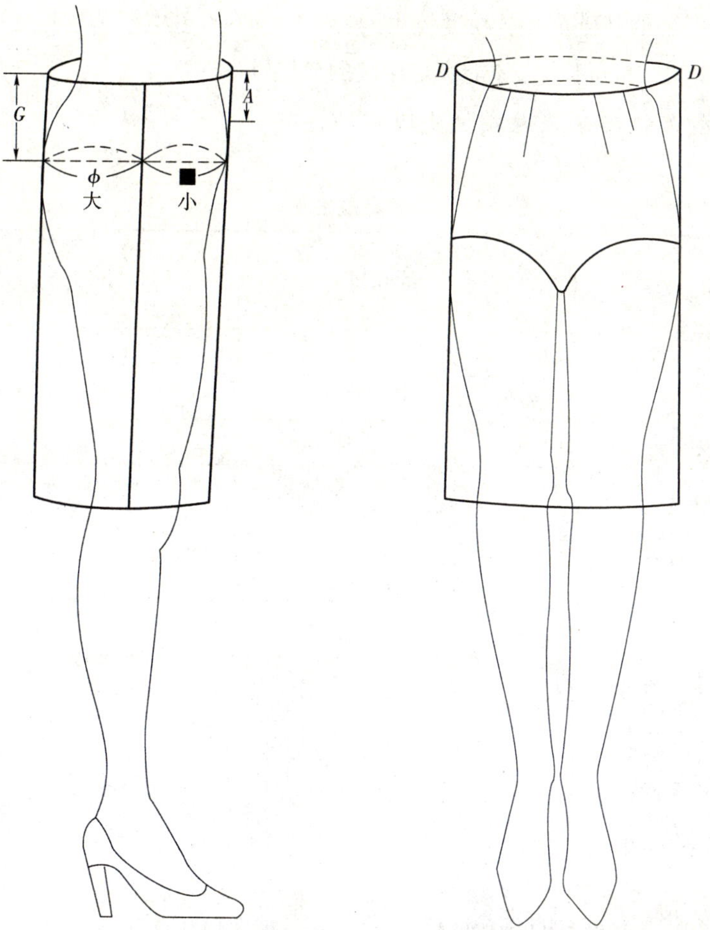

图 6－7

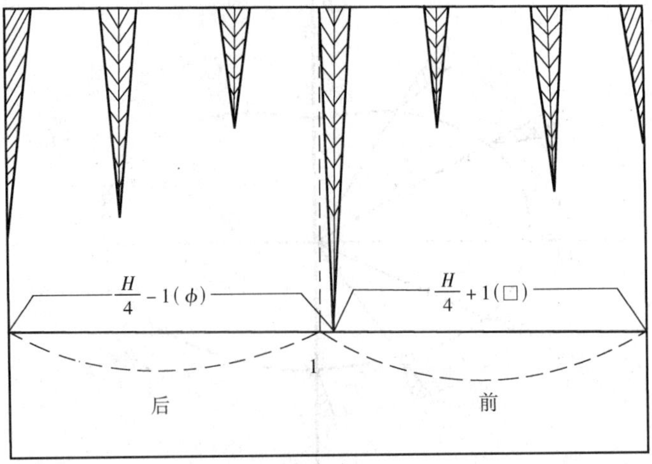

图 6－7　平面结构图及人体示意图

二、基本裙(筒型)板型结构

裙板型在净臀围的基础上加放松度较小,一般 4～6cm。基本裙装的长度在膝围附近,开衩的设计在臀围线以下 15cm 以上,才能满足裙装的机能性。

1. **筒型裙成品规格表及款式效果图**(图 6－8)

成品规格表　　单位:cm

规格/号型　部位名称	裙长	腰围	臀围	臀围线
155/64A	52	66	90	18
160/68A	54	70	94	18.5
165/72A	56	74	98	19
170/76A	58	78	102	19.5
175/80A	60	82	106	20
档差	2	4	4	0.5

2. **筒裙制板**(图 6－9)

①裙长:56cm;

②臀高:19cm;

③前臀围宽:$\frac{H}{4}-1$cm;

④前腰围宽:$\frac{W}{4}-1$cm＋4cm(省);

⑤腰部起翘:2cm;

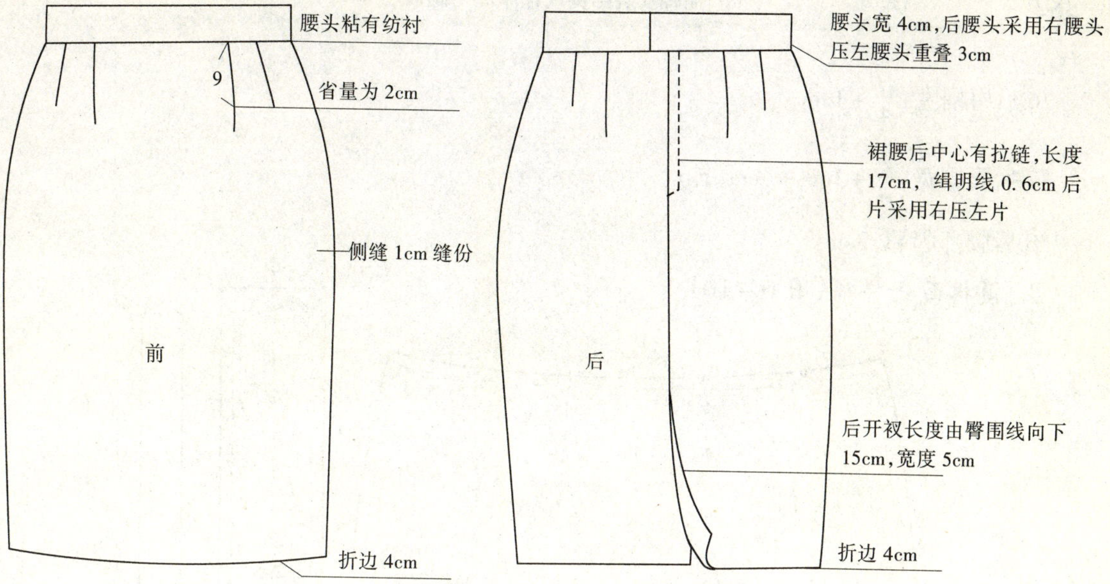

图 6-8　筒型裙效果图

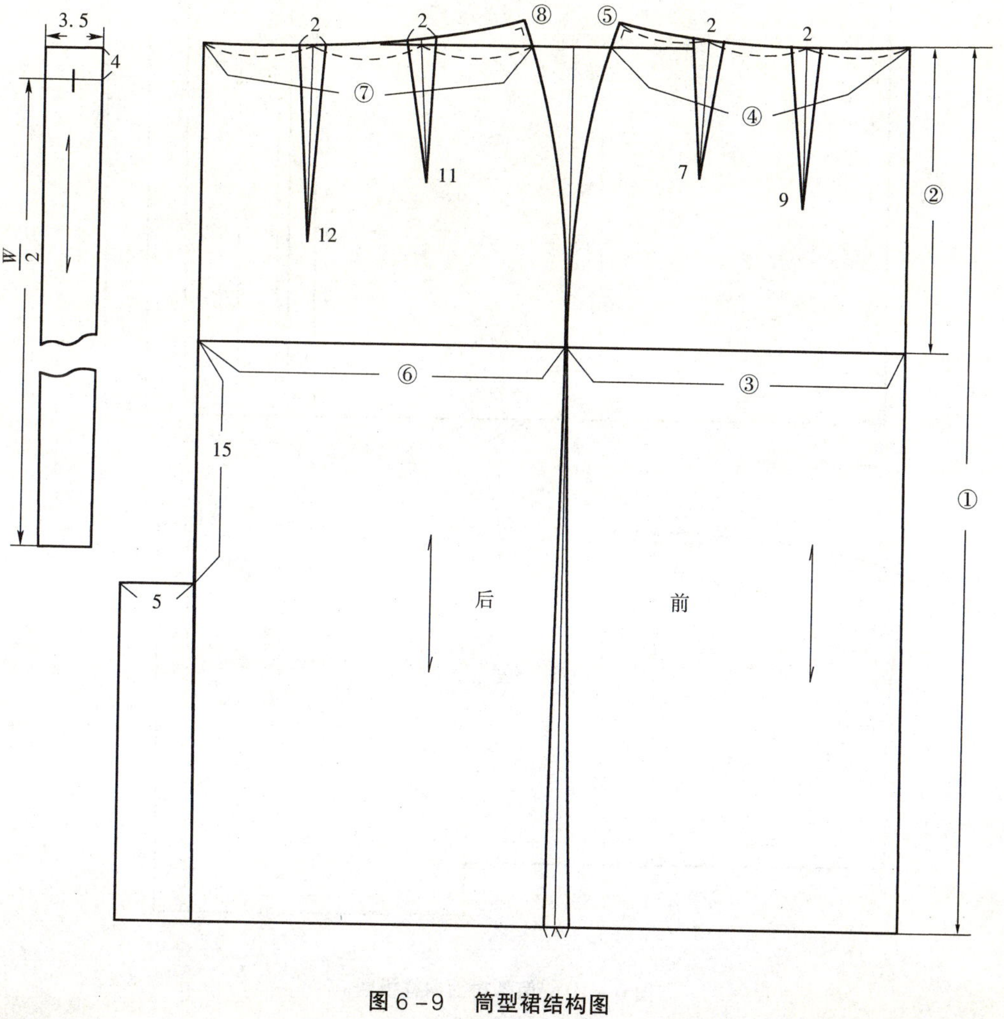

图 6-9　筒型裙结构图

⑥后臀围宽：$\frac{H}{4}+1\text{cm}$；

⑦后腰围宽：$\frac{W}{4}+1\text{cm}+4\text{cm}$(省)；

⑧后腰部起翘：2cm。

3. 筒裙面料样板(图6-10)

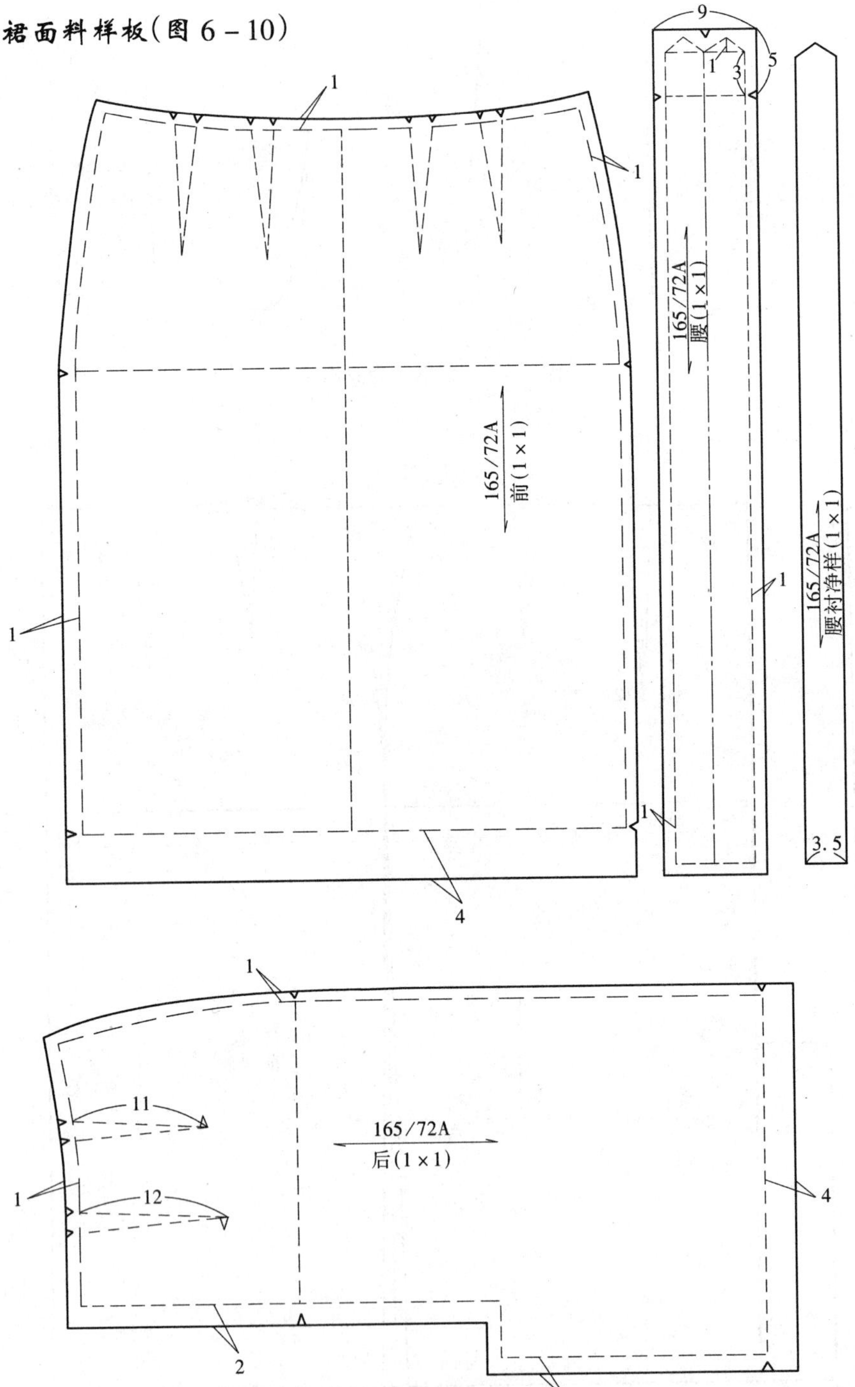

图6-10　筒型裙面料样板图

4. 筒裙工业排料图（图 6－11）

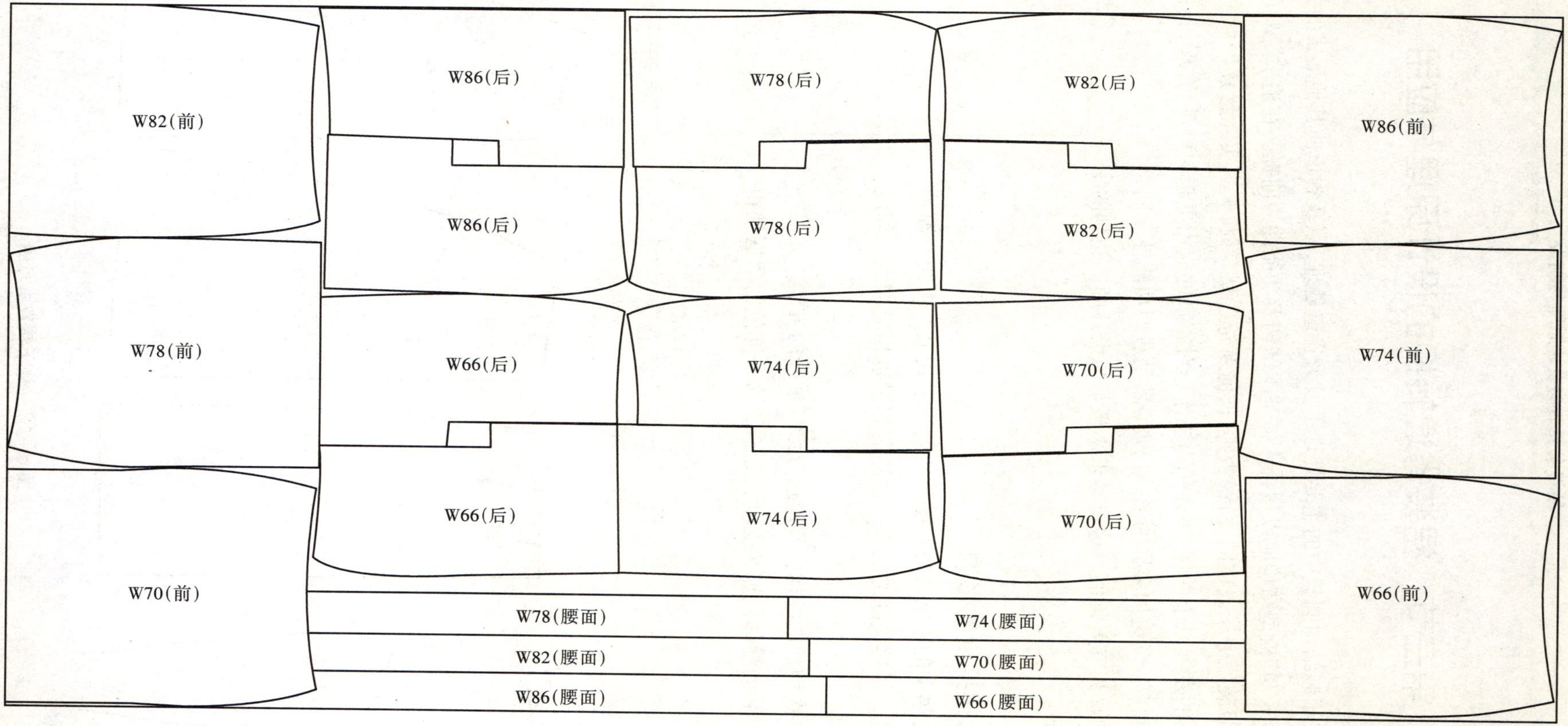

图 6－11　筒型裙工业排料图

第三节　裙装省道转换的设计原理与应用

腰臀差在裙装结构制板中的主要处理手段为省道处理，以及省道向其他形式的变化过程。无论是哪种形式，其板型结构应以适合人体基本结构及功能性为前提。在追求"型"的变化的同时，不应忽视服装服务于人体的主旨，否则，任何新奇造型，都将失去实际意义。

现代服装的发展以个性化、多元化为主流。对省道的应用更趋向科学、合理，其他塑形手段如褶、裥、分割等，以更加多样的形式出现，满足造型功能性。同时，更突出体现其审美价值。这也是未来板师与设计师应达到的综合技术水平。

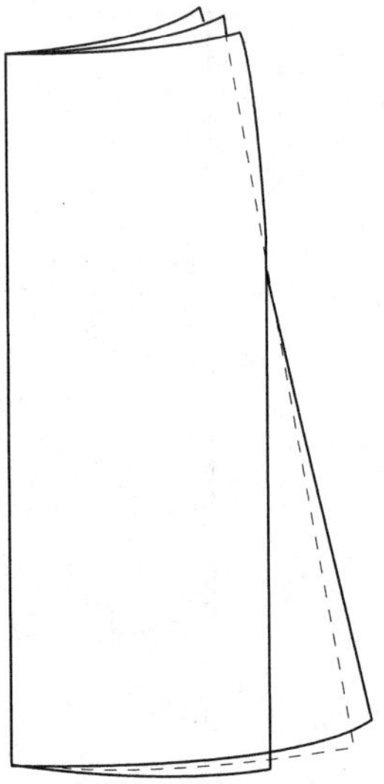

一、省对裙摆度的影响

腰臀差对裙型的影响表现在腰省的处理方式上。腰线逐渐加大凹势的同时，裙摆量随之加大，底边起翘量也相应加大，如图6－12所示。

裙摆度再次增加的结构处理应通过纸样展开的方法，如果一味在基本裙型的侧缝部位加大摆度，会造成这一部位的裙摆堆积的板型弊病。

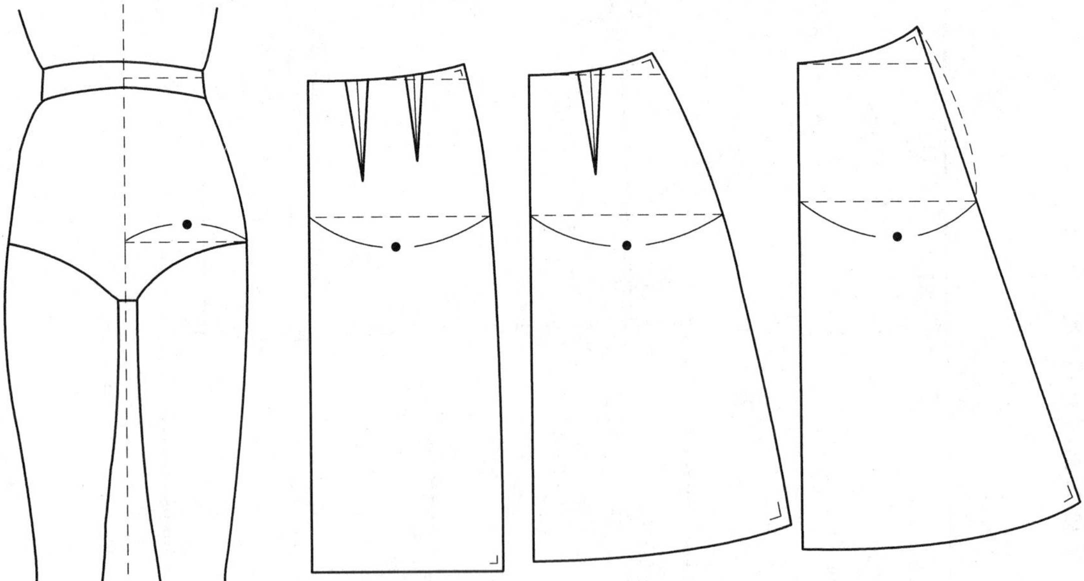

图6－12　裙子转省示意图

二、裙摆度变化的结构处理

裙摆度的变化在纸样中是由基础裙型(筒裙)→A 型裙→斜裙→360°斜裙逐渐演变的过渡过程。基础裙型属于合体款式，腰、臀围部分的结构处理完全合体，所含松度也是人体所需的基本松度，侧缝线条为曲线造型、腰线弧度较小、摆度量为筒形，不适合幅度较大的运动，属于正装板型；A 型裙，也称适体斜裙，造型在腰臀部位合体，摆度较大，以腰臀差决定裙摆阔幅，侧缝线趋向于直线，腰线凹势较大，摆度上窄下宽，造型属于休闲板，仍可以与西服板搭配使用，如图 6-13 ③所示；斜裙的结构处理有别于筒裙与 A 型裙，款式造型斜裙只要求腰部松紧适体，裙体部位宽松，穿着时形成伞状自由褶，腰线凹曲度呈圆弧形，腰口处面料纱向呈斜向，侧缝线条为直线，见图 6-13 中的④；360°斜裙，腰口线为正圆形，底边是以裙长为距离，并与腰口平行的线。

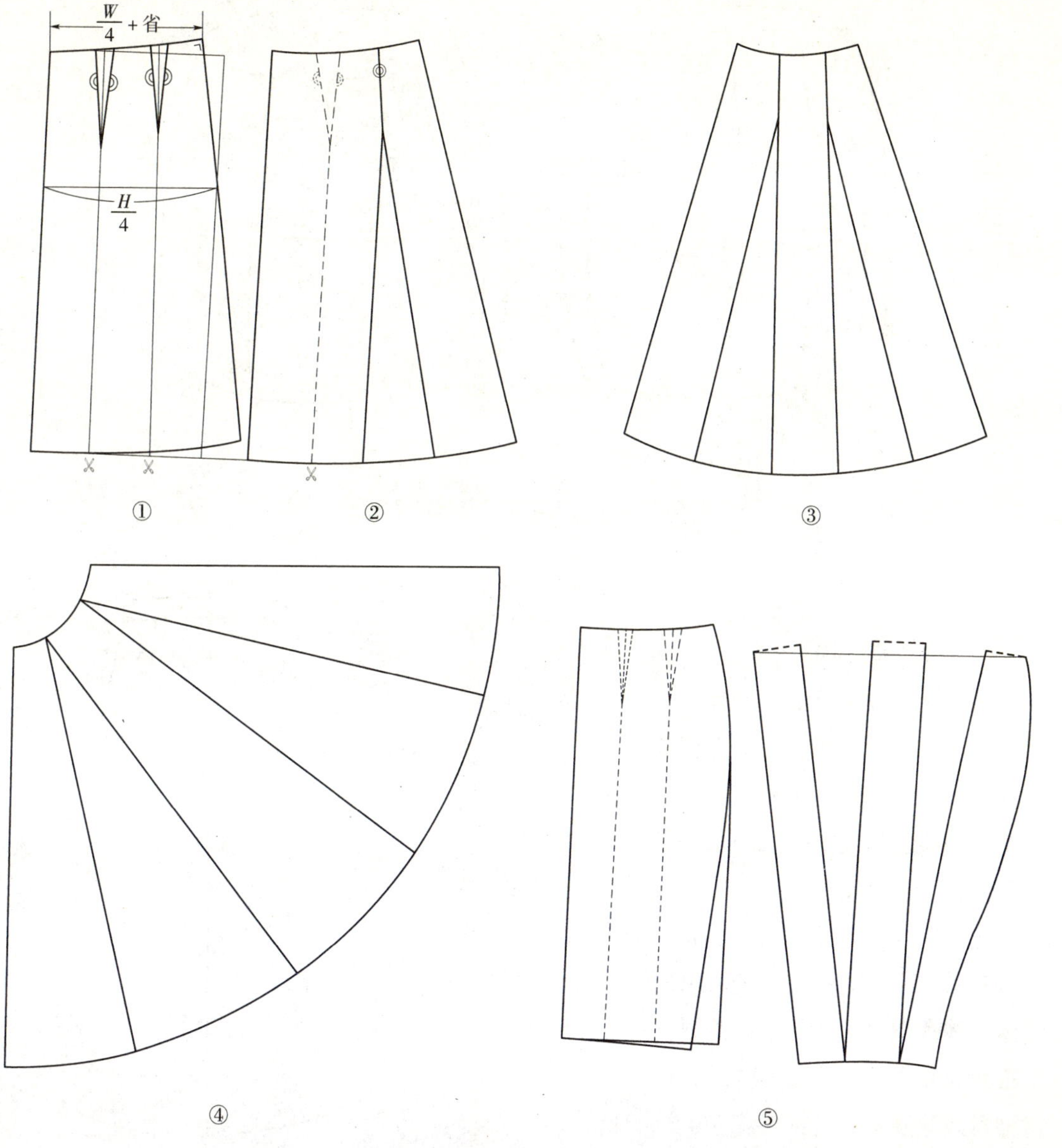

图 6-13　裙装结构转省示意图

第四节　裙装分割线的设计原理与应用

分割线在裙装制板中使用广泛。裙装板型设计大多是在基本裙型上进行横向、纵向分割，加入变量、变形、移位等多种装饰因素。分割线的位置是以人体曲面的分界点、转换点为前提而设定的，是有目的的通过某一部位，无论是横向、竖向、斜向、交错等线条走势，都应设计在曲面凸点塑形的有效范围内，以便于化省为线，见图 6 - 14 所示。

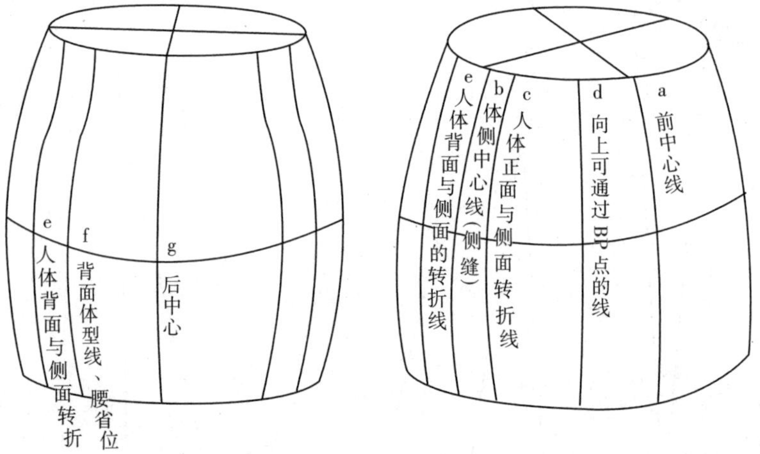

图 6 - 14　人体臀围基础线示意图

一、六片裙制板

裙装从片数上可分为四片裙、六片裙、八片裙等，统称多片裙。主要通过增加分割线或结构线，使裙身变化更具多样性，同时还可减少工艺流程，并使裙身更简洁、优美、流畅。

我们以 A 型裙变六片裙为例，如图 6 - 15，首先，要考虑裙片板型的整体美，整体美体现在六片裙片设计美观，其次，下摆增加的量要与裙侧缝摆出量相等，这样每条缝整体形成的效果才整齐合理，腰省随臀围开剪线移动。

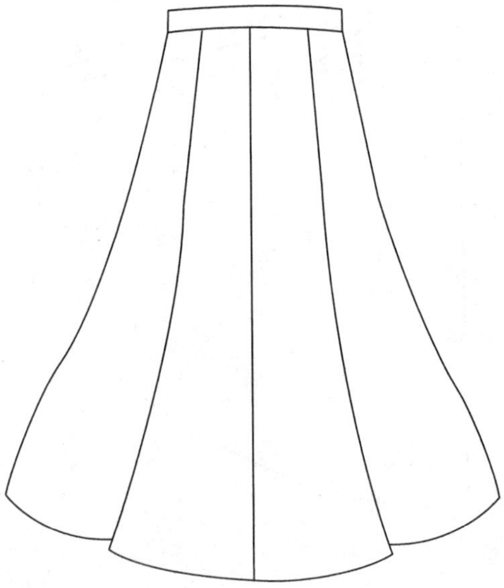

图 6 - 15　六片裙效果图

1. **六片裙制板规格表**

单位:cm

部位名称	臀围	腰围	裙长
量尺规格	96	76	58
加放松量	+6	+2	
成品规格	102	78	58

2. **六片裙制板**　如图6－16所示。

①裙长:58cm;

②臀围线:20cm;

③前臀围宽:$\frac{H}{4}$;

④前腰围宽:$\frac{W}{4}+4$cm;

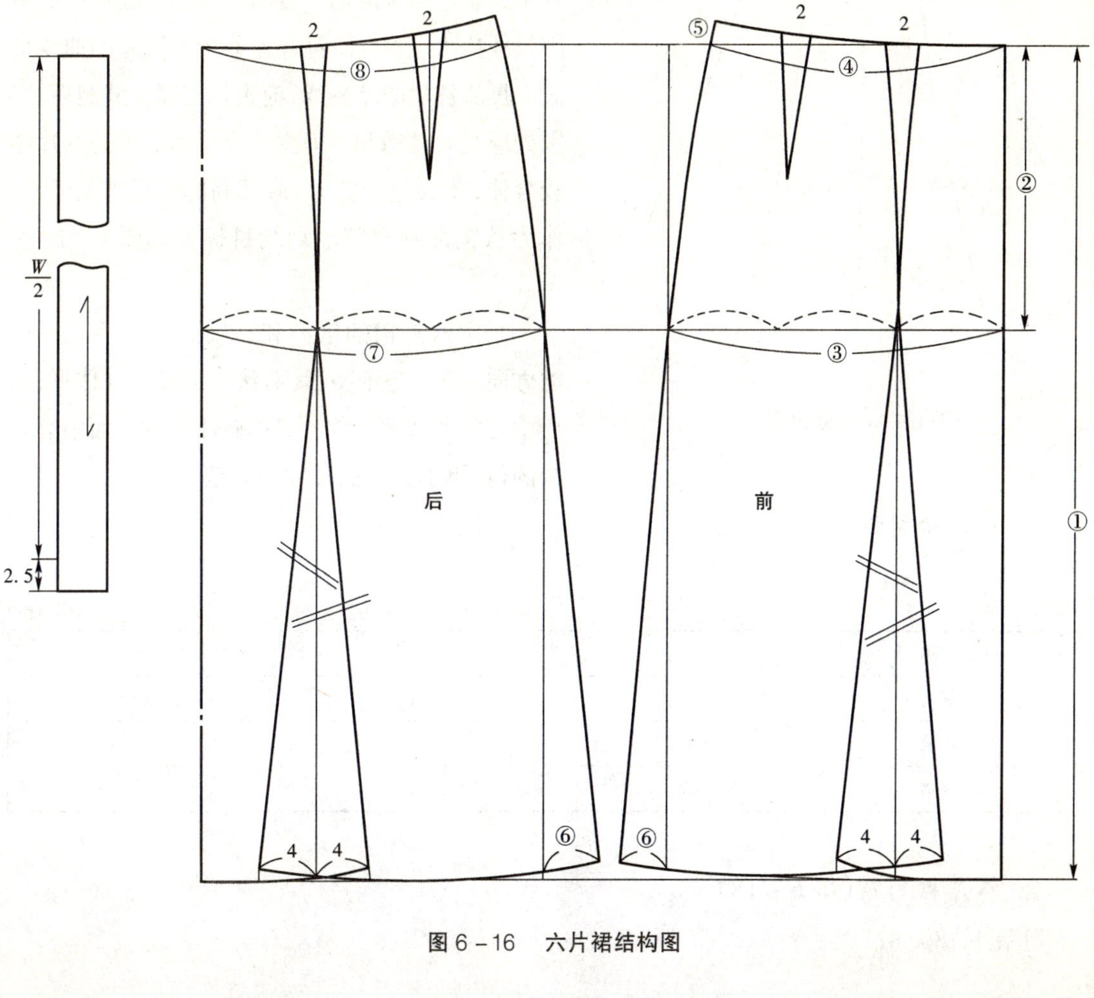

图6－16　六片裙结构图

⑤腰部起翘:2cm;

⑥侧缝摆量:4cm;

⑦后臀围宽:$\frac{H}{4}$;

⑧后腰围宽:$\frac{W}{4}+4cm$。

二、八片裙制板

八片裙从腰部到臀围处是合体的,臀围以下摆度张开,线条优雅流畅,是日常穿用方便的休闲服装。在多片裙的结构设计中,八片裙属于典型的一例,下面是八片裙设计中应注意的事项。

图6-17　效果图

八片裙的设计是将腰围尺寸和臀围尺寸分成八等分,以其中一份作为基础制板数据进行制板。首先确定中心轴线,再向两边制图,八片裙各裁片在臀围线以上的各弧线部分并不完全相同,其中,靠近侧缝的前、后四片在侧缝处拼接的臀围弧线应大一些,需符合穿着者腰臀差的曲线形态。腹部各片的结构线,应去掉省量。缝制后,臀围处应是合体效果,但要留有余地,因为八片裙较合体,不会过于宽大,腹部高的位置画个记号,作为从腰部到臀部的划线目标,如图6-17所示。

制定八片裙的纸型和布纹必须要注意它们的方向。首先是纸型,其形状一定要符合体形,前后中心的曲线要松缓,弧度较小一些,而中心减少的份,再加大侧面尺寸去补偿。

1. 八片裙制板

单位:cm

部位名称	臀围	腰围	裙长
量尺规格	96	76	80
加放松量	+6	+2	
成品规格	102	78	80

2. 八片裙制板(图6-18)

①裙长:80cm;

②臀围线：20cm；

③腹围线：10cm；

④臀围宽：$\frac{1}{8}$臀围；

⑤腹围宽：$\frac{1}{8}$腹围；

⑥腰围宽：$\frac{1}{8}$腰围；

⑦裙摆的确定：以臀围宽为基数，做垂直线至底摆，两边各放出$\frac{1}{2}$臀围宽，然后分别与 a、b 点相连接，连线的下$\frac{1}{3}$点处凹进 1cm；

⑧腰口线：向内凹进，且腰口弧线与侧缝的夹角为直角。

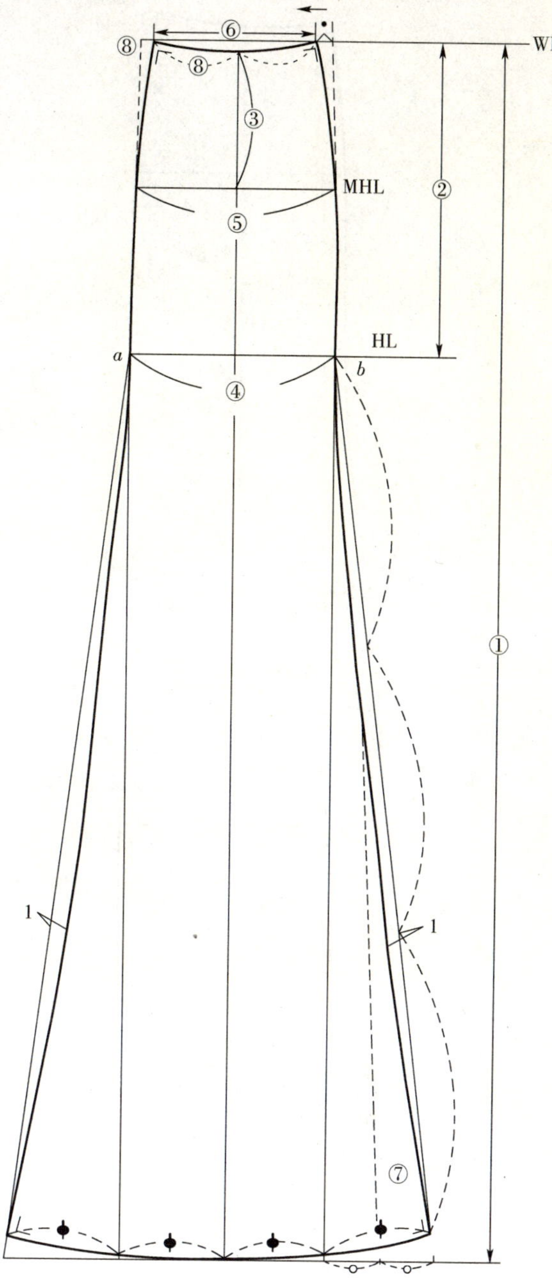

图 6－18　八片裙结构制图

3. **八片裙调板**　八片裙板型结构在臀围以上部位高度合体，臀围以下部分裁片以等分分割组合的形式，形成比较宽松的裙摆。其臀围以上部位的开剪线均通过人体凸凹部位，而人体凸凹部位的起伏量不等，所以需要在基础样板上修正。同时应保证调板后的腰尺寸不变：

①前中心调板：在经过腹凸部位点延出"•"量。腰线不做调整。

②前侧调板：在经过人体正面与侧面交点位置纳入"•"量，腰线不做调整。

③后侧调板：在经过人体正面与侧面交点位置纳入"•"量。

④后中心调板：在经过臀凸部后延出"•"量，腰线由后中心下量 1cm。由于人体腹凸点高于臀凸点，裙片首先作用于腹部，裙片被腹凸点撑起时，与腹凸对应的人体背面较平滑，造成后裙片下落。裙底边不水平于地面，所以后中心应低于前中心，其他部位"•"量互补。如图 6－19 所示。

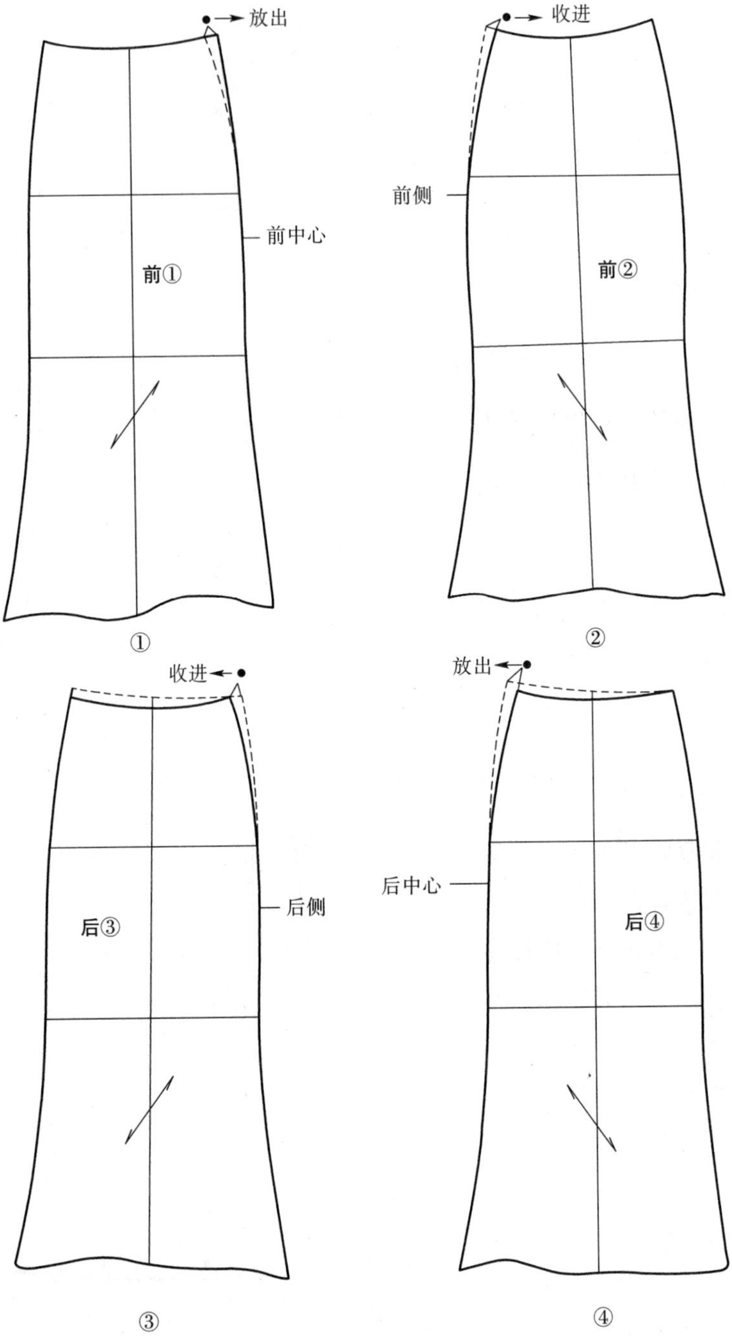

图 6 – 19　八片裙腰腹部结构调整示意图

三、百褶裙制板

褶裙的种类可分平面褶、立体褶两种。平面褶与立体褶两种裙子褶的动向形状都不一样，所以裙褶的折法和缝制方法也不一样，如图 6 – 20。

百褶裙的褶全折向一个方向，褶的数量可根据用途、年龄、体型(臀围等)、面料来决定，但较

图 6－20　百褶裙效果图

丰满的人不易穿百褶裙。

百褶裙不宜选用太厚的面料，给人以沉重感。易抻长的织物，如薄毛料、化纤、中厚的丝绸等以能保持住褶痕的为宜。带有条纹、格子、印花的面料，如果处理得好会更增加效果。

褶裙无前后片差，只需做出简单的制图公式求出褶幅即可。裙子的阴褶、阳褶加一起等于两个普通裙子，所以臀围的尺寸要比其他裙型的臀围尺寸大一些，但要根据面料的厚薄适当增减，褶数共 20 个，如图 6－20 所示。但如果直接在侧缝连接臀、腰、腹部的尺寸就会不足，所以要在腰、臀之间$\frac{1}{2}$处连接，并求出腹围尺寸。特别是臀围较大的人，更需要直接量出腹围尺寸，如果这个位置的尺寸不足，当裙子穿在人身上之后，褶就会张开，裙子的轮廓线也不美观，一定要注意，腰臀围的差如果过大，而腰部不多吃进一些，则褶子也会张开，但如果其差不大，少吃进一点还是可以的。

百褶裙制板（图 6－21）

单位：cm

部位名称	裙长	臀围	腰围
量尺规格	56	96	76
加放松量		+6	+2
成品规格	56	102	78

①裙长 56cm；

②臀高线：20cm；

③臀围宽线：$\frac{H}{4}$；

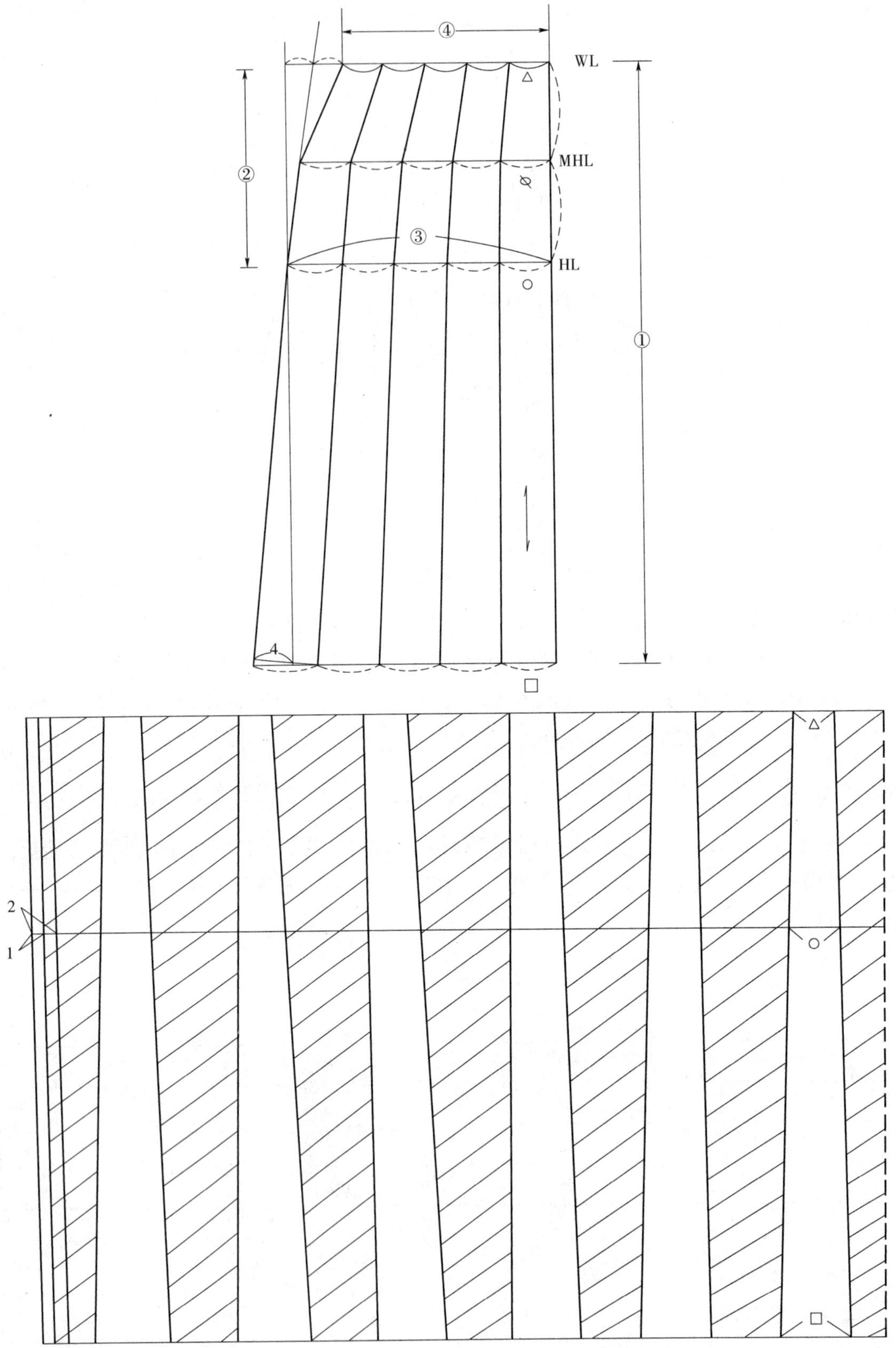

图 6－21　百褶裙结构图

④腰围宽线：$\frac{W}{4}$＋褶量。

四、吊带牛仔裙制板

吊带牛仔裙板型结构特点为上、下连装结构，即护胸、背带与基本裙型相连接组合而成。其风格以明线装饰居多，体现休闲主题。裁片的纱向安排应注意，虽然腰部断剪，腰面与护胸接缝为一体，但腰面的纱向仍采用经向料。护胸高度一般不超过基本领深位置，过高会影响舒适度，如图 6－22 所示。

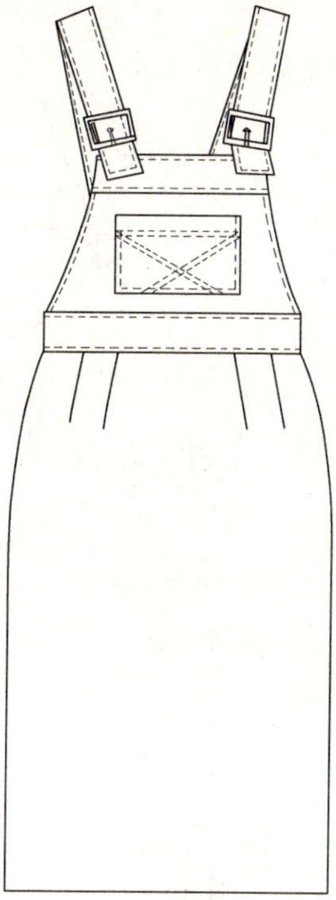

图 6－22　吊带裙效果图

吊带牛仔裙制板(图 6－23)

单位：cm

规格 号/型 \ 部位	裙长	腰围	臀围
155/62A	56	62	88
160/66A	58	66	92
165/70A	60	70	96
170/74A	62	74	100
175/78A	64	78	104

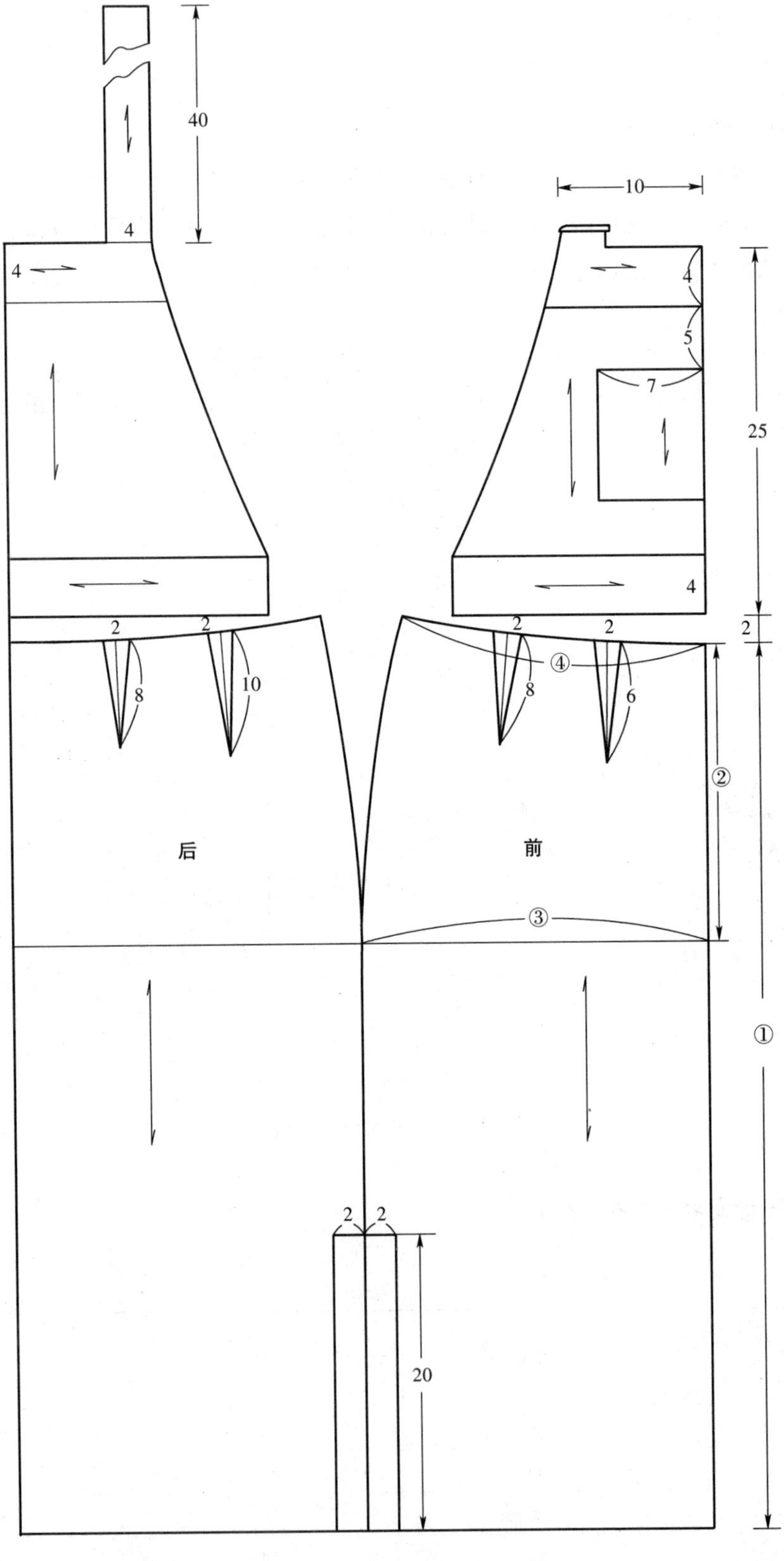

图 6 – 23　吊带牛仔裙结构图

①裙长线:60cm;

②臀围线:20cm;

③臀围宽:$\frac{H}{4}$;

④腰围宽:$\frac{W}{4}+4cm$(省)。

后片制图与前片相同。

五、裤裙制板

裤裙是裤子与裙子在结构与造型上的结合体。无论是结构特征或是造型特征都体现为二者兼具,同时又有所区别,如图 6-24 所示。

裤裙的立体形态与裙子相同,摆度围绕人体的圆周形成分布,要求裤裙样板的制定应在基本裙型(筒裙)的基础上进行,确定立裆、横裆,继而完成纸样。由于裤裙比较宽松,其立裆、横裆的确定标准大于裤装。但并非任意加大,即紧身裤裙立裆深按正常加放2cm;宽松加放3~4cm。横裆宽度的标准受摆度影响较小,应根据人体厚度加适当松量。既使裤裙摆度达到180°以上,其横裆规格(标准体)不应超过10cm范围。裤裙的横裆设计应保证前后同寸,使前后裤缝在较宽松的条件下处于前后中心位置。裤裙在结构制图中增加摆度的方法与裙子相同,采用纸样展开方式,才能保证裙摆度均匀分布。

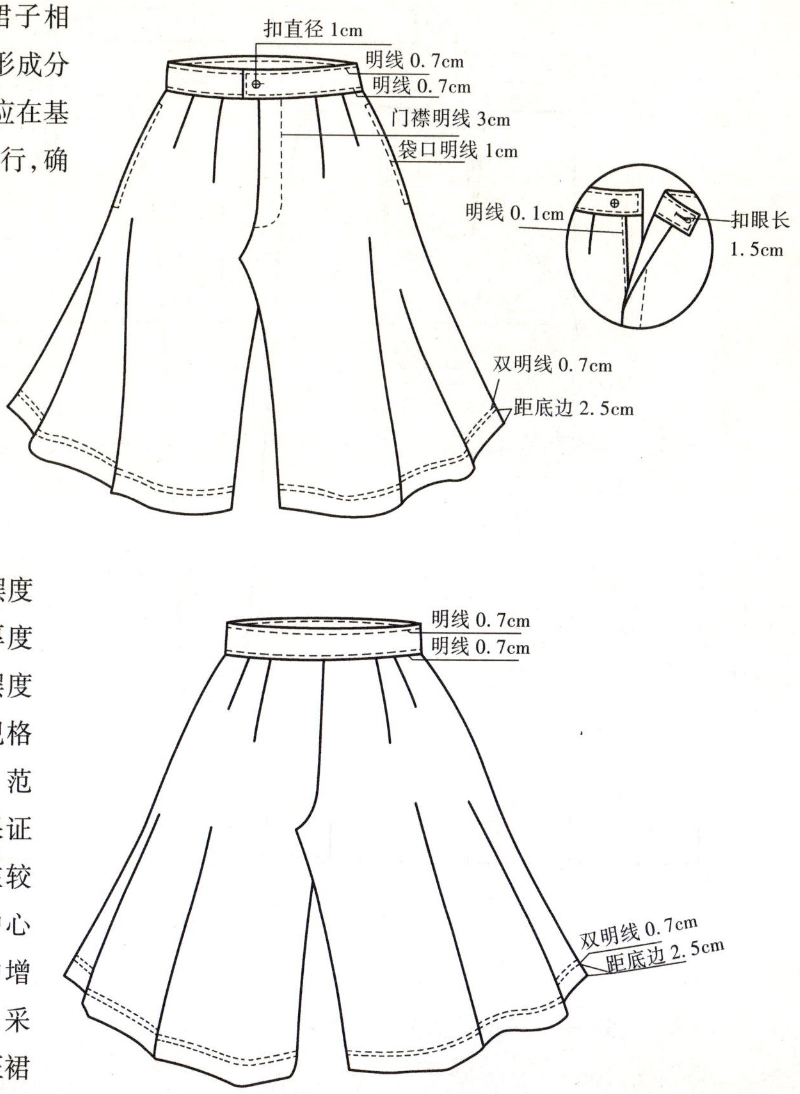

图 6-24 裤裙效果图

裤裙基本型制板（如图 6 – 25）

单位：cm

部位名称	臀围	腰围	裙长
量尺规格	96	76	58
加放松量	+ 10	+ 2	
成品规格	106	78	58

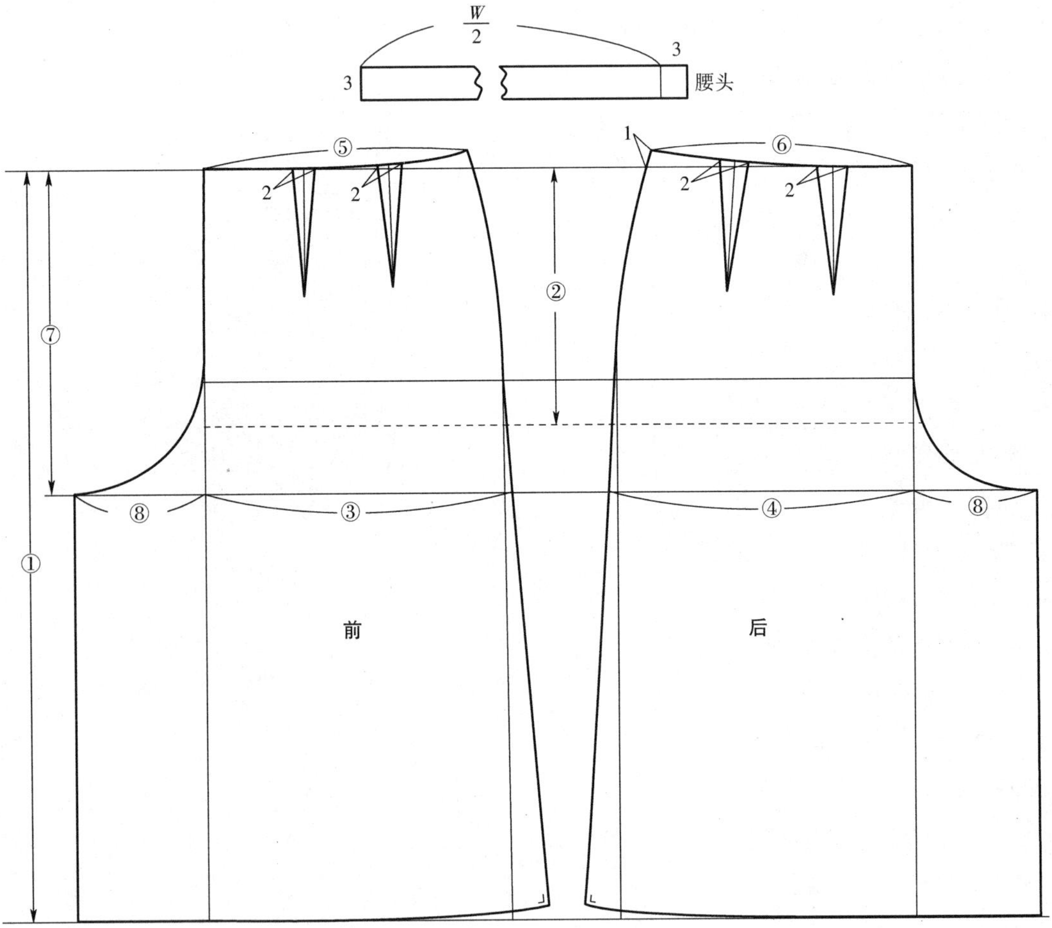

图 6 – 25　裤裙结构图

①裤裙长：58cm – 3cm（腰头）；

②臀围线：20cm；

③前臀围宽：$\frac{H}{4}$；

④后臀围宽：$\frac{H}{4}$；

⑤前腰围宽：$\frac{W}{4}+4cm$；

⑥后腰围宽：$\frac{W}{4}+4cm$；

⑦立裆深：$\frac{H}{4}+2cm$；

⑧前、后横裆宽：$\frac{H}{8}-2cm$。

六、喇叭裤裙制板（如图 6－26）

单位：cm

部位名称	裙长	腰围
量尺规格	60	76
加放松量		
成品规格	60	76

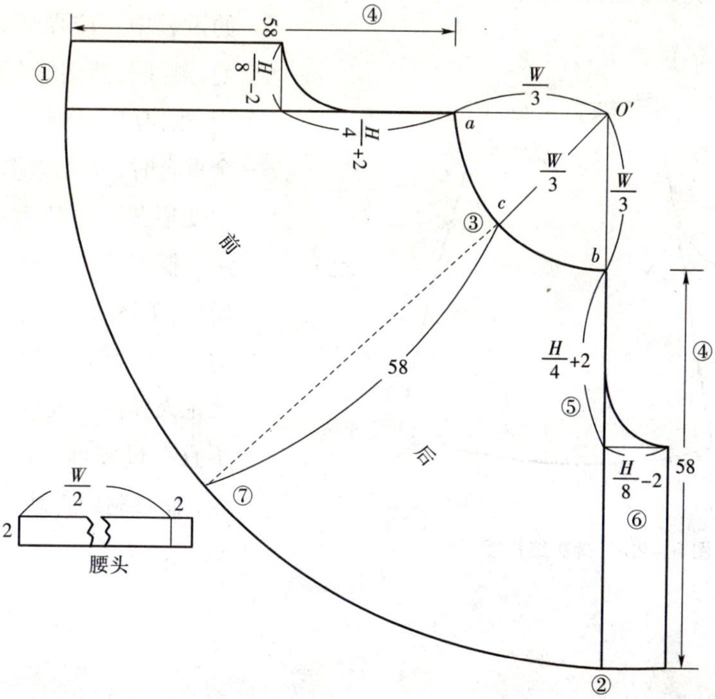

图 6－26　喇叭裤裙结构图

①基础线：水平划线；

②基础线：垂直划线；

③腰围线：由 O'点水平量取$\frac{W}{3}$定点 a，由 O'点垂直量取$\frac{W}{3}$定点 b，由 O'点做45°角分线定点 c，圆顺裤裙腰口弧线。以 O'为圆心，连接 a 点、b 点、c 点；

④裤裙长：由 a 点、b 点分别向延长方向量取 60cm－2cm(腰头)58cm；

⑤立裆深：$\frac{H}{4}+2$cm；

⑥横裆宽：$\frac{H}{8}-2$cm；

⑦圆顺底摆，平行腰口弧线划圆。

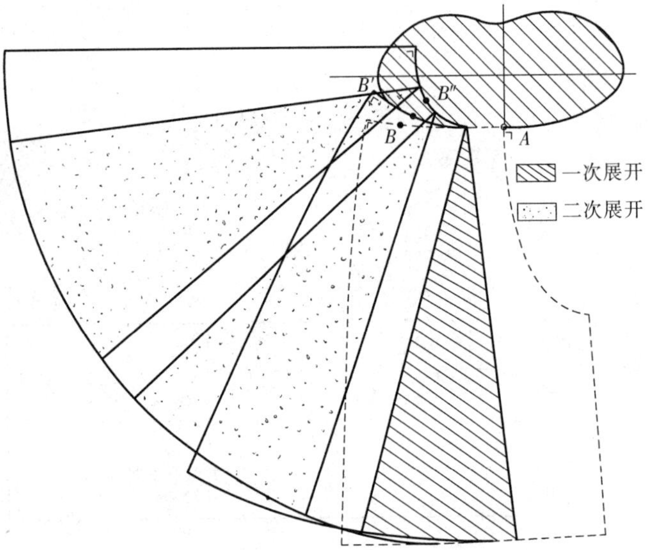

图 6－27　人体腰围截面示意图

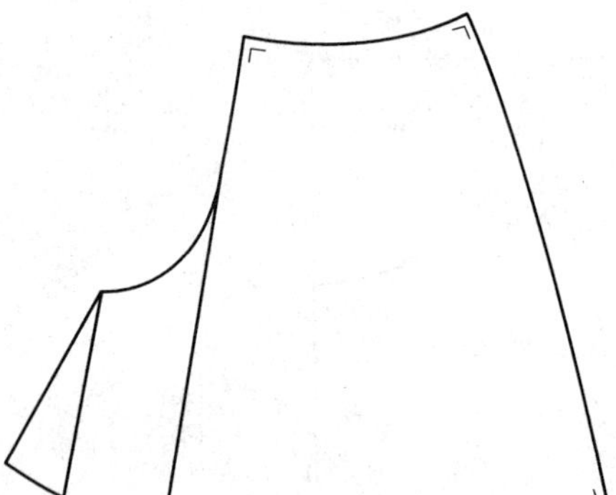

图 6－28　裤裙结构图

喇叭裤裙摆度的结构处理：

摆度较大的裤裙制板应在基本裤裙板型基础上，采用纸样展开的方法。展开的幅度根据款式而定，最大可接近整圆。在纸样展开的过程中，应保证腰围的尺寸不变，腰线与两侧缝夹角的垂直度不变。当 AB'、AB''与人体腰围弧线完全重合时，衣摆丝绺不垂，起到不改变原裁片而任意加大摆度的作用。摆度增加的同时，臀围的松度增加，如图 6－27 所示。在裤裙结构中，横裆垂直线靠近腿部内侧，无论人体静立或行动，两腿之间都不宜有过多堆积，不仅影响舒适度，而且制约行动，如图 6－28 所示。

第七章　裤装结构

裤装是包裹人体下身的主要服装品种之一。女裤的产生是人类社会文明与进步的反映，使女性下装品种走出了单一裙装的限制。要设计出适体、优美的裤装，需要了解人体腰、臀、下肢的结构形态，参考人体运动规律、运动幅度以及地域、人文等因素，从而使裤板型更具有科学性。

裤装种类很多，除西裤、筒裤外，还有喇叭裤、牛仔裤、运动裤、短裤等。无论款式怎样变化，其结构都以基本造型为中心，在局部的量与型上做变化。

裤装结构以人体中心线向左右对称，以臀围规格为基本计算单位的四片结构。以人体体表的具体特征进行细节的调整，通过不断更新，不断完善，使之更趋向合理的发展。

20 世纪 30 年代裤装裁剪采用单面扩放的方法。其特点为侧缝重合，下裆线扩放前后裤片差量，后裆较长，落裆较大，后下裆曲线较凹，前下裆曲线较直，前后下裆缝合后出现链式波纹，板型弊病较多，见图 7－1。

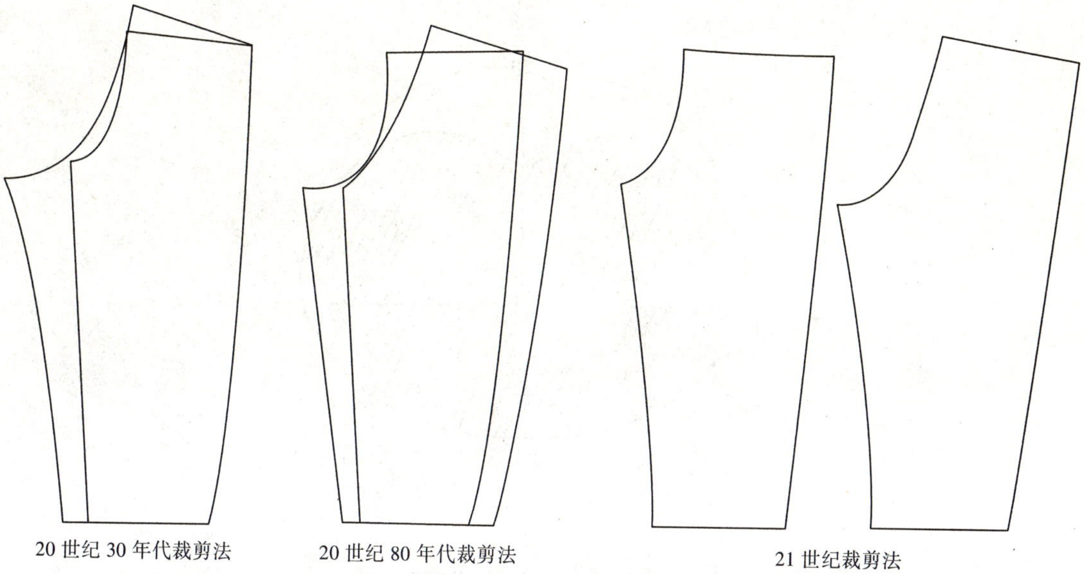

图 7－1　不同年代的裤子裁剪方法的平面示意图

20 世纪 80 年代的裤装板型采用两边扩放方法，缓解了落裆大、裤缝起链等板型问题，但并不完美。

21 世纪裤装板型在具有功能性同时，应兼顾个性化与人性化的体现。裤装的造型效果与实用性并重。裤板型特征为前、后裤片趋向均等或前裤片大于后裤片，使人体向前运动时没有阻力，后片达到人体所需要的松度。

第一节　裤装基本结构

一、前、后片臀围宽公式的比例分配

由女性臀部截面图(图 7 - 2)可以看出,女性臀围前面比较平滑,后面比较凸起。又以 x、y 水平与纵向轴为中心点,前后左右呈 4 份分割形状。其中,又以前两份互等,后两份互等的特点确定为以$\frac{1}{4}$臀围为前提,总结出计算公式为:

前臀围宽$\frac{H}{4}-2$cm;

后臀围宽$\frac{H}{4}+2$cm。

如图 7 - 2 所示,前右侧缝线到前左侧缝线量取尺寸为 42cm,后片为 50cm,臀围周长为 92cm。通过计算达到前$\frac{1}{4}$片为 21cm 的结果,得出$\frac{H}{4}-2\text{cm}=21\text{cm}$的公式。后片$\frac{1}{4}+2\text{cm}=25\text{cm}$的公式。毛份裁剪公式如下:

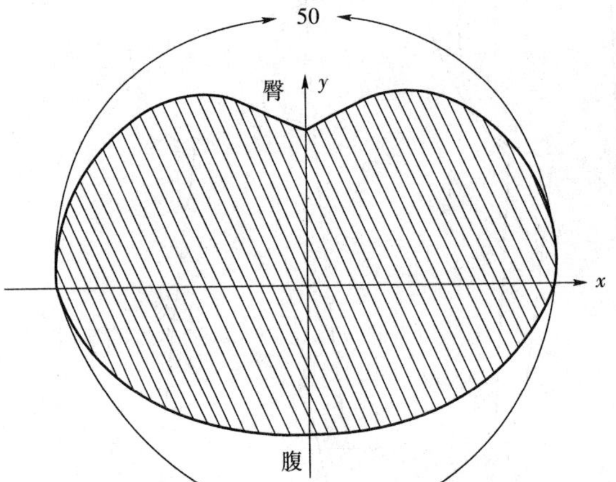

图 7 - 2　女体臀围截面图

前片为$\frac{H}{4}-2$cm(前后差)$+2$cm(缝份)$=\frac{H}{4}$;

后片为$\frac{H}{4}+2$cm(前后差)$+2$cm(缝份)$=\frac{H}{4}+4$cm。

实际应用时,前片臀围宽线按$\frac{H}{4}$确定,后片臀围宽线按$\frac{H}{4}+4$cm 确定。这样,按人体比例形成了女裤的裁剪公式。

二、腰围公式的比例分配

通过女性腰部截面图(图 7 - 3)可以看出,女性腰部前面呈圆弧形,后面在圆弧形基础上向内略凹。*AB*> *AC*,证明以水平线 *x* 轴为准,女性腰部后半部分较厚,同臀部截面图形状类似。并且以 *x* 轴与 *y* 轴的交点 *A* 为中心,向前、后、左、右呈 4 份分割形状。并且前两份互等,后两份互等。这一特点具有普遍性与规律性,可以作为板型制定的依据。由以上特点确定,腰围宽公式以$\frac{1}{4}$腰围为前提制定。通过测量得出标准 A 型体前右侧缝到前左侧缝距离为 32cm,后片距离为 40cm,腰围周长为 72cm。为了使计算达到前$\frac{W}{4}=16$cm,后$\frac{W}{4}=20$cm 的标准,确定腰围宽公式为:

前片 $=\frac{W}{4}-2$cm,后片 $=\frac{W}{4}+2$cm。

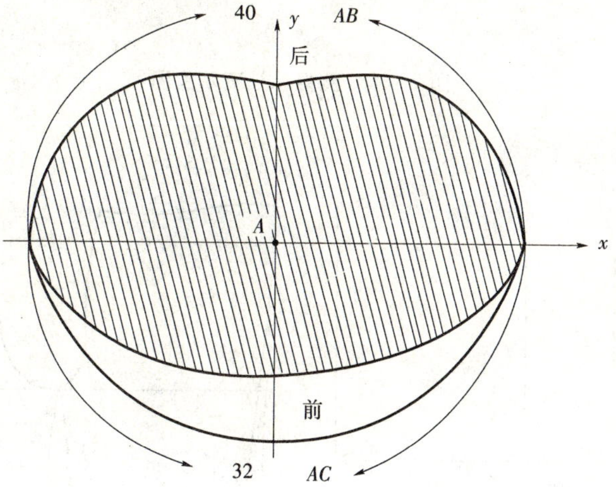

图 7 - 3　腰部截面图

三、总裆宽的设计

总裆宽是根据人体臀部的截面图决定的。如图 7 - 4 所示,其宽窄幅度的变化决定裤子的适体性与实用性。总裆宽数值过小,会导致裤片紧贴身体,即使臀围加放很大松度,仍然会出现臀部绷紧现象,出现堆积量,不便于活动。如果总裆宽过大,超出人体适用范围,造成前、后横裆分配不合理。裤板内侧缝与外侧缝无法合理对接,且裤内侧缝产生横向褶纹。裆宽是臀围与大腿根的分叉部位,即臀部人体厚度。想正确制定总裆宽的大小,就必须了解臀围线以下臀部与腿根的形态。计算裆宽的方法是:大腿根围减去半臀围等于总裆宽。通过测量得出(标准 A 型体)臀围 94cm,净腿根围 56cm。净寸总裆宽为 $56\text{cm}-\frac{96}{2}\text{cm}=8\text{cm}$,见图 7 - 5 ①,但在裤板结构中,为使裤板角度与人体相符,通常在外侧缝去掉调节量(前 1cm,后 2cm)。在臀围尺寸不

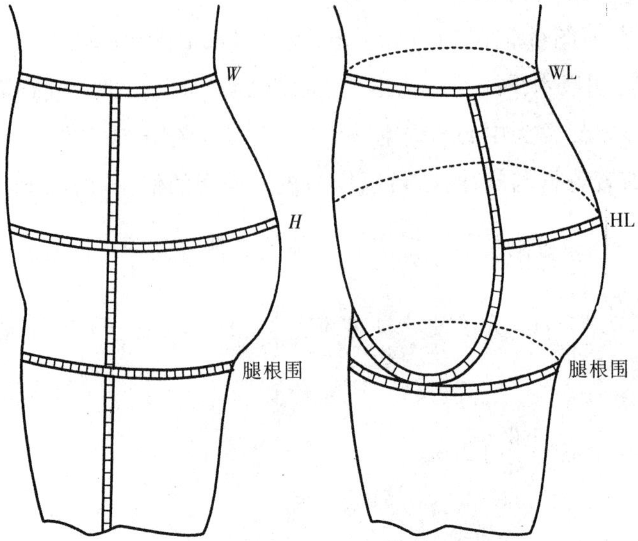

图 7-4　测量总裆宽示意图

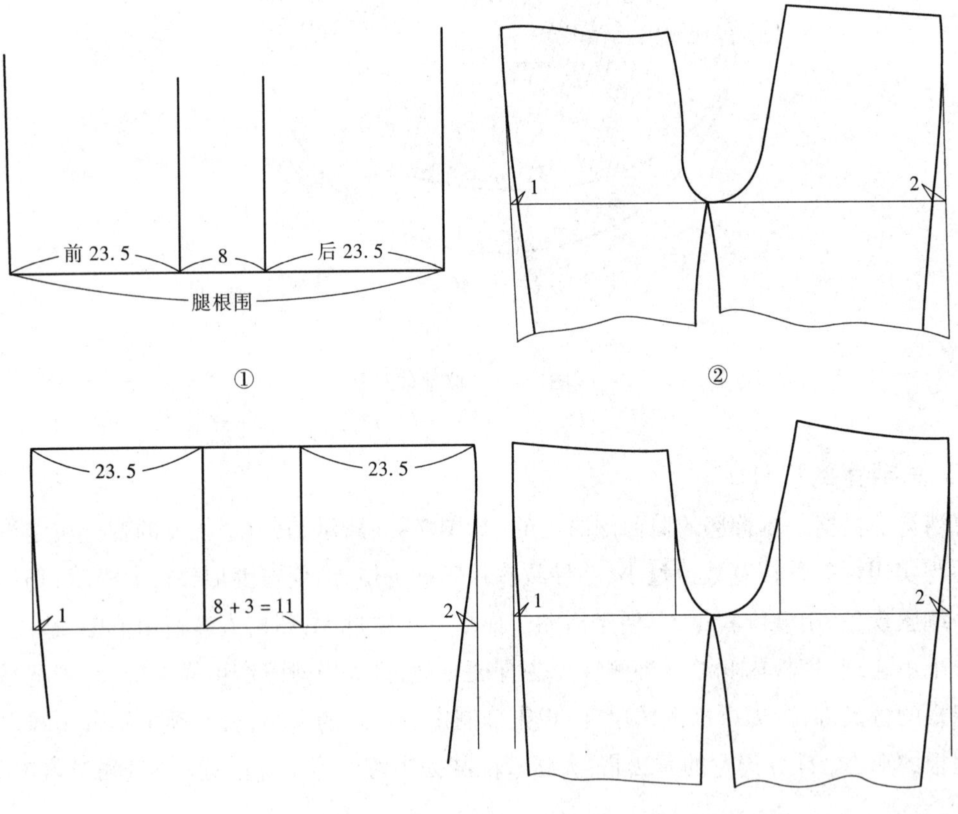

图 7-5　总裆宽确定平面图

变的情况下，而使腿根围减少 3cm，见图 7－5 ②。为保证腿根围不变，应补充 3cm。将补充量加到总裆宽上，即 8cm＋3cm（侧缝调节量）＝11cm，见图 7－5 ③，以上都是净尺寸，不含松度。在实际制板中，各部位都具有松度，总裆宽的松度为臀围松度的$\frac{1}{3}$。例如：94cm（H）＋10cm（松度）＝104cm，总裆宽为 11cm＋$\frac{10}{3}$（松度）＝14.3cm，见图 7－5 ④。在实际制板中，总裆宽的分配如下：

小裆占总裆宽$\frac{1}{3}$；

大裆占总裆宽$\frac{2}{3}$。

四、立裆的设计

立裆又称上裆。结构图中由腰上线至腿根开衩部位。立裆数值的确定，是裤装结构的关键部位，直接关系到裤装的舒适度与功能性。通常有三种计算方法：①量取法；②$\frac{H}{4}$计算法；③身高计算法。在裤装结构设计中，立裆不宜过深。立裆过深，两腿向前迈步受限制，如牛仔裤、贴体裤立裆较浅。如果需要加深立裆，臀围松度应随之加大，横裆相应减小。保证窿门宽的周长不变，使裤片容量与人体结构平衡。

1. **量取法**　量取法即测量坐高。如图 7－6 所示，采用人体坐姿，测量腰节至椅面的垂直距离为人体净立裆值，制板中的立裆值由净立裆值加 1cm 确定。

2. **计算法**　国内裤板在立裆深的确定上，常用$\frac{H}{4}$的方法计算。在标准 A 型体（标准号型）裤板中使用比较准确、方便实用。但遇到不标准体型时，使用此方法会出现立裆过长或过短的情况，例如：采用$\frac{H}{4}$计算法，身高 150cm，净臀围尺寸不同时会出现如下情况：

①身高 150cm，臀围 86cm＋10cm（松度）＝96cm，则$\frac{H}{4}=24$cm；

②身高 150cm，臀围 90cm＋10cm（松度）＝100cm，则$\frac{H}{4}=25$cm；

③身高 150cm，臀围 94cm＋10cm（松度）＝104cm，则$\frac{H}{4}=26$cm；

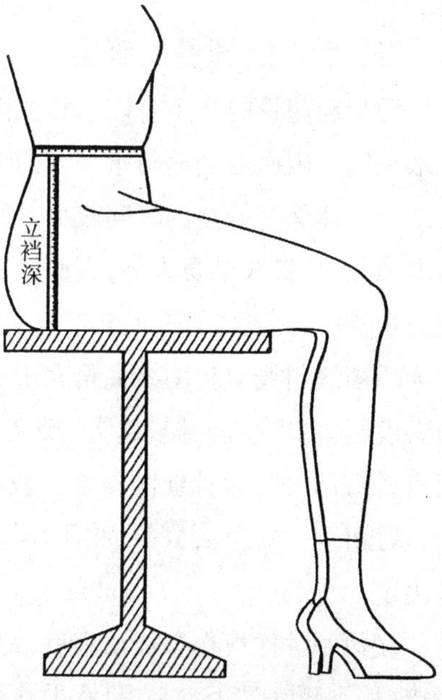

图 7－6　量取法示意图

身高 150cm 臀围 86cm 为标准体，臀围 90cm 或 94cm 都属于非标准体，这样计算出来的立裆尺寸有误。在工业制板中，批量生产的服装大多以标准型体为主，所以，按$\frac{H}{4}$计算的方法，在现阶段仍然是可取的。

3. **身高计算法** 人体是以规律性成比例生长的，通过对大量标准人体的测量，求证实验，得出立裆长度占人体总高度的$\frac{1}{6}$，按身高计算立裆的方法较准确，但这种方法有悖于国内制板习惯，所以未被广泛采用，见下表。

立裆尺寸规格表 单位:cm

身　高	立 裆 深
150 155	150/6 - 1 = 24
160 165	160/6 - 1 = 25
170 175	170/6 - 1 = 27
180	180/6 - 1 = 29

五、后裆起翘量的确定

后裆起翘量的产生有以下相关因素。人体后中心处的腰部较平坦。后腰围线向内凹陷，略低于水平线。因而后裆缝与水平线的夹角应大于 90°，需要补充一定量达到水平状态，如图 7 - 7，又由于人体保持静立的时间较少，通常会形成坐、蹲及向前弯曲的运动，裤片会由平面状态转向沿臀凸点，呈弧线贴覆人体，因此，需要增加后裆缝长度，所以需要增加起翘量。增加量不超过腰线夹角 90°。后裆缝如过短会牵制人体运动，产生不舒服的感觉。另外一个影响后翘量的主要因素为后裆缝斜线与腰围线夹角大于 90°，后裆缝缝合时，裤片后腰口线向下凹陷，不水平。后裆缝倾斜度越大，产生起翘量越大；反之，后翘越小。后裆缝倾斜度与臀突程度有关，以标准 A 型体而言，臀凸度与后裆缝倾斜度一般在 5cm 范围内不会产生较大幅度的变化，后翘量也相对稳定。后翘量一般为 2. 5cm，如图 7 - 8，图 7 - 9 所示，特殊体型确定后翘的方法应根据年龄、臀凸量决定。

任何一种样板在打板结束后，都应进行验板。验正后翘量的方法是将后裤片样板后裆斜线对接，检查腰线是否水平，呈水平状为板型正确。有下凹或凸起现象证明后翘量或大或小，说明板型不正确，如图 7 - 10 所示。

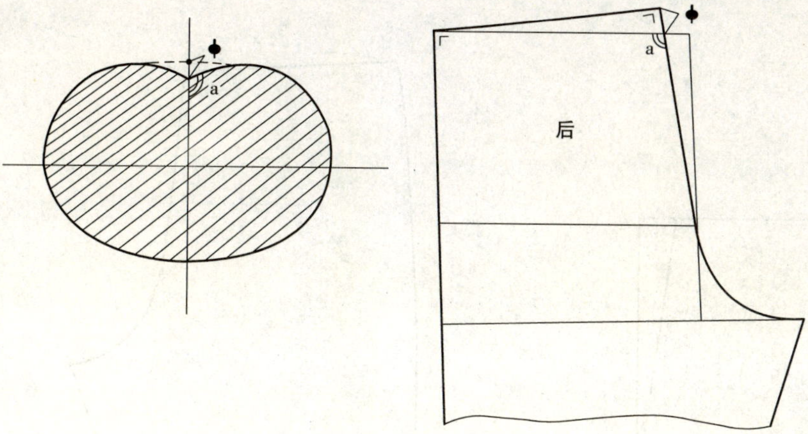

图 7－7

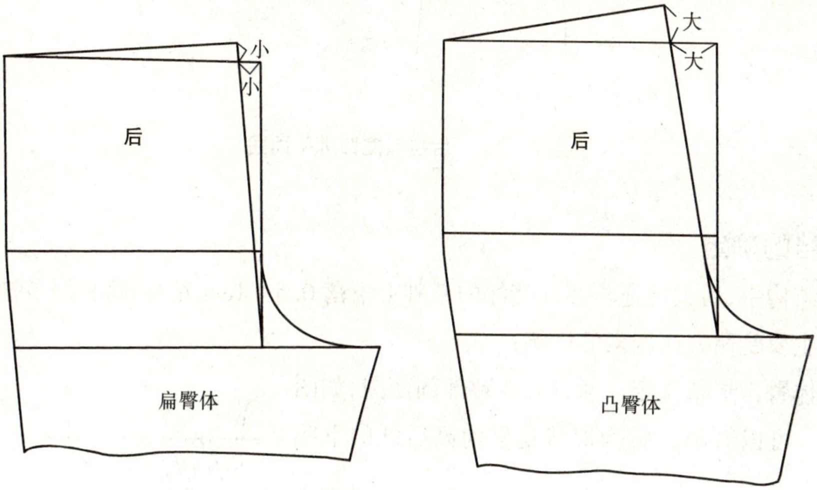

图 7－8　后裆起翘凸起平面图

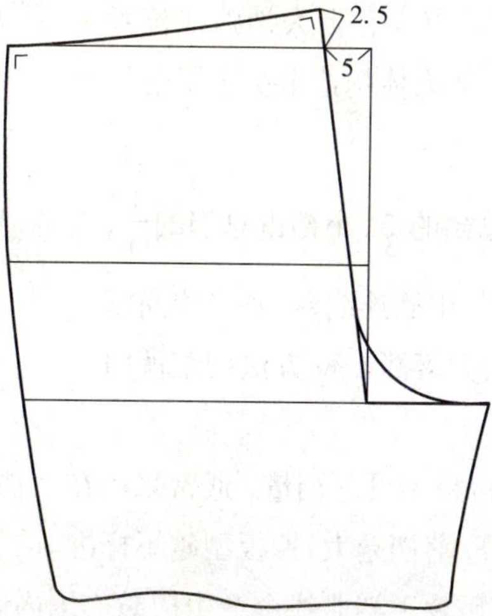

图 7－9　后裆起翘确定平面图

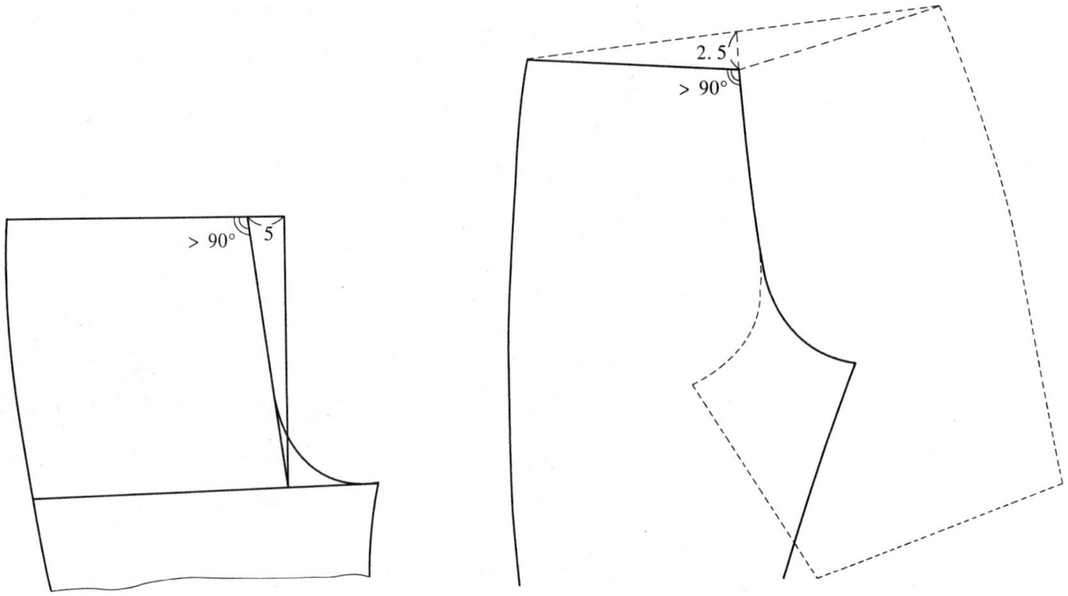

图 7－10　后裆起翘凹进平面图

六、落裆的确定

在裤装结构中，后大裆通常在立裆深的基础上下落 0.5～1cm 左右，这种调节被称为落裆。落裆的形成主要受两方面因素的影响：

①由人体臀沟形状决定。通过人体臀部剖面图，如图 7－11 所示，可以看出，臀沟形状是呈前高后低的下坠状。小裆宽占总裆宽的$\frac{1}{3}$，决定小裆尖位置靠前，如果在小裆尖位置划水平线，那么大裆弧线明显低于小裆尖水平线。虽然大裆尖与小裆尖在同一点上，但大裆弧线位置在总体上低于小裆弧线。所以，从人体构造上决定了落裆的存在。

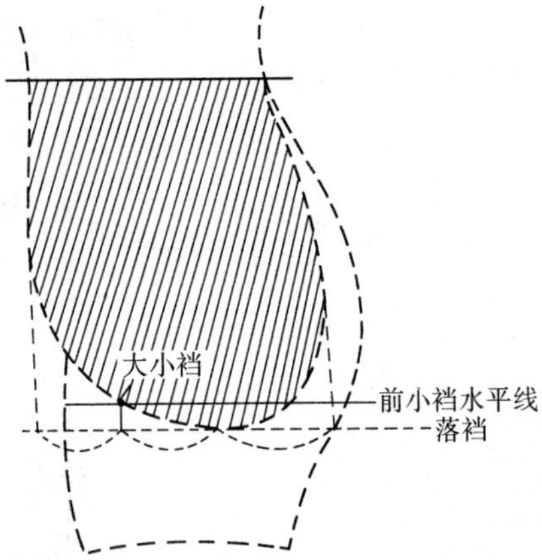

图 7－11　落裆示意图

②在结构制图中，大裆占总裆的$\frac{2}{3}$，小裆占总裆的$\frac{1}{3}$，在长度上不同。大、小裆尖分别与中裆连线时，其弧线曲度不同，造成长度不同，通过大裆尖落裆 1cm 方法调整裤内缝相等。

如图 7－12 所示，日本的裤板不设落裆量，通常采用在大裆尖处向下起弧的方式达到与人体相符，裤板裆缝弧线基本相等。落裆越大，裤板型越不标准。前片下裆线几乎呈直线，后片大裆线呈曲线，曲线与直线缝合时，后片下裆曲线会产生褶皱。国内老式裁剪法常出现此类问题，如图 7－13。

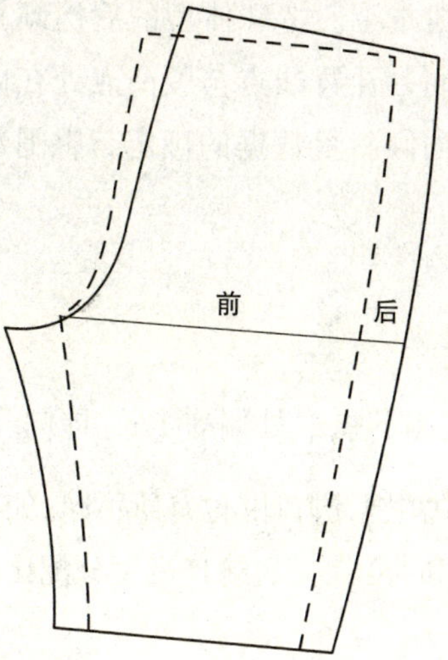

图 7－12　落裆平面图

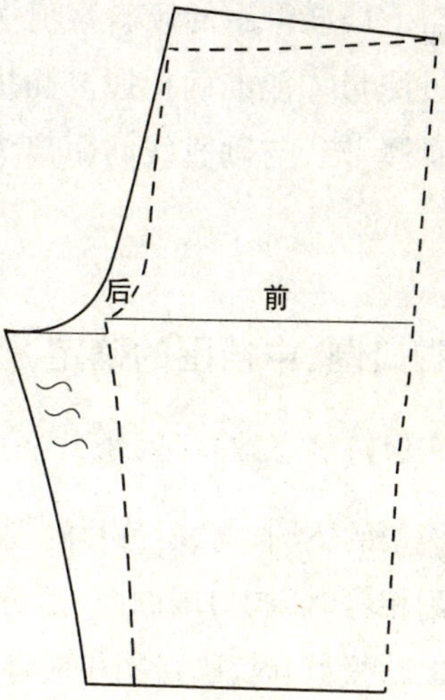

图 7－13　落裆弊病平面图

七、后裆斜线斜度的确定

后裆斜线的倾斜度是由人体臀部凸起量即净人体腰臀差决定的。裤子在穿着过程中，后上裆缝是紧密贴合人体的。后上裆斜线的形状为人体臀沟形状，这就要求后上裆缝倾斜度与人体臀凸量一致。标准人体臀尖部位的垂直倾斜角度为 20°，可确定后裆斜度数值为 5cm，并且后裆缝倾斜角度与人体相符，如图 7－14 所示，如果人体臀尖倾斜角度增大(凸

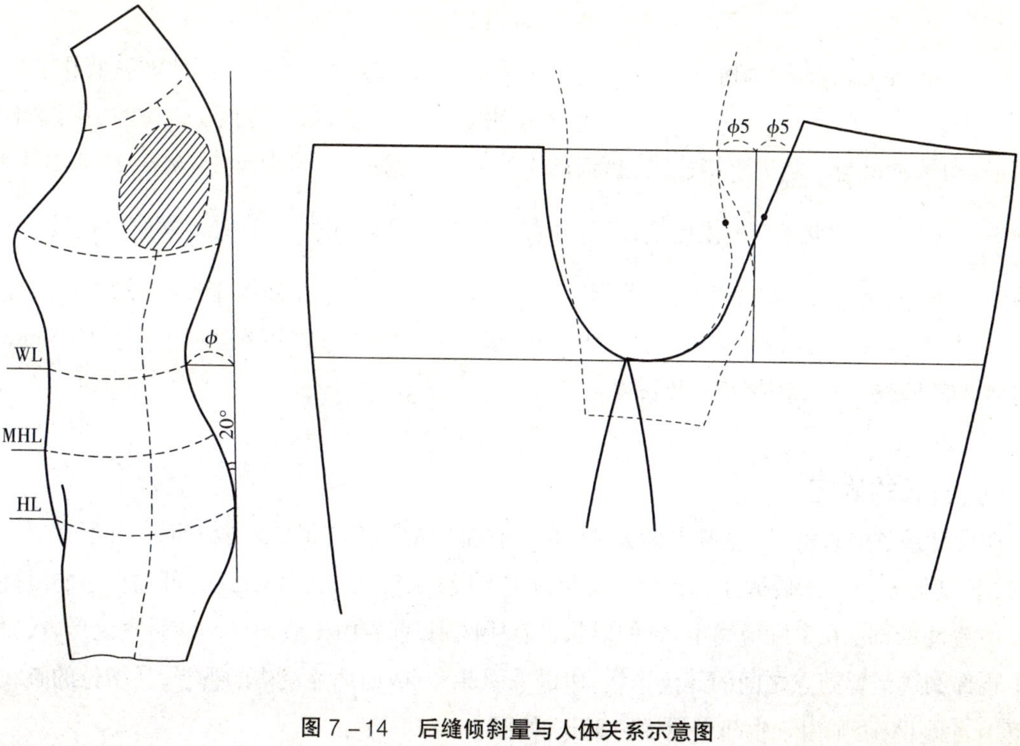

图 7－14　后缝倾斜量与人体关系示意图

臀体）即后上裆缝得出的倾斜数值大于 5cm，反之，则减小。特殊体型的后裆倾斜量因人而异，通过测量才能准确把握。测量方法与标准体相同，让臀凸点与腰凸点处在同一垂直线上，测量腰节线与垂直线间距离为后裆倾斜量。后裆倾斜量数据的确定与臀围数据大小无关。

八、脚口围、中裆围的确定

人体在保持静态站立时，手臂下垂，手的中指指向人体下肢$\frac{1}{2}$处偏前 1cm，即侧缝线位置，由于裤装板型的不同，前、后裤片的围度比例分配不同，中裆围、脚口围也有所不同。如当前后裤片围度分配相等时，脚口围的前、后分配（日本裤）比例相同，当前、后裤口围度分配比例存在差数（国内裤、欧板裤）时，脚口围相应存在差数。

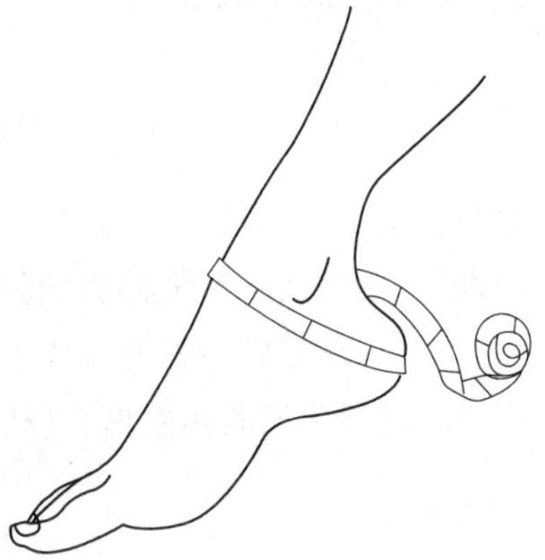

图 7－15　脚口围测量示意图

裤口的大小是决定裤筒造型的一个重要参数。通常所讲的脚口尺寸不是裤口的周长，而是周长的$\frac{1}{2}$。最小的裤口值按脚跟围量一周确定，如图 7－15，最大的裤口根据流行确定。常用裤口规格：

1. 最小裤口尺寸为 13～15cm；
2. 女锥裤裤脚口为 18～20cm；
3. 常用女西裤、筒裤裤脚口为 20～22cm；
4. 喇叭裤裤脚口为大于膝围线宽度定裤口，一般为 25cm 以上。

中裆的大小因裤型而定。中裆线的高低及中裆宽的大小决定裤装造型及舒适程度。锥裤的中裆宽不单独确定，由裤脚口与小裆尖直接连线；裤筒的中裆部位较宽松，大于脚口 3～5cm，属休闲裤板；西裤中裆线在膝盖附近，与人体比例接近，中裆宽的确定是通过$\frac{小裆宽}{2}$处与裤脚口连线，所产生的中裆宽小于锥裤，中裆宽度大于裤脚口 1～1.5cm 左右，属于正装板型；喇叭裤中裆线提高度较大，且中裆宽小于西裤中裆宽尺寸，中裆（喇叭裤）尺寸小于脚口（喇叭裤）尺寸 4～5cm，膝部包体，脚口宽松，属休闲裤板。见图 7－16。

九、省长的确定

在设计裤省的长度时，应考虑省所对应的人体部位的形态特征。一般前裤片省不宜超过腹围线，长度为 8～9cm；后裤片省长度不宜超过臀围线，长度为 11～13cm；臀部扁平体的后裤片省长不超过 15cm。在实际应用中，省的形状也有所区别。前省由于腹部外凸应采用瘪形省，后省由于腰部凹进至臀凸点之间的部位平缓，所以采用胖形省。前裤片设褶的裤板，在褶位的腰线处预留 1cm 吃份，否则由于腹凸会使褶边裂开，如图 7－17 所示。

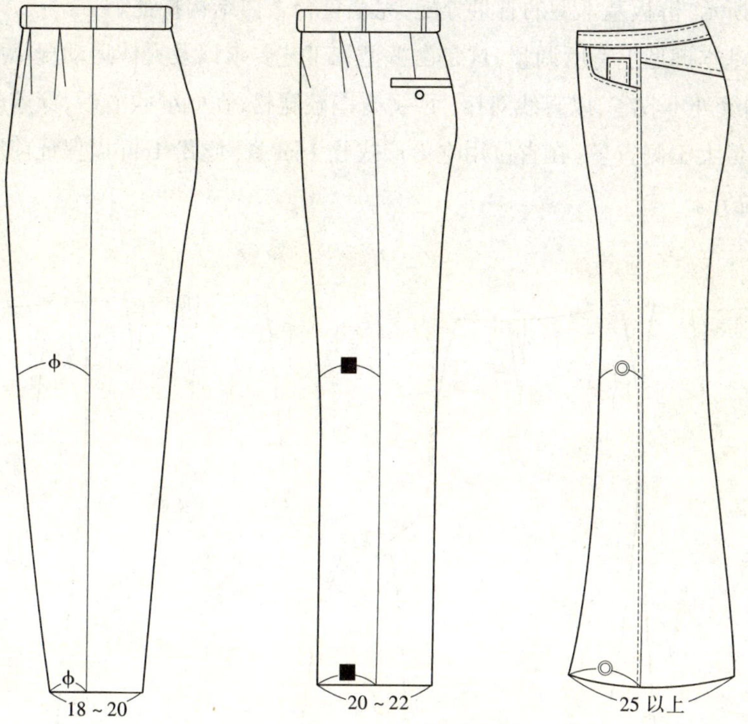

图 7－16　中裆围确定示意图

十、省量的确定

在裤板结构中，腰臀差值即为总省量。对总省量的分配应以人体臀部基本结构为前提。对裤片省量大小确定的依据，应遵循后裤片省量大于前裤片省量的原则。这是根据臀凸点高于腹凸点确定的，见图 7－18 所示，另外，由臀凸点、腹凸点向侧缝部呈逐渐平滑过渡的形态，所以决定向侧缝方向的省量逐渐减小。

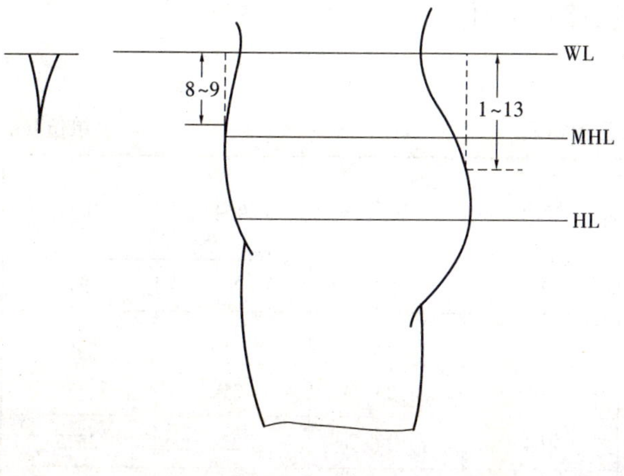

图 7－17　省长确定示意图

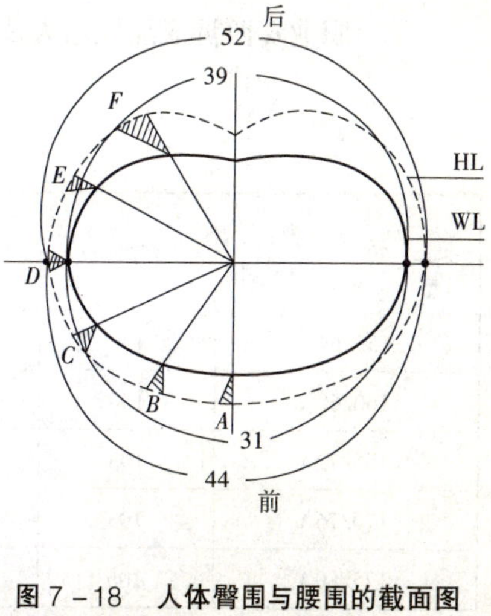

图 7－18　人体臀围与腰围的截面图

如图7-19所示,裤板基本型的省量分配,完全符合人体结构特征。

西裤裤板在基本裤型上有所调整,这是由裤型和工艺要求以及人体运动规律所决定的。见图7-20,西裤侧缝处不收省,以直线对接。西裤臀围较宽松,在侧缝收省后,穿着时两侧凸起。前片烫迹线处省量大于侧省量。在省位用吃份形式收1cm省。吃份1cm以保证前腹部大活褶的平贴,防止褶边拉开。

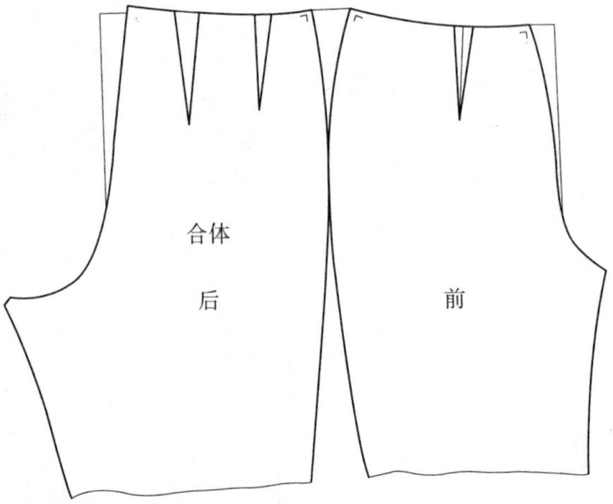

图7-19 合体省平面图

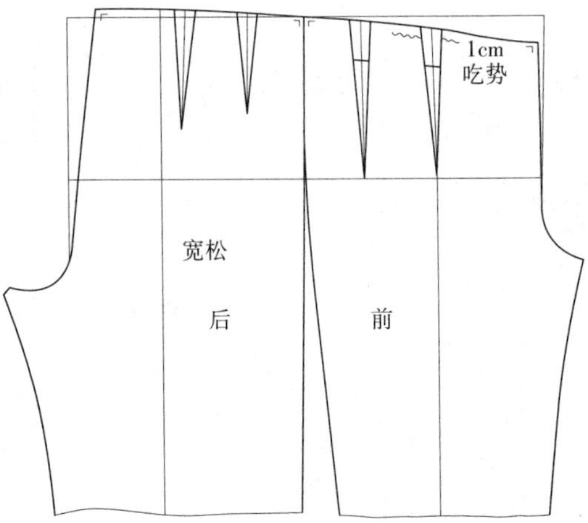

图7-20 宽松省平面图

第二节 典型裤装制板

一、职业女西裤制板

(一)职业女西裤成品规格表及款式效果图(图7-21)

成品规格表 单位:cm

规格 号型 \ 部位名称	裤长	腰围	臀围	膝围	裤口	立裆
155/64A	100	66	92	22	20	24
160/68A	100	70	96	23	21	24.5
165/72A	103	74	100	23	21	25
170/76A	103	78	104	24	22	25.5
175/80A	106	82	108	24	22	26

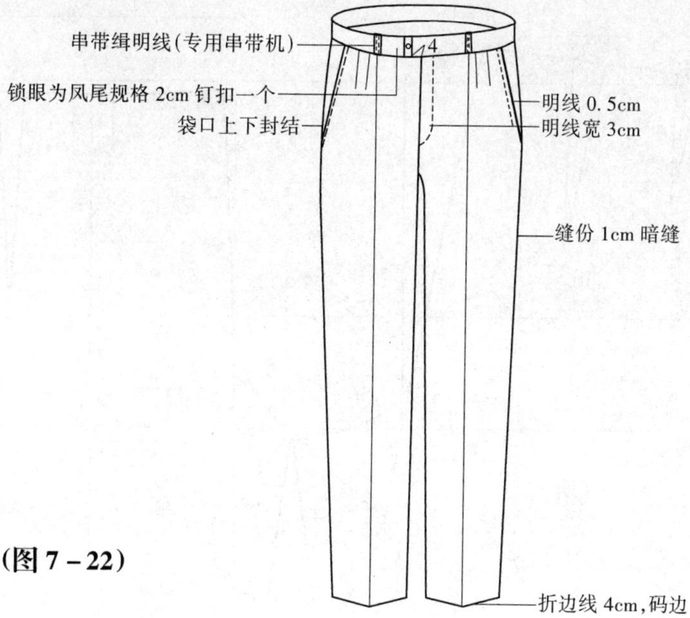

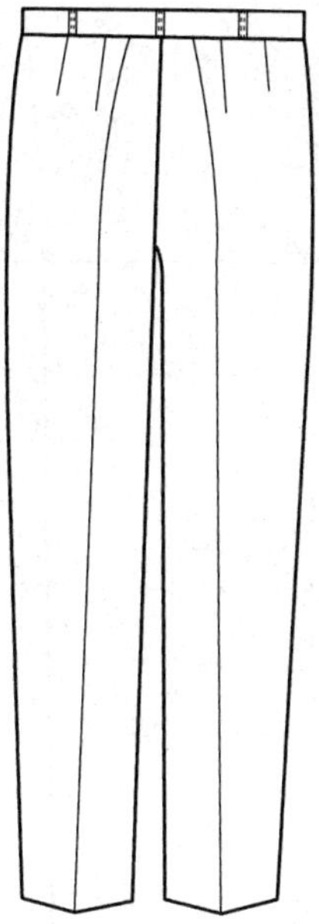

图 7－21　职业女西裤效果图

(二)职业女西裤制板(图 7－22)

1. **前片制板**

①裤长：100cm－4cm＝96cm；

②立裆深：24cm；

③臀围线：立裆深的$\frac{1}{3}$；

④膝围线：横裆线向下 33cm；

⑤臀围宽：$\frac{H}{4}$；

⑥小裆宽：4cm；

⑦烫迹线：前横裆宽线的$\frac{1}{2}$；

⑧裤口宽：20cm－1cm＝19cm；

⑨腰围宽：$\frac{W}{4}$＋5.5cm(褶)。

2. **后片制板**

⑩大裆宽线：$\frac{H}{10}$－2cm；

⑪臀围宽线：$\frac{H}{4}$；

⑫烫迹线：后横裆的$\frac{1}{2}$；

⑬裤口宽：20cm＋1cm＝21cm；

⑭腰围宽：$\frac{W}{4}$＋4cm(省)；

⑮膝围宽：按前膝围宽加 2cm。

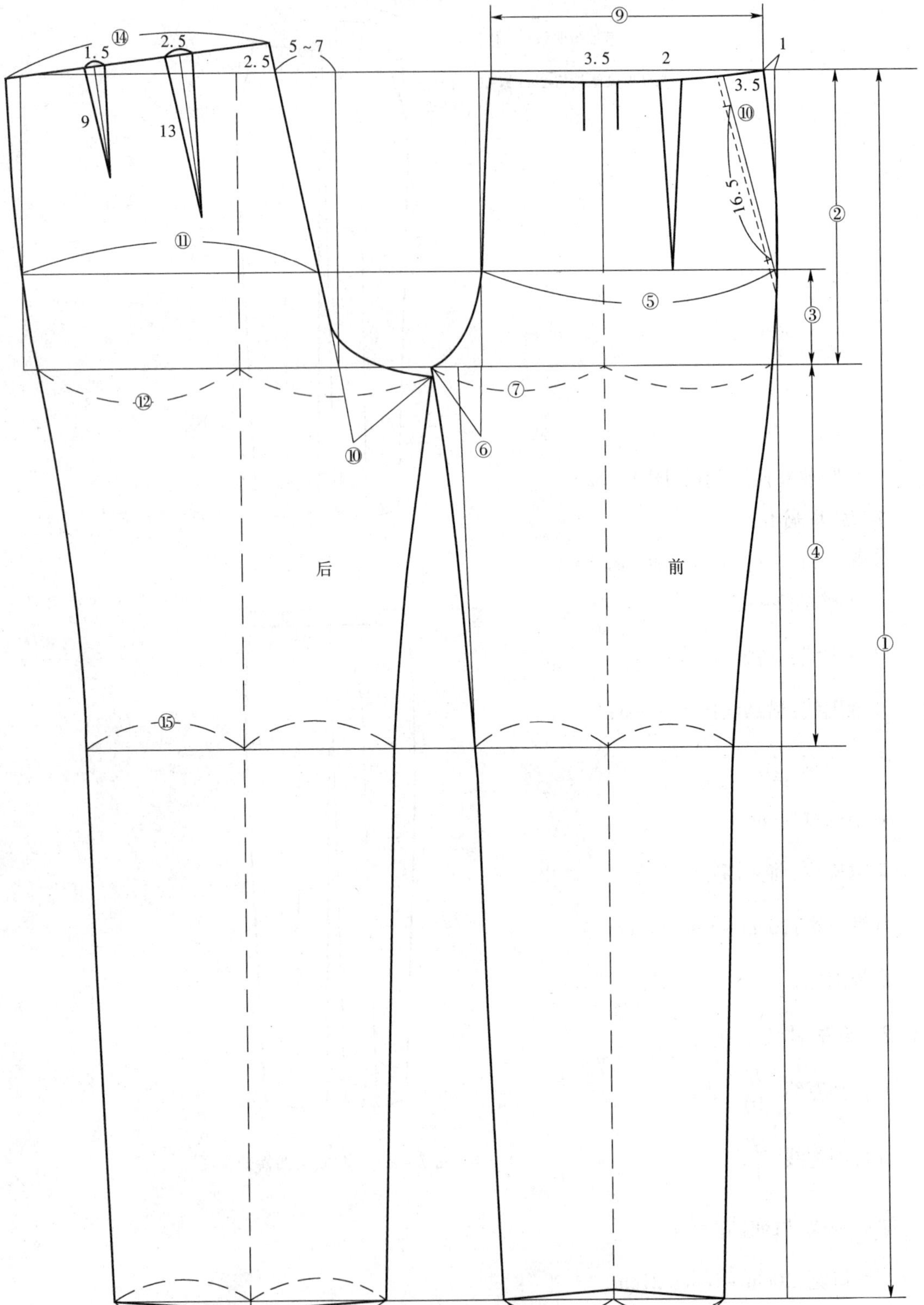

图 7－22　西裤平面图

(三)职业女西裤面料、零料、辅料样板(图 7-23)

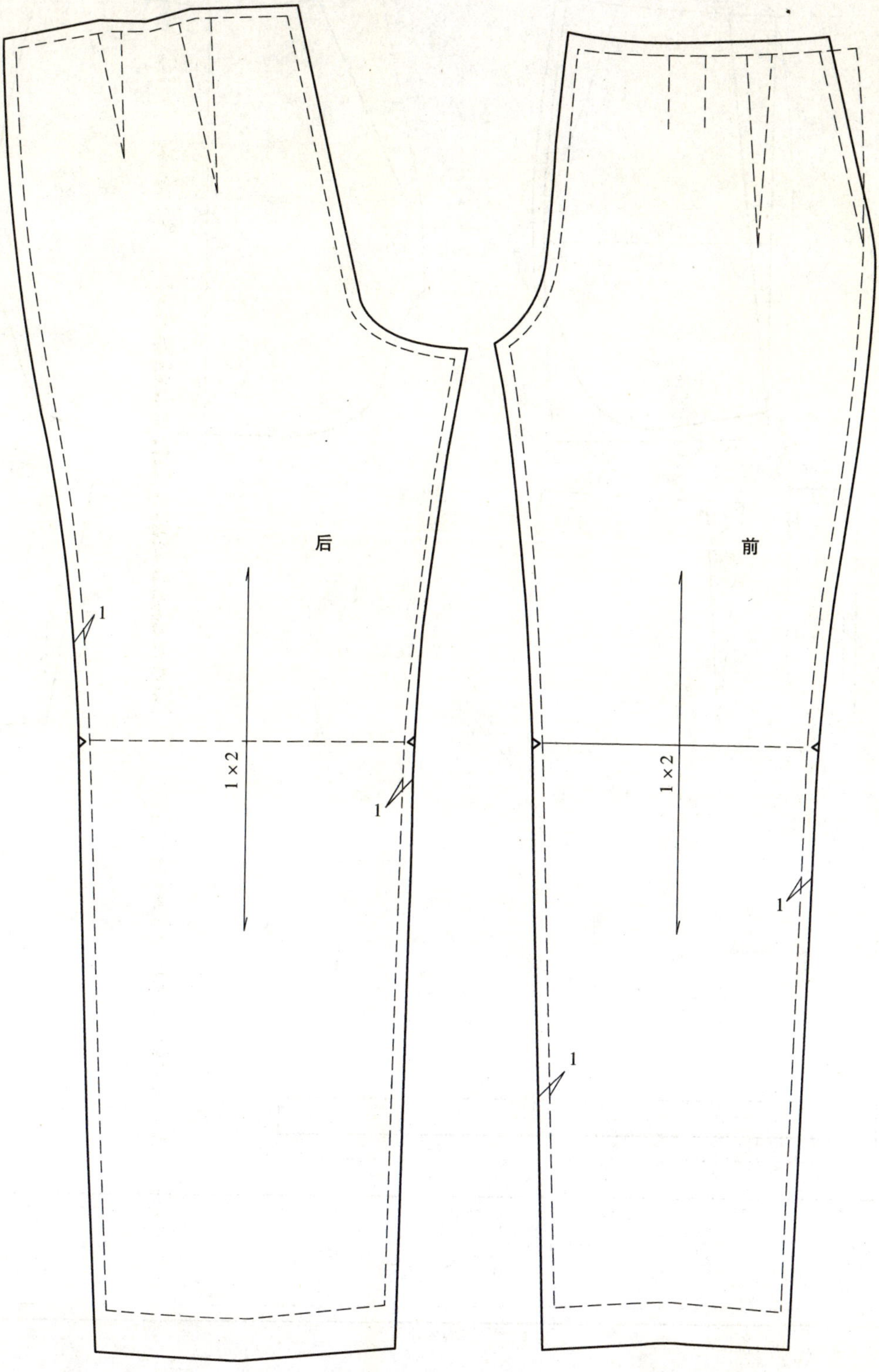

图 7-23

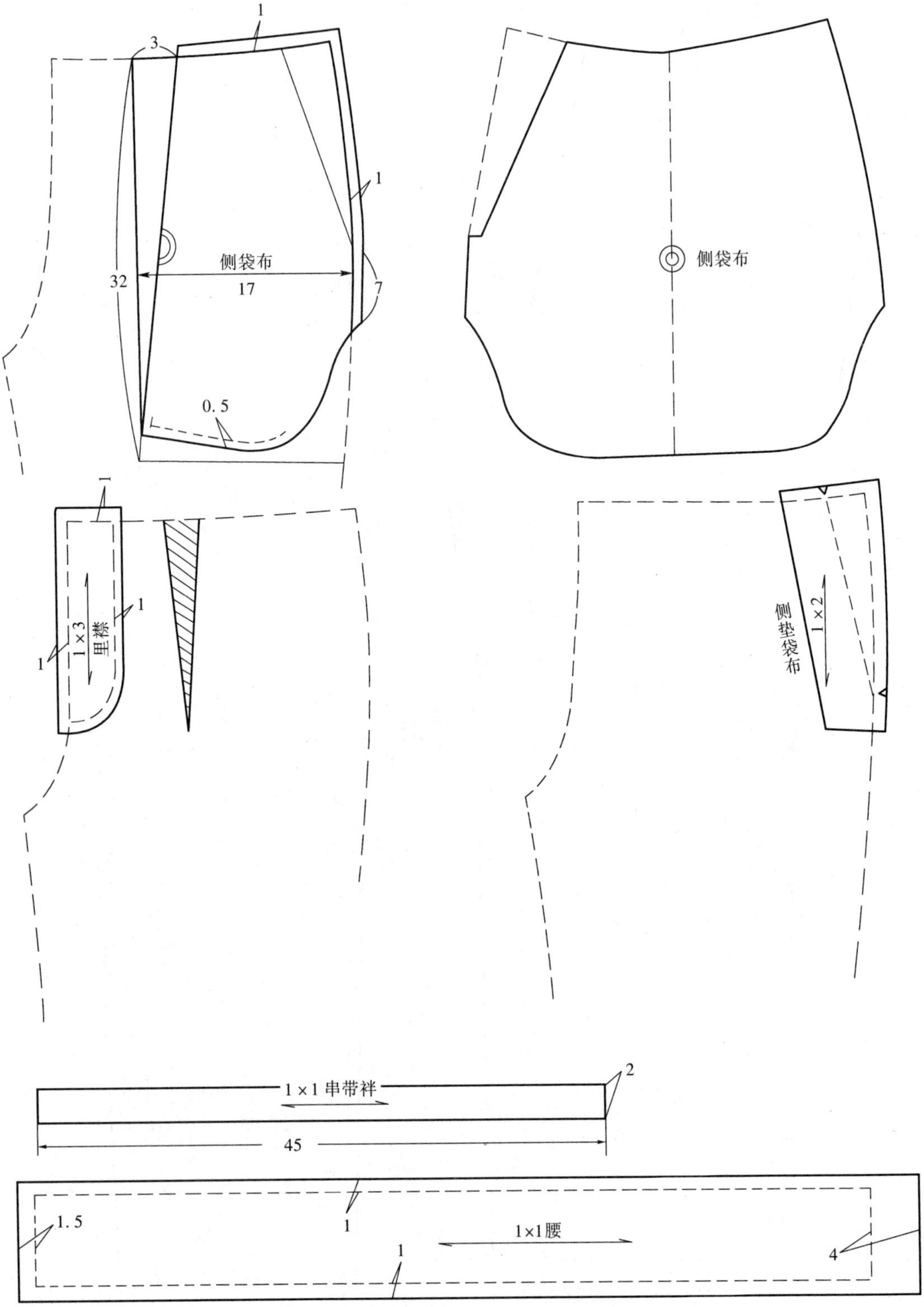

图 7－23　女西裤面料、零料、辅料样板

二、休闲女裤制板

(一)休闲女裤成品规格表及效果图(图 7-24)

成品规格表

单位:cm

部位名称 规格 号型	裤长	腰围	臀围	膝围	裤口	立裆
155/64A	100	66	90	23	23	23.5
160/68A	100	70	94	24	24	24
165/72A	103	74	98	24	24	24.5
170/76A	103	78	102	25	25	25
175/80A	106	82	106	25	25	25.5

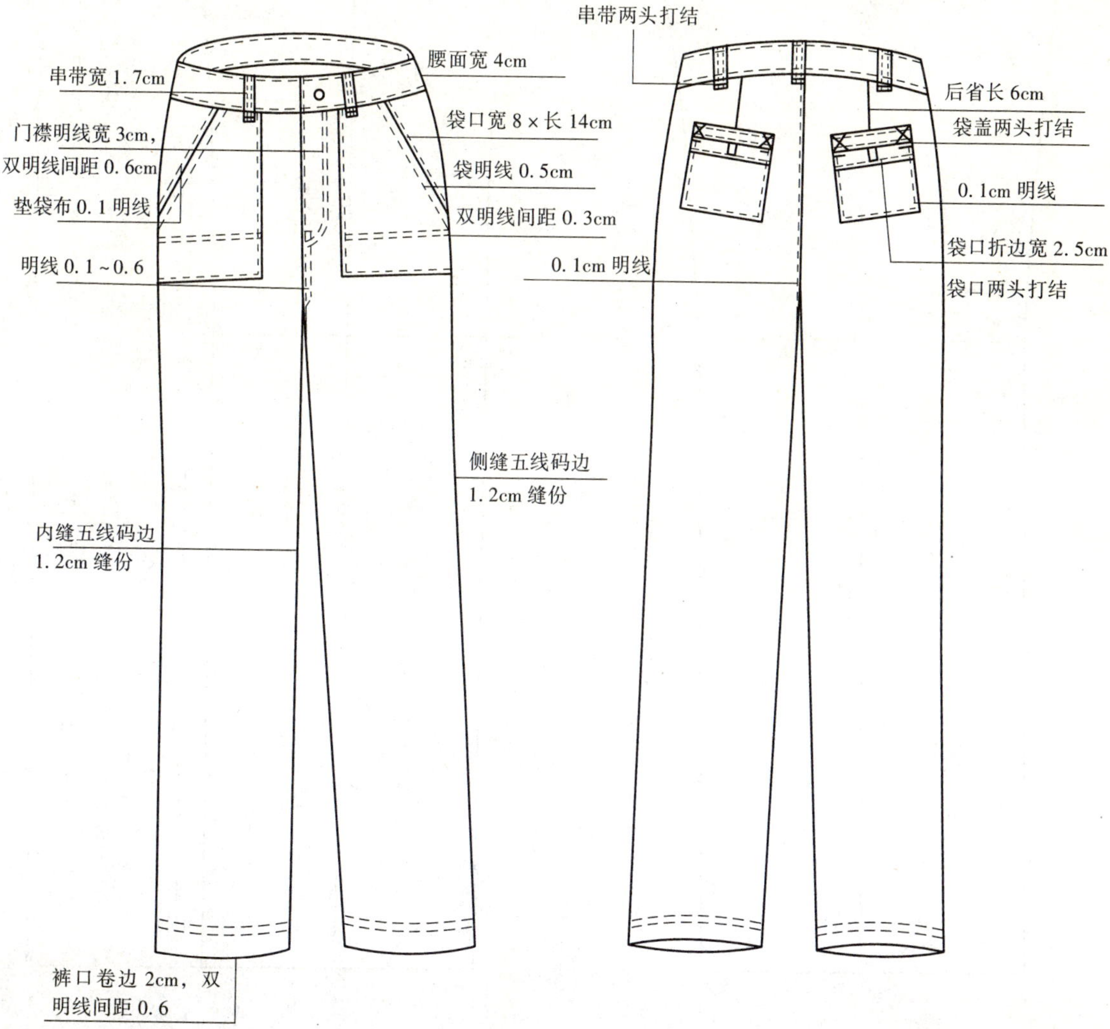

图 7-24　休闲女裤效果图

(二)休闲女裤制板(图 7 - 25)

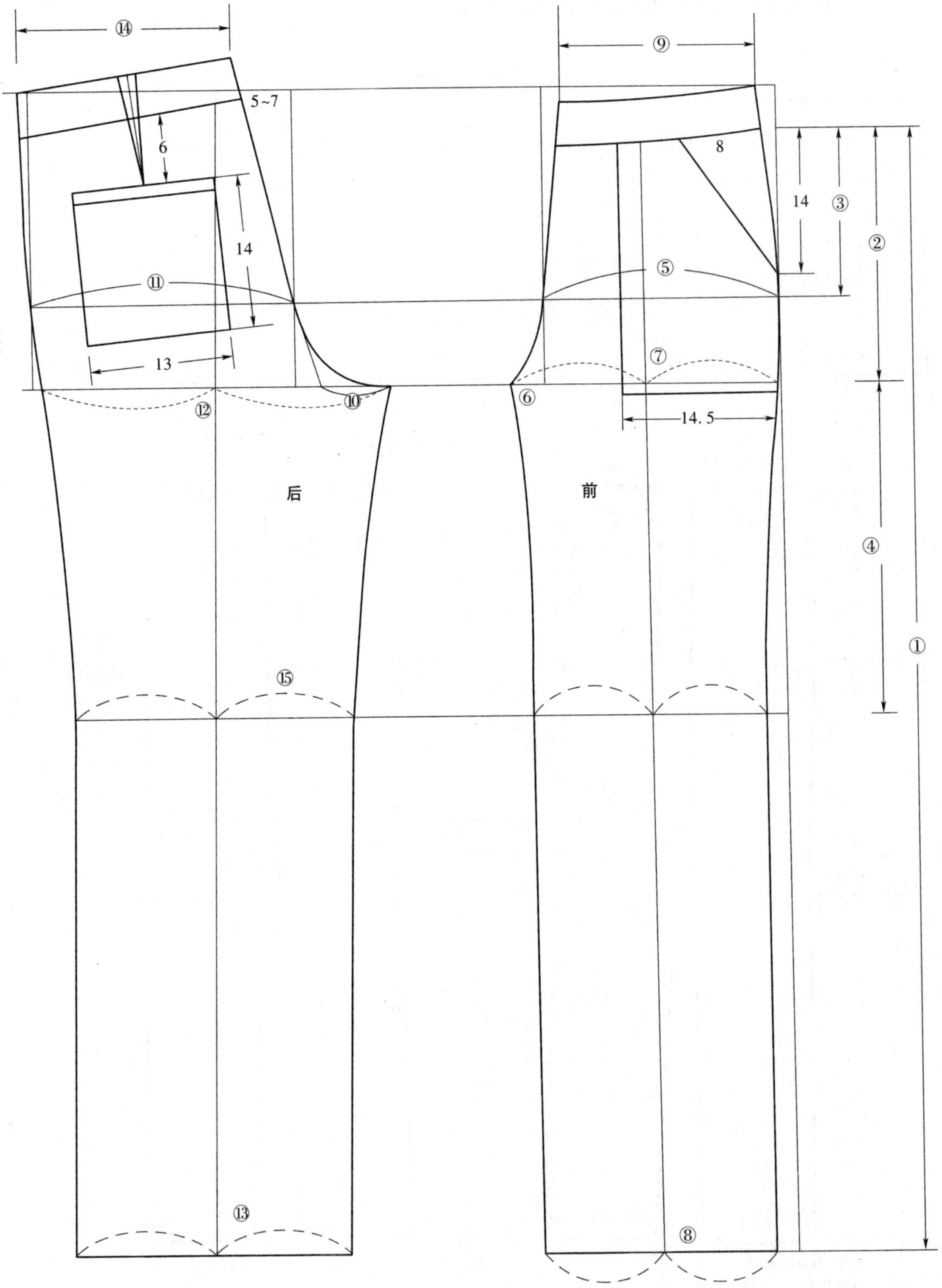

图 7 - 25　休闲女裤结构图

1. 前片制板

①裤长：100cm - 4cm = 96cm；

②立裆深：24cm；

③臀围线：$\frac{立裆深}{3}$；

④膝围线：30cm；

⑤臀围宽：$\frac{H}{4}$ - 1cm；

⑥小裆宽：4cm；

⑦烫迹线：横裆线的$\frac{1}{2}$；

⑧裤口宽：23cm - 2cm = 21cm；

⑨腰围宽：$\frac{W}{4}$ - 1cm。

2. 后片制板

⑩大裆宽：$\frac{H}{10}$ - 2cm；

⑪臀围宽：$\frac{H}{4}$ + 1cm；

⑫烫迹线：按后横裆的$\frac{1}{2}$；

⑬裤口宽：23cm + 2cm = 25cm；

⑭腰围宽：$\frac{W}{4}$ + 1cm + 省；

⑮膝围宽：前膝围宽 + 2cm；

三、女筒裤（无弹性面料）制板

（一）女筒裤（无弹性面料）成品规格表及款式效果图（图7-26）

成品规格表

单位：cm

规格 号型 \ 部位名称	裤长	腰围	臀围	膝围	裤口	立裆
155/64A	100	66	88	22	20	22
160/68A	100	70	92	23	21	22.5
165/72A	103	74	96	23	21	23
170/76A	103	78	100	24	22	23.5
175/80A	106	82	104	24	22	24

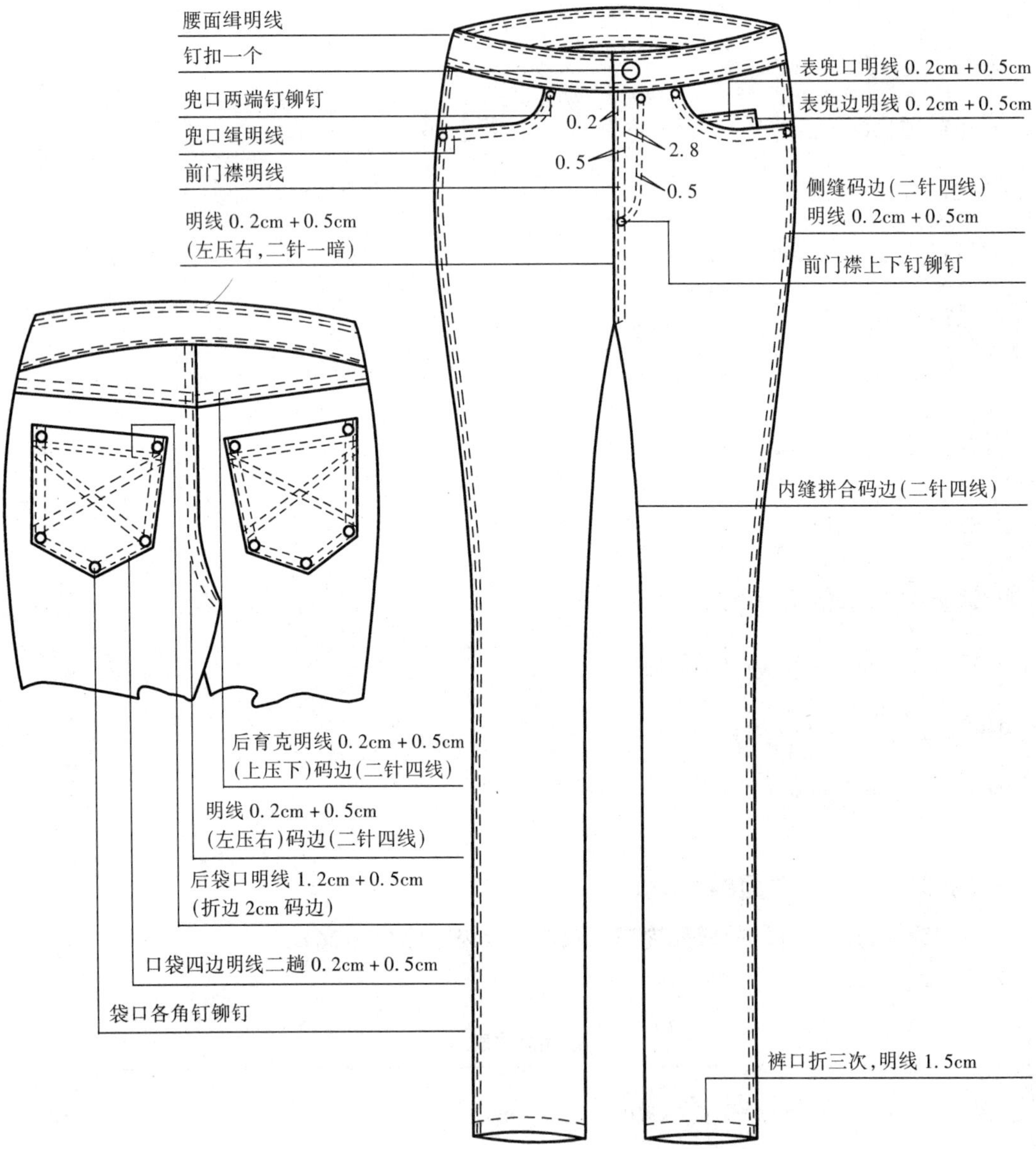

图 7－26　无弹性面料女筒裤效果图

（二）无弹性面料女筒裤制板（图 7－27）

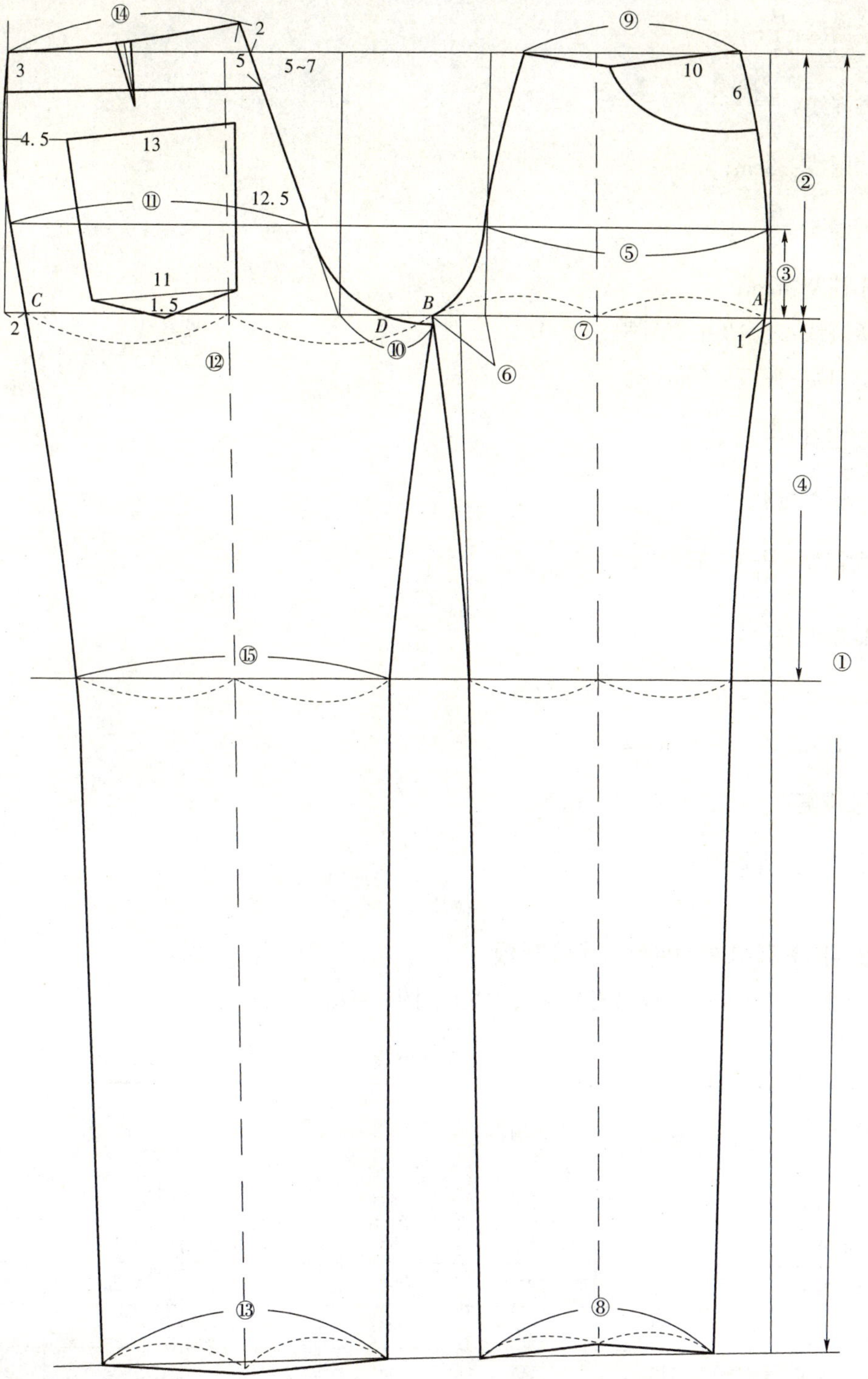

图 7－27　女筒裤结构图

1. 前片制板

①裤长：100cm - 4cm = 96cm；

②立裆深：$\frac{H}{4}$；

③臀围线：$\frac{立裆深}{3}$；

④膝围线：33cm；

⑤臀围宽：$\frac{H}{4}$ - 1cm；

⑥小裆宽：4cm；

⑦烫迹线：过 *AB* 中点且垂直于 *AB*；

⑧裤口宽：裤口 - 1cm；

⑨腰围宽：$\frac{W}{4}$ - 1cm。

2. 后片制板

⑩大裆宽：$\frac{H}{10}$ - 2cm；

⑪臀围宽：$\frac{H}{4}$ + 1cm；

⑫烫迹线：过 *CD* 中点且垂直于 *CD*；

⑬裤口宽：20cm + 1cm = 21cm；

⑭腰围宽：$\frac{W}{4}$ + 2cm（省）+ 1cm；

⑮膝围宽：前膝围宽 + 2cm。

四、牛仔喇叭裤（弹性面料）制板

（一）牛仔喇叭裤成品规格表及款式效果图（图 7 - 28）

成品规格表　　单位：cm

规格 部位名称 / 号型	裤长	腰围	臀围	膝围	裤口	立裆
155/64A	100	64	84	17	21	18
160/68A	100	68	88	17.5	21.5	19
165/72A	103	72	92	18	22	20
170/76A	103	76	96	18.5	22.5	21
175/80A	110	80	100	19	23	22
180/84A	110	84	104	19.5	23.5	23
180/88A	110	86	106	20	24	24

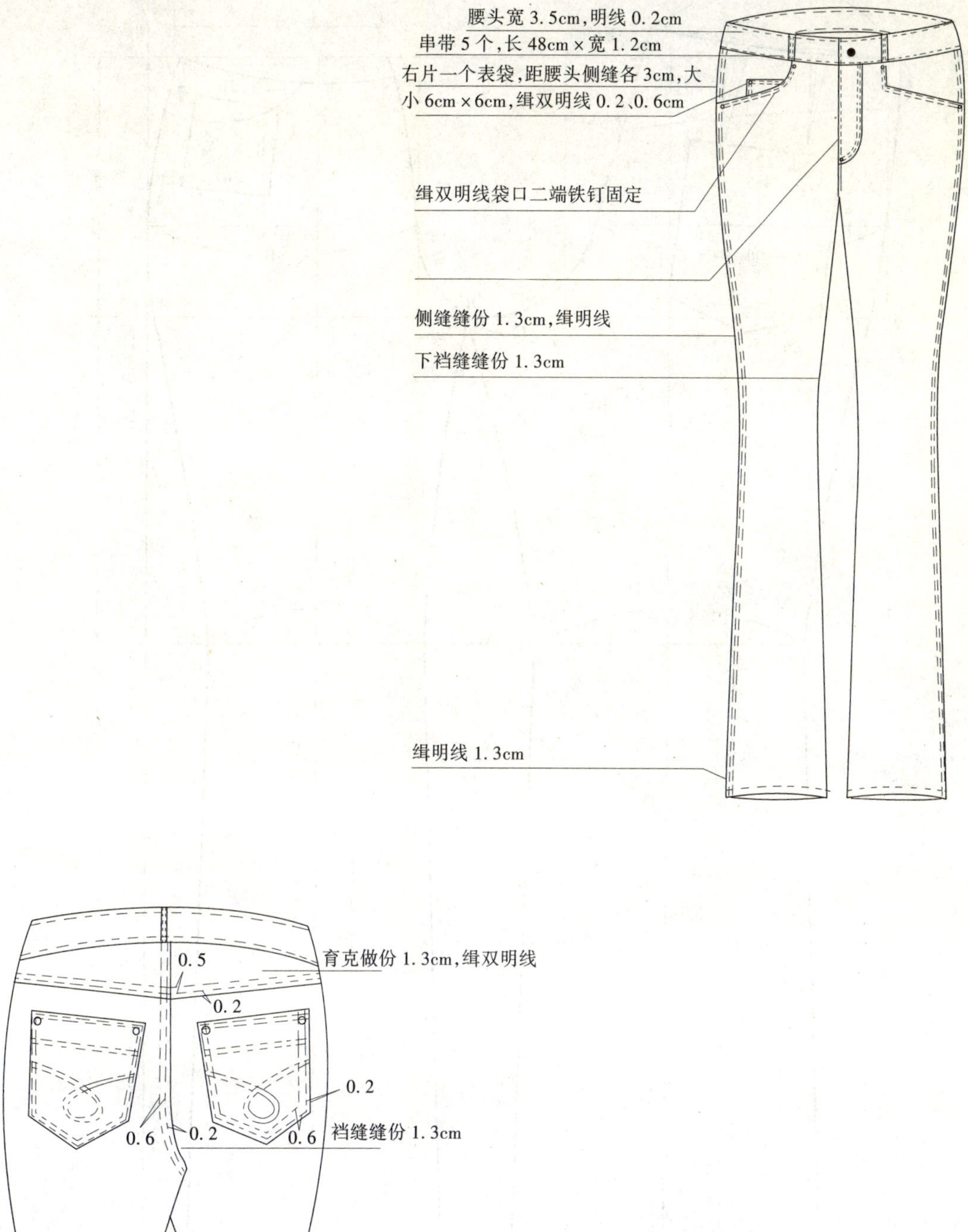

图 7 - 28　**牛仔喇叭裤效果图**

(二)牛仔喇叭裤制板(图 7-29)

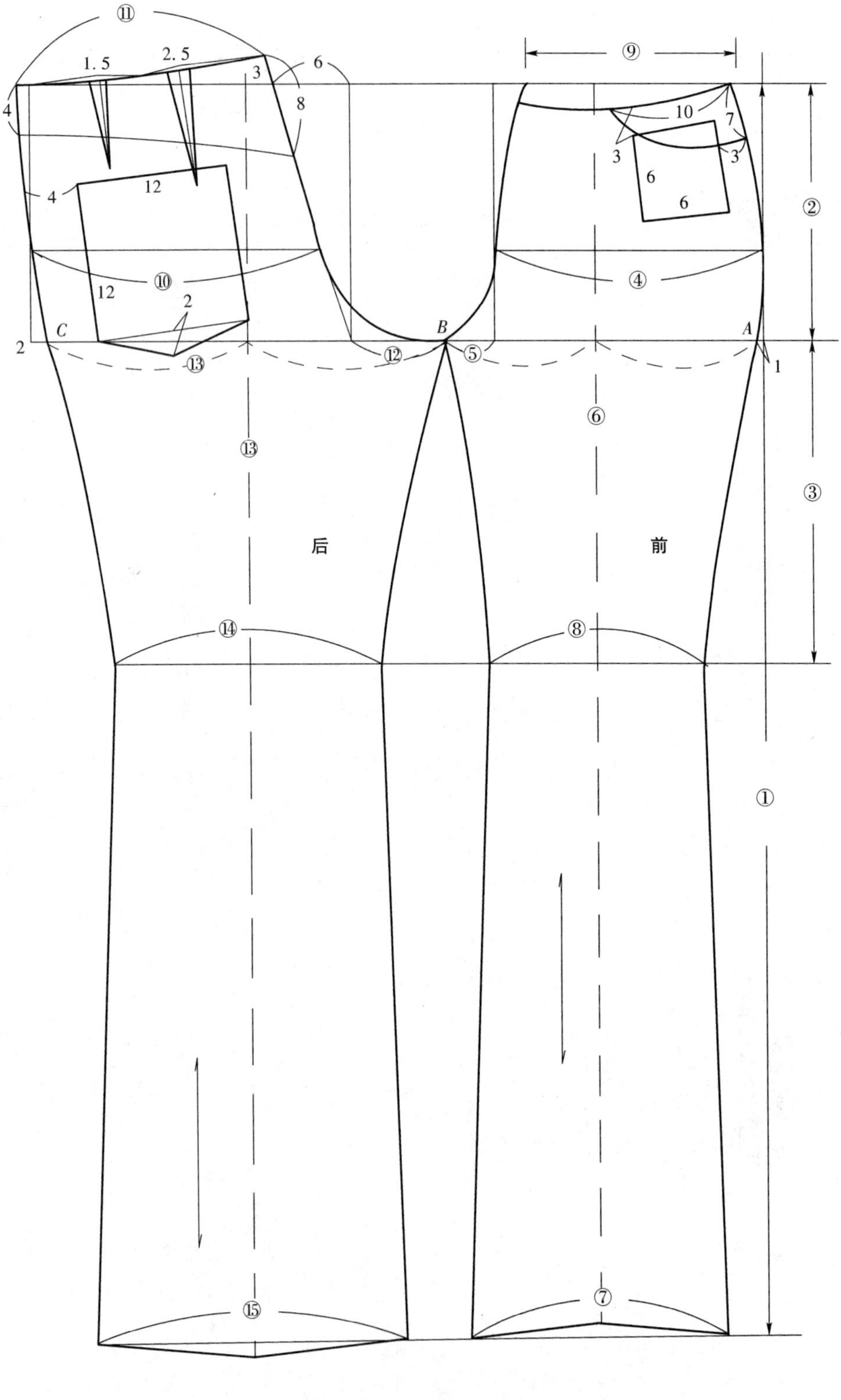

图 7-29　牛仔喇叭裤平面图

注意事项：

- 裤长尺寸包含腰面宽 3.5cm，立裆深不包含腰面宽。
- 腰围、臀围不加放松量。
- 此表不含缩水率、热缩率。
- 此表立裆为短立裆设计。
- 为了排料时省料，需要重复 3 个号型，一般根据排料剩余空间的大小来决定。
- 腰围 + 18cm 为臀围尺寸，用于南方市场；腰围 + 20cm 为臀围尺寸用于北方市场。

1. **前片制板**

①裤长：100cm − 3.5cm = 96.5cm；

②立裆深：$\frac{H}{4}$；

③膝围线：25 ~ 27cm；

④臀围宽：$\frac{H}{4} - 1$cm；

⑤小裆宽：4cm；

⑥烫迹线：过 *AB* 中点且垂直于裤口的直线；

⑦裤口宽：裤口宽 − 1cm；

⑧膝围：膝围 − 1cm；

⑨腰围宽：$\frac{W}{4} - 1$cm。

2. **后片制板**

⑩臀围宽：$\frac{H}{4} + 1$cm；

⑪腰围宽：$\frac{W}{4} + 1$cm + 4cm（省）；

⑫大裆宽：$\frac{H}{10} - 2$cm；

⑬烫迹线：过 *BC* 中点且垂直于裤口的直线；

⑭膝围：膝围 + 1cm；

⑮裤口：裤口 + 1cm。

（三）牛仔喇叭裤面料样板（图 7－30）

（四）牛仔喇叭裤零、辅料样板（图 7－31）

（五）牛仔喇叭裤工业排料示意图（图 7－32）

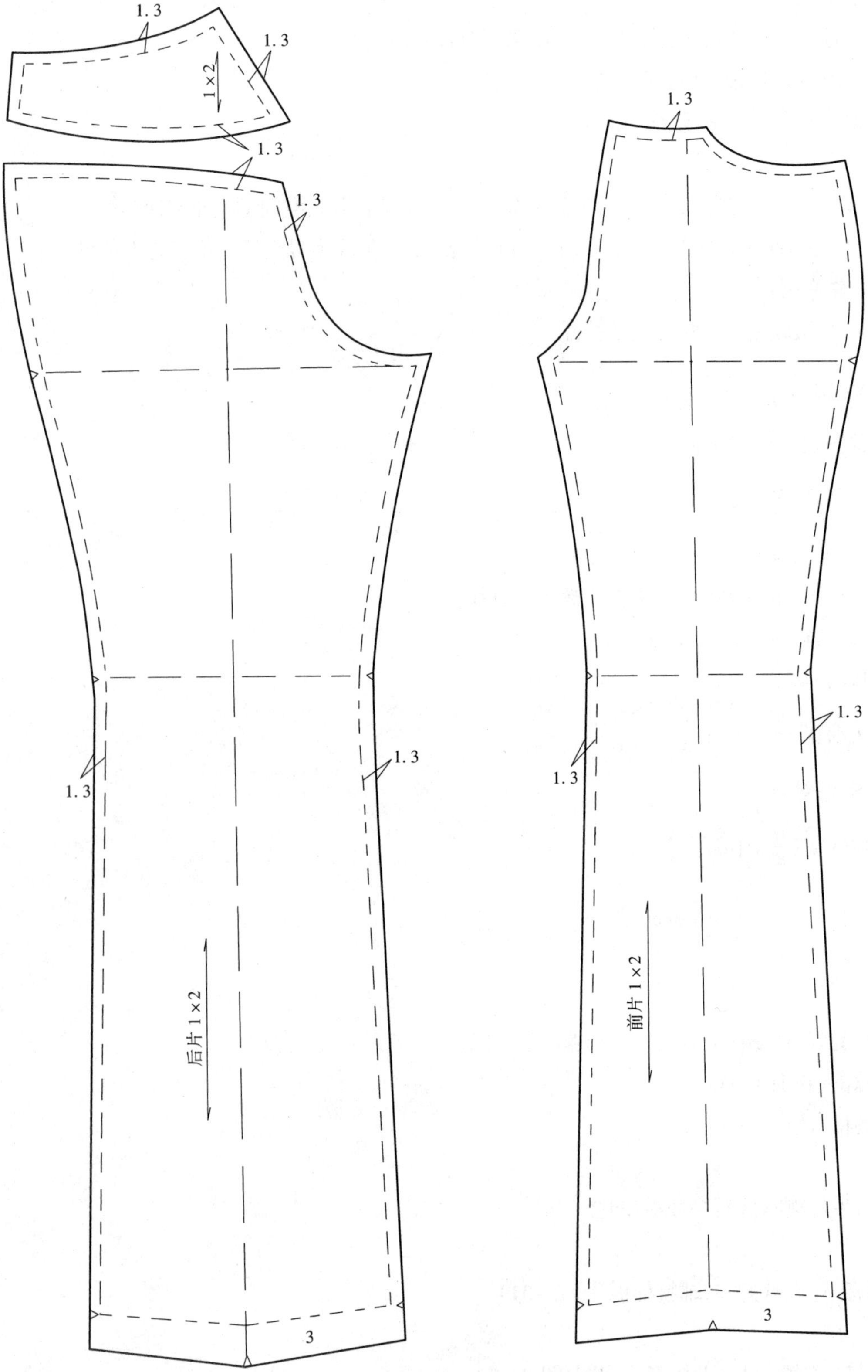

图 7－30　牛仔喇叭裤面料样板

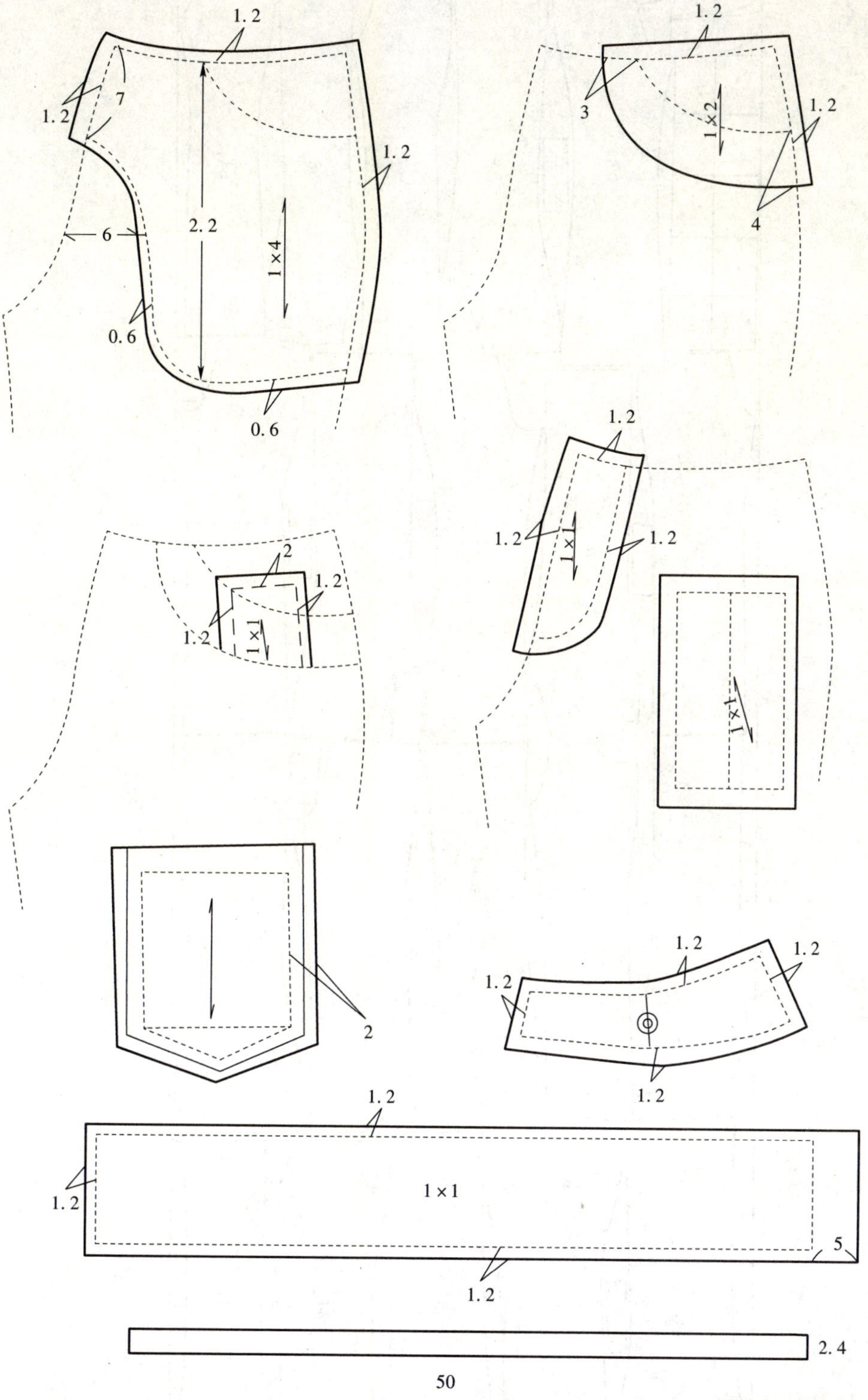

图 7 –31　牛仔喇叭裤零料平面示意图

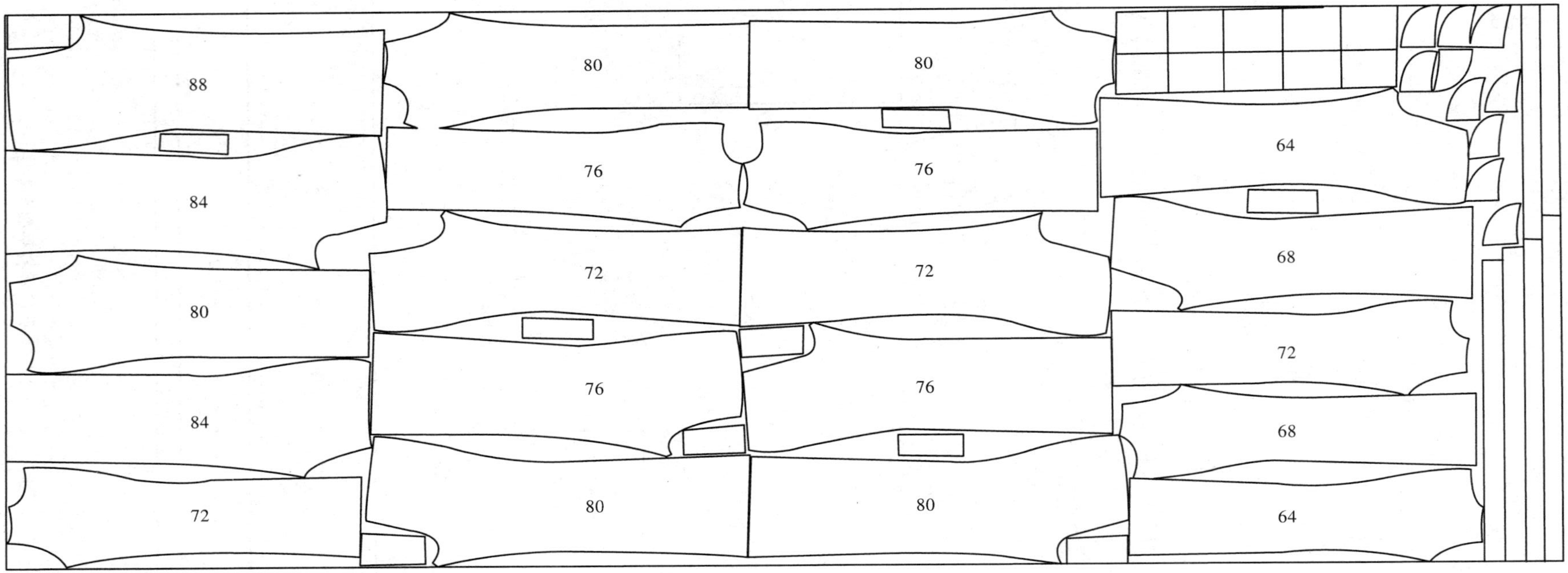

图 7－32　牛仔喇叭裤工业排料示意图

参考文献

1. 张文斌．服装工艺学(结构设计分册)．北京:中国纺织出版社,1990
2. 刘瑞璞．女装纸样设计原理与技巧．北京:中国纺织出版社,1991
3. 吕学海．服装结构设计与技巧．北京:中国纺织出版社,1997
4. 白琴芳．最新男装构成技术．上海:上海科学技术出版社,1998

中国国际贸易促进委员会纺织行业分会

中国国际贸易促进委员会纺织行业分会成立于1988年，成立以来，致力于促进中国和世界各国（地区）纺织服装业的贸易往来和经济技术合作，立足为纺织行业服务，为企业服务，以我们高质量的工作促进纺织行业的不断发展。

➢ 简况

■ 每年举办（或参与）约20个国际展览会
涵盖纺织服装完整产业链，在中国北京、上海和美国、欧洲、俄罗斯、东南亚、日本等地举办
■ 广泛的国际联络网
与全球近百家纺织服装界的协会和贸易商会保持联络
■ 业内外会员单位2000多家
涵盖纺织服装全行业，以外向型企业为主
■ 纺织贸促网www.ccpittex.com
中英文，内容专业、全面，与几十家业内外网络链接
■ 《纺织贸促》月刊
已创刊17年，内容以经贸信息、协助企业开拓市场为主线
■ 中国纺织法律服务网www.cntextilelaw.com
专业、高质量的服务

➢ 业务项目概览

➢ 中国国际纺织机械展览会（每两年一届）
➢ 中国国际纺织面料及辅料博览会（每年分春夏、秋冬两届，分别在北京、上海举办）
➢ 中国国际家用纺织品及辅料博览会（每年举办一届）
➢ 中国国际服装服饰博览会（每年举办一届）
➢ 中国国际产业用纺织品及非织造布展览会（每两年一届，逢双数年举办）
➢ 中国国际纺织纱线展览会（每年举办一届）
➢ 中国纺织品服装贸易展览会（美国纽约）（每年6月份在美国纽约举办）
➢ 中国纺织品服装贸易展览会（德国）（每年在德国举办）
➢ 组织中国服装企业到美国、日本、欧洲及亚洲等其他地区参加各种展览会
➢ 组织纺织服装行业的各种国际会议、研讨会
➢ 纺织服装业国际贸易和投资环境研究、信息咨询服务
➢ 纺织服装业法律服务

更多相关信息请点击纺织贸促网 www.ccpittex.com